人力资源和社会保障部职业能力建设司推荐
冶金行业职业教育培训规划教材

矿山爆破技术

主　编　戚文革　陈国山　赵兴东
副主编　孙文武　李长权　翁春林

北　京
冶金工业出版社
2015

内 容 提 要

本书为矿山企业职业技能培训教材。本书根据矿山企业职业技能标准和职业技能鉴定规范以及矿山企业的生产实际和岗位群的技能要求编写，并经人力资源和社会保障部职业培训教材工作委员会办公室组织专家评审通过。

全书共分11章，主要内容有：凿岩爆破常识、岩石的凿岩爆破性质、凿岩工具与设备、岩石破碎和爆破机理、爆破器材、爆破起爆技术、金属矿露天爆破、金属矿地下爆破、其他矿山爆破技术、爆破危害与爆破事故、爆破器材的安全管理。

本书可作为矿山开采爆破技术人员及操作人员的培训教材，也可作为本科、专科（高职）各相关专业的教材，还可供城市建设、公路铁路建设、水电建设类专业从事工程爆破工作的技术人员参考。

图书在版编目（CIP）数据

矿山爆破技术/戚文革，陈国山，赵兴东主编．—北京：冶金工业出版社，2010.10（2015.6 重印）

冶金行业职业教育培训规划教材

ISBN 978-7-5024-5248-3

Ⅰ.①矿…　Ⅱ.①戚…　②陈…　③赵…　Ⅲ.①矿山开采—爆破技术—职业教育—教材　Ⅳ.①TD235.4

中国版本图书馆 CIP 数据核字（2010）第124281号

出 版 人　谭学余

地　　址　北京市东城区嵩祝院北巷39号　邮编　100009　电话　(010)64027926

网　　址　www.cnmip.com.cn　电子信箱　yjcbs@cnmip.com.cn

责任编辑　王　优　宋　良　美术编辑　李　新　版式设计　葛新霞

责任校对　石　静　责任印制　牛晓波

ISBN 978-7-5024-5248-3

冶金工业出版社出版发行；各地新华书店经销；北京印刷一厂印刷

2010年10月第1版，2015年6月第3次印刷

787mm×1092mm　1/16；15.5印张；400千字；230页

38.00元

冶金工业出版社　投稿电话　(010)64027932　投稿信箱　tougao@cnmip.com.cn

冶金工业出版社营销中心　电话　(010)64044283　传真　(010)64027893

冶金书店　地址　北京市东四西大街46号(100010)　电话　(010)65289081(兼传真)

冶金工业出版社天猫旗舰店　yjgycbs.tmall.com

冶金行业职业教育培训规划教材
编辑委员会

序

吴溪淳

改革开放以来，我国经济和社会发展取得了辉煌成就，冶金工业实现了持续、快速、健康发展，钢产量已连续数年位居世界首位。这其间凝结着冶金行业广大职工的智慧和心血，包含着千千万万产业工人的汗水和辛劳。实践证明，人才是兴国之本、富民之基和发展之源，是科技创新、经济发展和社会进步的探索者、实践者和推动者。冶金行业中的高技能人才是推动技术创新、实现科技成果转化不可缺少的重要力量，其数量能否迅速增长、素质能否不断提高，关系到冶金行业核心竞争力的强弱。同时，冶金行业作为国家基础产业，拥有数百万从业人员，其综合素质关系到我国产业工人队伍整体素质，关系到工人阶级自身先进性在新的历史条件下的巩固和发展，直接关系到我国综合国力能否不断增强。

强化职业技能培训工作，提高企业核心竞争力，是国民经济可持续发展的重要保障，党中央和国务院给予了高度重视，明确提出人才立国的发展战略。结合《职业教育法》的颁布实施，职业教育工作已出现长期稳定发展的新局面。作为行业职业教育的基础，教材建设工作也应认真贯彻落实科学发展观，坚持职业教育面向人人、面向社会的发展方向和以服务为宗旨、以就业为导向的发展方针，适时扩大编者队伍，优化配置教材选题，不断提高编写质量，为冶金行业的现代化建设打下坚实的基础。

为了搞好冶金行业的职业技能培训工作，冶金工业出版社在人力资源和社会保障部职业能力建设司和中国钢铁工业协会组织人事部的指导下，同河北工业职业技术学院、昆明冶金高等专科学校、吉林电子信息职业技术学院、山西工程职业技术学院、山东工业职业学院、安徽工业职业技术学院、安徽冶金科技职业技术学院、济钢集团总公司、宝钢集团上海梅山公司、中国职工教育和职业培训协会冶金分会、中国钢协职业培训中心等单位密切协作，联合有关冶金企业和高等院校，编写了这套冶金行业职业教育培训规划教材，并经人力资源和社会保障部职业培训教材工作委员会组织专家评审通过，由人力资源和社会保障部职业能力建设司给予推荐，有关学校、企业的编写人员在时间紧、任务重的情况下，克服困难，辛勤工作，在相关科研院所的工程技术人员的积极参与和大力支持下，出色地完成了前期工作，为冶金行业的职业技能培训工作的顺利进行，打下了坚实的基础。相信这套教材的出版，将为冶金企业生产一线人员理论水平、操作水平和管理水平的进一步提高，企业核心竞争力的不断增强，起到积极的推进作用。

随着近年来冶金行业的高速发展，职业技能培训工作也取得了令人瞩目的成绩，绝大多数企业建立了完善的职工教育培训体系，职工素质不断提高，为我国冶金行业的发展提供了强大的人力资源支持。今后培训工作的重点，应继续注重职业技能培训工作者队伍的建设，丰富教材品种，加强对高技能人才的培养，进一步强化岗前培训，深化企业间、国际间的合作，开辟冶金行业职业培训工作的新局面。

展望未来，任重而道远。希望各冶金企业与相关院校、出版部门进一步开拓思路，加强合作，全面提升从业人员的素质，要在冶金企业的职工队伍中培养一批刻苦学习、岗位成才的带头人，培养一批推动技术创新、实现科技成果转化的带头人，培养一批提高生产效率、提升产品质量的带头人；不断创新，不断发展，力争使我国冶金行业职业技能培训工作跨上一个新台阶，为冶金行业持续、稳定、健康发展，做出新的贡献！

前　言

本书是按照人力资源和社会保障部的规划，受中国钢铁工业协会和冶金工业出版社的委托，在编委会的组织安排下，参照矿山行业职业技能标准和职业技能鉴定规范，根据矿山企业的生产实际和岗位群的技能要求编写的，书稿经人力资源和社会保障部职业培训教材工作委员会办公室组织专家评审通过，由人力资源和社会保障部职业能力建设司推荐作为矿山企业职业技能培训教材。

本书是编者在总结多年的教学经验和矿山技术人员的工作经验，并广泛征求同行专家意见以及深入厂矿收集资料的基础上编写的。同时，本书的编写也较全面地体现了矿山爆破的内容，反映了新的爆破成果，适应矿山企业新工艺、新设备的要求，使理论与实际更加紧密结合，满足了当前行业培训的需要。

在编写过程中，以努力贯彻理论与实践相结合为重点，以爆破基本技术和方法为主要内容 ，在内容上力求理论与实践相结合，内容翔实、丰富、完整、系统，既反映了矿山爆破的最新发展，又符合了生产实际的需要。内容由浅入深，循序渐进。其主要内容包括凿岩爆破的基础知识、基本常识，爆炸物品的管理，爆破工程的施工管理，岩石的物理力学、凿岩爆破性质，常用凿岩工具、地下采矿露天采矿凿岩设备，岩石破碎爆破机理，常用起爆器材、传爆器材，炸药的性质、成分、应用，矿山电力起爆法和非电导爆管、导爆索起爆法，露天采矿道路开挖、台阶推进、邻居边坡爆破及其他浅孔爆破方法，地下采矿井巷施工、地下采场浅孔及深孔爆破方法，煤矿、高硫矿山、建材矿山爆破方法，矿山爆破危害及爆破事故的处理方法。

本书由吉林电子信息职业技术学院戚文革（第5、6、8章）、陈国山（第1、2章）、李长权、王洪胜（第9章）、孙文武（第4章）；东北大学赵兴东（第3章）；紫金珲春矿业有限公司何春明、林峰（第7章），昆明冶金高等专科学校翁春林（第10章），辽宁科技学院张敢生（第11章）编写。由戚文革、陈国山、赵兴东担任主编，孙文武、李长权、翁春林担任副主编。

由于编者水平所限，书中不妥之处，敬请读者批评指正。

编　者

2010年3月

目 录

1 凿岩爆破常识

1.1 爆破工的职业要求

1.1.1 从事爆破人员的岗位要求

从事爆破人员，是指从事爆破工作的工程技术人员、爆破员、安全员、保管员和押运员。爆破作业人员应参加培训，经考核并取得有关部门颁发的相应类别和作业范围、级别的爆破安全作业证，持证上岗。

爆破员，应参加发证机关认可的、开办时间不少于一个月的爆破员培训班；爆破器材保管员、安全员和押运员，应参加发证机关认可的、开办时间不少于半个月的培训班。爆破员、保管员、安全员和押运员的考核由爆破安全技术考核小组领导进行，该小组由所在县（市）公安机关负责人和有经验的爆破工程技术人员组成。

(1)国家对于从事爆破工作的人员做了如下规定：

1)年满18周岁，身体健康，无妨碍从事爆破作业的生理缺陷和疾病；

2)工作认真负责，无不良嗜好和劣迹；

3)具有初中以上文化程度；

4)持有相应的安全作业证书。

国家《爆破安全规程》(GB 6722—2003)规定，爆破工作领导人应由从事过3年以上爆破工作，无重大责任事故，熟悉爆破事故预防、分析和处理并持有安全作业证的爆破工程技术人员担任；爆破班长应由爆破工程技术人员或有3年以上爆破工作经验的爆破员担任。

(2)国家对爆破作业人员安全作业证的管理做了如下规定：

1)爆破员、爆破器材保管员、安全员和押运员的安全技术复审，每2年进行一次；

2)复审不合格者，应停止作业，吊销其安全作业证；

3)爆破作业人员工作变动，需进行原证规定范围以外的爆破作业时，必须重新考核登记；

4)爆破作业人员调动到或需到原发证机关管辖以外的地区，仍进行安全作业证中允许进行的爆破作业范围时，应到所在地区的发证机关进行登记；

5)爆破作业人员3次违规或发生严重爆破事故时，应由原发证机关吊销其安全作业证。

(3)爆破员必须熟练掌握下列规定和安全作业技术：

1)爆破安全规程中与所从事作业有关的条款和安全操作细则；

2)起爆药包的加工和起爆方法；

3)装药、填塞、网路敷设、警戒、信号、起爆等爆破工艺和操作技术；

4)爆破器材的领取、搬运、外观检查、现场保管与退库的规定；

5)常用爆破器材的性能、使用条件和安全要求；

6)爆破事故的预防和抢救；

7)爆破后的安全检查和盲炮处理。

(4)爆破器材保管员和押运员必须熟练掌握下列主要规定和相关知识：

1)爆破器材库的通讯、照明、温度、湿度、通风、防火、防电和防雷要求;

2)爆破器材的外观检查、储存、保管、统计和发放;

3)爆破器材的报废与销毁方法;

4)意外爆炸事故的抢救技术。

1.1.2 从事爆破人员的岗位职责

(1)爆破员的职责是:

1)保管所领取的爆破器材,不得遗失或转交他人,不准擅自销毁和挪作他用;

2)按照爆破指令单和爆破设计规定进行爆破作业;

3)严格遵守爆破安全规程和安全操作细则;

4)爆破后检查工作面,发现盲炮和其他不安全因素应及时上报或处理;

5)爆破结束后,将剩余的爆破器材如数及时交回爆破器材库。

(2)安全员的职责是:

1)负责本单位爆破器材购买、运输、储存和使用过程中的安全管理;

2)督促爆破员、保管员、押运员及其他作业人员按照本规程和安全操作细则的要求进行作业,制止违章指挥和违章作业,纠正错误的操作方法;

3)经常检查爆破工作面,发现隐患应及时上报或处理,工作面瓦斯超限时有权制止爆破作业;

4)经常检查本单位爆破器材仓库安全设施的完好情况及爆破器材安全使用、搬运制度的实施情况;

5)有权制止无爆破员安全作业证的人员进行爆破工作;

6)检查爆破器材的现场使用情况和剩余爆破器材的及时退库情况。

(3)保管员的职责是:

1)负责验收、发放、保管和统计爆破器材,并保持完备的记录;

2)对无爆破员安全作业证和领取手续不完备的人员,不得发放爆破器材;

3)及时统计、报告质量有问题及过期、变质、失效的爆破器材;

4)参加过期、失效、变质爆破器材的销毁工作。

(4)押运员的职责是:

1)负责核对所押运的爆破器材的品种和数量;

2)监督运输工具按照规定的时间、路线、速度行驶;

3)确认运输工具及其所装的运爆破器材符合标准和环境要求,包括几何尺寸、质量、温度、防振等;

4)负责看管爆破器材,防止爆破器材途中丢失、被盗或发生其他事故。

(5)爆破工作领导人的职责是:

1)主持制定爆破工程的全面工作计划,并负责实施;

2)组织爆破业务、爆破安全的培训工作和审查爆破作业人员的资质;

3)监督爆破作业人员执行安全规章制度,组织领导安全检查,确保工程质量和安全;

4)组织并领导爆破工作的设计、施工和总结工作;

5)主持制定重大或特殊爆破工程的安全操作细则及相应的管理规章制度;

6)参加爆破事故的调查和处理。

(6)爆破工程技术人员应持有安全作业证。其职责是:

1)负责爆破工程的设计和总结,指导施工,检查质量;

2)制定爆破安全技术措施,检查实施情况;

3)负责制定盲炮处理的技术措施,并指导实施;

4)参加爆破事故的调查和处理。

(7)爆破班长的职责是:

1)领导爆破员进行爆破工作;

2)监督爆破员切实遵守爆破安全规程和爆破器材的保管、使用、搬运制度;

3)制止无安全作业证的人员进行爆破作业;

4)检查爆破器材的现场使用情况和剩余爆破器材的及时退库情况。

(8)爆破器材库(炸药库)主任的职责是:

1)负责制定仓库管理条例并报上级批准;

2)检查督促爆破器材保管员(发放员)履行工作职责;

3)及时、按期清库核账,并及时上报质量可疑及过期的爆破器材;

4)参加爆破器材的销毁工作;

5)督促并检查库区安全状况、消防设施和防雷装置,发现问题应及时处理。

1.1.3 爆破工安全教育与安全管理的重要性

安全生产教育与培训制度,是为了提高职工的安全生产意识、普及安全生产知识、掌握安全操作技术和执行安全生产法规的自觉性而采取的教育、培训和考核制度。安全生产教育与培训制度是预防伤亡事故及职业病发生的重要措施,也是企业劳动管理的重要组成部分。

爆破安全教育包含两个方面的主要内容:一是思想道德的教育;二是爆破专业知识和技术的培训,二者缺一不可。

爆破作业是特种行业,它具有较大的危险性。从事爆破的所有人员,包括技术及管理人员和直接操作的作业人员,要提高安全意识,重视安全教育。企业安全教育是安全管理的一项重要工作,其目的是提高职工的安全意识,增强职工的安全操作技能和安全管理水平,最大限度减少人身伤害事故的发生,它真正体现了“以人为本”的安全管理思想,是搞好企业安全管理的有效途径。

1.1.3.1 安全教育的主要内容

(1)安全技术知识的教育与培训。生产经营单位应对本单位职工进行安全技术知识的教育和培训。安全技术知识,包括一般生产技术知识、一般安全技术知识和检测控制技术知识以及专业安全生产技术知识。

对职工进行教育时,必须把上述知识结合起来掌握,除应了解和掌握一般通用的安全技术基础知识外,还应掌握与其所在岗位相关的专门安全技术知识,使职工既能认识安全第一的重要性,又能运用安全技术知识做好事故预防工作。

(2)安全生产规则的教育与培训。生产经营单位一般依法制定了安全规程、制度、工艺规程、安全生产劳动纪律等规章制度,它是企业进行有序、安全生产经营的保障,作为用人单位的职工都应遵守。生产经营单位应对职工进行安全生产规则的教育与培训,使职工自觉遵守安全生产的规章制度,严格按照安全要求、工艺规程进行操作,正确使用机器设备、工具及个人防护用品,严格遵守劳动纪律,不违章作业,并随时制止他人违章作业。

(3)安全法制教育。安全法制教育,特别是职业卫生法规教育是安全教育的一项重要内容。

应使职工对包括安全法规在内的国家各种法律、法令、条例和规程等都有所了解和掌握，特别是从业人员在安全生产中的权利义务和责任，应作为安全法制教育的重点，以树立职工的法制观念，增强安全生产的责任感，这是使安全生产法能够贯彻执行的保障。

(4)典型经验和事故教训。应宣传安全生产的典型经验，从生产安全事故中吸取经验教训。坚持事故处理“四不放过”原则，即事故原因不查清不放过、事故责任者得不到处理不放过、整改措施不落实不放过、教训不吸取不放过。

1.1.3.2 安全教育的形式

(1)三级安全教育制度。三级安全教育制度即指对新招收的职工、新调入的职工、来厂实习的学生或其他人员所进行的厂级安全教育、车间安全教育、现场安全教育。

1)厂级安全教育，应包括安全生产基本知识、安全生产法规教育、生产经营单位安全概况的介绍；主要安全生产规章制度（如安全生产责任制、安全生产奖惩条例，厂区交通运输安全管理制度、防护用品管理制度以及防火制度等）的教育与培训；还应包括作业场所和工作岗位存在的危险因素、防范措施及事故应急措施、有关事故案例的介绍等。

2)车间安全教育，应介绍车间的概况，如车间生产的产品、工艺流程及其特点，车间人员结构、安全生产组织状况及活动情况，车间危险区域、有毒有害工种情况，车间劳动保护方面的规章制度和对劳动保护用品的穿戴要求和注意事项，车间事故多发部位、原因、特殊规定和安全要求；介绍车间常见事故和对典型事故案例的剖析；介绍车间安全生产中的好人好事，车间文明生产方面的具体做法和要求，并根据车间的特点介绍安全技术基础知识；还应介绍车间防火知识，组织新从业人员学习安全生产文件和安全操作规程制度。

3)现场安全教育，应进行具体岗位的安全生产知识教育，如工作场所的生产特点、作业环境、危险区域、设备状况、消防设施等以及易发事故的危险因素；应重点讲解本工种的安全操作规程和岗位责任、如何正确使用和爱护劳动保护用品以及文明生产的要求，并实行安全操作示范。

(2)特种作业人员安全技术培训考核制度。特种作业人员是指从事法律规定的特种职业的作业人员，特种作业人员作业的场所、操作的设备、操作的内容具有较大的危险性，易发生伤亡事故或者易对操作者本人、他人以及周围设施的安全造成重大危害。由于特种作业人员在生产作业过程中承担的劳动风险较大，因此，对特种作业人员必须进行专门的安全技术知识教育和安全操作技术训练，并经严格的考试，考试合格后方可上岗作业，以保障安全生产。

爆破工作人员属于特种作业人员，应对其进行安全技术考核培训，考核合格后方可持证上岗就业。对特种作业人员进行安全教育培训考核的内容包括三方面：1)安全技术理论，包括安全基础知识和安全技术理论知识；2)实际操作，包括实际操作要领及实际操作技能；3)典型事故案例分析等。

(3)经常性安全教育培训制度。生产经营单位进行安全生产教育与培训，应保证教育的经常化、普遍化、规范化，制度中应该纳入考核验收和奖惩的内容，把教育工作的好坏、考核成绩的优劣与晋职晋级和奖金结合起来。教育、培训与考核可采取多种形式。

1.1.3.3 我国安全教育的发展

回顾半个世纪以来的安全教育法规、制度建设的历史，对完善社会主义市场经济体制下的安全教育法规和安全培训体系，具有十分重要的意义。

早在1954年，劳动部就发布了《关于进一步加强安全技术教育的决定》，指出：对新工人必须进行安全教育（入厂教育、车间教育、班组教育等，班组教育应采取包教包学的方法），在考试合格后才准独立操作,同时还对安全教育的内容、形式做出了明确规定,并要求各行各业遵照执行。

1956 年 5 月,国务院颁发了“三大规程”,即《工厂安全卫生规程》、《建筑安装工程安全技术规程》、《工人职员伤亡事故报告规程》。规程要求:对各级管理生产的干部和技术人员,在一定时期内应进行安全生产、工业卫生科技知识教育和考核,并作为晋职升级的参考依据。

1963 年 3 月 30 日,国务院颁发《关于加强企业生产中安全工作的几项规定》,习称“五项规定”,安全教育就是其中的一项。该规定要求:对电气、起重、锅炉、受压容器、焊接、车辆驾驶、爆破、瓦斯检验等特殊工种的工人,必须进行专门的安全操作技术训练,经过考试合格后才能准许他们操作。国务院明确指出,安全生产教育是安全生产工作的重要内容,要求企业把安全生产教育作为安全管理工作必须坚持的一项基本制度。

1980 年 4 月 17 日,国务院在给国家经济贸易委员会、国家劳动总局、中华全国总工会《关于在工业交通企业加强法制教育,严格依法处理职工伤亡事故的报告》的批示中强调:要有计划地组织职工学习国家制定的劳动保护法令、法规、条例、规定、规程和规章制度,教育大家增强法制观念,遵章守纪。

1981 年,国家劳动总局制定了《劳动保护宣传教育工作五年规划》,提出在全国建立劳动保护教育中心和劳动保护教育室,有计划地开展劳动保护教育和培训工作。据统计,20 世纪 80 年代以来,各省、自治区、直辖市劳动部门先后建立了近 80 个劳动保护教育中心,各行业、企业建立了数千个劳动保护教育室。这就在全国各地形成了一个网络体系,宣传安全知识,培训安全科技人才,训练安全管理干部,交流安全生产先进经验,开展劳动保护及安全生产的学术活动,推广劳动保护经验及安全生产成果。劳动部还在江西省九江市建立了国家劳动保护教育中心,这是我国安全培训的重要基地。

1982 年,国务院在《关于加强领导,防止企业继续发生重大伤亡事故的紧急通知》中重申:“加强对广大职工的安全教育和安全技术培训工作。各厂矿企业及主管部门都要制订计划,在短期内对现有职工普遍地分期分批进行一次有针对性的安全知识和安全技术教育,特别是对新工人,必须坚持进行入厂、车间、岗位‘三级’教育,经考试合格后,才准上岗操作”。“没有进行‘三级’教育必须重新补课”。

1982 年 2 月 13 日,国务院颁发的《矿山安全条例》规定:对瓦斯检查员、爆破工、信号工、把钩工、电工和各种设备司机以及其他技术性较强的工人都必须进行专门技术训练,经过考试合格后,才能独立从事本岗位工作。

1990 年 10 月 5 日,劳动部颁发《厂长、经理职业安全卫生管理资格认证规定》,并制定了《厂长、经理职业安全卫生管理知识培训大纲》。厂长、经理不仅要懂经营管理,还必须懂安全生产、安全管理,必须考试合格,取得劳动部职业安全卫生管理认证证书,方可任职。这一规定首次将厂长、经理的安全教育纳入法制轨道。

1991 年 9 月 20 日,劳动部颁发《特种作业人员安全技术培训考核管理规定》;1991 年 11 月 30 日,又颁发《特种作业人员安全培训考核大纲》,强调:对六大类特种作业人员的基本条件、独立操作能力、安全教育培训的内容及课时、安全技术理论和实际操作培训考核的范围和方法进行了规范,并规定《特种作业人员操作证》由劳动部统一印制,地市级以上劳动行政部门负责签发,全国通用。

1994 年 7 月 5 日,《劳动法》颁布。该法规定:劳动者享有获得劳动安全卫生保护的权利,接受职业技能培训的权利;用人单位必须对劳动者进行劳动安全卫生教育,防止劳动过程中的事故,减少职业危害;从事特种作业的劳动者,必须经过专门培训并取得特种作业资格;发展职业培训事业，开发劳动者的职业技能，提高劳动者素质，增强劳动者的就业能力和工作能力；各级人民政府应当把发展职业培训纳入社会经济发展的规划，鼓励和支持各种形式的职业培训；用人单位应当建立职业培训制度，按照国家规定提取和使用职业培训经费，根据本单位实际，有计划地对劳动者进行职业培训；国家确定职业分类，对规定的职业制定职业技能标准，实行职业资格证书制。

1995年11月8日，劳动部颁发《企业职业劳动安全卫生教育管理规定》。该规定要求，企业必须开展安全教育，普及安全知识，倡导安全文化，建立、健全安全教育制度。首次将倡导安全文化写入了安全教育制度。

该规定对生产岗位职工安全教育有如下要求：(1)企业新职工上岗必须进行厂级、车间级、班组级三级安全教育，不少于40学时；(2)厂级安全教育由企业主管厂长负责，企业安全卫生管理部门会同有关部门组织实施；(3)对三级安全教育内容做了具体规定；(4)从事特种作业的人员必须经过专门的安全知识与安全操作技能培训，通过国家技能考核，持证上岗；(5)对调整工作岗位或离岗一年以上重新上岗的工人，必须进行车间级或班组级安全教育，合格者方能上岗；(6)对企业在实施新工艺、新技术或使用新设备、新材料时，必须对有关人员进行相应的有针对性的安全教育。

该规定对企业法人代表和厂长、经理，企业管理人员，企业其他管理负责人，班组长和安全员的安全教育，在内容、学时、考核等方面做了具体规定。

该规定对安全教育的组织管理也有具体要求：(1)企业安全教育由企业法人代表和厂长、经理负责，企业安全卫生管理部门具体实施；(2)企业安全教育工作应纳入年度计划和中长远规划，在人员、资金和物质方面应予保证；(3)企业建立和完善安全教育制度应包括生产岗位职工安全教育、管理人员安全教育、安全员安全教育、班前教育、事故教育、安全活动日(周、月)教育等；(4)建立和健全企业安全教育档案制度、安全教育监督检查制度、安全教育工作的奖惩制度。

2002年6月29日，《安全生产法》颁布。该法对各级政府、生产经营单位、从业人员在安全教育方面的责任、权利和义务做了明文规定，不执行或有违反者，必须追究法律责任。《安全生产法》的实施，使安全教育和培训法制化、科学化、规范化和制度化，安全生产被纳入国家安全生产监督管理部门的督导之中，违者要依法追究经营单位及从业人员的法律责任。这有利于不断提高安全培训及安全科技文化知识宣传普及的质量和水平。

2002年12月18日，国家安全生产监督管理局印发了《关于生产经营单位主要负责人、安全生产管理人员及其他从业人员安全生产培训考核工作的意见》。该意见依据《安全生产法》有关安全生产教育和培训的条款，结合社会主义市场经济发展的实际，对生产经营单位主要负责人、安全生产管理人员、从业人员的安全生产教育和培训考核工作，提出了若干条政策和法规性意见。同日，国家安全生产监督管理局还印发了《关于特种作业人员安全技术培训考核工作的意见》。实际上，该意见所指对象应属于其他从业人员安全培训考核的范畴，只因这些从业人员从事的工种或岗位容易发生人员伤亡事故，对操作者、他人及周围设施设备的安全可能造成重大的危害，直接从事这类特殊作业的人员必须比一般从业人员具有更高的安全生产素质和更综合的技能水平因此，特种作业人员必须严格考核，列入准入控制之列。

我国的安全教育经历了如下四个阶段：

第一阶段(1949~1980年)，安全生产教育、培训工作发展初期。这一阶段受到“大跃进”和“文革”的干扰，其中血的教训很多，但也从反面为“三级教育”、特殊工种的安全技术培训等制度的建立奠定了基础。

第二阶段(1980~1994年)，劳动保护教育中心和劳动保护教育室在全国蓬勃发展时期。这一时期全国建立了近80个劳动保护教育中心、7000余个企业的劳动保护宣传教育室，使三级教育制度得以完善，特殊工种的教育培训制度建立起来，将厂长、经理职业安全卫生教育纳入法制轨道，并推行了资格认证制度；在安全知识及安全技能的宣传普及、安全干部及安技人才的培养、劳动者安全意识和自护能力的提高方面有长足进步，促进了生产的发展。

第三阶段（1994～2002年），安全教育、培训工作进入法制化、科学化、制度化阶段。在《劳动法》中，把职工享受劳动卫生保护、接受职业安全卫生教育和培训当成一种权利。该法有四条涉及职业教育与培训，要求用人单位建立职业培训制度、各级人民政府要把发展职业培训纳入社会经济发展规划。

1995年，劳动部颁发《企业职工劳动安全卫生教育管理规定》，根据《劳动法》的有关条文，对三级安全教育，企业法人代表、厂长、经理安全教育，企业安全管理人员安全教育，企业职能部门负责人、车间负责人、专业工程技术人员安全教育，班组长及安全员安全教育的组织实施和责任制，安全教育培训人、财、物的保障，教学大纲、考核内容及特种作业人员的安全考核、发证等，都做了明确的规定，是一部基本适应社会主义市场经济发展的安全教育培训行政规章，是对《劳动法》有关安全教育和职业培训条款的具体落实和发展。

第四阶段（2002年至今），安全教育培训制度更加适应社会主义市场经济发展的新阶段。从政府、生产经营单位、从业人员三方的权利和义务入手，重新调整了安全教育培训工作的地位和作用，充分利用《安全生产法》的有关条款，发挥法制的强制作用，加大了安全教育、培训工作的力度，推动了安全生产。特别是2002年12月18日国家安全生产监督管理局印发的两个意见，将安全生产法中有关安全教育、培训及教学大纲、考核内容、统一发证、持证上岗正式列入意见之中，使安全教育制度化、培训规范化，将考核发证、监督检查等纳入法制轨道，更有利于公开、公平、公正竞争和人才开发，也有利于安全管理。

1.2　爆炸物品的管理

国家对民用爆炸物品的生产、销售、购买、运输和爆破作业实行许可证制度。未经许可，任何单位或者个人不得生产、销售、购买、运输民用爆炸物品，不得从事爆破作业。严禁转让、出借、转借、抵押、赠送、私藏或者非法持有民用爆炸物品。

任何单位或者个人都有权举报违反民用爆炸物品安全管理规定的行为；接到举报的主管部门、公安机关应当立即查处，并为举报人员保密，对举报有功人员给予奖励。

民用爆炸物品生产、销售、购买、运输和爆破作业单位的主要负责人是本单位民用爆炸物品安全管理责任人，应对本单位的民用爆炸物品安全管理工作全面负责。民用爆炸物品从业单位是治安保卫工作的重点单位，应当依法设置治安保卫机构或者配备治安保卫人员，设置技术防范设施，防止民用爆炸物品丢失、被盗、被抢。民用爆炸物品从业单位应当建立安全管理制度、岗位安全责任制度，制订安全防范措施和事故应急预案，设置安全管理机构或者配备专职安全管理人员。

民用爆炸物品从业单位应当加强对本单位从业人员的安全教育、法制教育和岗位技术培训，从业人员经考核合格的，方可上岗作业；对有资格要求的岗位，应当配备具有相应资格的人员。

1.2.1　国家对爆炸物品流向的管理

国家建立了民用爆炸物品信息管理系统，对民用爆炸物品实行标识管理，监控民用爆炸物品流向。民用爆炸物品生产企业、销售企业和爆破作业单位应当建立民用爆炸物品登记制度，如实将本单位生产、销售、购买、运输、储存、使用民用爆炸物品的品种、数量和流向信息输入计算机系统。

国家鼓励民用爆炸物品从业单位采用提高民用爆炸物品安全性能的新技术,鼓励发展民用爆炸物品生产、配送、爆破作业一体化的经营模式。

1.2.2　国家对爆炸物品使用单位的规定

申请从事爆破、使用爆炸物品的单位,应当具备下列条件:

(1)爆破作业属于合法的生产活动;

(2)有符合国家有关标准和规范的民用爆炸物品专用仓库;

(3)有具备相应资格的安全管理人员、仓库管理人员和具备国家规定执业资格的爆破作业人员;

(4)有健全的安全管理制度、岗位安全责任制度;

(5)有符合国家标准、行业标准的爆破作业专用设备;

(6)符合法律、行政法规规定的其他条件。

1.2.3　申请购买民用爆炸物品的规定

民用爆炸物品使用单位申请购买民用爆炸物品的,应当向所在地县级人民政府公安机关提出购买申请,并提交下列有关材料:

(1)工商营业执照或者事业单位法人证书;

(2)《爆破作业单位许可证》或者其他合法使用的证明;

(3)购买单位的名称、地址、银行账户;

(4)购买的品种、数量和用途说明。

受理申请的公安机关应当自受理申请之日起5日内对提交的有关材料进行审查,对符合条件的,核发《民用爆炸物品购买许可证》;对不符合条件的,不予核发《民用爆炸物品购买许可证》,书面向申请人说明理由。

《民用爆炸物品购买许可证》应当载明许可购买的品种、数量、购买单位以及许可的有效期限。购买民用爆炸物品,应当通过银行账户进行交易,不得使用现金或者实物进行交易。

1.2.4　民用爆炸物品运输的规定

运输民用爆炸物品,收货单位应当向运达地县级人民政府公安机关提出申请,并提交包括下列内容的材料:

(1)民用爆炸物品生产企业、销售企业、使用单位以及进出口单位分别提供的《民用爆炸物品生产许可证》、《民用爆炸物品销售许可证》、《民用爆炸物品购买许可证》或者进出口批准证明;

(2)运输民用爆炸物品的品种、数量、包装材料和包装方式;

(3)运输民用爆炸物品的特性、出现险情的应急处置方法;

(4)运输时间、起始地点、运输路线、经停地点。

受理申请的公安机关应当自受理申请之日起3日内对提交的有关材料进行审查,对符合条件的,核发《民用爆炸物品运输许可证》;对不符合条件的,不予核发《民用爆炸物品运输许可证》,书面向申请人说明理由。

《民用爆炸物品运输许可证》应当载明收货单位、销售企业、承运人,一次性运输有效期限、起始地点、运输路线、经停地点,民用爆炸物品的品种、数量。

运输民用爆炸物品的,应当凭《民用爆炸物品运输许可证》,按照许可的品种、数量运输。运输民用爆炸物品注意事项：

(1)携带《民用爆炸物品运输许可证》；

(2)民用爆炸物品的装载应当符合国家有关标准和规范，车厢内不得载人；

(3)运输车辆安全技术状况应当符合国家有关安全技术标准的要求，并按照规定悬挂或者安装符合国家标准的易燃易爆危险物品警示标志；

(4)运输民用爆炸物品的车辆应当保持安全车速；

(5)按照规定的路线行驶，途中经停应当有专人看守，并远离建筑设施和人口稠密的地方，不得在许可以外的地点经停；

(6)按照安全操作规程装卸民用爆炸物品，并在装卸现场设置警戒，禁止无关人员进入；

(7)出现危险情况应立即采取必要的应急处置措施，并报告当地公安机关。

民用爆炸物品运达目的地，收货单位应当进行验收后在《民用爆炸物品运输许可证》上签注，并在3日内将《民用爆炸物品运输许可证》交回发证机关核销。

禁止携带民用爆炸物品搭乘公共交通工具或者进入公共场所，禁止邮寄民用爆炸物品，禁止在托运的货物、行李、包裹、邮件中夹带民用爆炸物品。

1.2.5 民用爆炸物品储存的规定

民用爆炸物品应当储存在专用仓库内，并按照国家规定设置技术防范设施。

(1)建立出入库检查、登记制度，收存和发放民用爆炸物品必须进行登记，做到账目清楚，账物相符；

(2)储存的民用爆炸物品数量不得超过储存设计容量，对性质相抵触的民用爆炸物品必须分库储存，严禁在库房内存放其他物品；

(3)专用仓库应当指定专人管理、看护，严禁无关人员进入仓库区内，严禁在仓库区内吸烟和用火，严禁把其他容易引起燃烧、爆炸的物品带入仓库区内，严禁在库房内住宿和进行其他活动；

(4)民用爆炸物品丢失、被盗、被抢，应当立即报告当地公安机关。

在爆破作业现场临时存放民用爆炸物品的，应当具备临时存放民用爆炸物品的条件，并设专人管理、看护，不得在不具备安全存放条件的场所存放民用爆炸物品。

民用爆炸物品变质和过期失效的，应当及时清理出库，并予以销毁。销毁前应当登记造册，提出销毁实施方案，报省、自治区、直辖市人民政府国防科技工业主管部门及所在地县级人民政府公安机关组织监督销毁。

1.3 爆破安全常识

1.3.1 爆破工作一般安全常识

1.3.1.1 一般安全要求

(1)爆破作业人员必须树立安全第一、预防为主的思想，认真学习并严格遵守爆破安全规程和措施。

(2)爆破工作要根据批准的设计文件或爆破方案进行，每个爆破工地都要有专人负责放炮指挥和安全警戒组织工作。

(3)从事爆破工作的人员必须受过爆破技术专门训练，熟悉爆破器材的性能、操作方法和安全规定。

(4)爆破作业中必须时刻提高警惕,预防事故发生,发现不安全因素应及时采取措施处理。

(5)爆破材料必须符合工地使用条件和国家规定的技术标准,每批爆破材料使用前必须进行检查和做有关性能的试验。不合格的爆破材料禁止使用。

(6)在浓雾、闪电、雷雨、6级以上大风天气和黑夜时,不得进行露天爆破作业。

(7)进行爆破时,应同时使用音响及视觉两种信号,并通告使附近有关人员均能准确识别。只有在完成警戒布置并确认安全无误后,才可发布起爆信号。在一个地区同时有几个场地进行爆破操作时,应统一行动,并有统一指挥。

(8)爆破后,必须及时检查爆破效果。采用火花起爆时应指定专人计算响炮数量,如点炮与响炮数量不一致时,应在最后一炮响后不少于20min时才允许进入爆破区检查。采用电力或导爆索起爆时,炮响后立即切断电源,待炮烟消散后方可进入爆破区内检查。

(9)一切爆炸材料,严禁接近烟火。

(10)炮孔爆破后,不论孔底有无残药,不得打残孔。

1.3.1.2 一般安全措施

(1)爆破人员必须持有经县(市)公安局考试合格后发给的《爆破员作业证》上岗。

(2)起爆器材的加工应符合下列规定:

1)起爆器材(如药包等)的加工应在僻静、阴凉、干燥的安全处所进行。

2)火花起爆的导火线长度应根据点炮人员躲避时间而定,但在任何情况下,导火线长度不应短于1.2m,二次爆破不短于0.5m。

3)爆炸物品的领取、加工、使用必须在同一班次内完成。往炮孔装炸药时,无关人员必须离开工作场地;装药只准用木竹制品捣实。严禁边打孔、边装药、边放炮。

4)装有雷管的起爆药包,应小心地放入炮孔或硐室,不得冲击或猛力挤压。禁止从起爆药中拔出或拉动导火索、电雷管脚线及导爆索。

(3)爆破防护应遵守下列规定:

1)爆破必须按爆破设计要求的警戒范围设置防护。防护人员必须按规定执行警戒任务,不得擅离职守。

2)爆破危险区内,所有与爆破无关的人员、设备、工具(不能移动的除外)全部撤到安全处所;处于爆破危险区的铁路,应事先与车站联系以确认无列车通过,并在铁路上、下行两端设停车防护信号和防护人员。

3)警戒防护的撤除,应在爆破最后一响20min以后进行。警戒铁路的防护人员,应检查线路并确认完好后,方可撤回。

4)防护撤除后,应对采区内的建筑物、机电设备认真检查,并做好记录。

(4)爆破起爆应遵守下列规定:

1)爆破作业应在领工员或车间主任统一指挥下进行,指挥人员必须执行预报、警戒、解除三种信号规定。

2)进行爆破时应同时使用听觉和视觉两种信号。只有在完成警戒布置并加以确认后,方可发布爆破信号。

3)火花点炮应事先记清炮位,找好待避地点,检查导火线切口;听到起爆信号后应立即点炮,点炮应按先远后近、先长后短的顺序进行;听到撤离信号时,无论点完与否均应迅速撤离。最后一炮响20min后,方可进入炮区检查。

山壁点炮,每人每次不得超过2个;平地点炮,每人每次不得超过5个。一人点炮,炮位间的距离不得大于5m。

深度超过4m的炮孔用火花起爆时,应装两个起爆雷管并同时点燃;深度超过10m时,禁止用火花起爆。

4)电力起爆按《作业标准》和《爆破规程》执行。

1.3.2 从事爆破工作单位应具备的条件

从事爆破工作单位应具备以下条件:

(1)爆破作业属于合法的生产活动;

(2)有符合国家有关标准和规范的民用爆炸物品专用仓库;

(3)有具备相应资格的安全管理人员、仓库管理人员和具备国家规定执业资格的爆破作业人员;

(4)有健全的安全管理制度、岗位安全责任制度;

(5)有符合国家标准、行业标准的爆破作业专用设备;

(6)符合法律、行政法规规定的其他条件。

1.3.3 国家对从事爆破工作单位的规定

从事爆破作业的单位,应当按照国务院公安部门的规定,向有关人民政府公安机关提出申请,取得《爆破作业单位许可证》。

营业性爆破作业单位应持《爆破作业单位许可证》到工商行政管理部门办理工商登记后,方可从事营业性爆破作业活动。

爆破作业单位应当按照其资质等级承接爆破作业项目,爆破作业人员应当按照其资格等级从事爆破作业。

爆破作业单位跨省、自治区、直辖市行政区域从事爆破作业的,应当事先将爆破作业项目的有关情况向爆破作业所在地县级人民政府公安机关报告。

爆破作业单位应当对本单位的爆破作业人员、安全管理人员、仓库管理人员进行专业技术培训。爆破作业人员应当经设区的市级人民政府公安机关考核合格,取得《爆破作业人员许可证》后,方可从事爆破作业。

无民事行为能力人、限制民事行为能力人或者曾因犯罪受过刑事处罚的人,不得从事民用爆炸物品的购买、运输和爆破作业。

实施爆破作业,应当遵守国家有关标准和规范,在安全距离以外设置警示标志并安排警戒人员,防止无关人员进入;爆破作业结束后应当及时检查、排除未引爆的民用爆炸物品。

爆破作业单位应当如实记载领取、发放民用爆炸物品的品种、数量、编号以及领取、发放人员姓名。领取民用爆炸物品的数量不得超过当班用量,作业后剩余的民用爆炸物品必须当班清退回库。爆破作业单位应当将领取、发放民用爆炸物品的原始记录保存2年备查。

爆破作业单位不再使用民用爆炸物品时,应当将剩余的民用爆炸物品登记造册,报所在地县级人民政府公安机关组织监督销毁。发现、拣拾无主民用爆炸物品的,应当立即报告当地公安机关。

1.3.4 国家对特殊场所进行爆破作业的规定

国家对在城市、风景名胜区和重要工程设施附近实施爆破作业做了特殊规定,在城市、风景名胜区和重要工程设施附近实施爆破作业的,应当向爆破作业所在地设区的市级人民政府公安机关提出申请,提交《爆破作业单位许可证》和具有相应资质的安全评估企业出具的爆破设计、施工方案评估报告。对符合条件的,由受理申请的公安机关作出批准的决定;对不符合条件的,作出不予批准的决定,并书面向申请人说明理由。

实施上述爆破作业,还应当由具有相应资质的安全监理企业进行监理,由爆破作业所在地县级人民政府公安机关负责组织实施安全警戒。

1.4 爆破施工的组织

1.4.1 爆破工程分级

2004 年国家有关部门公布的《爆破安全规程》中规定:硐室爆破工程、大型深孔爆破工程、拆除爆破工程以及复杂环境岩土爆破工程,应实行分级管理。不同爆破工程的分级列于表 1-1,不同级别的爆破要按相应规定进行设计、施工和审批。

表 1-1 爆破工程的分级 (t)

级别	用药量(Q)及环境						
	硐室爆破	露天深孔爆破	地下深孔爆破	水下深孔爆破	复杂环境深孔爆破	拆除爆破	城镇浅孔爆破
A	$1000\leqslant Q\leqslant 3000$			$Q\geqslant 50$	$Q\geqslant 50$	$Q\geqslant 0.5$	
B	$300\leqslant Q<1000$	$Q\geqslant 200$	$Q\geqslant 100$	$20\leqslant Q<50$	$15\leqslant Q<50$	$0.2\leqslant Q<0.5$	环境十分复杂
C	$50\leqslant Q<300$	$100\leqslant Q<200$	$50\leqslant Q<100$	$5\leqslant Q<20$	$5\leqslant Q<15$	$Q<0.2$	环境复杂
D	$0.2\leqslant Q<50$	$50\leqslant Q<100$	$20\leqslant Q<50$	$0.5\leqslant Q<5$	$1\leqslant Q<5$		环境不复杂

根据《爆破安全规程》规定,将爆破作业环境分为下列三种情况:

(1)环境十分复杂,指爆破可能危及国家一级和二级文物、极重要设施、极精密贵重仪器及重要建(构)筑物等保护对象的安全;

(2)环境复杂,指爆破可能危及国家三级文物、省级文物、居民楼、办公楼、厂房等保护对象的安全;

(3)环境不复杂,指爆破只可能危及个别房屋、设施等保护对象的安全。

硐室爆破一般根据一次用药量确定等级,一次用药量大于 3000t 的硐室爆破,应由业务主管部门组织专家论证其必要性和可行性,其等级按 A 级管理;装药量小于 200kg 的小硐室爆破归入蛇穴爆破,应遵守相应的规定。

拆除爆破工程及复杂环境深孔爆破工程,除按表 1-1 规定的药量进行分级外,还应按下列环境条件和拆除对象进行级别调整:

有下列几种情况之一者,属于 A 级:

(1)环境十分复杂;

(2)拆除的楼房超过 10 层,厂房高度超过 30m,烟囱高度超过 80m,塔高度超过 50m;一级、二级水利水电枢纽的主体建筑、围堰、堤坝和挡水岩坎。

有下列几种情况之一者,属于 B 级:

(1)环境复杂;

(2)拆除的楼房为 5 ~ 10 层,厂房高度为 15 ~ 30m,烟囱高度为 50 ~ 80m,塔高度为 30 ~

50m；

(3)三级水利水电枢纽的主体建筑、围堰、堤坝和挡水岩坎。

有下列几种情况之一者，属于C级：

(1)环境不复杂；

(2)拆除楼房低于5层，厂房高度低于15m，烟囱高度低于50m，塔的高度低于30m；

(3)四级、五级水利水电枢纽工程的主体建筑、围堰、堤坝和挡水岩坎。

对爆区周围500m无建筑物和其他保护对象，并且一次爆破用药量不超过200kg的拆除爆破，以及不属于A～D级的爆破工程，不实行分级管理。

根据爆破工程的复杂程度和爆破作业环境的特殊要求，应由设计、安全评估和审批单位商定，适当提高相应爆破工程的管理级别。

1.4.2 爆破设计单位的资质要求

欲从事爆破设计的单位应当经国家授权的机构对其人员和资质进行审查合格后，才可办理企业法人营业执照，从事相关业务。爆破设计企业应按允许的范围、等级从事经营活动，同时从事设计和施工的企业应取得双重资质。未经批准，任何个人不得承接爆破工程的设计、安全评估、施工和监理工作。

爆破安全规程规定，承担爆破设计的单位应符合下述四项条件：

(1)持有有关部门核发的爆破设计证书；

(2)经工商部门注册的企业(事业)法人单位，其经营范围应包括爆破设计；

(3)有符合规定数量、级别、作业范围的持有安全作业证的技术人员；

(4)有固定的设计场所。

爆破设计证书应当标明允许的设计范围及在各范围内承担设计项目的等级(一般岩土爆破、硐室爆破×级、深孔爆破×级、拆除爆破×级、特种爆破等)；同时，只限在本单位使用，不允许转借、转让、挂靠、伪造，不允许超越证书许可范围承担业务。

承担不同等级爆破设计的单位，应符合表1-2中相应的条件；承担不属于分级管理爆破工程设计的单位，应符合表1-2中D级所列的条件；承担特种爆破设计的单位，应有两项以上同类设计的成功业绩。

表1-2 承担不同等级爆破工程设计单位的条件

工程等级	设计单位条件	
	人员	业绩
A	高级爆破技术人员不少于2人，持相应A级证者不少于1人	相应一项A级或两项B级成功设计
B	高级爆破技术人员不少于1人，持相应B级证者不少于1人	相应一项B级或两项C级成功设计
C	中级爆破技术人员不少于2人，持相应C级证者不少于1人	相应一项C级或两项D级成功设计
D	中级爆破技术人员不少于1人，持相应D级证者不少于1人	相应一项D级或两项一般爆破成功设计

1.4.3　爆破施工单位的资质要求

《爆破安全规程》中规定,爆破施工企业应取得爆破施工企业资质证书或在其施工资质证书中标有爆破施工内容。该证书应标明允许承接爆破工程的范围和等级。资质未标明者,只能从事一般岩土爆破。

建设部颁布的《建筑业企业资质管理规定》(建设部令第 87 号),将爆破与拆除工程专业承包企业资质分为一级、二级、三级;对企业资质标准,除规定了企业近 5 年来相应的施工业绩要求、应具备有关部门核发的相应设计证书和爆炸物品使用许可证外,还对企业管理和专业技术人员、注册资本金、净资产、近 3 年最高年工程结算收入及应具备的施工及检测设备要求做了规定。

从事爆破施工的企业,应设有爆破工作领导人、爆破工程技术人员、爆破段(班)长、安全员、爆破员;应持有由县级以上(含县级,下同)公安机关颁发的《爆炸物品使用许可证》;设立爆破器材库的,还应设有爆破器材库主任、保管员、押运员,并持有县级以上公安机关签发的《爆炸物品储存许可证》。

承担 A 级、B 级、C 级、D 级爆破工程的施工企业,应符合表 1-3 中的相应条件;承担特种爆破施工的企业,应有两项以上同类爆破作业的经验。

表 1-3　承担 A 级、B 级、C 级、D 级爆破工程施工企业的条件

工程等级	施工企业条件	
	人　员	业　绩
A	高级爆破技术人员不少于 1 人,有相应 A 级证者不少于 1 人	有 B 级以上(含 B 级)相应类别工程施工经验
B	高级爆破技术人员不少于 1 人,有相应 B 级证者不少于 1 人	有 C 级以上(含 C 级)相应类别工程施工经验
C	中级爆破技术人员不少于 1 人,有相应 C 证者不少于 1 人	有 D 级以上(含 D 级)相应类别工程施工经验
D	中级爆破技术人员不少于 1 人,有相应 D 证者不少于 1 人	有一般爆破施工经验

A 级、B 级、C 级、D 级爆破工程,应有持同类证书的爆破工程技术人员负责现场工作;一般岩土爆破工程及特种爆破工程,也应有爆破工程技术人员在现场指导施工。

按照《爆破安全规程》的规定,施工企业的安全职责有以下五点:

(1)管理本企业的爆破作业人员发现不适合继续从事爆破作业者和因工作调动不再从事爆破作业者,均应收回其安全作业证,交回原发证部门,异地施工应办理有关证件的登记及签证手续;

(2)负责本单位爆破器材的购买、运输、储存、使用,并承担安全责任;

(3)编制施工组织设计,制定预防事故的安全措施并组织实施;

(4)处理本企业爆破事故;

(5)爆破施工单位与爆破设计单位联合承担爆破工程时,双方应签订合同、明确责任,并得到业主的认可,其资质条件可以按两个单位的人员、业绩呈报。

1.4.4　爆破工程的申报与审批

按照《爆破安全规程》的规定,对 A 级、B 级、C 级、D 级爆破工程的设计应经有关部门审批,

未经审批不准开工。设计文件应在设计人员、审核人员和设计单位主管领导签字后,才能上报主管部门;设计审查部门(或审批人)应在规定时限内完成审批,并将审批意见以书面形式通知报批单位。爆破拆除建(构)筑物,一般需经产权单位的上级部门同意,必要时还应报请政府主管部门批准。

行政和政府主管部门审定时,应考虑的主要问题是:

(1)拆除物有无继续使用和保留的价值;

(2)拆除物与城市建设规划的关系;

(3)采用爆破方法拆除对相邻建筑物、城市交通和市政设施相关联的安全问题。

矿山常规爆破审批不按等级管理,一般岩土爆破和矿山常规爆破设计书或爆破说明书由单位领导人批准。

按照《爆破安全规程》的规定,对A级、B级、C级和对安全影响较大的D级爆破工程都应进行安全评估。未经安全评估的爆破设计,任何单位不准审批或实施。

合格的爆破设计方案应符合以下三项条件:

(1)设计单位的资质符合规定;

(2)承担设计和安全评估的主要爆破工程技术人员的资质及数量符合规定;

(3)设计方案通过安全评估或设计审查认为,爆破设计在技术上可行、在安全上可靠。

使用爆破器材的单位,必须经上级主管部门审查同意,并应持有说明使用爆破器材的地点、品名、数量、用途、四邻距离的文件和安全操作规程,向所在地县、市公安部门申请领取《爆炸物品使用许可证》,才准使用。

在进行大型爆破作业或在城镇与其他居民聚居的地方、风景名胜区和重要工程设施附近进行控制爆破作业时,施工单位必须事先将爆破作业方案报县、市以上主管部门批准,并征得所在地县、市公安部门同意,才准进行爆破作业。

1.4.5 爆破工程安全监理

爆破工程安全监理工作经过科技人员多年的理论探索与工程实践,首次被纳入新的《爆破安全规程》中,这是将爆破工程项目管理与建设工程项目管理模式接轨的标志,这对保障爆破安全、保证爆破工程质量和提升爆破工程管理水平有着重要的意义。

《爆破安全规程》规定:各类A级爆破、B级硐室爆破以及有关部门认定的重要或重点爆破工程,应由工程监理单位实施爆破安全监理,承担爆破安全监理的人员应持有相应安全作业证。

爆破工程安全监理应编制爆破工程安全监理方案,并按爆破工程进度和实施要求编制爆破工程安全监理细则,按照细则进行爆破工程安全监理;在爆破工程的各主要阶段竣工完成后,签署爆破工程安全监理意见。

爆破工程安全监理的内容应包括以下四点:

(1)检查施工单位申报爆破作业的程序,对不符合批准程序的爆破工程,有权停止其爆破作业,并向业主和有关部门报告;

(2)监督施工企业按设计施工,审验从事爆破作业人员的资格,制止无证人员从事爆破作业,发现不适合继续从事爆破作业的,督促施工单位收回其安全作业证;

(3)监督施工单位不得使用过期、变质或未经批准在工程中应用的爆破器材,应监督、检查爆破器材的使用、领取和清退制度;

(4)监督、检查施工单位执行本规程的情况,发现违章指挥和违章作业,有权停止其爆破作业,并向业主和有关部门报告。

复习思考题

1-1　简述爆破工程的一般作业程序。

1-2　爆破施工准备应包括哪些主要内容？

1-3　简述爆破施工组织机构的组成与任务。

1-4　为什么要对爆破作业人员进行分类和管理？

1-5　各类爆破作业人员在爆破工程中的作用和职责分别是什么？

2 岩石的凿岩爆破性质

2.1 岩石的物理及力学性质

在工程爆破的工作中，通常是通过用凿岩设备在矿岩内穿孔并装入炸药进行爆破的方法来破碎矿石或岩石。因此，正确地认识岩石的有关性质，并在此基础上对岩石进行分级，能为爆破设计、施工、制定生产定额以及成本核算等提供依据。

2.1.1 岩石的物理性质

(1)孔隙率。孔隙率 η(%)是指岩石中各孔隙的总体积 V_0 与岩石总体积 V 之比，用百分率表示。

$$\eta = \frac{V_0}{V} \times 100\% \qquad (2\ 1)$$

岩石孔隙的存在，能削弱岩石颗粒之间的连接力而使岩石强度降低。孔隙率越大，岩石强度降低得就越严重。岩石内孔隙的存在，一方面使破碎岩石所需要的炸药能量降低，但另一方面因炸药爆炸的能量会从孔隙逸出而使爆破效果受到影响。

(2)密度。密度 ρ(g/cm^3)是指构成岩石的物质质量 M 对该物质所具有的体积 $V - V_0$ 之比，即：

$$\rho = \frac{M}{V - V_0} \qquad (2\text{-}2)$$

(3)体积密度。体积密度 γ(t/m^3)是指岩石的质量 G 对包括孔隙在内的岩石体积 V 之比，即：

$$\gamma = \frac{G}{V} \qquad (2\text{-}3)$$

可以看出，岩石的密度与体积密度是不同的。一般地说，岩石的密度和体积密度越大，就越难以破碎，在抛掷爆破时需消耗较多的能量去克服重力的影响。

(4)岩石的碎胀性。岩石破碎成块后，因碎块之间存有空隙而使总体积增加，这一性质称为岩石的碎胀性，它可用碎胀系数(或松散系数)K 表示(其值在 1.2 ~ 1.6 之间)。K 是指岩石破碎后的体积 V_1 与破碎前的体积 V 之比，即：

$$K = \frac{V_1}{V} \qquad (2\text{-}4)$$

在采掘工程或其他土石方工程中选择采装、运输、提升等设备的容器时，必须考虑矿岩的碎胀性，特别是地下开采矿石爆破所需要或允许碎胀空间的大小，其与该矿石的碎胀系数有着密切的关系。

(5)岩石的强度与硬度。岩石的强度是指岩石抵抗外力破坏的能力，或者说是指岩石的完整性开始被破坏的极限应力值。在材料力学中，用强度来表示各种材料抵抗压缩、拉伸、剪切等简单作用力的能力。但是在爆破工程中，由于岩石承受的是冲击载荷，因而强度只是用来说明岩石坚固性的一个方面。

岩石的硬度是指岩石抵抗工具侵入的能力。凡是用刃具切削或挤压的方法凿岩，首先必须将工具压入岩石才能达到钻进的目的,因此,研究岩石的硬度具有一定的意义。

一般地说,强度和硬度越大的岩石就越难以凿岩和爆破。但值得注意的是,某些硬度较大的岩石往往比较脆,因而也就易于爆破。

(6)岩石的裂隙性。由于岩体存在节理、裂隙等结构面,所以岩体的弹性模量、波传播速度不同于岩石试件。实验表明,对同一种岩石而言,岩体的泊松比要比单个岩石试件的值大,而弹性模量及波速则比试件小。工程上常用岩体与岩石试件内的波速比值的平方来评价岩体的完整性,称为岩体的完整系数。由此可见,岩体只能被认为是“由结构面网络和岩块组成的地质体”,它的性质由岩块与结构面共同决定。岩石的裂隙性对爆破能量的传递影响很大,并且由于岩石裂隙存在的差异性很大,使岩体的受力破坏问题更加复杂化。

以上岩石物理性质都从不同的方面影响着爆破效果。几种常见岩石的孔隙率、密度、体积密度、纵波波速和波阻抗值,列于表2-1中。

表2-1　常见岩石的孔隙率、密度、体积密度、纵波波速和波阻抗

岩石名称	孔隙率/%	密度/g·cm^{-3}	体积密度/t·m^{-3}	纵波波速/m·s^{-1}	波阻抗/kg·(cm^2·s)$^{-1}$
花岗岩	0.5~1.5	2.6~3.0	2.56~2.67	4000~6800	800~1900
玄武岩	0.1~0.2	2.7~2.86	2.65~2.8	4500~7000	1400~2000
辉绿岩	0.6~1.2	2.85~3.05	2.8~2.9	4700~7500	1800~2300
石灰岩	5.0~20	2.3~2.8	2.46~2.65	3200~5500	700~1900
白云岩	1.0~5.0	2.3~2.8	2.3~2.4	5200~6700	1200~1900
砂　岩	5.0~23	2.1~2.9	2.0~2.8	3000~4600	600~1300
板　岩	10~30	2.3~2.7	2.1~2.57	2500~6000	575~1620
片麻岩	0.5~1.5	2.5~2.8	2.4~2.65	5500~6000	1400~1700
大理岩	0.5~2.0	2.6~2.8	2.5	4400~5900	1200~1700
石英岩	0.1~0.8	2.63~2.9	2.45~2.85	5000~6500	1100~1900

2.1.2　岩石的力学性质

用炸药爆炸来破碎岩石是爆破工程的主要内容,而炸药爆炸加载于介质的载荷是冲击载荷,属于动力学范畴。因此,必须对岩石的动力学性质进行研究。冲击载荷能使介质中产生波的传播,这种波在介质中统称为应力波。研究岩石动力学性质,首先应研究载荷性质、应力波性质及其传播规律。

2.1.2.1　炸药爆炸的载荷性质

根据介质的应变速率(见表2-2)、冲击速度或加载速度的不同,载荷性质可分为动载荷和静载荷。

表2-2　载荷状态分类

应变速率/s^{-1}	$<10^{-6}$	$10^{-6}\sim10^{-4}$	$10^{-2}\sim10$	$10\sim10^3$	$>10^4$
载荷状态	流　变	静　态	准静态	准动态	动　态
试验方法	稳定加载	液压机加载	气动式快速加载	霍金逊杆加载	爆炸或冲击加载

应变速率是指应变随时间的变化率;冲击速度是指试件一端质点相对于另一端质点的运动

速度;加载速度是指应力随时间的变化率。

由表2-2中可看出,炸药爆炸时周围岩石的应变速率达10^4以上,属于动载荷。矿岩受到爆炸作用时,其力学特性为动力学特性。

2.1.2.2　岩石的波阻抗

岩石密度ρ与纵波在该岩石中传播速度C的乘积,称为岩石的波阻抗。它有阻止波传播的作用,即所谓对应力波传播的阻尼作用。实验表明,波阻抗值的大小除与岩石性质有关外,还与作用于岩石界面的介质性质有关。岩石的波阻抗值对爆破能量在岩体中的传播效率有直接影响,即炸药的波阻抗值与岩石的波阻抗值相接近(相匹配)时,爆破传给岩石的能量就多,在岩石中所引起的应变值也就大,可获得较好的爆破效果。

2.1.2.3　岩石的弹性与塑性

岩石在外力作用下产生变形,其变形性质可用应力-应变曲线表示,如图2-1所示。根据变形性质的不同,可分为弹性变形和塑性变形。弹性变形具有可逆性,即载荷消除后变形跟着消失,这种变形又分为线性变形和非线性变形两种。当应力值在比例极限之内时,应力与应变呈线性关系,并遵守胡克定律;当应力值超过比例极限时,则进入非线性弹性变形阶段,其应力-应变关系不遵守胡克定律;当应力值超过极限抗压强度(峰值)时,脆性材料则立即发生破坏,而塑性材料则进入具有永久变形特性的塑性变形区。塑性变形是不可逆的,载荷消除后,部分变形将永久保留下来。但是,岩石与其他材料不同,在弹性区内,应力消除之后应变并不能立即消失,而需要经过一定时间才能恢复,这种现象称为岩石的弹性后效。在弹性后效没有消除之前,如果重新加载,岩石就会出现如图2-2所示的应力-应变曲线,其中加载与卸载围成的环形,称为岩石的弹性滞环。岩石破坏前不产生明显残余变形者,称为脆性岩石。铁矿山、有色金属矿山的矿岩,大多属于脆性岩石。

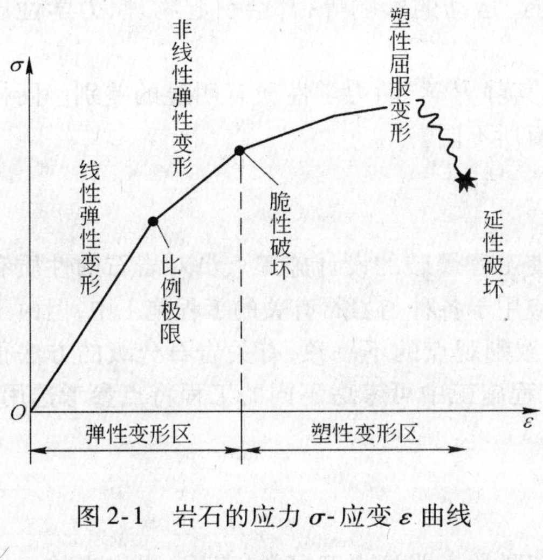

图2-1　岩石的应力σ-应变ε曲线

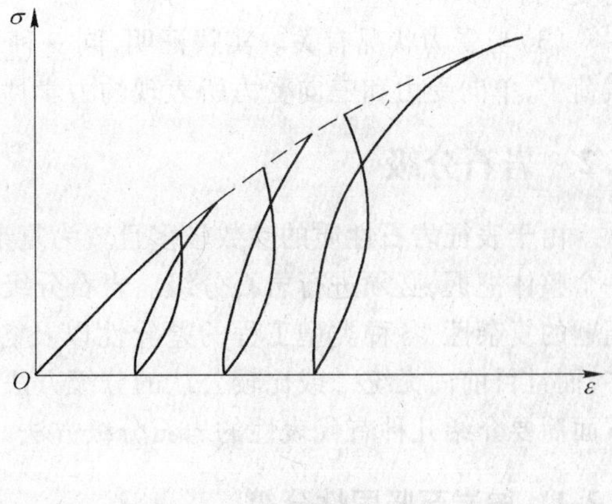

图2-2　反复加载与卸载的应力σ-应变ε曲线

2.1.2.4　岩体在爆炸冲击载荷作用下的力学反应

岩体在爆炸冲击载荷作用下产生一种波,通常称为应力波或纵波,它在岩体中传播能引起岩体的变形乃至破坏。这种动力学反应的特点是:

(1)炸药爆炸首先形成应力脉冲,使岩体表面产生变形和运动。由于爆轰压力瞬间高达数千乃至数万兆帕,会在岩体表面产生冲击波。爆轰压力的特点是突跃式上升、峰值高而作用时间短,并随着冲击波的传播和衰减而变成应力波,如图 2-3 所示。

(2)岩体中某局部被激发的应力脉冲是时间和距离的函数。由于应力作用时间短,往往其前沿扰动才传播了一小段距离而载荷已作用完毕,因此,在岩体中产生明显的应力不均现象。

(3)岩体中各点产生的应力呈动态,即所发生的变形、位移和运动均随时间而变化。

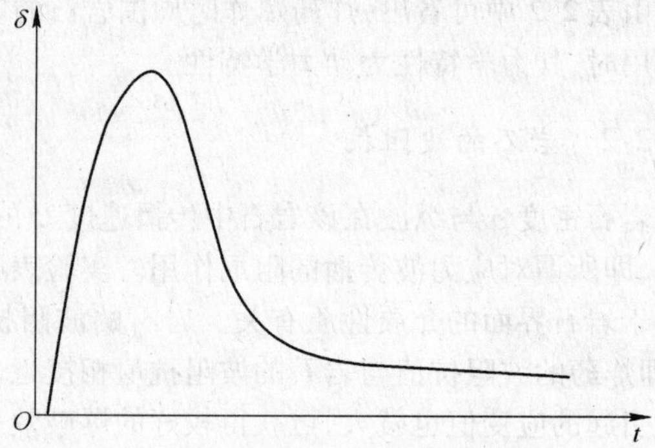

图 2-3　炸药爆炸形成的应力波 δ 随时间 t 变化曲线

(4)载荷与岩体之间有明显的“匹配”作用。在炸药与岩体紧密接触的条件下爆炸时,爆轰压力值与作用在岩体表面的应力值并不相等。这是由于介质或岩体的性质不同,在不同程度上改变了载荷作用的大小。换言之,由于加载体与承载体性质不同,匹配程度也不同,从而改变了作用结果和能量传递效率。

2.1.3　影响岩石物理、力学性质的因素

岩石的物理、力学性质与下述因素有关:

(1)与组成岩石的矿物成分、结构构造有关。例如,由重矿物组成的岩石密度大,由硬度高、晶粒小而均匀的矿物组成的岩石坚硬,结构致密的岩石比结构疏松的岩石孔隙率小,成层结构的岩石具有各向异性等。

(2)与岩石的生成环境有关。生成环境是指形成岩石过程的环境和后来环境的演变,如岩浆岩体,深成岩常为伟晶结构,浅成岩及喷出岩则常为细晶结构;又如沉积岩体,海相与陆相沉积相比,其性质有很大差别。成岩后是否受构造运动的影响等,都会引起物理、力学性质的变化。

(3)与受力状况有关。实践证明,同一种岩石,其静力学、动力学性质有明显的差别。同样载荷下,单向受力和三向受力所表现的力学性质也有所不同。

2.2　岩石分级

由于表征岩石性质的参数较多且较为复杂,为使工程爆破的设计施工人员对岩石的性质有一个整体把握,必须进行岩石分级。岩石分级广泛应用于各种与岩石有关的工程施工中,但由于问题的复杂性、各种类型工程的差异性以及各学术派别观点的不一致,有关岩石分级的方法很多,而且目前尚无统一或比较公认的分级方法,在工程施工中可考虑不同的工程特点参考选用。下面简要介绍几种有代表性的岩石分级方法。

2.2.1　按岩石坚固性分级

按岩石坚固性分级的方法,是 20 世纪 20 年代苏联学者普洛吉亚柯夫(普氏)提出来的。他经过长期的研究建立了一种岩石坚固性的抽象概念,即岩石的坚固性是凿岩性、爆破性和采掘性等的综合,也是岩石物理、力学性质的体现。岩石坚固性在各种方式破坏中的表现是趋于一致的,例如,某种岩石在各种破坏条件下,若难以凿岩,也难以爆破、难以崩落和破碎等。普氏用岩石强度、凿岩速度、凿碎单位体积岩石所消耗的功和单位炸药消耗量等多项指标来综合表征岩石

的坚固性，并按岩石坚固性系数值的大小将岩石分为10个等级，如表2-3所示。由于生产力和科学技术的飞速发展，普氏当年采用的多项指标已经不适用，只剩下一个静载抗压强度指标沿用至今，即现在的普氏坚固性系数值直接用岩石的单轴抗压强度来确定。

表2-3 普氏岩石分级简表

等级	坚固性程度	典型的岩石	普氏坚固性系数 f
Ⅰ	最坚固	最坚固、致密和有韧性的石英岩、玄武岩及其他各种特别坚固的岩石	20
Ⅱ	很坚固	很坚固的花岗岩、石英斑岩、硅质片岩，较坚固的石英岩，最坚固的砂岩和石灰岩	15
Ⅲ	坚　固	致密花岗岩，很坚固的砂岩和石灰岩、石英质矿脉，坚固的砾岩，极坚固的铁矿石	10
$Ⅲ_a$	坚　固	坚固的石灰岩、砂岩、大理岩，不坚固的花岗岩、黄铁矿	8
Ⅳ	较坚固	一般的砂岩、铁矿	6
$Ⅳ_a$	较坚固	砂质页岩、页岩质砂岩	5
Ⅴ	中　等	坚固的黏土质岩石，不坚固的砂岩和石灰岩	4
$Ⅴ_a$	中　等	各种不坚固的页岩，致密的泥灰岩	3
Ⅵ	较软弱	软弱的页岩，很软的石灰岩、白垩、岩盐、石膏、冻土、无烟煤，普通的泥灰岩、破碎砂岩、胶结砾岩、石质土壤	2
$Ⅵ_a$	较软弱	碎石质土壤、破碎页岩、凝结成块的砾石和碎石，坚固的烟煤、硬化黏土	1.5
Ⅶ	软　弱	致密黏土、软弱的烟煤、坚固的冲积层、黏土质土壤	1.0
$Ⅶ_a$	软　弱	轻砂质黏土、黄土、砾石	0.8
Ⅷ	土质岩石	腐殖土、泥煤、轻砂质土壤、湿砂	0.6
Ⅸ	松散性岩石	砂、山麓堆积、细砾石、松土、采下的煤	0.5
Ⅹ	流沙性岩石	流沙、沼泽土壤、含水黄土及其他含水土壤	0.3

普氏坚固性系数可由下式计算：

$$f=\frac{R}{10} \tag{2-5}$$

式中 f——普氏坚固性系数；

R——岩石的单轴抗压强度，MPa。

普氏岩石坚固性分级方法抓住了岩石抵抗各种破坏方式的能力趋于一致的这个主要性质，并从数量上用一个简单明了的岩石坚固性系数f表示这种共性，所以在工程爆破中被广泛采用。但是，由于岩石坚固性这个概念过于概括，因而只能作为笼统的、总的分级依据。实际上有些岩石的可钻性、可爆性和稳定性并不趋于一致，有的岩石易于凿岩，难爆破；相反，有的岩石难凿岩，易爆破。而且，以小块岩石试件的静载单向抗压强度来表征岩石的坚固性是不妥当的。

2.2.2　矿山工程岩石分级法

我国目前岩石分级状况在概念上是普氏分级，而普氏坚固性系数 f 值的确定并无统一标准。为了适应现代化生产的需要，东北工学院（现东北大学）在综合考虑了爆破材料、工艺、参数等标准后，进行了爆破漏斗实验和声波测定，根据爆破漏斗的体积、大块率、小块率、平均合格率和波阻抗等大量数据，运用数理统计多元回归分析以及电子计算机处理，得出了岩石可爆性指数 F 的公式(2-6)，并按 F 值的大小将岩石划分为五级，如表 2-4 所示。

$$F = \ln\left[\frac{e^{67.22} K_d^{7.42} (\rho C)^{2.03}}{e^{38.44V} K_p^{1.89} K_x^{4.75}}\right] \tag{2-6}$$

式中　F——岩石可爆性指数；

K_d——大块率，%；

K_x——小块率，%；

K_p——平均合格率，%；

ρC——岩石波阻抗 $10^5 g/(cm^2 \cdot s)$。

表 2-4　矿山工程岩石可爆性分级

级别		F	爆破性程度	代表性岩石
Ⅰ	$Ⅰ_1$	<29	极易爆	千枚岩、破碎性砂岩、泥质板岩、破碎性白云岩
	$Ⅰ_2$	29.001 ~ 38		
Ⅱ	$Ⅱ_1$	38.001 ~ 46	易　爆	角砾岩、绿泥片岩、米黄色白云岩
	$Ⅱ_2$	46.001 ~ 53		
Ⅲ	$Ⅲ_1$	53.001 ~ 63	中　等	阳起石石英岩、煌斑岩、大理岩、灰白色白云岩
	$Ⅲ_2$	63.001 ~ 68		
Ⅳ	$Ⅳ_1$	68.001 ~ 74	难　爆	磁铁石英岩、角闪斜长片麻岩
	$Ⅳ_2$	74.001 ~ 81		
Ⅴ	$Ⅴ_1$	81.001 ~ 86	极难爆	矽卡岩、花岗岩、矿体浅色砂岩、石英片岩
	$Ⅴ_2$	>86		

这种岩石可爆性分级方法虽然可在现场进行测定，具有可行性，但存在的问题是块度测定工作量及劳动强度都很大，并有一定的随机性，求算指数的计算也不够简便，方法有待于完善。

2.2.3　隧道工程分级法

为适应我国铁路及公路隧道建设发展的需要，在总结我国隧道围岩分类的基础上，并参考国内外有关围岩分类的成果，以 1972 年制定的我国铁路隧道围岩分类法（该分类法考虑了岩石强度、岩体破碎程度、地下水、风化程度等因素，以定性为主）为基础，增加了完整性系数（K_1）、体积节理数（J_v，条/m^3）、岩石质量指标（RQD，%）、岩石点荷载强度（I_s，MPa）、岩体声波或地震波纵波速度（V_{pm}，km/s）等定量指标，又有工程地质条件的定性描述，提出了以岩体质量数（RMQ）作为划分岩体级别的主要综合定性指标的新方案。根据此法将隧道工程岩体（围岩）分成五级，见表 2-5。此外，表 2-5 还简要叙述了各级岩体的毛硐稳定性。我国铁路隧道就是使用这种方法进行岩体（围岩）分级的。

表 2-5　我国隧道工程岩体(围岩)分级法

级别		主要工程地质特征	岩体质量数(*RMQ*)	毛硐稳定状态(单、双线)
Ⅰ		极坚硬、极完整的岩体,呈整体或厚层结构,节理裂隙极不发育,含少量大间距或分散的节理;$J_v < 5$ 条/m^3,$R_b > 100MPa$,$V_{pm} > 5.0km/s$	100 ~ 85	极稳定、无塌方,可能产生岩爆
Ⅱ	$Ⅱ_1$	坚硬、完整的岩体,呈块状结构或层间结合良好的中厚层状结构,节理裂隙较发育;$J_v = 5 \sim 15$ 条/m^3,$R_b > 60MPa$,$V_{pm} > 4.0 \sim 5.5km/s$	85 ~ 65	稳定,局部有小塌方
	$Ⅱ_2$	中等坚硬、完整的岩体,呈大块状整体或厚层状结构,节理不发育;$J_v \leq 5$ 条/m^3,$R_b = 30 \sim 60MPa$,$V_{pm} = 4 \sim 5km/s$	80 ~ 65	稳定,局部有小塌方
Ⅲ	$Ⅲ_1$	坚硬的块状岩体,呈碎裂镶嵌结构,节理裂隙中等发育,含小断层,层状岩体结合力一般;$J_v = 15 \sim 25$ 条/m^3,$R_b \approx 60MPa$,$V_{pm} = 3.5 \sim 4.5km/s$	65 ~ 45	暂时稳定;由于局部不稳定,块体的坍塌可能引起较大的塌方
	$Ⅲ_2$	中等坚硬、中等完整的岩体,呈碎裂镶嵌结构或中厚层块状结构和软硬互层结构;$J_v = 5 \sim 15$ 条/m^3,$R_b \approx 30 \sim 60MPa$,$V_{pm} = 3.4 \sim 4.0km/s$	65 ~ 45	暂时稳定,有不稳定块体塌落
	$Ⅲ_3$	软质的完整岩体,呈整体巨块状结构,节理裂隙稍发育;$J_v = 5 \sim 15$ 条/m^3,$R_b = 20 \sim 30MPa$,$V_{pm} = 3.0 \sim 4.0km/s$	60 ~ 45	暂时稳定,高应力时容易产生塑性变形和剪切破坏
Ⅳ	$Ⅳ_1$	坚硬或中等坚硬、完整性差的岩体,呈小块状碎裂结构或层状结构,块体间结合力一般,节理裂隙较发育,时有小断层;$J_v = 25 \sim 35$ 条/m^3,$R_b \approx 30 \sim 60MPa$,$V_{pm} = 2.5 \sim 3.5km/s$	45 ~ 25	稳定性差,有较多的松动坍塌,能引起继发性大塌方
	$Ⅳ_2$	软质、中等完整的岩体,呈块状或层状结构,节理裂隙中等发育;$J_v = 15 \sim 25$ 条/m^3,$R_b \approx 10 \sim 20MPa$,$V_{pm} = 2.0 \sim 3.0km/s$	45 ~ 25	稳定性差,除有松动坍塌外,容易产生塑性变形和剪切破坏,能引起继发性大塌方
	$Ⅳ_3$	老黄土,有一定胶结的砾石土;$V_{pm} = 1.5 \sim 2.0km/s$	45 ~ 25	暂时稳定至极不稳定,松动坍塌或塑性变形可能形成较大塌方
Ⅴ	$Ⅴ_1$	松散或松软结构的岩体,多处破碎或严重风化带,节理裂隙极发育;$J_v > 35$ 条/m^3,$R_b < 10MPa$,$V_{pm} < 2.0km/s$	<25	不稳定至极不稳定,松动坍塌或剪切破坏往往形成大的塌方
	$Ⅴ_2$	除$Ⅳ_3$以外的其他土类围岩		

注:R_b 为岩石饱和抗压极限强度。

复习思考题

2-1　岩石有哪些主要的物理性质,它们对爆破效果有何影响?

2-2　岩石有哪些主要的力学性质,它们对爆破效果有何影响?

2-3　岩石有哪些静力学、动力学特征?

2-4　岩石分级的意义是什么?

2-5　简述各种岩石分级方法的特点。

3　凿岩工具与设备

3.1　地下采矿凿岩

3.1.1　凿岩机械分类

凿岩机械根据应用的动力，可以分为气动（风动）、液压、电动、内燃、水压凿岩机械。气动凿岩机械有气动凿岩机和气动潜孔钻机；液压凿岩机械又分为支腿式和导轨式；电动凿岩机械则分为手持式、支腿式和导轨式。按用途，可以分为掘进凿岩台车（钻车）和采矿凿岩台车。按行走方式，可分为轨轮式、履带式和轮胎式凿岩台车。按辅助设备，可以分为支腿式、钻架式、台车式凿岩设备。

凿岩机械型号应该表示出每种产品的名称、结构形式、用途和主要规格，从而通过凿岩机的型号就能明确辨识其类别和主要参数。凿岩机械的型号是按类、组、型分类原则编制的，一般由类别、组别、型别代号与主要参数代号两部分组成；如需增添特性代号时，其特性代号置于类别、组别、型别代号与主要参数代号之间，由类别、组别、型别代号，特性代号，主要参数代号等组成，如表 3-1 所示。

表 3-1　凿岩机型号标注表

<table>
<tr><th rowspan="2">类别</th><th rowspan="2">组 别</th><th rowspan="2">型 别</th><th rowspan="2">特性代号</th><th rowspan="2">产品名称及型号</th><th colspan="2">主 参 数</th></tr>
<tr><th>名 称</th><th>单位符号</th></tr>
<tr><td rowspan="9">凿岩机 Y
（岩）</td><td rowspan="4">风 动</td><td>手持式</td><td>—
P（频）
C（尘）</td><td>手持式凿岩机 Y
手持式高频凿岩机 YP
手持式集尘凿岩机 YC</td><td>机器重量
机器重量
机器重量</td><td>kg
kg
kg</td></tr>
<tr><td>气腿式 T（腿）</td><td>—
P（频）
C（尘）</td><td>气腿式凿岩机 YT
气腿式高频凿岩机 YTP
气腿式集尘凿岩机 YTC</td><td>机器重量
机器重量
机器重量</td><td>kg
kg
kg</td></tr>
<tr><td>向上式 S（上）</td><td>—
C（侧）
P（频）
D（多）</td><td>向上式凿岩机 YS
向上式侧向凿岩机 YSC
向上式高频凿岩机 YSP
向上式多用凿岩机 YSD</td><td>机器重量
机器重量
机器重量
机器重量</td><td>kg
kg
kg
kg</td></tr>
<tr><td>导轨式 G（轨）</td><td>—
P（频）
Z（转）</td><td>导轨式凿岩机 YG
导轨式高频凿岩机 YGP
导轨式独立回转凿岩机 YGZ</td><td>机器重量
机器重量
机器重量</td><td>kg
kg
kg</td></tr>
<tr><td>内燃 N（内）</td><td>手持式</td><td>—
F（附）</td><td>内燃凿岩机 YN
带附缸内燃凿岩机 YNF</td><td>机器重量
机器重量</td><td>kg
kg</td></tr>
<tr><td>液压 Y（液）</td><td>导轨式 G（轨）</td><td>—</td><td>导轨式液压凿岩机 YYG</td><td>机器重量</td><td>kg</td></tr>
<tr><td rowspan="2">电动 D（电）</td><td>手持式</td><td>—</td><td>手持式电动凿岩机 YD</td><td>机器重量</td><td>kg</td></tr>
<tr><td>支腿式 T（腿）
导轨式 G（轨）</td><td>—</td><td>支腿式电动凿岩机 YDT
导轨式电动凿岩机 YDG</td><td>机器重量
机器重量</td><td>kg
kg</td></tr>
</table>

续表 3-1

类别	组别	型别	特性代号	产品名称及型号	主参数	
					名称	单位符号
凿岩台车 C(车)	井下				名义推进力	kN
		轨轮式 G(轨)	J(掘)	轨轮式掘进台车 CGJ	装凿岩机台数	台
		履带式 L(履)	J(掘)	履带式掘进台车 CLJ	装凿岩机台数	台
		轮胎式 T(胎)	J(掘)	轮胎式掘进台车 CTJ	装凿岩机台数	台
凿岩辅助设备 F(辅)	腿 T(腿)	—	—	气腿 FT	名义推进力	kN
		侧向式 C(侧)	—	侧向式气腿 FTC	名义推进力	kN
		下向式 X(下)	—	下向式气腿 FTX	名义推进力	kN
		—	S(水)	水腿 FTS	名义推进力	kN
			Y(油)	油腿 FTY	名义推进力	kN
			J(机)	机械腿 FTJ	重量	kg
	架 J(架)	Z(柱)	—	凿岩柱架 FJZ	柱架最低高度	dm
		S(双)	—	双柱式凿岩柱架 FJS	柱架最低高度	dm
		Y(圆)	—	圆盘式凿岩台架 FJY	柱架最低高度	dm
		D(吊)	—	伞式吊架 FJD	吊架最小支撑直径	m
		H(环)	—	环式吊架 FJH	吊架最小支撑直径	m
	注油器 Y(油)		—	注油器 FY	容油量	mL
	集尘器 C(尘)		—	集尘器 FC	容尘量	mL
	磨钎机 M(磨)		—	风动磨钎机 FM	砂轮直径	mm

3.1.2 凿岩机工作机构

凿岩要根据炮孔的布置和每一炮孔的深度、角度要求来进行，因此，凿岩机由冲击、回转、推进、冲洗、移位等部分组成，如图 3-1 所示。

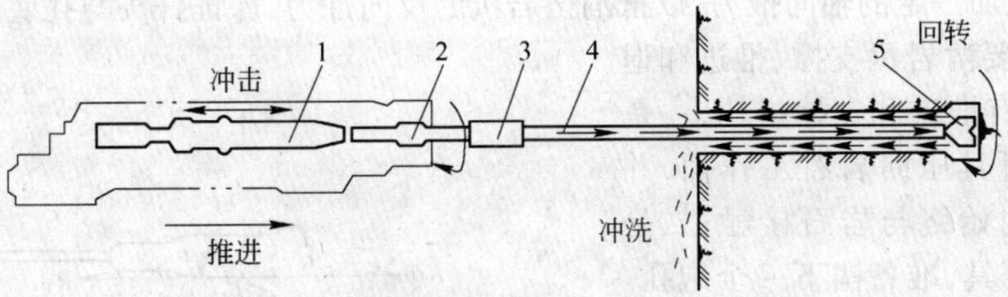

图 3-1 凿岩作业示意图

1—活塞；2—钎尾；3—接杆套；4—钎杆；5—钎头

各类凿岩机中，以气腿式凿岩机在金属矿山中应用最广，其结构具有代表性。现以 YT-23 型(7655)气腿式凿岩机为例，说明风动凿岩机的一般构造。YT-23 型气腿凿岩机的外观如图3-2 所示，由凿岩机、气腿、风管(包括注油器)、水管、钎子等组成。

YT-23 型凿岩机由柄体 2、气缸体 4 和机头 6 等主要部件组成。从安装在柄体 2 上的进风管进入机器的压缩空气，通过操纵阀手柄 3 实现空气的进给、停止以及强力吹扫炮孔。清洗炮孔的水通过入水管 11 进入连接在柄体内的注水机构。柄体、机体、机头三部分用两根螺栓牢固地连接。在机体的排气口上安有消声罩。气缸的下部有气腿连接孔，用以同气腿相连。凿岩机工作时，钎子插在机头内的钎尾套中，由钎卡7卡住，用以拔钎。在把手内装有扳机，用以操纵气腿快速缩回。

(1)冲击配气机构。冲击配气机构是凿岩机的主要部件，它由气缸、活塞、配气装置及排气系统组成。冲击机构靠配气阀的交替变换位置，适时改变进气方向，将压气分配到气缸的前腔与后腔，推动活塞做高速往复运动；并以一定的动能冲击钎尾，实现凿岩。

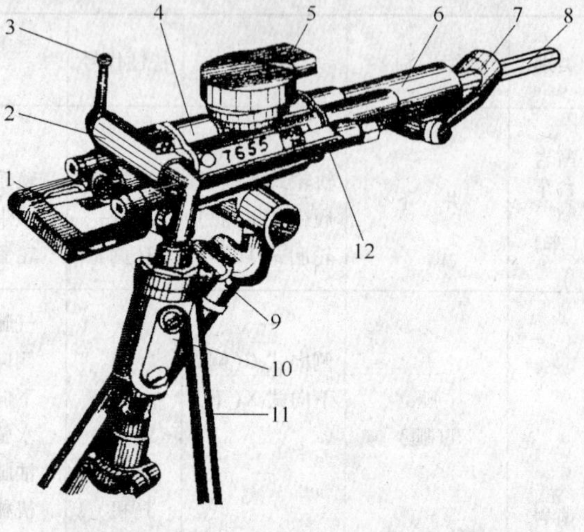

图3-2　YT-23型气腿凿岩机外形图

1—手把；2—柄体；3—操纵阀手柄；4—气缸；5—消声罩；6—机头；7—钎卡；8—钎杆；9—气腿；10—自动注油器；11—人水管；12—连接螺栓

(2)转钎机构。回转功能使钎头每冲击一次回转到一个新的位置，进行新的岩石破碎；同时在回转过程中，也可将已发生裂纹的岩石表面部分剥落下来。转角适宜时，可以提高凿岩速度。由于钎子与孔底及孔壁之间的摩擦、钎子本身的惯性、转钎机构内部的摩擦以及妨碍钎子转动的其他阻力，要求转动机构具有足够的扭矩和转动功率，这样才能确保凿岩机稳定工作。

根据钎杆回转力矩传递方式的不同，凿岩机的转钎机构可以分为外回转、内回转两大类。

(3)冲洗排粉。凿岩过程中，炮孔底部的岩石不断被钎头冲击破碎成岩粉，必须及时将其排除才能继续钻进。冲洗机构从炮孔内清除被破碎下来的岩屑，如果冲洗不足，炮孔底部将发生重复凿磨，不但使凿孔速度减慢，而且使钎头加速磨损，甚至在个别情况下卡钻。冲洗介质多用压力水或压缩空气。用压缩空气时，为防止产生粉尘，必须有岩粉收集器等除尘装置或采用气水合用。用压力水作冲洗介质时，因通过凿岩机的部位不同，可分为中心给水和旁侧给水两种。

(4)推进与支撑机构。凿岩机工作行程是靠压气推进活塞向前运动的，同时也反作用于机体，它使机体与活塞呈反向运动，产生轴向振动与反冲力。为保证风动凿岩机的正常工作，工作时必须对机体施加一定的轴向推力，以抵消凿岩机的反向冲力，保证钎头与孔底的正常接触。同时，凿岩工作需要凿岩机支撑、推进和退回。因此，必须有推进和支撑机构，一是推动凿岩机和钎具压向岩石工作面，并使钎头在凿孔时始终与岩石接触；二是从炮孔中退出钎具，准备凿下一个炮孔。由人力手持推进的凿岩机，称为手持式凿岩机；用支腿作推进的凿岩机，称为支腿式凿岩机，分为水平推进式（如图3-3所示）和向上推进式（如图3-4所示）；用推进装置（通称推进器）推进的凿岩机，称为导轨式凿岩机，推进器可安装在柱架或台架上（如图3-5所示），也可安装在钻车上（如图3-6所示）。

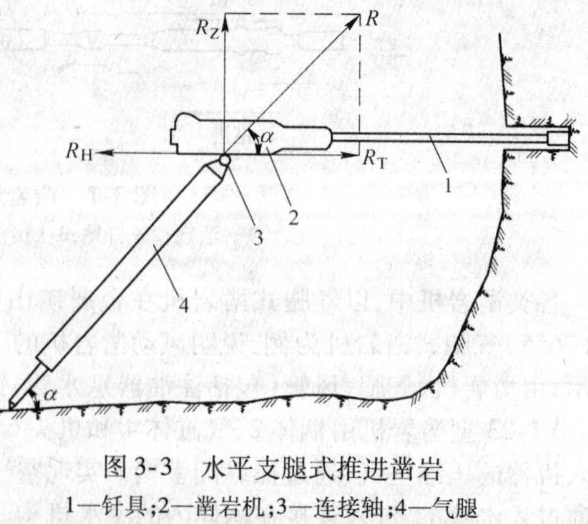

图3-3　水平支腿式推进凿岩

1—钎具；2—凿岩机；3—连接轴；4—气腿

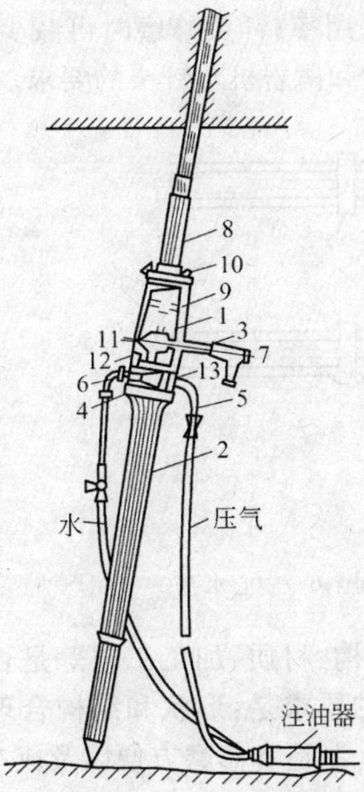

图 3-4 向上(伸缩推进)支腿式凿岩机

1—气缸;2—推进器(气腿);3—把手;4—启动手柄;5—风管接头;6—水管接头;7—减压按钮;8—机头;9—螺栓;10—螺帽;11—突起部;12—盖帽;13—机尾

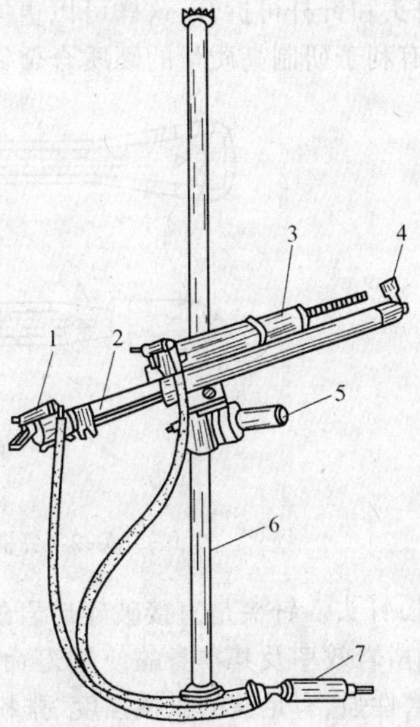

图 3-5 柱架支撑推进式凿岩机

1—推进电机;2—推进器;3—凿岩机;4—夹钎器;5—横臂;6—立柱;7—自动注油器

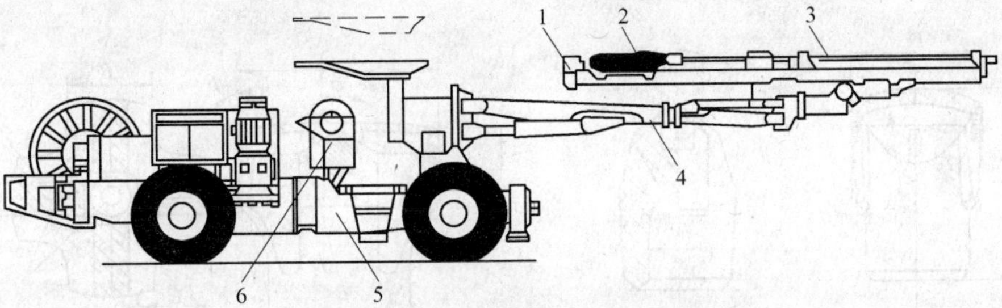

图 3-6 钻车支撑推进式凿岩机

1—推进装置;2—凿岩机;3—钻臂及变幅机构;5—钻车底盘;6—控制系统

3.1.3 凿岩机具

矿山井巷掘进和矿石回采工作主要采用凿岩爆破的方法,通常需要在岩石和矿石中钻凿不同深度、不同直径的炮孔。根据所钻凿孔的孔深和孔径不同,分为浅孔凿岩、中深孔凿岩及深孔凿岩。

一般孔深小于 3 ~ 5m、孔径为 30 ~ 46mm 的孔,称为浅孔;孔深为 5 ~ 15m、孔径为 50 ~ 70mm 的孔,称为中深孔;孔深大于 15m、孔径大于 90mm 的孔,称为深孔。

浅孔凿岩机具又称为钎子。钎子按结构形式可分为整体钎子和活动钎子两种,如图3-7所示。整体钎子是由钎头 1、钎身 3、钎尾 5 组成的一个不可拆卸的整体。这种钎子的特点是传递冲击能量损失小、适用于钻凿直径 36 ~ 38mm 以下的炮孔、凿岩效率高,但修磨时搬运工作量大。活动钎子是由钎头 1 和钎杆(包括钎梢 2、钎身 3、钎肩 4、钎尾 5)组成的,它与整体钎子的主要区别是钎头和钎杆可拆开，这样可以更换钎头，提高钎杆的利用率；钎头修磨时可减少钎杆的搬运量，并有利于研制高质量的硬质合金钎头，以适应不同岩性和凿岩机对钎头的要求。

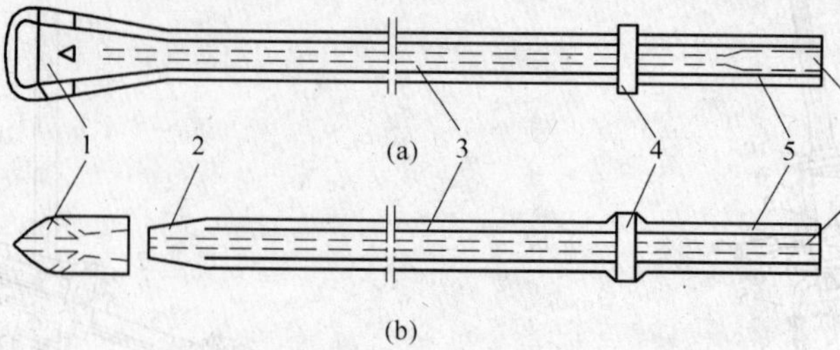

图 3-7　钎子结构

（a）整体钎子；（b）活动钎子

1—钎头；2—钎梢；3—钎身；4—钎肩；5—钎尾；6—中心水孔

（1）钎头。钎头是直接破碎矿岩的部分，它的形状、结构、材质、加工工艺等是否合理，都直接影响凿岩效率及其本身的使用寿命。凿岩工作对钎头的要求是：形状和结构合理、凿岩速度高、耐磨性强、有足够的机械强度、排粉性能好、使用寿命长、制造和修磨方便以及成本低廉。

钎头依形状、尺寸的不同，钎头上硬质合金可分为片状和柱齿状两种。硬质合金片镶制的钎头有一字形钎头、十字形钎头等。钎头直径通常为 38 ~ 43mm。

一字形钎头（见图 3-8（a））的制造和修磨简单，对岩性和机型的适应能力较强，适用于冲击功小于 98J 的风动冲击式凿岩机钻凿 $f \leqslant 16$ 的坚硬、中硬和中硬以下的岩石；但在节理、裂隙发育和韧性较大的岩矿中容易卡钎，凿岩效果差。

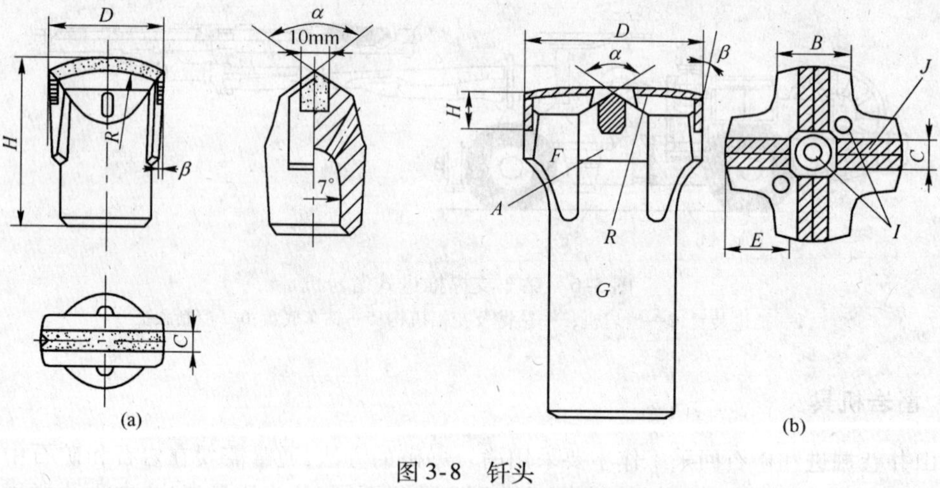

图 3-8　钎头

（a）一字形钎头；（b）十字形钎头

α—刃角；β—隙角；A—钎头体形；B—翼厚；C—合金片厚度；D—钎头直径；E—合金片宽度；F—排粉沟；G—钎头与钎杆连接部；H—合金片高度；I—冲洗孔；J—钎刃；R—刃弧半径

十字形钎头（见图 3-8（b））的硬质合金片之间呈直角，故制造和修磨比一字形钎头复杂，合金的用量也较多，适用于重型风动或液压凿岩机钻凿极坚韧、高磨蚀性的岩石，用于节理、裂隙发育的岩石中效果良好，不易卡钎。

柱齿状合金钎头是由断续刃钎头演变而成的一种新型钎头，它是在钎头体上冷压、镶焊或热嵌几颗圆柱形硬质合金柱齿而制成的。其优点是:柱齿可按炮孔底面积合理布置,受力均匀;凿岩时容易开门,不易卡钎,炮孔较圆;岩屑呈颗粒状,重复破碎少,工作面粉尘浓度低;凿岩速度高。按最初的设想,这种钎头应具有自磨性能;但实践表明,即使是耐磨性最好的球形柱齿同样也会逐渐磨钝,凿岩速度下降,因此也需要进行修磨。只是在两次修磨之间的间隔一般比片状钎头长4~5倍,故修磨费用低,适用于在正面磨蚀严重的硬脆岩层中钻孔。

钎头在凿岩时的受力状态很复杂。实践表明,一个直径为40mm左右的钎头当使用寿命为150~200m时,大约要被冲击3×10^6次,其破坏属于金属疲劳性破坏。钎头体一般用45号和55号钢制造,其破坏形式是涨裤、裂裤或断腰。因此,为了提高钎头的使用寿命,除了改进结构设计外,正确选用壳体材料和热处理工艺也十分重要。如果采用ZK55SiMnMo、ZK40MnMoV、ZKSiMn-MoV等合金钢制造,其综合性能比较好,价格相对于40Cr增加不多,这样,虽然材料成本有所增加,但使用寿命大大提高,钻凿每米炮孔的费用比过去还是有所降低。

(2)钎杆。如前所述,钎杆是由钎梢、钎身、钎肩、钎尾和中心水孔等组成的(参见图3-7)。钎梢是钎杆与钎头连接的部分;钎身的作用是传递冲击能量和扭矩;钎肩又称为钎耳或领盘,其作用是防止钎尾插入凿岩机气缸和脱离机头;钎尾是直接承受冲击力、轴推力和回转力矩的部分;中心水孔是压气和冲洗水的通道,用于排除岩粉。在凿岩过程中,钎杆承受着冲击疲劳应力、弯曲应力、扭转应力以及矿坑水的侵蚀。所以对钎杆的要求是:应具有足够的抗弯曲疲劳强度和良好的微观塑性和循环韧性,具有抵抗矿坑水和井下潮湿空气侵蚀的能力,加工工艺性好和成本低。

钎杆断面形状,通常有内切圆直径为22mm、25.4mm的中空六角形和直径为32mm的中空圆形,中心孔径为5~7mm。在钎杆断面积相等的条件下,六角形断面的抗弯能力、相对强度都比圆形好,并且排粉间隙大、排粉效果好。因此,浅孔凿岩用的钎杆大都是中空六角形断面。用于制造钎杆的钢材称为钎钢。一般采用非镍铬的低合金钢(如ZK55SiMnMo,ZK35SiMnMoV等)和其他新材料,具有强度高、抗疲劳性能好、耐腐蚀、价格低等优点,使用的平均寿命为150~250m。

钎尾有三种常用的形式,如图3-9所示。钎尾是承受和传递能量的部位,其规格和淬火硬

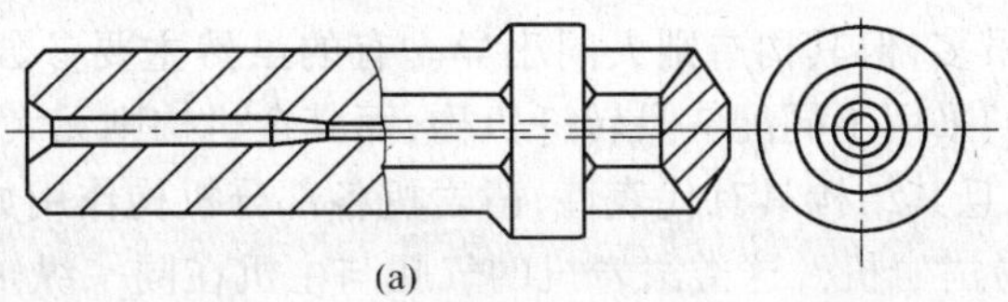
(a)

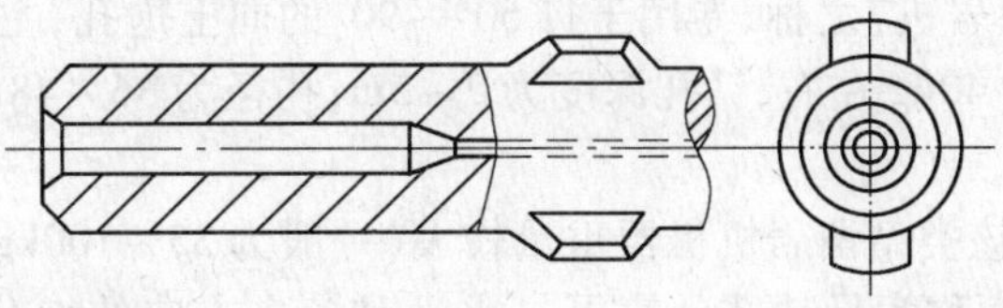
(b)

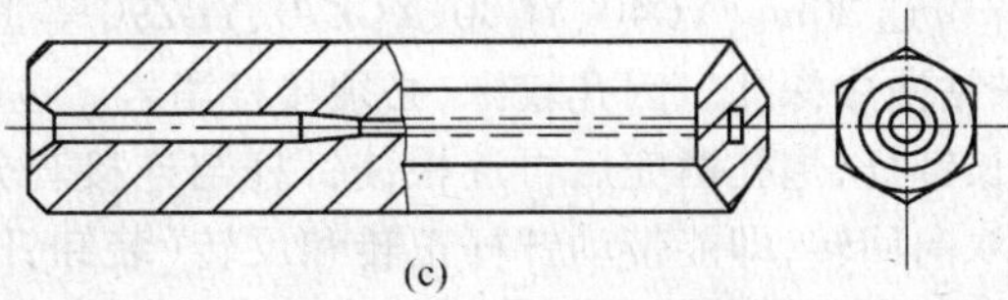
(c)

图3-9 钎尾的结构形式

(a)手持式和气腿式凿岩机使用的带圆环钎肩的六角形断面钎尾;(b)导轨式凿岩机使用的带凸台(二翼或三翼)钎肩的圆形断面钎尾;(c)向上式凿岩机使用的无钎肩的六角形断面钎尾

度对凿岩速度有很大的影响。因此,要求钎尾长度、断面尺寸与凿岩机的回转套筒相吻合,一般为(108 ± 1.0)mm × (22 ± 0.5)mm 或(108 ± 1.0)mm × (25 ± 0.5)mm;端面平整,并垂直于钎杆中心轴线,以免偏心碰撞,保证冲击能量得到充分利用。钎尾的淬火硬度应略低于凿岩机活塞的硬度,以保持后者具有较长的寿命。钎尾端面硬度一般控制在 HRC48 ~ 53 范围内。

在使用向上式凿岩机时,所用的钎杆虽然没有钎肩,但是由于凿岩机与气腿是一整体,常常使用一套钎杆才能完成一个孔的钻凿工作。这一套钎杆的尺寸从短到长,直到达到所要求的孔深为止。每两个钎杆长度之差为一定值,这一定值的大小等于气腿的推进长度。

钎头与钎杆的连接质量,直接影响到冲击能量的传递效率和钎头、钎杆的使用寿命。因此,其连接方式应该紧密可靠、能量损失少、坚固耐用、装卸方便和制造简便。

3.1.4　气动凿岩机

气动凿岩机也称风动凿岩机,是用压气驱动,以冲击为主,间歇回转(内回转式凿岩机)或连续回转(独立回转式凿岩机,也称外回转式凿岩机)的一种小直径的凿岩设备。目前,我国地下金属矿山凿岩作业主要还是用气动凿岩机,少数有条件的矿山采用液压凿岩机。同时在铁路、公路、水电建设和国防施工中,气动凿岩机也是不可缺少的重要施工机具。

凿岩机按支撑方式分为四种机型:

(1)手持式凿岩机。这类凿岩机的重量较轻,一般在 25kg 以下,工作时用手扶着操作。可以打各种小直径和较浅的炮孔,一般只打向下的孔和近于水平的孔。由于它靠人力操作,劳动强度大,冲击能和扭矩较小,凿岩速度慢,现在地下矿山很少使用它。属于此类的凿岩机有 Y3、Y26 等型号。

(2)气腿式凿岩机。如前所述,这类凿岩机安装在气腿上进行操作,气腿能起支撑和推进作用,这就减轻了操作者的劳动强度,凿岩效率比前者高,可钻凿深度为 2 ~ 5m、直径为 34 ~ 42mm 的水平或带有一定倾角的炮孔,为矿山广泛使用。YT23(7655)、YT24、YT28、YTP26 等型号均属于此类凿岩机。

气腿式凿岩机类型虽多,但其构造则大同小异。有的虽然主要参数不同、重量不等、尺寸不一,但结构基本相似;有的采用不同配气及转钎机构,而其余机构则无大区别。各类凿岩机中,以气腿式凿岩机应用最广,且其结构具有代表性,凿岩机各部分机构作用如前所述。

(3)向上式(伸缩式)凿岩机。这类凿岩机的气腿与主机在同一纵轴线上(见图 3-4)并连成一体,因而又有"伸缩式凿岩机"之称,专用于打 60° ~ 90°的向上炮孔,主要用于采场和天井中进行凿岩作业。一般重量为 40kg 左右,钻孔深度为 2 ~ 5m,孔径为 36 ~ 48mm。YSP45 型凿岩机属于此类。

(4)导轨式凿岩机。该类型凿岩机机器重量较大(一般为 35 ~ 100kg),一般安装在凿岩钻车或柱架的导轨上工作,因而称为导轨式。它可打水平和各个方向的炮孔,孔径为 40 ~ 80mm,孔深一般在 5 ~ 10m 以上,最深可达 20m。YG40、YG80、YGZ70、YGZ90 等型号属于此类。

导轨式凿岩机主要用来钻凿中深孔。因孔较深,必须接杆凿岩。也就是说,凿岩随着孔的加深,要用螺纹连接套逐根接长钎杆,炮孔凿完后再逐根使钎杆与连接套分离,将它们从炮孔内取出。为此,转钎机构必须能双向回转,即能带动钎杆正转和反转(装卸钎杆时)。同时,导轨式凿岩机质量都较大,必须装在推进器的导轨上进行凿岩,因此,称之为导轨式凿岩机,它与钻架(支柱)或钻车配套使用。导轨式凿岩机有内回转和外回转两类,可完成凿岩、接杆、卸杆、支撑、换位等任务。

导轨式凿岩机还应装置推进器、气动支柱和圆盘导轨架等附属装置,推进器在地下矿山中常见的有气动马达推进器和气缸钢绳(链条)推进器两类。

立柱是一个双作用气缸,又称顶向千斤顶,气动支柱在工作面的架设及与导轨架的连接如图 3-10 所示。它可使凿岩机钻凿任意方向的炮孔。通常在立柱下部装一台小绞车,在立柱上部装一个滑轮,用钢绳上下移动横臂和左右移动导轨架。

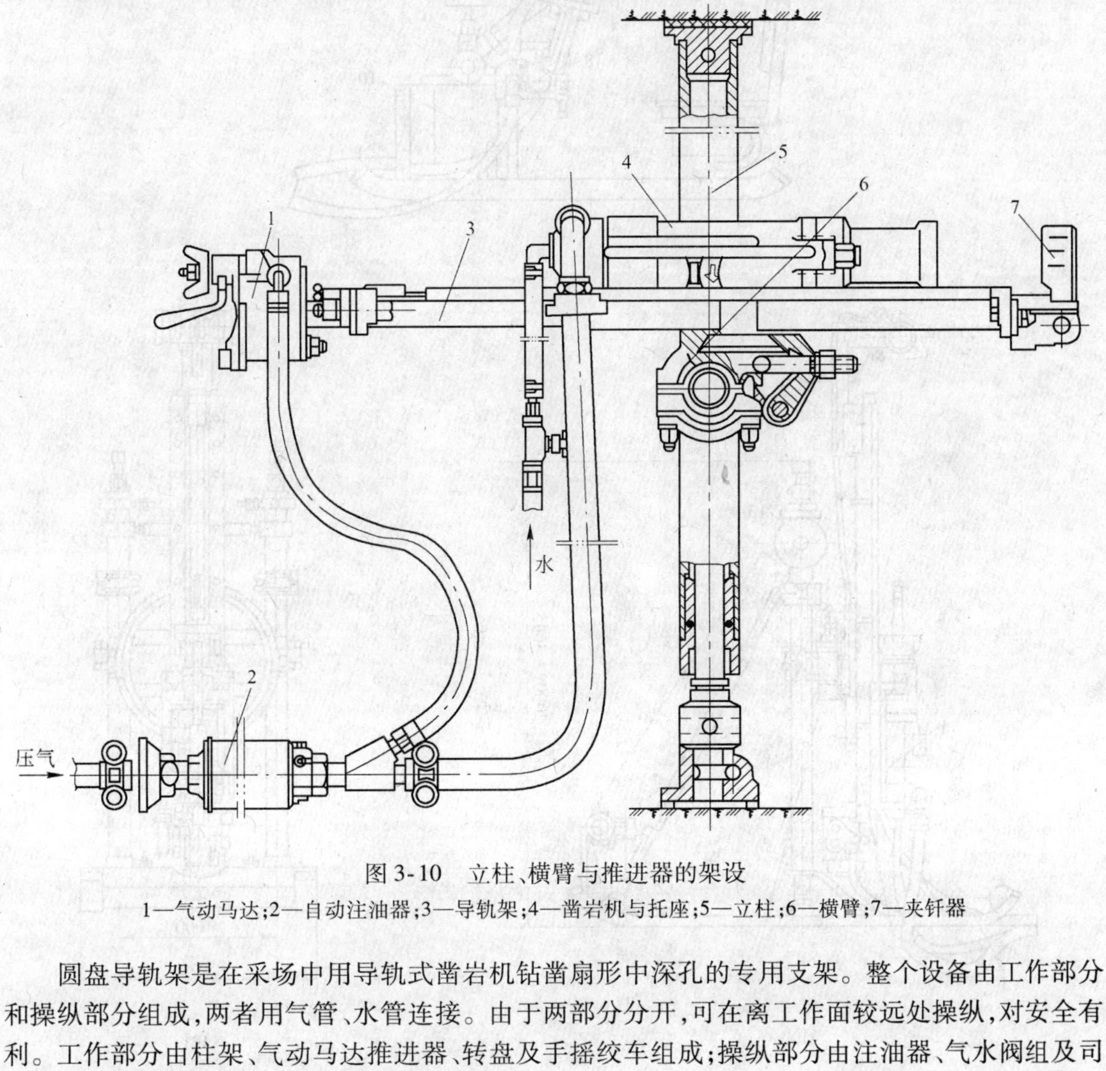

图 3-10　立柱、横臂与推进器的架设

1—气动马达;2—自动注油器;3—导轨架;4—凿岩机与托座;5—立柱;6—横臂;7—夹钎器

圆盘导轨架是在采场中用导轨式凿岩机钻凿扇形中深孔的专用支架。整个设备由工作部分和操纵部分组成,两者用气管、水管连接。由于两部分分开,可在离工作面较远处操纵,对安全有利。工作部分由柱架、气动马达推进器、转盘及手摇绞车组成;操纵部分由注油器、气水阀组及司机座组成,图 3-11 所示是 FJY-24 型圆盘导轨架。

3.1.5　液压凿岩机

液压凿岩机按其配油方式,可分为有阀型和无阀型两大类,前者按阀的结构又可分为套阀式和芯阀式(或称外阀式);按回油方式分,又有单面回油和双面回油两种,在单面回油中,又分前腔回油和后腔回油两种。常用型号有 TYYG-20、YYG-260B、YYG-90A(单面回油)、YYG-80(双面回油)。

液压凿岩机与气动凿岩机基本相同,主要由冲击机构、转钎机构、钎尾反弹吸收装置和机头部分(内含供水装置与防尘系统等部分)组成,如图 3-12 所示。

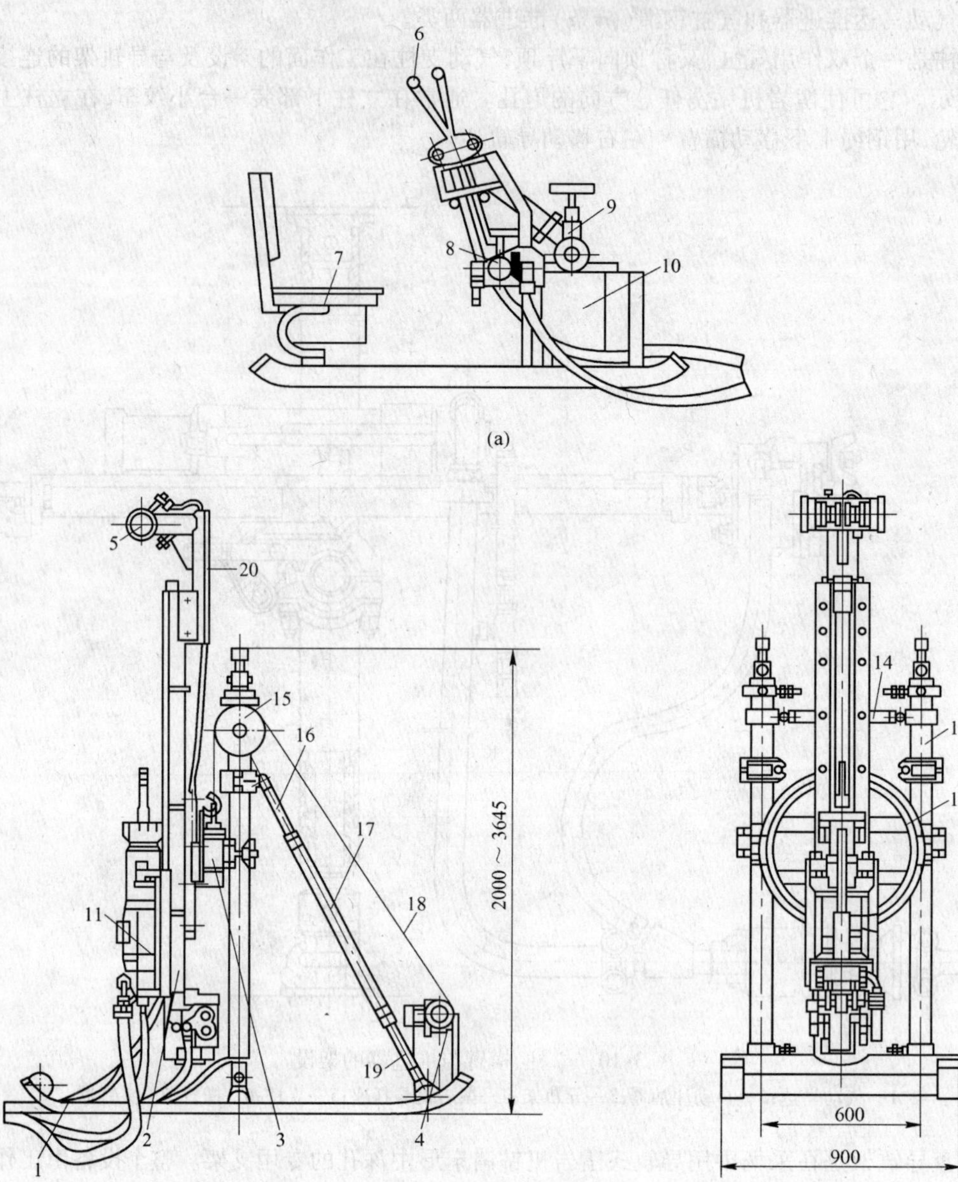

图 3-11　FJY-24 型圆盘导轨架(单位:mm)

(a)操纵部分;(b)圆盘导轨架侧视;(c)圆盘导轨架正视

1—撬板;2—气动马达推进器;3—横梁;4—手摇绞车;5—夹钎器;6—操纵手柄;7—司机座;8—水阀;9—总进气阀;10—注油器;11—凿岩机;12—立柱;13—转盘;14—横杆;15—滑轮;16—左螺杆;17—拉杆;18—钢绳;19—右螺杆;20—连接板

3.1.6　掘进凿岩台车

掘进凿岩台车也称掘进凿岩钻车,凿岩钻车的使用标志着矿山凿岩机械化的水平已进入一个更高的阶段。凿岩钻车与气腿式凿岩机相比较,凿岩钻车既能够精确地钻凿出一定角度和孔

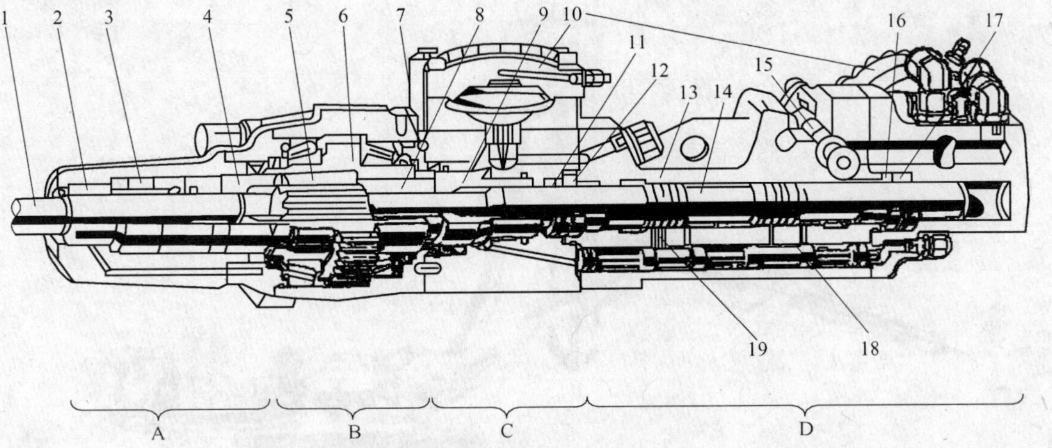

图 3-12 液压凿岩机结构图

A—机头部分；B—转钎机构；C—钎尾反弹吸收装置；D—冲击机构

1—钎尾；2—耐磨衬套；3—供水装置；4—止动环；5—传动套；6—齿轮套；7—单向阀；8—转钎套筒衬套；9—缓冲活塞；10—缓冲蓄能器；11—密封套；12—活塞前导向套；13—缸体；14—活塞；15—阀芯；16—活塞后导向套；17—密封套；18—行程调节柱塞；19—油路控制孔道

位的炮孔，又可以装长钎杆（可长达5.5m）钻凿较深和直径较大（64mm）的炮孔，而且能提供最优的轴推力，并使工人远离工作面操作，由一人可操纵多台凿岩机。因此，使用凿岩钻车能够提高凿岩效率、节省劳动力、降低生产成本，同时改善工人的劳动条件和减轻工人的劳动强度。

掘进钻车主要用于地下矿山巷道、铁路与公路隧道、水工涵洞等地下掘进工程，也可用于钻凿锚杆孔、充填法或房柱法采矿的炮孔，它适用于巷道断面为3.2 ~ 150m^2的场合。

3.1.6.1 掘进钻车的分类

掘进钻车的结构五花八门，因此分类方法很多，现综述如下：

(1) 按凿岩机动力，可分为气动掘进钻车和液压掘进钻车，因气动钻车的调幅定位也是由液压动力控制的，所以后者也称全液压掘进钻车。

(2) 按行走底盘，可分为轨轮式、轮胎式、履带式和门架式四种，后者仅用于大断面隧道掘进。

(3) 按钻臂的运动方式，可分为直角坐标式、极坐标式、复合坐标式和直接定位式。

(4) 按钻臂数目，可分为单臂钻车、双臂钻车和多臂钻车。

(5) 按不同的原动力源，可分为电驱动的钻车、柴油机驱动的钻车。

(6) 按自动化程度，可分为全自动、半自动和手动控制的钻车。

掘进钻车（见图3-13）的机构主要包括推进器、钻臂、操作台、动力系统（压气、电、水、液压）和行走底盘。

3.1.6.2 CGJ-2型气动掘进钻车

CGJ-2型钻车的结构如图3-14所示，为双臂气动轨轮式自行掘进钻车。

车体与行走机构由车架、两对车轮组、稳车装置、行走直流电机及其传动装置、挂斗、操纵台等组成。车架20为型钢和钢板焊接结构，是整个钻车的底座，车架下部安装有前后两个轮对，使钻车能在轨道上运行，车架上部安装钻臂、稳车装置、行走电机及减速器、油泵和操纵台。

图 3-13　掘进凿岩台车实物图

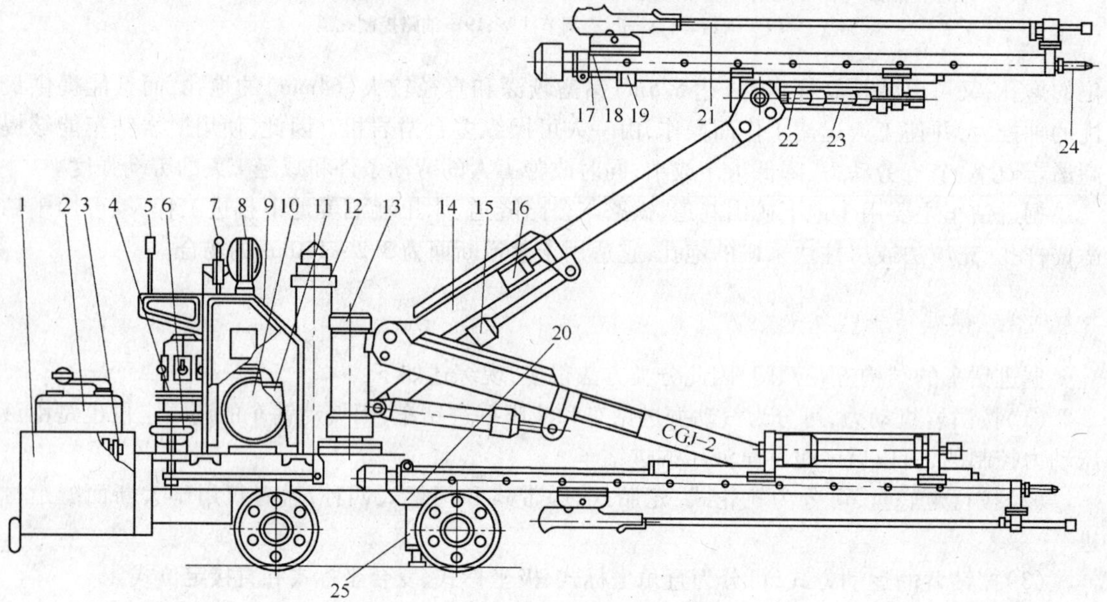

图 3-14　CGJ-2 型双臂平巷掘进钻车

1—挂斗；2—控制器；3—电阻器；4—气动马达；5—液压操纵手柄；6—制动器；7—供气操纵手柄；8—照明灯；9—操纵台；10—电动机；11—减速器；12—顶向气缸；13—转柱；14—钻臂；15—起落油缸；16—仰俯角油缸；17—凿岩机；18—推进器；19—补偿油缸；20—车架；21—钎杆；22—回转油缸；23—摆角油缸；24—顶尖；25—支撑气缸

稳车装置的作用是在钻车进行凿岩作业时使钻车固定，防止钻车倾倒或移动，保证钻车工作稳定。CGJ-2 型钻车的稳车装置是由一个安装在车架上的顶向气缸 12 和车架下部的两个支撑气缸 25 组成，两者用一个气阀控制。

钻车的行走是由直流电机经两级减速传到主动轮对轴上实现的，减速比为 9.36，钻车行走速度为 6 ~ 8km/h。

在钻车车架后部，连接着一个挂斗 1，在它上面安装控制器 2、电阻器 3 和司机座。

钻臂为直角坐标式、螺旋副式转柱、内四连杆平移机构。推进器为气动马达-螺杆式，一次推进行程为1800mm。

为了尽量减少凿岩机打底孔的角度，同时使帮孔也尽量接近设计边界，保证巷道两帮和底板平整，CGJ-2 型钻车的推进器底部安装有一个回转油缸 22，可以使推进器导轨架翻转 0°～180°。

3.1.6.3 轮胎式凿岩钻车

图 3-15 所示是轮胎式凿岩钻车，主要部件包括推进器、钻臂、回转机构、平移机构及托架、转柱、车体、行走装置、操作台、凿岩机和钻具。

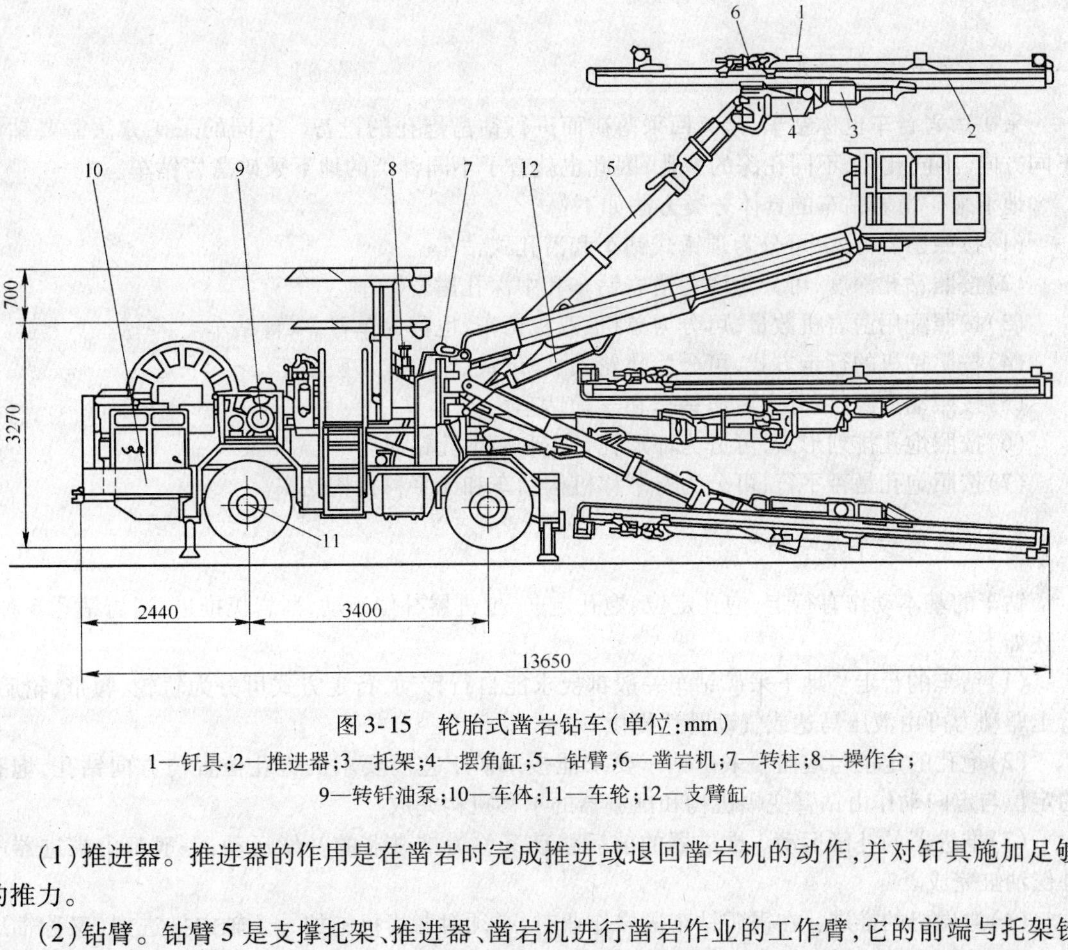

图 3-15 轮胎式凿岩钻车（单位：mm）

1—钎具；2—推进器；3—托架；4—摆角缸；5—钻臂；6—凿岩机；7—转柱；8—操作台；9—转钎油泵；10—车体；11—车轮；12—支臂缸

（1）推进器。推进器的作用是在凿岩时完成推进或退回凿岩机的动作，并对钎具施加足够的推力。

（2）钻臂。钻臂 5 是支撑托架、推进器、凿岩机进行凿岩作业的工作臂，它的前端与托架铰接（十字铰），舌端与转柱 7 相铰接。由支臂缸 12、摆臂缸、仰俯角缸及摆角缸 4 四个油缸来执行钻臂和推进器的上下摆角与水平左右摆角运动，其动作符合直角坐标原理，因此称为直角坐标钻臂。支臂缸使钻臂做垂直面的升降运动，摆臂缸使钻臂做水平面的左右摆臂运动；仰俯角缸使推进器做垂直面的仰俯角运动，摆角缸使难进器做水平摆角运动。

（3）补偿机构。补偿缸联系着托架和推进器，其一端与托架铰接，另一端与推进器铰接，组成补偿机构。这一机构的作用是使推进器做前后移动，并保持推进器有足够的推力。因为钻臂是以转柱的铰接点为圆心做摆动的机构，当它做摆角运动时，推进器顶尖与工作面只能有一点接触（即切点），随着摆角的加大，顶尖离开接触点的距离也增大，凿岩时必须使顶尖保持与工作面接触，因此必须设置补偿机构。通常采用油缸或气缸来使推进器做前后直线移动。补偿缸的行程由钻臂运动时所需的最大补偿距离而定。

(4)托架。托架3是钻臂与推进器之间相联系的机构，它的上部有燕尾槽托持着推进器，左端与钻臂相铰接，依靠摆角缸4、仰俯角缸的作用可使推进器做水平摆角和仰俯角运动。

(5)转柱。转柱7安装在车体上，它与钻臂相铰接，是钻臂的回转机构，并且承受着钻臂的推进器的全部重量。

(6)车体。车体10上布置着操作台、油箱、电器箱、油泵、行走装置和稳车支腿等，还有液压、电气、供水等系统。车体上带有动力装置。车体对整台钻车起着平衡与稳定的作用。

3.1.7　采矿台车

3.1.7.1　采矿台车分类

采矿凿岩台车也称钻车，是为回采落矿而进行钻凿炮孔的设备。不同的采矿方法需要钻凿不同方向、不同孔径、不同孔深的炮孔，因此也就有了不同种类的地下采矿凿岩钻车。

地下采矿凿岩钻车的具体分类方法如下：

(1)按照凿岩方式，可分为顶锤式钻车和潜孔式钻车。

(2)按照钻孔深度，可分为浅孔凿岩钻车和中深孔凿岩钻车。

(3)按照配用凿岩机数量，可分为单机、双机钻车，也称为单臂、双臂钻车。

(4)按照钻机的行走方式，可分为轨轮式、履带式、轮胎式采矿钻车。

(5)按照动力源，可分为液压钻车和气动钻车。

(6)按照炮孔排列形式，可分为环形孔钻车和扇形孔钻车。

(7)按照炮孔是否平行，可分为有平移机构钻车和无平移机构钻车。

3.1.7.2　采矿台车基本动作

钻车的基本动作有行走、炮孔定位、炮孔定向、推进器补偿运动、凿岩机推进、凿岩钻孔6种，分述如下：

(1)钻车的行走。地下采矿钻车一般都要求能自行移动，行走方式可分为轨轮、履带、轮胎，行走驱动力可由液压马达或气动马达提供。

(2)炮孔的定位与定向。采矿钻车要求能按采矿工艺所要求的炮孔位置与方向钻孔，炮孔的定位与定向动作由钻臂变幅机构和推进器的平移机构完成。

(3)推进器的补偿运动。推进器的前后移动又称为推进器的补偿运动，一般都由推进器的补偿油缸完成。

(4)凿岩机的推进。在采矿钻车凿岩作业时，必须对凿岩机施加一个轴向推进力（又称轴压力），以克服凿岩机工作时的后座力（又称反弹力），使得钻头能够贴紧炮孔底部的岩石，以提高凿岩钻孔的速度。凿岩机的推进动作是由推进器完成的。

(5)凿岩钻孔。这是钻车最基本的动作，由凿岩系统完成。

采矿台车除了以上6种基本运动外，还有钻车的调水平、稳车、接卸钻杆、夹持钻杆、集尘等辅助动作。

3.1.7.3　采矿台车基本结构

为完成钻车的各个动作，钻车必须具备相应的机构，这些不同的机构又可划分为三大部分：

（1）底盘。底盘可完成转向、制动、行走等动作。钻车底盘的概念常把内燃机等原动机也包括在内，是工作机构的平台。

（2）工作机构。工作机构可完成炮孔定位、定向、推进、补偿等动作，钻车的工作机构由定位系统和推进系统组成。

（3）凿岩机与钻具。凿岩机与钻具可完成破岩钻孔作业，凿岩机有冲击、回转、排渣等功能。凿岩机可分为液压凿岩机与气动凿岩机两大类，钻具由钎尾、钻杆、连接套、钻头组成。

3.1.7.4　*采矿凿岩台车实例*

采矿凿岩台车的种类繁多，图3-16所示是CTCY10型全液压采矿钻车。CTCY10型全液压采矿钻车为胶轮自行式单机凿岩钻车，主要用于金属矿山水平分层充填法采矿，钻凿向上平行炮孔，炮孔深3～4m，要求顶板高度为3.2～4m。本机完全采用液压传动，由电气和液压控制，具有行走方便、移位迅速、调整孔位准确、开孔稳定、能耗低、劳动强度小等特点。

图3-16　CTCY10型全液压采矿钻车

图3-17所示是CYTC12型轮胎式全液压采矿钻车，它是在PTJ11型轮胎铰接式底盘装上一套钻臂、推进器和COP1238ME型液压凿岩机，配备了合理的、自动化程度较高的电气系统、液压系统和气水系统。该钻车主要用于井下矿山崩落采矿，钻凿垂直面或倾斜面的扇形或环形炮孔，并可以在垂直方向上钻凿1.5m深的平行炮孔，该钻车也适用于巷道掘进，最小断面为3.5m×4m，适合于深孔接杆凿岩，孔深可达30m。

3.1.8　潜孔钻机

潜孔钻机的工作原理和普通冲击回转式风动凿岩机一样。风动凿岩机将冲击回转机构做在一起，冲击能通过钻杆传递给钻头；而潜孔钻机将冲击机构（冲击器）独立出来，潜入孔底，无论钻孔多深，钻头都是直接安装在冲击器上，不用通过钻杆传递冲击能，因而减少了冲击能的损失。潜孔钻机也正是由于冲击机构潜入孔底而得名，其结构如图3-18所示。

潜孔钻机是一种大孔径深孔钻孔设备。在地下采矿中，与接杆式深孔凿岩机相比，潜孔钻机钻孔效率高、不受孔深限制、孔径大，适合大型采矿方法；在露天采矿中，和牙轮钻机相比，具有结构简单、使用方便、成本低、不受孔深限制、可以钻凿斜孔等优点，但钻孔效率没有牙轮钻机高。目前，国内中小型露天矿山基本上都使用潜孔钻机，大型露天矿山将其作为辅助钻孔设备。大型地下深孔采矿方法多数采用潜孔钻机，少数采用牙轮钻机。

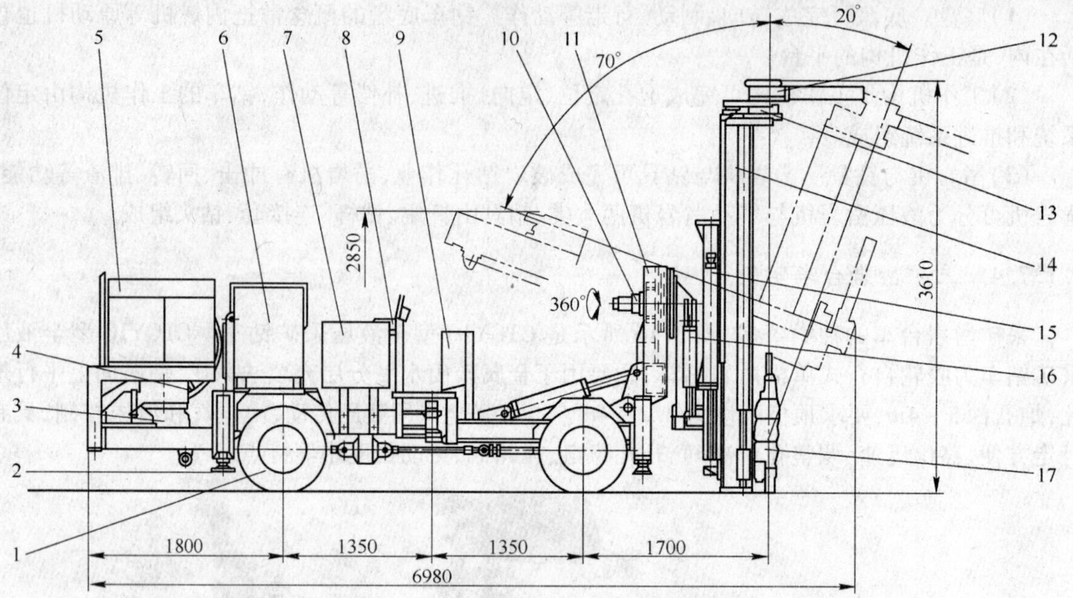

图 3-17　CYTC12 型轮胎式全液压采矿钻车(单位:mm)

1—PTJ11 型轮胎铰接式底盘;2—千斤顶;3—液压油泵;4—电缆卷筒;5—配电箱;6—低压控制箱;7—空压机支架;8—行走操纵盘;9—液压元件箱;10—CH30 型回转机构;11—俯仰臂;12—导流器;13—夹钎器;14—推进器导轨;15—CTC12 型推进器托座;16—摆臂;17—COP1238ME 型液压凿岩机

潜孔钻机分露天和地下两大类。地下潜孔钻机由于受空间限制,一般结构紧凑、体积小、拆装方便,多数采用钻架支撑;大型地下潜孔钻机自带行走机构。地下潜孔钻机的穿孔直径为 80 ~ 200mm,以孔径 100mm 左右为主。露天潜孔钻机分轻型、中型和重型,轻型一般本身不带空压机和行走机构,另配空压机和钻架,近几年生产的露天潜孔钻机也有自带行走机构的,机重在 10t 以下,孔径为 100mm 左右;中型一般自带履带式行走机构,不带空压机,机重为 15 ~ 20t,孔径为 150 ~ 170mm;重型自带空压机和履带式行走机构,机重 30 ~ 50t,孔径大于 200mm。常用潜孔钻机的型号、规格如表 3-2 所示。

井下潜孔钻机的型号很多,现在以 QZJ 型井下潜孔钻机为例简介其构造。QZJ 型井下潜孔钻机其 QZJ-80A、QZJ-100A 或 QZJ-100B 型的构造和工作原理都基本相同,现以使用较多的 QZJ-100B 型潜孔钻机为例,说明其构造(如图 3-19 所示),它属于低气压非自行式潜孔钻机。它由钻具、回转供风机构、推进调压机构、操纵机构、凿岩钻架(支柱)等部分组成。

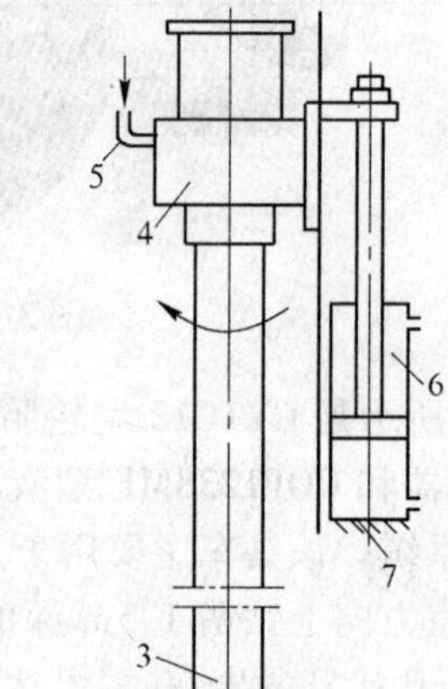

图 3-18　潜孔钻机作业示意图

1—钻头;2—冲击器;3—钻杆;4—气接头;5—进气管;6—加减压气缸;7—钻架

表 3-2　常用潜孔钻机的型号、规格

型　号	外型尺寸（长×宽×高）/mm×mm×mm	机重/t	适用巷道宽×高/m×m	钻孔方向	回转马达功率/kW	转速/r·min^{-1}	推进行程/m	推力/kN	行走方式	行走功率/kW	总耗气量/m^3·min^{-1}
QZJ-100A（YQ-100A）	850×550×330	0.6	2.5×3	水平及向下	电机3	89	1.1	6			6
QZJ-100B（YQ-100B）	2380×400×470	0.55	2.5×3	任意	气马达3.4	90	1.1	6			12
CTCQ500	3970×181×2180	2.63	2.8×3	上向扇形或平行	气马达3.4	90	1.1	6	胶轮	2×3.7	14

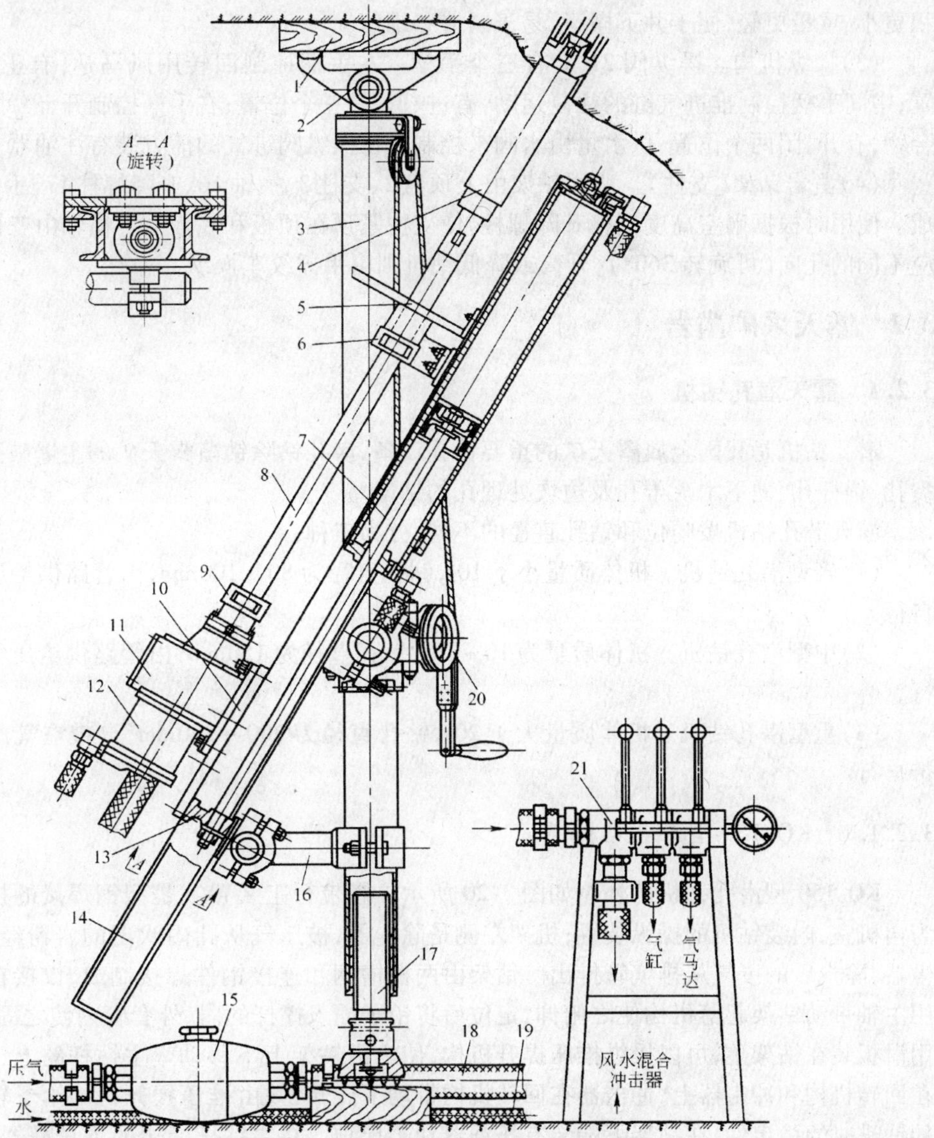

图 3-19　QZJ-100B 型井下潜孔钻机

1—垫木；2—上顶盘；3—支柱；4—冲击器；5—挡板；6—托钎器；7—推进气缸；8—钻杆；9—卸钎器；10—滑板；11—减速箱；12—风马达；13—支架；14—滑架；15—注油器；16—横轴；17—升降螺柱；18—气管；19—水管；20—手摇绞车；21—操纵阀

(1)回转供风机构。如图3-19所示,它由风马达12、减速箱11和风接头、钻杆接头等组成。风马达直接与减速箱连接。减速箱采用四级圆柱直齿轮减速,其输出轴为空心轴。空心轴前端用螺栓与钻杆接头连接,把回转扭矩传给钻具。空心轴内部安装不随空心轴转动的供气管道,由操纵阀来的气水混合物经此进入钻杆直达冲击器。采用风马达作为回转机构的原动机,可以无级调速,有利于提高钻孔效率。

(2)推进调压机构。推进调压机构由推进气缸7、滑板10、支架13、滑架14组成。用螺栓将回转供风机构和支架连接在滑板上。压气通过管道进入气缸作用于活塞上,活塞杆通过支架带动滑板,使回转供风机构沿滑架向前滑动,钻具则以一定的轴压(推)力作用于孔底,实现钻孔作业。调节气缸的进气压力,便可实现在合理轴推力下钻孔。QZJ-100A型钻机采用气缸链条推进并调压,而QZJ-100B型采用单气缸直接推进并调压,取消了链条传动机构,因而机构更简单、体积更小、重量更轻,便于井下搬运,易于制造和维修。

(3)操纵机构。操纵阀21上有三个手柄。左手柄控制回转用风马达,有正、反、停三个位置;中间手柄控制推进气缸的往复运动,有进、退、停三个位置;右手柄控制开、停冲击器的气水混合物,有开、闭两个位置,供水量由水阀来控制。在操纵阀进气的前方装有注油器15。

(4)凿岩钻架(支柱)。凿岩钻架由上顶盘2、支柱3、横轴16、升降螺柱17、手摇绞车20等组成。使用时根据硐室高度调整升降螺柱,使支柱紧顶在顶板和底板上。横轴由三件组成,用以适应不同的孔向(可旋转360°),升高或降低钻机则由手摇绞车操纵。

3.2 露天采矿凿岩

3.2.1 露天潜孔钻机

潜孔钻机是我国金属露天矿的重要钻孔设备,潜孔钻除钻凿露天矿的主爆破孔外,还用于预裂孔、锚杆孔、地下水疏干孔及边坡处理孔的钻凿。

露天潜孔钻机按吨位和钻孔直径的不同,分为三种:

(1)轻型潜孔钻机。机体质量小于10t,钻孔直径为80~100mm,由管路供给压气,电动履带自行。

(2)中型潜孔钻机。机体质量为10~15t,钻孔直径为150mm,由管路供给压气,电动履带自行。

(3)重型潜孔钻机。机体质量大于20t,钻孔直径为200~250mm,自带空气压缩机,电动履带自行。

3.2.1.1 KQ-150型潜孔钻机

KQ-150型潜孔钻机的外貌如图3-20所示。履带行走装置上是型钢焊接的机架,机架右侧为司机室,内装钻机的操纵装置;机架左侧是除尘器,被压气从孔内吹出的岩粉经防尘罩吸入除尘器,除尘后的废气从排气管排出。钻架由两根槽钢和连接钢件焊接制成,铰接在机架前端,可用主轴带动钻架起落机构使之俯仰,定位后将销子插入撑杆的内、外套管内使之固定。回转机构用滑板装在钻架上,可以操纵推压提升机构,使之沿钻架上下移动。主钻杆的上、下端分别扭接在回转机构和冲击器上,冲击器在回转机构带动下旋转,并由推压提升机构给予轴推力,为了增加钻进时的稳定性,在钻架下端装有托钎器和千斤顶。在主钻杆旁边的下送杆器和上送杆器上装有副钻杆,主钻杆钻完后,可用送杆器将它送至主钻杆上面,扭接在回转机构和主钻杆上,两根钻杆连接后的钻孔深度可达17.5m。机架后端的上部装有推压提升机构的电动绞车,下部装有主电动机。主电动机通过皮带驱动主轴,主轴可通过齿轮和链传动使履带行走,还可以通过齿轮传动使钻架起落机构运转。

(1)回转供风机构。回转供风机构由电动机、减速箱、供风装置和钻杆接头组成。电动机经减速箱内的斜齿轮减速后带动空心轴旋转,空心轴经钻杆接头驱动钻杆转动。供风套装在空心轴外侧,其上的环形槽与空心轴上的径向孔相连,用与液压凿岩机旁侧供水相似的方法,将固定风管供给的压气输入转动的空心轴,经钻杆中心孔供给冲击器。

(2)推压提升机构。推压提升机构由电动绞车、气缸组、滑轮组和传动钢绳组成,如图3-21所示。电动绞车1装在机架后端,气缸3和5装在钻架下部,两个气缸的活塞杆连接在托架4上,传动钢绳绕过电动绞车和滑轮组,两端绳头分别连接在滑板8的上下端。

图3-20 KQ-150型潜孔钻机外貌图

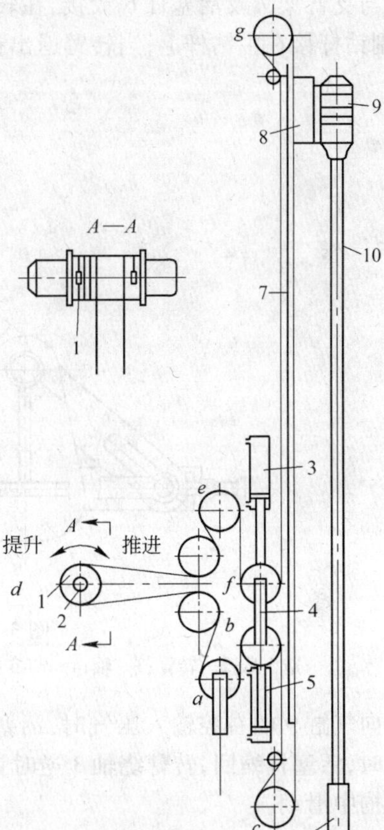

图3-21 推压提升机构工作原理图

1—电动绞车;2—制动轮;3,5—气缸;4—托架;6—冲击器;7—钻架;8—滑板;9—回转机构;10—钻杆

加压钻进时,向气缸3和5的下腔输入压气,使托架4上升。托架从起点上升,触动起点开关;电动绞车断电,绞车轴上的制动轮2被闸瓦制动,此时*ade*段的钢绳不动,钢绳的*abc*段被拉紧,*efg*段被放松,滑板8在钢绳牵引下带动回转机构,推动钻杆10和冲击器6向下移动。当托架上升到终点时,触动终点开关,闸瓦松开,电动绞车起动,卷筒顺时针旋转,钢绳的*dbac*段被拉紧,*defg*段被放松,冲击器继续向下移动,但因钻进速度远小于电动绞车的牵引速度,钢绳将托架

压下,此时气缸下腔中的压气被挤压,经操纵阀反馈到气路中或从操纵阀的安全阀逸出。当托架被压回到行程起点时,触动起点开关,电动绞车断电,绞车轴上的制动轮被闸瓦制动,压气又使托架上升,冲击器继续向下移动。如此反复循环,使冲击器在推压下不断向下钻进。若轴推力过大,可减少气缸的供气量直至停止供气,让冲击器利用钻具和回转机构的自重钻进。必要时甚至可以向气缸上腔反向输入压气,使之减压。

当钻进结束后,使气缸上、下腔与大气连通,反向起动电动绞车,卷筒逆时针旋转,此时钢绳的 *defg* 段被拉紧,*dbac* 段被放松,钻具在钢绳牵引下快速提升。

(3)接卸钻杆机构。接卸钻杆机构由上送杆器、下送杆器和托杆器组成。上送杆器的结构如图 3-22 所示,支臂架 7 用螺栓 8 固定在钻架上部,气缸 9 装在支臂架内,转臂 2 分别用轴 3 和小轴 5 与支臂架 7 及活塞杆 6 铰接,在转臂端部有逆止爪 1。当转臂转到接杆位置时,逆止爪打开,让副钻杆接在主钻杆上;当转臂退出接杆位置时,逆止爪关闭,夹紧副钻杆,使之悬挂在钻架上。

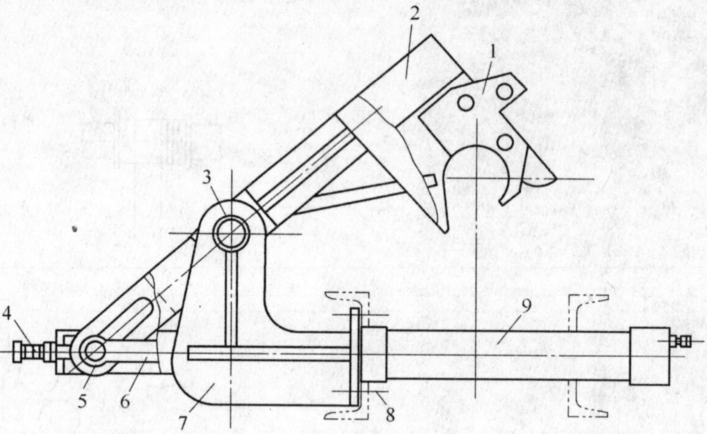

图 3-22　上送杆器结构图

1—逆止爪;2—转臂;3—轴;4—调节螺钉;5—小轴;6—活塞杆;7—支臂架;8—螺栓;9—气缸

当向气缸 9 的右腔输入压气时,活塞杆 6 伸出,转臂 2 转到图 3-22 上的接杆位置。反向输入压气时,活塞杆缩回,转臂绕轴 3 逆时针旋转,逆止爪夹紧副钻杆退出接杆位置。此时,小轴 5 在转臂槽中滑动。

在上送杆器上装有调节螺钉 4,当上、下送杆器不同心时,可扭动调节螺钉 4、改变转臂 2 的转角,使之同心。

下送杆器的结构与上送杆器相似,不同之处是转臂端部没有逆止爪而装有一个套筒,副钻杆从套筒中穿过。

托杆器的结构与 KQJ-100 型钻机的托杆器相似,接卸钻杆时可用托杆器夹住主钻杆,使副钻杆在回转机构带动下与主钻杆接入或卸出。

(4)行走机构和钻架起落机构。行走机构和钻架起落机构如图 3-23 所示。这两个机构共用一台电动机和一根主轴,主轴 3 由电动机 1 通过传动皮带 2 驱动。齿轮 9 和 14 空套在主轴 3 上,其是否运转用摩擦离合器 8 和 15 控制。齿轮 4 可在主轴 3 上移动,平时齿轮 4 和 5 脱离,只有钻架起落时才让齿轮 4 和 5 啮合。若同时抱紧摩擦离合器 8 和 15,主轴 3 带动齿轮 9 和 10 旋转,通过传动链 11 和 12 带动履带驱动轮 13 转动,驱动右履带运转;同时,主轴 3 带动齿轮 14 旋转,通过相同的机构(图中未画出)驱动右履带运转,使钻机前进。若只抱紧一侧的摩擦离合器,因只有一侧履带运转,则钻机向另一侧转弯。若反转电动机,可使钻机后退或转弯。

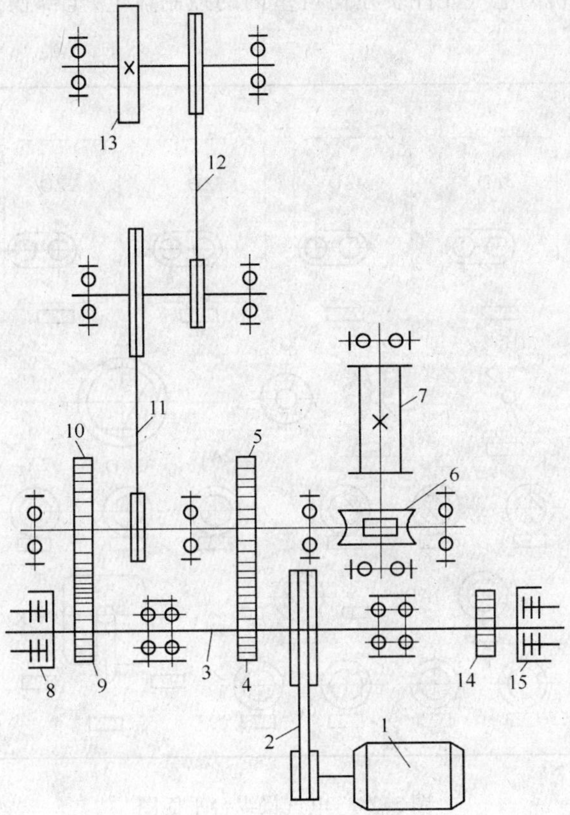

图 3-23 行走机构和钻架起落机构工作原理图

1—电动机;2—传动皮带;3—主轴;4,5,9,10,14—齿轮;6—蜗杆蜗轮;7—卷筒;8,15—摩擦离合器;11,12—传动链;13—履带驱动轮

钻架起落前,移动齿轮 4 使之与齿轮 5 啮合,同时松开摩擦离合器 8 和 15,主轴 3 通过齿轮 4、5 和蜗杆蜗轮 6 带动卷筒 7 转动,卷筒缠绕钢绳拖动钻架,使钻架立起。若反转电动机,则卷筒放松钢绳,使钻架下落,直至平放在机架上。钻架立起时,因蜗杆蜗轮能反向制动,可防止钻架倾倒,再将销子插入撑杆的内、外套管孔中,即可使钻架固定。

(5)气动系统。从外管路输来的压气,经 ZH5.5 型注油器和操纵阀组分别输送到冲击器、推压气缸和送杆器气缸。

冲击器操纵阀的手柄有开、关两个位置,控制冲击器的起动和停止。由关向开转动手柄,供气量逐渐加大。

推压气缸操纵阀的手柄有五个位置。手柄放在 0 位,气缸停止工作,逆时针转动手柄是推进,顺时针转动手柄是后退。逆时针旋转手柄 45°为全压推进位置,旋转 90°为调压推进位置;顺时针旋转手柄 45°为全压后退位置,旋转 90°为调压后退位置。

送杆器气缸操纵阀有两个手柄。接杆时,应将小手柄扳到接杆位置,此时大手柄如在 0 位,整个机构不动;顺时针将大手柄扳到位置Ⅰ,上、下送杆器送入;顺时针扳到位置Ⅱ,逆止爪打开;顺时针扳到位置Ⅲ,上、下送杆器退出;顺时针扳回 0 位,机构不动作。卸杆时,应将小手柄扳到卸杆位置，此时顺时针将大手柄扳到位置Ⅰ，上、下送杆器送入；顺时针扳到位置Ⅱ，逆止爪关闭夹住钻杆；顺时针扳到位置Ⅲ，上、下送杆器夹住钻杆退出；顺时针扳回0位，机构不动作。

（6）电气系统。钻机的电气元件装在司机室内的控制盘上，全部操作开关均装在操纵台面上，如图3-24所示。

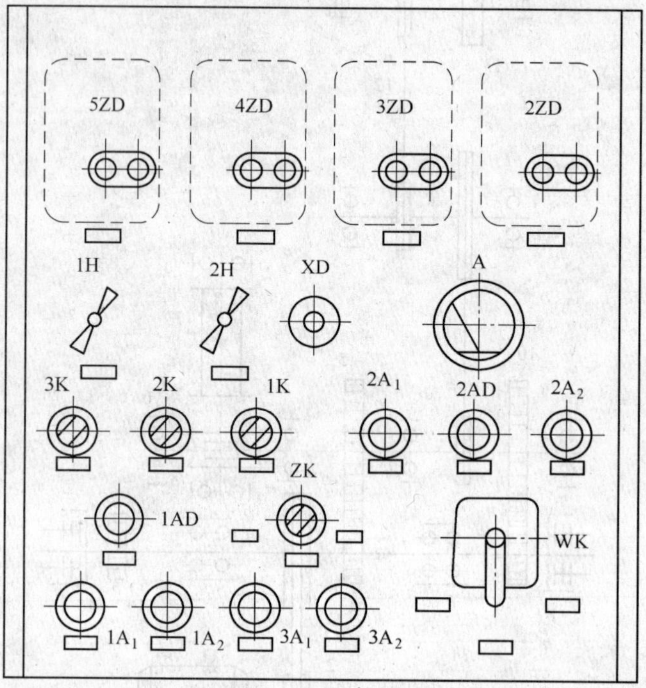

图3-24　电气操纵台平面图

合上操纵台左侧面的总电源空气开关1ZD后，钻机即接入电源。各电动机的操作方法如下：

1）行走电动机。按下按钮$1A_1$或$1A_2$，行走电动机正转或反转；按下按钮1AD，行走电动机断电。

2）回转电动机。先扳动转换开关WK，使之放在高速、中速或低速位置，然后合上空气开关2ZD，按下按钮$2A_1$或$2A_2$，回转电动机即正转或反转；按下按钮2AD，回转电动机断电。在使用中，如需变换电动机转数，应先让电动机断电，再扳动转换开关WK，不允许在运行中变速。在卸钻杆时，回转电动机的反转为点动。在操作时应防止按错按钮，以免将钻杆脱卸在孔内。

3）推压提升电动机。此电动机分手动和自动控制两种方法，可旋转主令开关ZK选择。两种控制方法都需先合上空气开关3ZD。当主令开关ZK旋至手动位置时，可按下按钮$3A_1$或$3A_2$，使电动机正转或反转。这两个按钮为点动控制，松开按钮电动机立即断电。当主令开关ZK旋至自控位置时，电动机的起动或停止由托架触动起点开关或终点开关实现。在钻架顶端还装有限位开关，当钻具提升到极限位置时，触动限位开关，电动机断电，以防止过卷。

4）除尘电动机。合上或断开空气开关4ZD，除尘扇风机的电动机起动或停转。

5）砂轮电动机。钻机上装有修磨钻具的砂轮。合上空气开关5ZD，转动转换开关1H、2H，可实现砂轮电动机的起动或停转。

板面上的XD是红色信号灯，1K、2K、3K是照明灯开关。板面上的电流表A指示回转电动机的工作电流，用来观察钻孔的情况。

露天潜孔钻机的冲击器和钻头与地下潜孔钻机相似,此处不再介绍。

3.2.1.2 KQ-200 型潜孔钻机

KQ-200 型潜孔钻机的外形结构如图 3-25 所示,其主体结构与 KQ-150 型潜孔钻机相似,但结构更为完善,因而更为复杂。图 3-26 是该钻机的平台布置图,平台前端右侧是司机室 2,内装操纵台 1 及 1 号电控柜 3;前端左侧有悬臂吊 14、高压离心通风机 15 及干式除尘器 16;平台中部是 2 号电控柜 4、行走传动机构 5、空压机 10 及水泵 17,水泵右侧有水箱 8;平台后端右侧是机棚空气净化装置 9 及变压器 13;后端左侧是空压机电控柜 12 及空压机油冷却器 18。回转供风机构、推压提升机构及接卸钻杆机构安装在钻架上,起落钻架机构安装在机棚顶部,机棚后面还有电焊机。

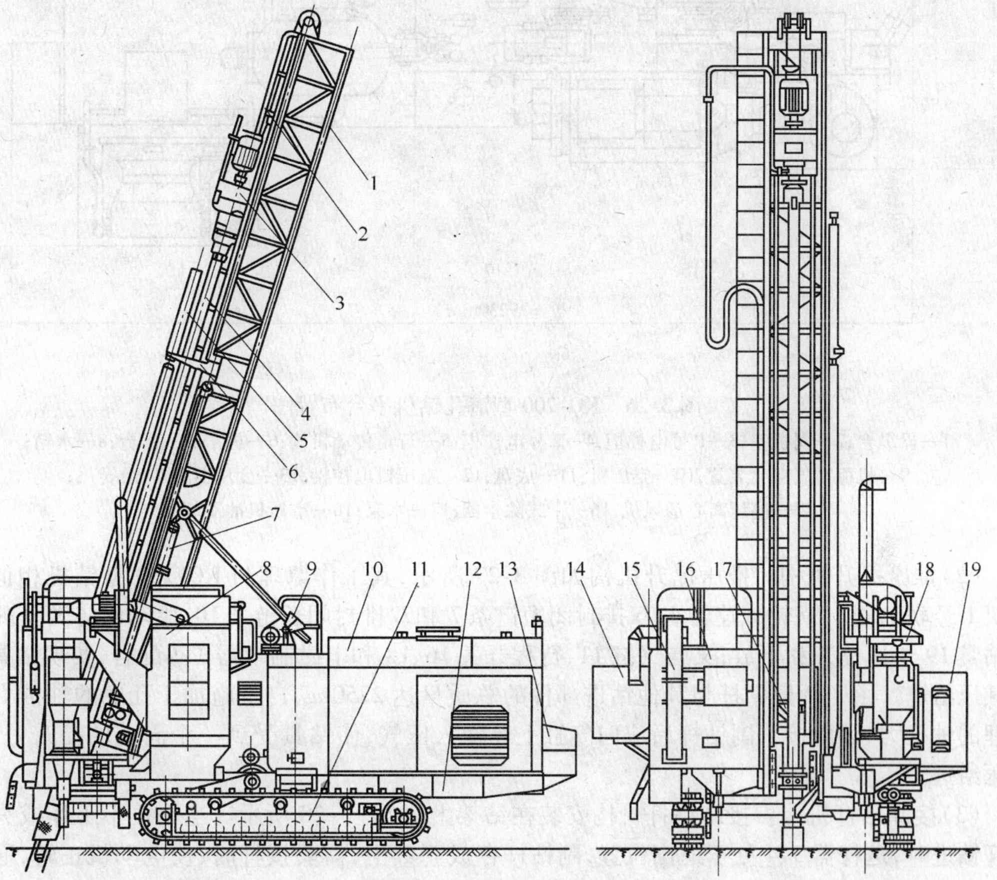

图 3-25 KQ-200 型潜孔钻机外形结构图

1—滑架;2—推进提升链条;3—回转供风机构;4—钻具;5—副钻杆;6—送杆机构;7—调压气缸;8—除尘系统;9—起落钻架机构;10—机棚;11—行走机构;12—机架;13—电焊机;14—机棚净化装置;15—司机室净化装置;16—司机室;17—托杆器;18—悬臂吊;19—空压机散热器

(1) 回转供风机构。回转供风机构与 KQ-150 型钻机相似,但原动机为三速交流电动机,可获得三种转速;减速器的末级为内啮合传动,速比大、体积小;在钻杆接头前端装有气动卡爪,用来夹住钻杆,可避免连接螺纹自动脱扣造成事故。

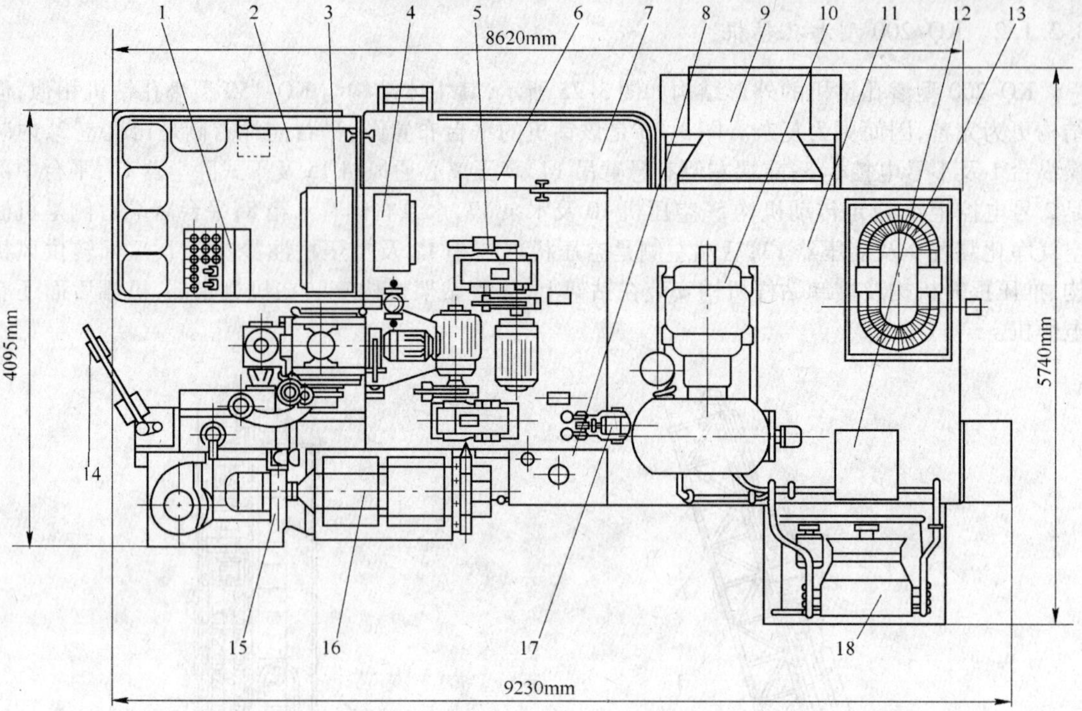

图 3-26 KQ-200 型潜孔钻机平台布置图

1—操纵台;2—司机室;3—1 号电控柜;4—2 号电控柜;5—行走传动机构;6—梯子;7—走台;8—水箱;9—机棚空气净化装置;10—空压机;11—底盘;12—空压机电控柜;13—变压器;14—悬臂吊;15—高压离心通风机;16—干式除尘器;17—水泵;18—空压机油冷却器

(2)推压提升机构。推压提升机构如图 3-27 所示,其工作原理与 KQ-150 型钻机相似。电动机 1 经联轴器 2、蜗轮减速器 4、双排封闭短链条 7 和双排封闭长链条 10,驱动回转供风机构 15 和钻具 19 快速提升和下放;又与气缸 11、行程开关 16、18 和电磁制动器 3 等配合,实现钻具加压或减压给进。由于两根钻杆与其他钻进部件的总质量达 2750kg,自重施加于孔底的轴推力大于合理的轴推力,因此接上副钻杆后应向气缸上腔输入压气,使钻具受到一个向上的提升力,进行减压给进。

(3)接卸钻杆机构。接卸钻杆机构安装在钻架上,如图 3-28 所示。当钻机不工作或只用主钻杆钻进时,送杆器 3、4 处于退出位置,副钻杆存放于其上;需要接杆时,使电动机正转,通过蜗轮减速器 1 及传动轴 2,让送杆器转动送入副钻杆,托杆器 5 在接杆过程中保证钻杆的平行和对中,定心环 6 则对钻杆限位,使之对准主钻杆。卸杆时,只需进行反向操作。蜗轮减速器具有逆止性能,可防止送杆器在振动时移位。

(4)起落钻架机构。起落钻架机构安装在机棚顶部,如图 3-29 所示。电动机 6 经两级蜗轮减速器 3、长轴 5 及两侧小齿轮 4 驱动齿条 1 伸缩,钻架即随之俯仰。因蜗轮减速器具有逆止性能,再用电磁闸 7 制动,可保证钻架不会自行移位。

(5)行走机构。钻机采用双履带行走机构,如图 3-30 所示。左、右履带各有自己的驱动装置,两台电动机正转或反转,钻机直线前进或后退;一侧电动机运转,钻机向另一侧转弯;两台电动机反向旋转，钻机在原地转动。

(6)除尘装置。除尘方式有干式和湿式两种，干式除尘直接将孔中吹出的尘气混合物分离、捕集；湿式除尘用气水混合物供给冲击器，在孔内湿润岩粉，使之成为湿的岩粉球团排出孔外。干式除尘的效果较差、设备复杂，但凿岩效率较高，在低温地区不需设置防冻装置。KQ-200 型钻机配置了干式及湿式两套除尘装置，供用户选用。

(7)司机室和机棚的净化空调装置。司机室的净化空调装置位于司机室顶部，完成司机室的空气净化和温度调节任务。

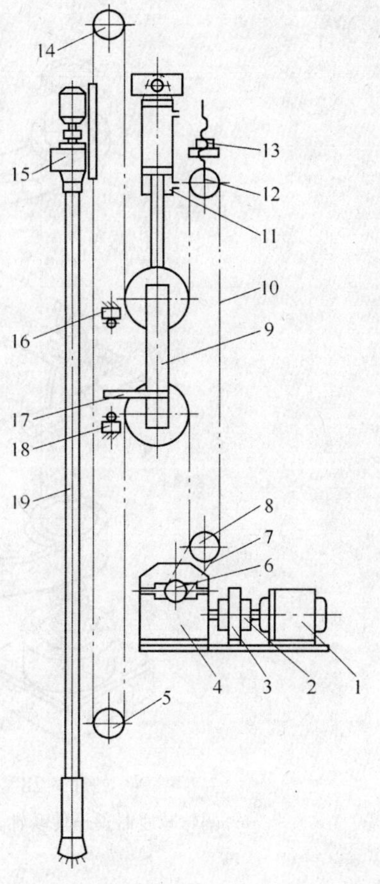

图 3-27 KQ-200 型钻机推压提升机构

1—电动机；2—联轴器；3—电磁制动器；4—蜗轮减速器；5—下部链轮组；6—输出链轮；7—双排封闭短链条；8—双联链轮；9—滑动链轮组；10—双排封闭长链条；11—气缸；12—张紧链轮；13—调整螺栓；14—上部链轮组；15—回转供风机构；16—上行程开关；17—碰头；18—下行程开关；19—钻具

3.2.2 牙轮钻机

现以 KY-250A 型牙轮钻机为例介绍牙轮钻机的结构。它能在 $f=6\sim20$ 的岩石中钻垂直孔，孔径为 220 ~ 250mm，孔深为 17m，适用于大中型露天矿山。KY-250A 型钻机的外形如图 3-31 所示。它的构造特点是：以三牙轮钻头作钻具，滑架式顶部回转，钻具转速能无级调节，封闭链条-齿条连续加压，进给速度能无级调节，可选用干式或湿式除尘并具有履带自行式行走机构。它主要由钻具、钻架与机架、回转供风机构、加压提升机构、行走机构、接卸及存放钻杆机构、起落钻架机构、除尘系统、液压千斤顶、司机室和机棚的净化装置以及风、水、油、电的控制系统等部分组成。

(1)钻具。钻具由上钻杆、下钻杆及牙轮钻头组成。钻杆是由无缝钢管和两端的接头焊接而成的中空杆件。钻杆的构造如图 3-32 所示。下钻杆的下端圆锥管螺纹与钻头相连接，上端的圆锥管螺纹与上钻杆或回转供风机构的回转接头相连接；而上钻杆的上端只与回转接头连接。为了保证排渣风速，应适当选择钻杆外径。通常，当钻直径 220mm 孔时，采用外径为 180mm 或 194mm 的钻杆；而钻直径 250mm 孔时，采用外径为 219mm 的钻杆。

(2)钻架和机架。KV-250A 型钻机采用高钻架，将上、下钻杆连接后，可一次连续钻完一个钻孔，有利于提高钻孔作业率。

钻架为型钢焊接的空间桁架，是断面为 Π 字形的开口架。前、后立柱断面均为方形。两根前立柱及焊在其上面的齿条，是回转小车上、下运行的轨道，也是加压提升传动系统的支撑。钻架内装有钻杆架、液压卡头、加压链条的张紧均衡装置等部件。钻架与机架的连接关系如图3-33 所示，在起落钻架油缸 4 的作用下，钻架可以绕安装在 A 形架 3 上的回转轴 2 回转。当钻架立起后，用两根锥形销轴 7 把钻架固定在机架上，以增加钻架工作时的稳定性。当钻机长距离运行时，将钻架落在托架 6 上。

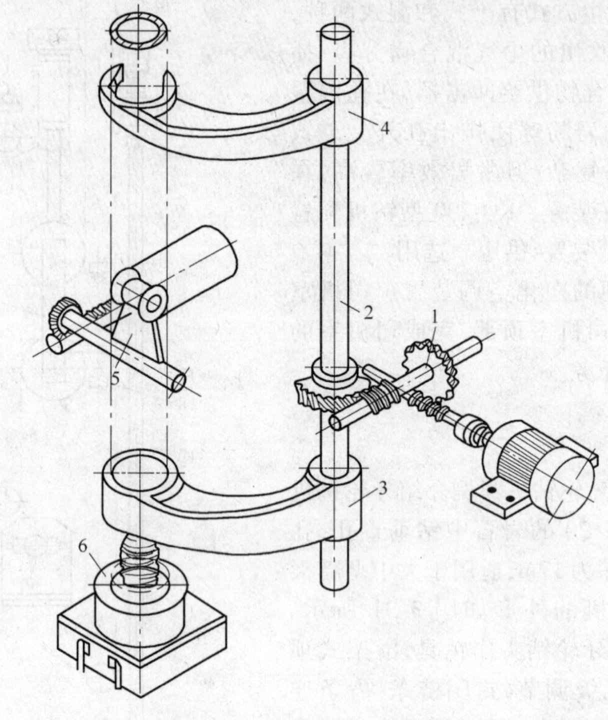

图 3-28　KQ-200 型钻机接卸钻杆机构

1—蜗轮减速器;2—传动轴;3—下送杆器;4—上送杆器;5—托杆器;6—定心环

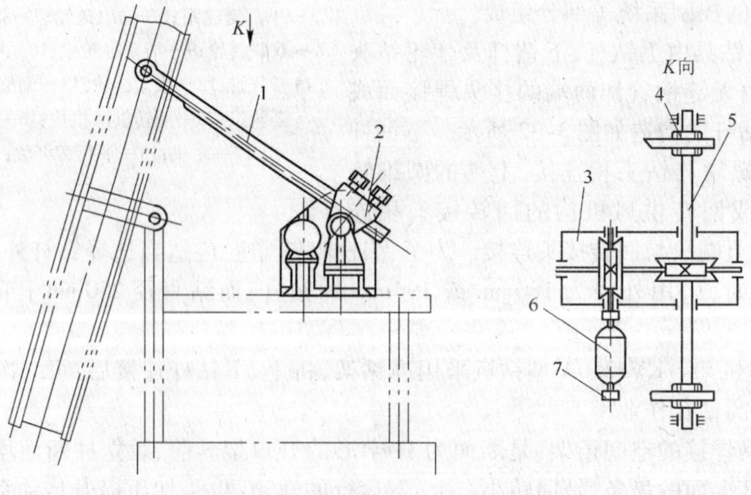

图 3-29　KQ-200 型钻机起落钻架机构

1—齿条;2—鞍形座;3—两级蜗轮减速器;4—小齿轮;5—长轴;6—电动机;7—电磁闸

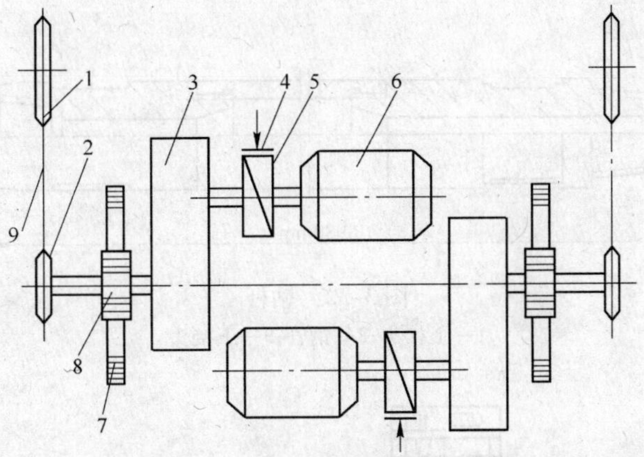

图 3-30 KQ-200 型钻机行走机构

1—从动链轮;2—主动链轮;3—减速器;4—电磁闸;5—带制动轮的弹性联轴器;
6—电动机;7—大齿轮;8—小齿轮;9—链条

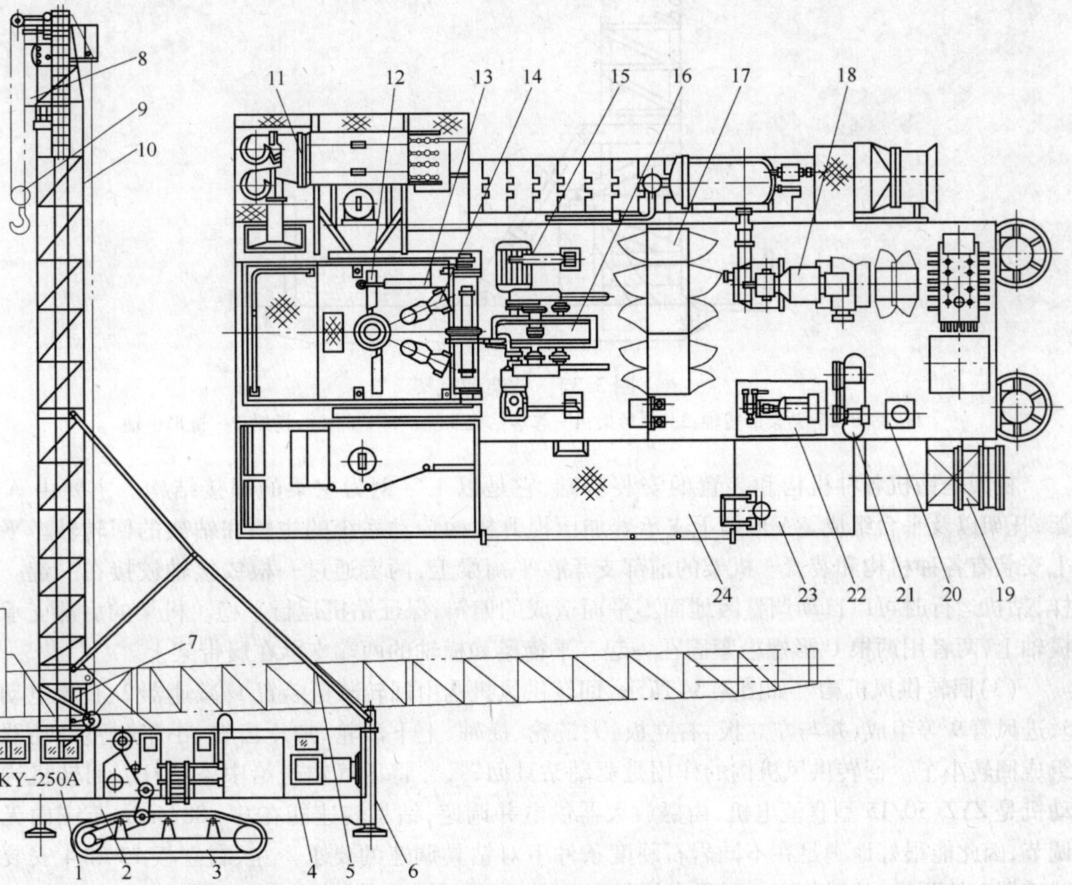

图 3-31 KY-250A 型牙轮钻机

1—司机室;2—平台;3—行走机构;4—机棚;5—拉杆;6—千斤顶;7—链条张紧装置;8—回转小车;9—辅助卷扬;
10—钻架;11—干式除尘系统;12—液压卡头;13—吊钳装置;14—钻杆架;15—起落钻架油缸;
16—主传动机构;17—电气系统;18—压气系统;19—机棚净化器;20—干油集中润滑系统;
21—压气控制系统;22—液压系统;23—湿式除尘系统;24—走台

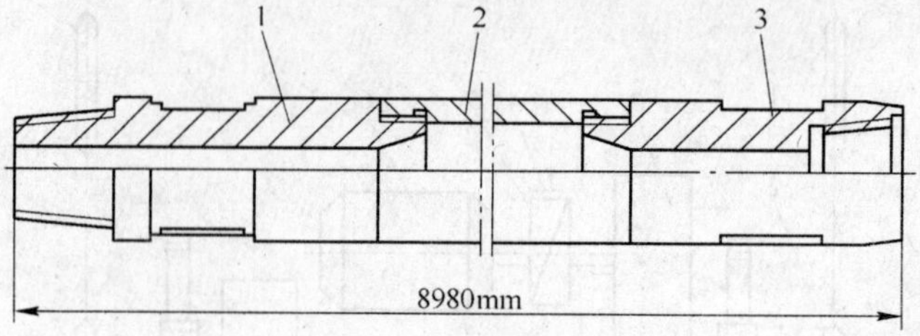

图 3-32　钻杆

1—上接头;2—钢管;3—下接头

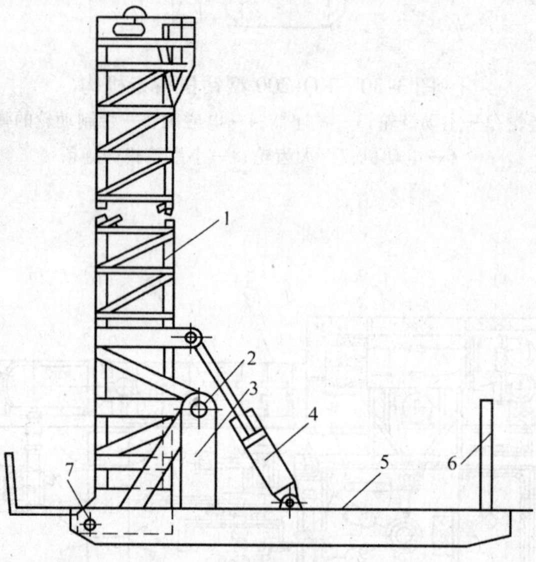

图 3-33　钻架和机架

1—钻架;2—钻架回转轴;3—A 形架;4—起落钻架油缸;5—平台;6—托架;7—锥形销轴

机架是钻机各种机构和装置的安装基础,它是以工字钢为主梁的焊接结构。主要由 A 形架、托架以及平台组成。A 形架上支承着加压提升机构传动系统的主轴和钻架的回转轴。平台上安装有各种机构和装置。机架的前部支承在平衡梁上,两者通过一根铰接轴铰接在一起。这样,钻机运行时可以自动调整因地面不平而造成的偏斜,保证钻机运行平稳。机架的后部支承在横轴上,两者用两根 U 形螺栓紧固在一起。平衡梁和横轴的两端支承在履带架上。

(3)回转供风机构。如图 3-34 所示,回转供风机构由回转减振装置 1、减速器 2、直流电动机 5、进风管 9 等组成,并与左立板、右立板、大链轮、横轴、上下滚轮、加压齿轮、小车防坠制动器等组成回转小车。回转供风机构的作用是驱动钻具回转,并将压气输送给中空钻杆。回转机构原动机是 ZYZ-50/15 型直流电机,由磁放大器供电并调速,钻具转速能在 0 ~ 88r/min 范围内无级调节,因此能很好地满足在不同岩石硬度条件下对钻具调速的要求。左、右立板 13 和 4 安装在减速器 2 的两边,其间装有一对导向链轮 8 和一对大链轮 11。大链轮装在横轴 7 上,横轴的两端安装有可以沿钻架两边齿条滚动的加压齿轮 6。当封闭链条带动大链轮转动时,整个回转小车就沿钻架立柱升降。

(4)加压提升机构。图 3-35 为 KY-250A 型牙轮钻机的传动系统示意图。钻孔时,回转机构带动钻具回转,加压机构通过封闭链条向钻头施加轴压力,并推进钻具进行连续凿岩;由空压机

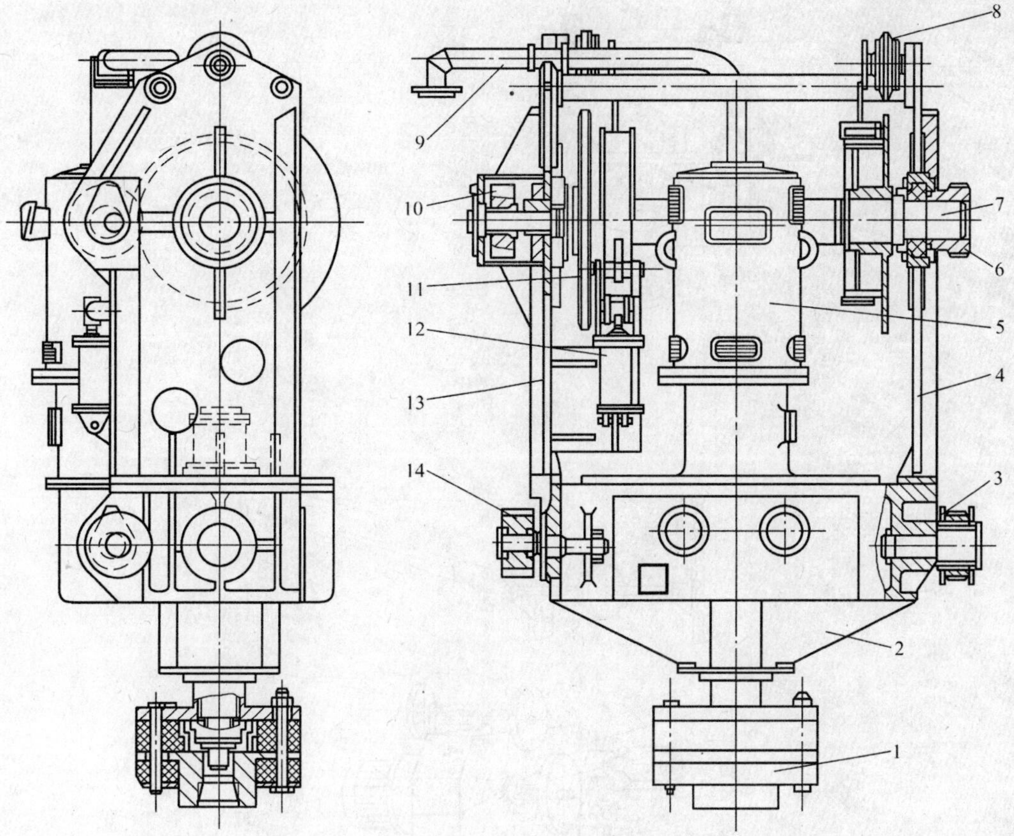

图3-34　回转系统

1—回转减振装置;2—减速器;3—齿轮;4—右立板;5—直流电动机;
6—加压齿轮;7—横轴;8—导向链轮;9—进风管;10—上滚轮;
11—大链轮;12—小车防坠制动器;13—左立板;14—下滚轮

供给的压缩空气通过回转供风机构进入中空钻杆,然后由钻头的喷嘴喷向孔底,岩渣沿钻杆与孔壁之间的环形空间吹到孔外。当钻完一个孔后,开动行走机构使钻机移位,再钻另一个孔。

加压提升机构由主传动机构、主制动器、封闭链条传动系统组成。该机构的作用是推进钻具并给钻具以足够大的轴压力,实现回转小车连同钻具的快速提升和下放。如图3-35所示,加压时,合上加压齿轮离合器29,打开主制动器35,同时使行走气胎离合器18和28排气,快、慢速加压提升气胎离合器12或13充气,然后开动滑差电机30,则动力经过立式主减速器33、链轮15或34、链轮10、14和36、封闭链条8,从而驱动大链轮2旋转,使回转小车以一定速度向下加压。提升时,只要使加压齿轮离合器29脱开,并开动提升行走电机17,传动过程与加压时相同,就可实现钻具的快速升降。

(5)行走机构。KY-250A型钻机采用履带自行式行走机构,由底盘和行走传动机构组成。行走传动机构与加压提升机构共用主传动机构,其传动过程如图3-35所示。行走时加压齿轮离合器29脱开、主制动器35处于制动状态,快、慢速加压提升气胎离合器12、13处于排气状态,并使行走气胎离合器充气,然后开动提升行走电机17,则动力经三级链轮减速后驱动履带装置的驱动轮,从而实现钻机的移位或长距离行走。

(6)接卸及存放钻杆机构。在使钻架落下或检修回转小车时,都要把回转小车放下来。因

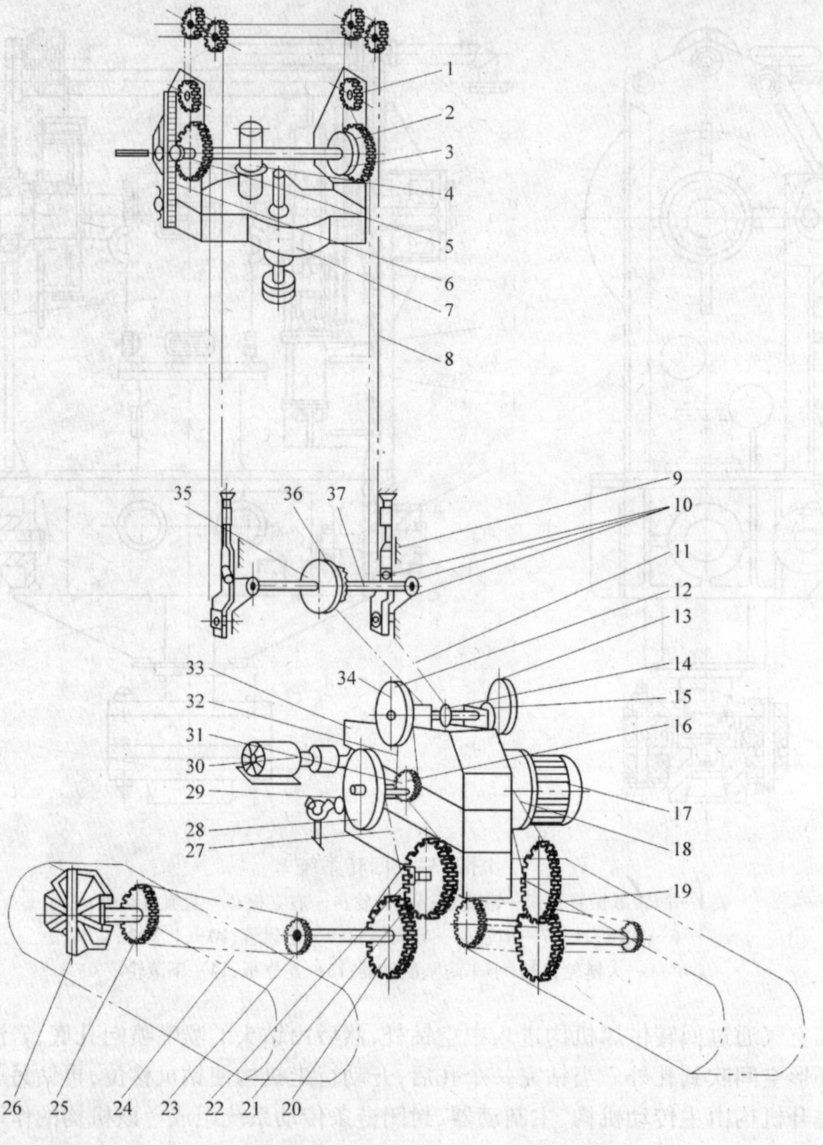

图 3-35 KY-250A 型牙轮钻机的传动系统图

1—链轮（$Z=15$）；2—大链轮（$Z=58$）；3—断链制动器；4—回转电机；5—齿轮（$Z=15$）；6—齿条；7—回转减速器；8—封闭链条；9—链条张紧均衡装置；10—链轮（$Z=15$）；11—链条；12—气胎离合器Ⅳ；13—气胎离合器Ⅲ；14，16，34—链轮（$Z=18$）；15，31，36—链轮（$Z=27$）；17—提升行走电机；18—气胎离合器Ⅰ；19—链轮（$Z=57$）；20—链轮（$Z=47$）；21—行走二级链条；22—链轮（$Z=13$）；23—链轮（$Z=8$）；24—行走末级链条；25—链轮（$Z=16$）；26—驱动轮；27—链条；28—气胎离合器Ⅱ；29—加压齿轮离合器；30—滑差电机；32—链条；33—立式主减速器；35—主制动器；37—A 形架轴

此，要把钻杆拆开，并将上、下钻杆分别存放起来。接卸及存放钻杆机构，主要由液压卡头和钻杆架组成。

在钻架底部的小平台上，左右对称地安装着两只液压卡头，以便在接卸钻杆时卡住钻杆，其构造如图 3-36 所示。活塞杆端部和外壳通过销轴 1 铰接在小平台上。当缸体 4 沿外壳 3 伸出时，缸体前端的弧形卡块 6 顶住钻杆的细颈，钻杆靠细颈上部的台阶可坐落在左、右卡头的卡块

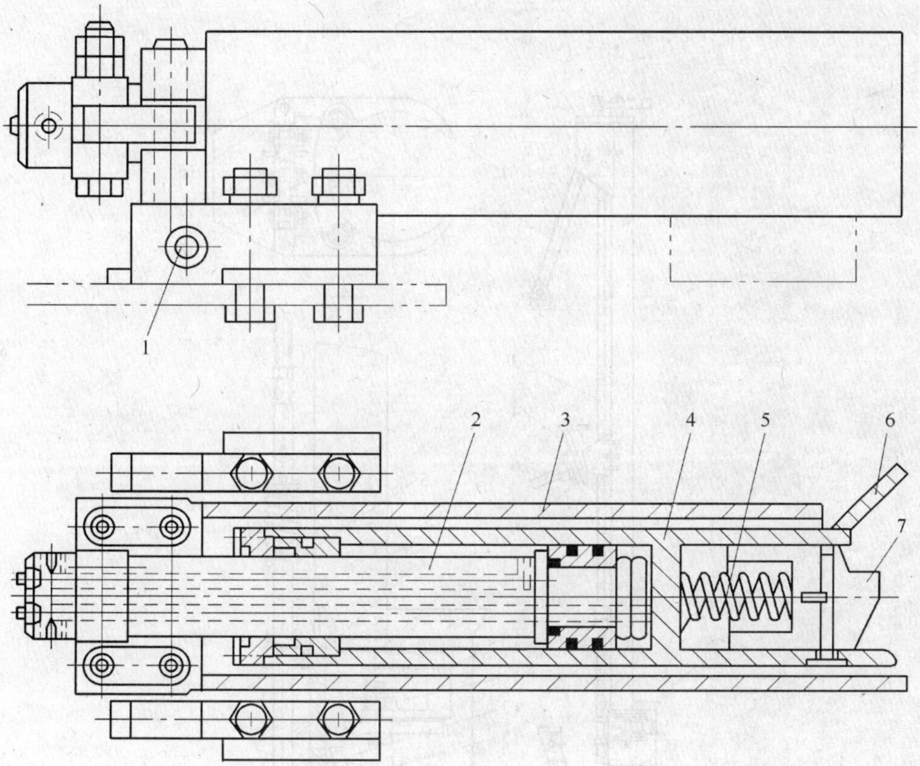

图 3-36 液压卡头

1—销轴;2—活塞杆;3—外壳;4—缸体;5—弹簧;6—卡块;7—卡爪

上。此时,卡爪 7 被压缩到缸体的孔内。当钻杆反转时,卡爪就被弹簧推入钻杆卡槽内卡住钻杆,即可卸开钻杆螺纹。钻孔时,油缸体收缩,躲开钻杆。当钻杆正转相接时,钻杆卡槽的坡面就把卡爪推到缸体孔内。

KY-250A 型牙轮钻机的钻架内安装有两副钻杆架,分别用来存取上钻杆和下钻杆,它由送杆机构、盛杆装置、抱杆机构及气动锁销等组成,其构造如图 3-37 所示。

送杆机构是一个平行四连杆机构,在送出或缩回的过程中,架体始终保持相互平行状态,易于对准孔位。钻杆存放在钻杆架下部的盛杆装置中,并依靠其重量压下夹紧拉钩 7 及拉杆 3,使叉形拉板 17 和拉板 18 往外张开,十字接头 16 推动抱爪 1 将钻杆围抱起来;反之,提起钻杆时,抱爪张开,钻杆便可取出。气动锁销用来固定处于存放位置的钻杆架,使之避免由于液压传动系统的故障而落下,造成被回转小车压坏的事故。

(7)除尘系统。KY-250A 型牙轮钻机配置了干式除尘和湿式除尘系统,以适应不同的工作环境。

(8)液压千斤顶。液压千斤顶起到抬起并调平钻机的作用,使钻机在钻孔作业时支撑在稳固的基础上。此外,还可利用千斤顶抬起机身,便于检修钻机底部。KY-250A 型牙轮钻机在机架上对称安装了四个液压千斤顶。

KY-250A 型牙轮钻机的起落钻架机构、封闭链条张紧均衡装置、接卸及存放钻杆机构、孔口围帘的升降机构以及液压千斤顶等均采用液压传动,所以钻机还配备了液压传动系统;因为要为钻机各气缸、气胎离合器、干式和湿式除尘系统、干油集中润滑站等提供控制风源,所以还装有压气控制系统;另外,还有回转小车行程控制装置、司机室及机棚的空气净化装置及供电系统等。

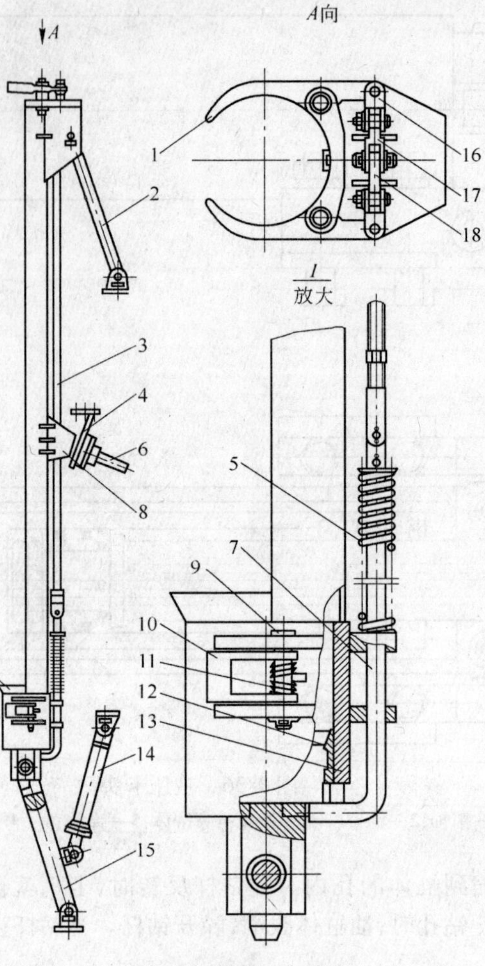

图 3-37　钻杆架

1—抱爪；2—上摇臂；3—拉杆；4—吊挂座；5—拉杆弹簧；6—气缸；7—夹紧拉钩；8—挡块；9—销轴；10—卡爪；11—弹簧；12—托杆衬套；13—钻杆架体；14—油缸；15—下摇臂；16—十字接头；17—叉形拉板；18—拉板

复习思考题

3-1　影响穿孔速度的因素有哪些？

3-2　简述凿岩破岩机理。

3-3　常见的浅孔凿岩机械有哪些，分别适用于什么场合？

3-4　常见的深孔凿岩机械有哪些，分别适用于什么场合？

4 岩石破碎和爆破机理

4.1 岩石的破碎机理

凿岩是指在岩体中穿凿孔眼。凿岩作业是岩石穿爆作业的主要工序之一,工作量较大,花费时间较多,对穿爆效率影响很大,特别是在难钻和特难钻的坚硬岩石中更是影响爆破效率的关键环节。要提高凿岩效率,必须对岩石的可钻性及穿孔破岩机理进行分析研究。

4.1.1 岩石的可钻性

岩石可钻性是用来表示岩石钻孔难易程度的指标,是岩石物理、力学性质在钻孔具体条件下的综合反映。

凿岩机械的效率取决于穿孔的速度,而穿孔速度取决于下列因素:

(1)在凿岩工具的作用下,岩石的破坏阻力(主要因素);

(2)凿岩工具的种类、形状及工作方式(冲击式、回转式等);

(3)轴压力和转速;

(4)孔径及深度;

(5)排渣方式、速度和清渣彻底性。

所有这些因素与凿岩机械的工艺参数有关,而参数的选择,首先与岩石的可钻性有关。

岩石的可钻性取决于岩石本身的抗压和抗剪强度、凿岩工具的工作原理及其类型、孔底岩渣的粒度和形状。岩石的可钻性常用工艺性指标表示,例如,可以采用钻速、钻每米炮孔所需要的时间、钻头的进尺(钎头在变钝以前的进尺数)、钻每米炮孔磨钝的钎头数或破碎单位体积岩石消耗的能量等来表示岩石的可钻性。显而易见,上述工艺性指标必须在相同条件下(除岩石条件外)测定才能进行比较。

下面介绍两种测试岩石可钻性的方法。一种方法是在考虑了影响因素,如压力 σ、剪切力 τ 及岩石的体积密度 γ 的基础上,以岩石的钻进难度相对指标 ω 来比较岩石的可钻性。确定 ω 值时,可以考虑以下几种情况:

(1)压力 σ、剪切力 τ 在钻进过程中具有决定性意义。冲击式钻进,压力的破坏作用占主要地位;回转式钻进,以剪切力作用为主。相对评价岩石的难钻性时,压力和剪切力的破坏作用可以认为是相等的。

(2)确定钻进速度时,岩体的裂隙度可忽略不计,只是在确定岩石坚固性指标时才考虑。

(3)因为只有经常地排出岩渣才能破坏岩石,所以在评价可钻性时,必须考虑岩石的体积密度 γ。

这样,ω 值可以用经验公式(4-1)确定:

$$\omega = 0.007(\sigma + \tau) + 0.7\gamma \tag{4-1}$$

根据 ω 值,岩石可钻性分为如下 5 个等级,共 25 个类别:

Ⅰ级——易钻的($\omega = 1 \sim 5$),类别有 1、2、3、4、5;

Ⅱ级——中等难钻的($\omega = 5.1 \sim 10$),类别有 6、7、8、9、10;

Ⅲ级——难钻的($\omega=10.1\sim15$),类别有 11、12、13、14、15;

Ⅳ级——很难钻的($\omega=15.1\sim20$),类别有 16、17、18、19、20;

Ⅴ级——最难钻的($\omega=20.1\sim25$),类别有 21、22、23、24、25。

指标 $\omega>25$ 时,属于级外。对于具体的岩石条件,可用指标 ω 来考虑钻机的功率、参数和钻进速度的计算。

另一种方法是从冲击式凿岩中抽象出来的。它是利用重锤(4kg 重锤)自由下落时产生的固定冲击功冲击钎头而破碎岩石,根据破岩效果来衡量岩石破碎的难易程度。其可钻性指标包括两项:

(1)凿碎比功,即破碎单位体积岩石所做的功,用 a 表示,单位为 J/cm^3。

(2)钎刃磨钝宽,即岩石的磨蚀性,用 b 表示,单位为 mm。

一般来说,凿碎比功是衡量可钻性的主要指标,钎刃磨钝宽是第二位的,两者既有区别又有联系。

计算凿碎比功时,先量出纯凿深度 H(为最终深度减去初始深度值),再算出凿孔的体积,于是凿碎比功 a 为:

$$a=\frac{4NA}{\pi d^2 H} \tag{4-2}$$

式中 d——实际孔径(一般按钎头直径计),cm;

H——纯凿深度,cm;

N——冲击次数;

A——单次冲击功,J。

同一类型的岩石,凿碎比功 a 值与钎刃磨钝宽 b 值的关系是,随着 a 值的增大,b 值也增大。但是实验资料表明,钎刃磨钝宽与岩石种类有很大关系,凿碎比功相同的岩石(尤其是石英的含量不同),钎刃磨钝宽有很大的差别;而岩性相近时,岩石越硬,凿碎比功越大,钎刃磨钝宽也相应增大。因此,a 与 b 既有联系又有区别,它们反映了岩石可钻性的两个不同侧面。a 值大小,对凿岩速度有明显影响;而反映岩石磨蚀性的 b 值,则在凿岩耗刀率方面有明显影响。由此,在衡量岩石掘进难易程度时,两者应该同时考虑,才能从岩石抵抗破岩刀具和磨蚀破岩刀具能力这两个方面来说明岩石的可钻性,并预估其凿岩效果。

4.1.2 凿岩破岩机理

凿岩按凿岩工具破碎岩石的原理,可分为冲击式凿岩和旋转式凿岩等。根据岩石物理性质的不同,可采用不同的凿岩方式。在脆性岩石中一般采用冲击式凿岩,在塑性岩石中一般采用旋转式凿岩。

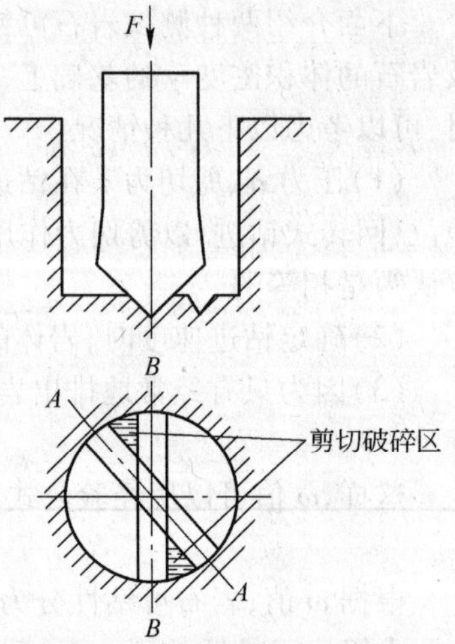

图 4-1 冲击式破岩机理

冲击式凿岩,就是利用钎子的冲击作用将岩石凿碎。如图 4-1 所示,当钎头在冲击力 F 作用下凿到岩石上时,钎刃便切入其中。此时,钎刃下方和旁侧的岩石被破坏,形成一条凿沟 $A—A$;随后将钎头转动一个角度,再进行下一次冲击,形成第二条凿沟 $B—B$。若钎头的冲击力足够大、转动角度适合,两条凿沟之间的扇形岩体在凿凿沟 $B—B$ 的同时就会被剪切破坏。上述过程循环往复,钎头便不断地凿碎岩石,炮孔就可逐渐加深。但必须及时排除岩粉,并对凿岩机施以轴向推力,使钎刃可靠地接触孔底岩石,才能更有效地破岩。

对于钎刃是如何侵入岩石的,现在的破岩理论都认为:在冲击力 F 的作用下(静力压入也是同样的),岩石在钎刃下方被压成致密的核状,此时侵入深度不大;但当 F 增大到一定程度、达到岩石的塑性极限时,便产生向两侧作用的推力使两侧岩石发生剪切破坏,侵入深度就突然增大,故侵入深度呈突跃式,而且破碎坑的体积总比钎头侵入岩石部分的体积大。

这种冲击破岩法对坚硬岩石的破碎很有效,所需的轴推力不大,钻机机构简单,能在潮湿的条件下可靠地工作,因此被广泛采用。但是它的效率低、能耗大、噪声也大。

旋转式凿岩,就是利用钎子连续地旋转切削以破碎岩石的钻孔方法。它的破岩原理如图4-2所示。在轴向压力 P 的作用下,钎刃被压入岩石,同时钎刃不停地旋转,由旋转力矩 M 推动钎刃产生的切削力 G 向前切削岩石,使孔底岩石连续地沿螺旋线被破坏。由于岩石具有脆性,所以它的破坏是在钎刃前一块接一块地崩落,粉尘颗粒较大。

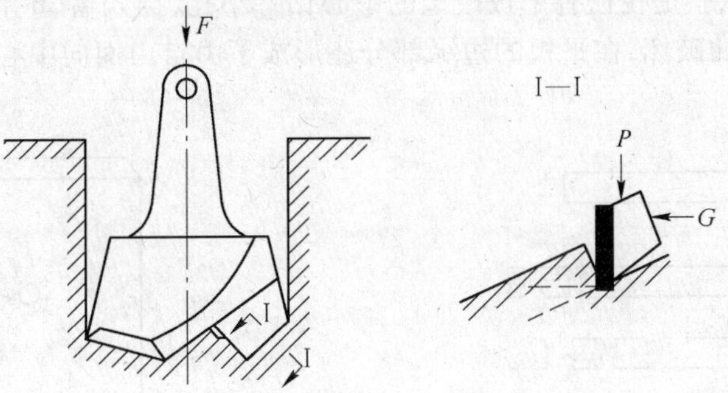

图4-2　旋转式破岩机理

4.2　岩石的爆破机理

在工程爆破中,利用炸药爆破来破碎岩体至今仍然是一种最有效和应用最广泛的手段。在炸药爆炸作用下岩体是如何破碎的,多年来国内外众多学者对此进行了探索,提出了许多理论和学说。然而,岩石的不均质性和各向异性等自然因素以及炸药爆炸本身的高速瞬时性,给人们揭示岩石的破碎规律造成了种种困难,迄今对岩石的爆破破碎机理仍然了解得很不够,因而所提出的各种破岩理论还只能算是假说。

4.2.1　岩石爆破破岩机理假说

目前,公认的岩石爆破破岩机理有三种:爆生气体膨胀作用理论、爆炸应力波反射拉伸理论、爆生气体和应力波综合作用理论。

4.2.1.1　爆生气体膨胀作用理论

爆生气体膨胀作用理论认为,炸药爆炸引起岩石破坏主要是高温高压气体产物膨胀做功的结果。爆生气体膨胀力引起岩石质点的径向位移,由于药包距自由面的距离在各个方向上不同,质点位移所受的阻力就不同,最小抵抗线方向的阻力最小、岩石质点位移速度最高。正是由于相邻岩石质点移动速度不同才造成了岩石中的剪切应力,一旦剪切应力大于岩石的抗剪强度,岩石即发生剪切破坏。破碎的岩石在爆生气体膨胀推动下沿径向抛出,形成一倒锥形的爆破漏斗坑(见图4-3)。

该理论的实验基础，是早期用黑火药对岩石进行爆破漏斗试验中所发现的均匀分布、朝向自由面方向发展的辐射裂隙，这种理论称为静作用理论。

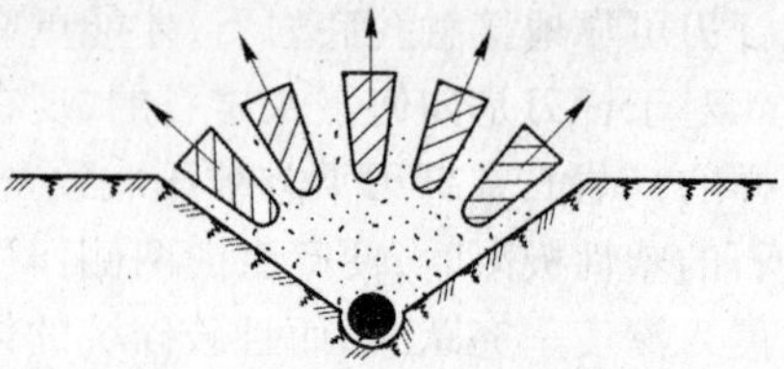

图 4-3　爆生气体的膨胀作用

4.2.1.2　爆炸应力波反射拉伸理论

爆炸应力波反射拉伸理论认为，岩石的破坏主要是由于岩体中爆炸应力波在自由面反射后形成反射拉伸波的作用。岩石的破坏形式是因拉应力大于岩石的抗拉强度而产生的，岩石是被拉断的。其实验基础是岩石杆件爆破试验和板件爆破试验。

杆件爆破试验是采用长条岩石杆件，在一端安置炸药爆炸，则靠炸药一端的岩石被炸碎，而另一端岩石由于应力波的反射拉伸作用而被拉断成许多块，杆件中间部分没有明显的破坏，如图 4-4 所示。板件爆破试验是在松香平板模型的中心钻一小孔，插入雷管引爆，除平板中心形成和装药的内部作用相同的破坏，在平板的边缘部分还形成了由自由面向中心发展的拉断区，如图 4-5 所示。

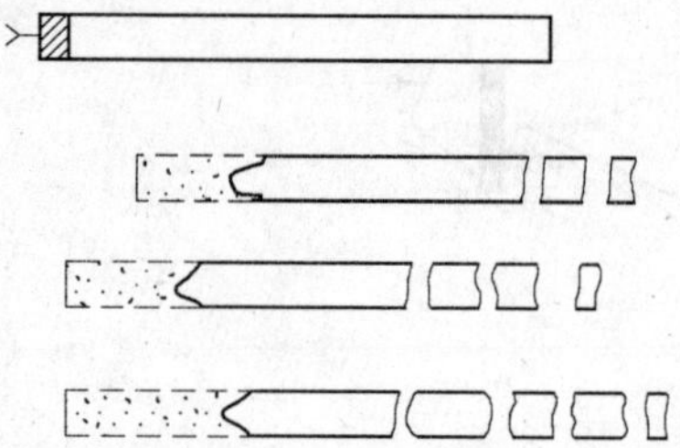

图 4-4　不同装药量的岩石杆件爆破试验

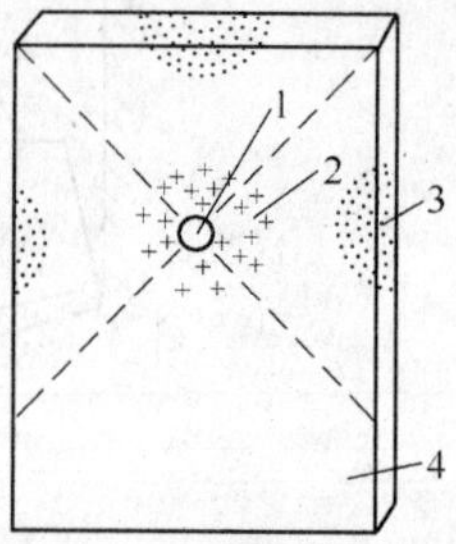

图 4-5　板件爆破试验

1—小孔；2—破碎区；3—拉伸区；4—振动区

以上试验说明了拉伸波对岩石的破坏作用，这种理论称为动作用理论。

4.2.1.3　爆生气体和应力波综合作用理论

爆生气体和应力波综合作用理论认为，岩石爆破破碎是爆生气体膨胀和爆炸应力波综合作用的结果，从而加强了岩石的破碎效果。因为冲击波对岩石的破碎作用时间短，而爆生气体的作用时间长，所以爆生气体的膨胀促进了裂隙的发展；同样，反射拉伸波也加强了径向裂隙的扩展。

至于哪一种作用是主要作用，应根据不同的情况来确定。黑火药爆破岩石时，几乎不存在动作用；而猛炸药爆破时，又很难说是气体膨胀起主要作用，因为往往猛炸药的爆容比硝铵类混合炸药的爆容低。岩石性质不同，情况也不同，对松软的塑性土壤，波阻抗很低，应力波衰减很大，这类岩土的破坏主要靠爆生气体的膨胀作用；而对致密坚硬的高波阻抗岩石，应主要靠爆炸应力波的作用才能获得较好的爆破效果。

综合作用理论的实质是：岩体内最初裂隙的形成是由冲击波或应力波造成的，随后爆生气体渗入裂隙，并在准静态压力作用下使应力波形成的裂隙进一步扩展，即为炸药爆炸的动作用和静作用在爆破破岩过程中的综合体现。

爆生气体膨胀的准静态能量，是破碎岩石的主要能源。冲击波或应力波的动态能量与介质特性和装药条件等因素有关。哈努卡耶夫认为，岩石波阻抗不同，破坏时所需的应力波峰值不同，岩石波阻抗高时要求有高的应力波峰值，此时冲击波或应力波的作用就显得重要。他把岩石按波阻抗值分为三类,见表4-1。

表4-1 岩石按波阻抗分类

岩石类别	波阻抗/g·(cm²·s)⁻¹	破坏作用
高阻抗岩石	$(15\sim25)\times10^5$	主要取决于应力波,包括入射波和反射波
中阻抗岩石	$(5\sim15)\times10^5$	入射应力波和爆生气体的综合作用
低阻抗岩石	$<5\times10^5$	以爆生气体形成的破坏为主

4.2.2 爆破破岩内部作用和外部作用

炸药在岩体内爆炸时所释放出来的能量,是以冲击波和高温高压的爆生气体形式作用于岩体的。由于岩石是一种不均质和各向异性的介质,因此,在这种介质中的爆破破碎过程是一个十分复杂的过程。

4.2.2.1 爆破的内部作用

下面在炸药类型一定的前提下,对单个药包爆炸作用进行分析。

岩石内装药中心至自由面的垂直距离,称为最小抵抗线,通常用 W 表示。对于一定的装药量来说,当最小抵抗线 W 超过某一临界值时,可以认为药包处在无限介质中。此时当药包爆炸后,在自由面上不会看到地表隆起的迹象,也就是说,爆破作用只发生在岩石内部,未能达到自由面。药包的这种作用,称为爆破的内部作用。

炸药在岩石内爆炸后,引起岩体产生不同程度的变形和破坏。如果设想将经过爆破作用的岩体切开,便可看到如图4-6所示的剖面(R_0 为药包半径)。根据炸药能量的大小、岩石可爆性的强弱和炸药在岩体内的相对位置,岩体的破坏作用可分为近区、中区和远区三个主要部分,即压缩粉碎区、破裂区和震动区三个部分。

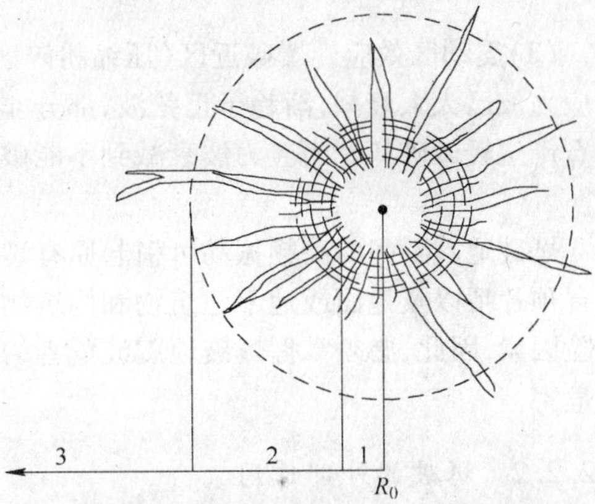

图4-6 药包在无限岩体内的爆炸作用

1—近区(压缩粉碎区),$(2\sim7)R_0$;

2—中区(破裂区),$(8\sim150)R_0$;

3—远区(震动区),大于$(150\sim400)R_0$

(1)压缩粉碎区形成特征。所谓爆破近区,是指直接与药包接触、邻近的那部分岩体。当炸药爆炸后,产生两三千摄氏度以上的高温和几万兆帕的高压,形成每秒数千米速度的冲击波,伴之以高压气体在微秒量级的瞬时内作用在紧靠药包的岩壁上,致使近区的坚固岩石被击碎成为微小的粉粒(为0.5~2mm),把原来的药室扩大成空腔,称为粉碎区;如果所爆破的岩石为塑性岩石(如黏土质岩石、凝灰岩、绿泥岩等),则近区岩石被压缩成致密坚固的硬壳空腔,称为压缩区。

爆破近区的范围与岩石性质和炸药性能有关。比如,岩石密度越小,炸药威力越大,空腔半径就越大。通常,压缩粉碎区约为药包半径 R_0 的2~7倍,破坏范围虽然不大,但却消耗了大部分爆炸能。工程爆破中应该尽量减少压缩粉碎区的形成,从而提高炸药能量的有效利用率。

(2)破裂区的形成特征。炸药在岩体中爆炸,强烈的冲击波和高温高压爆轰产物将炸药周围岩石破碎压缩成粉碎区(或压缩区)后,冲击波衰减为应力波。应力波虽然没有冲击波强烈,剩余爆轰产物的压力和温度也已降低,但是它们仍有很强大的能量,将爆破中区的岩石破坏,形成破裂区。

通常，破裂区的范围比压缩粉碎区大得多，如压缩粉碎区的半径一般为$(2 \sim 7)R_0$，而破裂区的半径则为$(8 \sim 150)R_0$，所以，破裂区是工程爆破中岩石破坏的主要部分。破裂区主要是受应力波的拉应力和爆轰产物的气楔作用而形成的，如图4-7所示。由于应力作用的复杂性，破裂区中有径向裂隙、环向裂隙和剪切裂隙。

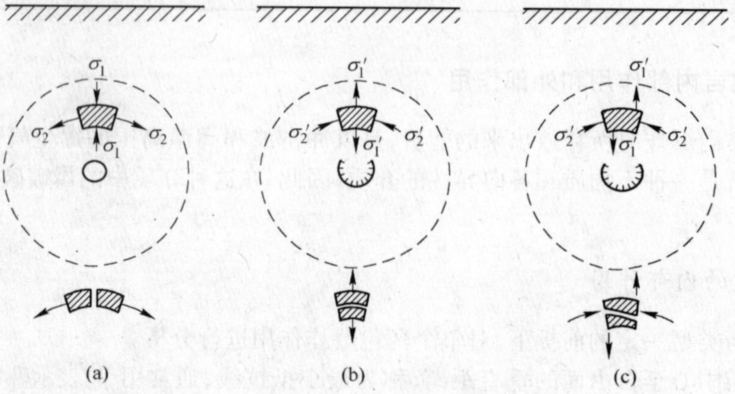

图4-7　破裂区裂隙形成应力作用示意图

(a)径向裂隙；(b)环向裂隙；(c)剪切裂隙

σ_1—径向压应力；σ_2—切向拉应力；σ'_1—径向拉应力；σ'_2—切向压应力

(3)震动区效应。爆破近区(压缩粉碎区)、中区(破裂区)以外的区域，称为爆破远区。该区的应力波已大大衰减，渐趋于正弦波，部分非正弦波性质的小振幅振动仍具有一定强度，足以使岩石产生轻微破坏。当应力波衰减到不能破坏岩石时，只能引起岩石质点做弹性振动，形成地震波。

爆破地震瞬间的高频振动可引起原有裂隙的扩展，严重时可能导致露天边坡滑坡、地下井巷的冒顶片帮以及地面或地下建筑物和构筑物的破裂、损坏或倒塌等。地震波是构成爆破公害的危险因素，因此，必须掌握爆破地震波危害的规律，采取降震措施，尽量避免和防止爆破地震的严重危害。

4.2.2.2　爆破的外部作用

在最小抵抗线的方向上，岩石与另一种介质(空气或水等)的接触面称为自由面，也称为临空面。当最小抵抗线W小于临界抵抗线W_c时，炸药爆炸后除发生内部作用外，自由面附近也发生破坏。也就是说，爆破作用不仅发生在岩体内部，还可达到自由面附近，引起自由面附近岩石的破坏，形成鼓包、片落或漏斗，这种作用称为爆破的外部作用。

4.2.2.3　结论

综合上述论述，可以归纳出下列几点重要结论：

(1)应力波来源于爆轰冲击波，它是破碎岩石的能源，但气体产物的静膨胀作用同样是十分重要的能源。

(2)坚硬岩石中，冲击波作用明显；而软岩中，则是气体膨胀作用明显，这一点在选择炸药爆速和确定装药结构时应加以考虑。

(3)粉碎区为高压作用结果，因岩石抗压强度大且处在三向受压状态，故粉碎区范围不大；

裂隙区为应力波作用结果，其范围取决于岩性。片落区是应力波从自由面处反射的结果，此处岩石处于受拉应力状态，由于岩石的抗拉强度极低，故拉断区范围较大；震动区为弹性变形区，岩石未被破坏。

(4)大多数岩石坚硬呈脆性，易被拉断。这就启示人们，应当尽可能地为破岩创造拉断的破坏条件。应力反射面的存在是有利条件，在工程爆破中，如何创造和利用自由面是爆破技术中的重要问题。

4.2.3 爆破漏斗与爆破理论

4.2.3.1 爆破漏斗

A 爆破漏斗的形成

在工程爆破中，往往是将炸药包埋置在一定深度的岩体内进行爆破。设一球形药包埋置在平整地表面下一定深度坚固均质的岩石中爆破，如果埋深相同、药量不同或者药量相同、埋深不同，爆炸后则可能产生近区、中区和远区，或者还会产生片落区以及爆破漏斗。在均质坚固的岩体内，当有足够的炸药能量并与岩体可爆性相匹配时，在相应的最小抵抗线等爆破条件下，炸药爆炸产生两三千摄氏度以上的高温和几万兆帕的高压，形成每秒几千米速度的冲击波和应力场作用在药包周围的岩壁上，使药包附近的岩石被挤压或被击碎成粉粒，形成了压缩粉碎区。此后，冲击波衰减为压应力波，继续在岩体内自爆源向四周传播，使岩石质点产生径向位移，构成径向压应力和切向拉应力的应力场，形成与粉碎区贯通的径向裂隙。

高压爆生气体膨胀的气楔作用助长了径向裂隙的扩展。由于能量的消耗，爆生气体继续膨胀，但压力迅速下降。当爆源的压力下降到一定程度时，原先在药包周围岩石被压缩过程中积蓄的弹性变形能释放出来，并转变为卸载波，形成朝向爆源的径向拉应力。当此拉应力大于岩石的抗拉强度时，岩石被拉断，形成环向裂隙。

在径向裂隙与环向裂隙出现的同时，由于径向应力和切向应力共同作用的结果，又形成剪切裂隙。纵横交错的裂隙，将岩石切割破碎，构成了破裂区(中区)，这是岩石被爆破破坏的主要区域。

当应力波向外传播到达自由面时，产生反射拉伸应力波，该拉应力大于岩石的抗拉强度时，地表面的岩石被拉断而形成片落区，在径向裂隙的控制下，破裂区可能一直扩展到地表面，或者破裂区和片落区相连接形成连续性破坏。与此同时，大量的爆生气体继续膨胀，将最小抵抗线方向的岩石表面鼓起、破碎、抛掷，最终形成倒锥形的凹坑，此凹坑称为爆破漏斗，如图 4-8 所示。

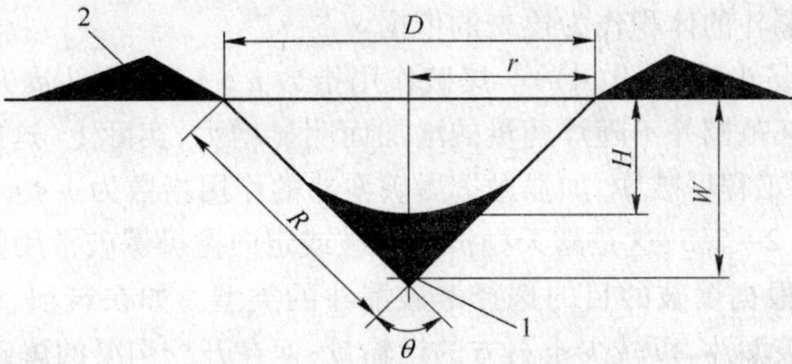

图 4-8 爆破漏斗及参数

D—爆破漏斗直径；H—爆破漏斗可见深度；r—爆破漏斗半径；W—最小抵抗线；

R—爆破漏斗作用半径；θ—爆破漏斗展开角；

1—药包；2—爆堆

B　爆破漏斗的参数

设一球状药包在自由面条件下爆破形成爆破漏斗,其几何尺寸如图 4-8 所示。其中,爆破漏斗三要素是指最小抵抗线 W、爆破漏斗半径 r 和爆破漏斗作用半径 R。最小抵抗线 W 表示药包埋置深度,是岩石爆破阻力最小的方向,也是爆破作用和岩块抛掷的主导方向。爆破时,一部分岩块被抛出漏斗外形成爆堆,另一部分岩块抛出之后又回落到爆破漏斗内。

在工程爆破中,经常应用爆破作用指数(n),这是一个重要的参数,它是爆破漏斗半径 r 和最小抵抗线 W 的比值,即:

$$n = \frac{r}{W} \tag{4-3}$$

C　常见漏斗形式

爆破漏斗是一般工程爆破最普遍、最基本的形式。根据爆破作用指数 n 值的大小,爆破漏斗有如下四种基本形式(如图 4-9 所示):

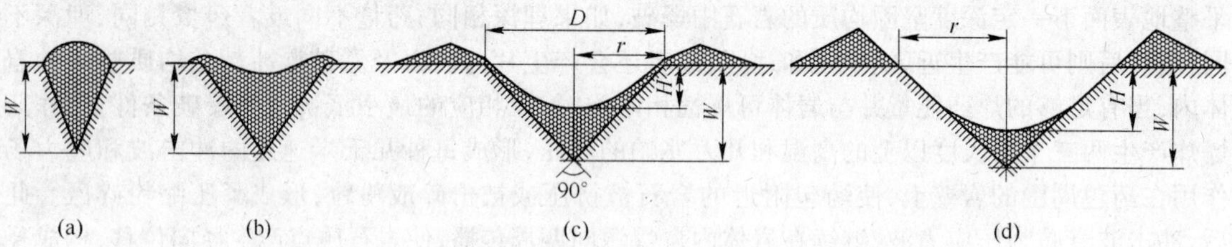

图 4-9　爆破漏斗的四种基本形式

(a)松动爆破漏斗;(b)减弱抛掷爆破漏斗(加强松动漏斗);

(c)标准抛掷爆破漏斗;(d)加强抛掷爆破漏斗

(1)松动爆破漏斗(见图 4-9(a))。爆破漏斗内的岩石被破坏、松动,但并不抛出坑外,不形成可见的爆破漏斗坑,此时 $n \approx 0.75$。松动爆破漏斗是控制爆破常用的形式。$n < 0.75$ 时,不形成从药包中心到地表面的连续破坏,即不形成爆破漏斗。例如,工程爆破中采用的扩孔(扩药壶)爆破所形成的爆破漏斗就是松动爆破漏斗。

(2)减弱抛掷爆破漏斗(见图 4-9(b))。爆破作用指数为 $0.75 < n < 1$ 时,成为减弱抛掷漏斗(又称加强松动漏斗),它是井巷掘进常用的爆破漏斗形式。

(3)标准抛掷爆破漏斗(见图 4-9(c))。爆破作用指数 $n = 1$ 时,漏斗展开角 $\theta = 90°$,形成标准抛掷漏斗。在确定不同种类岩石的单位炸药消耗量时,或者在确定和比较不同炸药的爆炸性能时,往往用标准爆破漏斗的体积作为检查的依据。

(4)加强抛掷爆破漏斗(图 4-9(d))。爆破作用指数 $n > 1$ 时,漏斗展开角 $\theta > 90°$。当 $n > 3$ 时,爆破漏斗的有效破坏范围并不随炸药量的增加而明显增大,实际上,这时炸药的能量主要消耗在岩块的抛掷上。在工程爆破中,加强抛掷爆破漏斗的作用指数为 $1 < n < 3$,根据爆破具体要求,一般情况下取 $n = 1.2 \sim 2.5$,这是露天抛掷大爆破或定向抛掷爆破常用的形式。

在工程爆破中,要根据爆破的目的选择爆破漏斗的类型。如在筑坝、山坡公路的开挖爆破中,应采用加强抛掷爆破漏斗,以减少土石方的运输量;而在开挖沟渠的爆破中,则应采用松动爆破漏斗,以免对沟体周围破坏过大而增加工作量。

4.2.3.2　利文斯顿爆破理论

利文斯顿(C. W. Livingston)在各种岩石、不同炸药量、不同埋深的爆破漏斗试验基础上,提出了以能量平衡为准则的岩石爆破破碎的爆破漏斗理论。他认为,炸药在岩体内爆破时传给岩石能量的多少和速度的快慢,取决于岩石的性质、炸药性能、药包质量、炸药的埋置深度和位置及起爆方法等因素。在岩石性质一定的条件下,爆破能量的多少取决于炸药量的多少、炸药能量释放的速度与炸药起爆的速度。假设有一定数量的炸药埋于地下某一深处爆炸,它所释放的绝大部分能量被岩石所吸收。当岩石所吸收的能量达到饱和状态时,岩体表面开始产生位移、隆起、破坏以至被抛掷出去。如果没有达到饱和状态,岩石只呈弹性变形,不被破坏。

4.2.3.3 自由面对爆破的影响

自由面在爆破破坏过程中起着重要作用,它是形成爆破漏斗的重要因素之一。自由面既可以形成片落漏斗,又可以促进径向裂隙的延伸,并且还可以大大减小岩石的夹制性,有了自由面,爆破后岩石才能从自由面方向破碎、移动和抛掷。

自由面数越多,爆破破岩越容易,爆破效果也越好。当岩石性质、炸药情况相同时,随着自由面的增多,炸药单耗将明显降低,炮孔与自由面的夹角越小,爆破效果越好。若其他条件不变,当炮孔位于自由面的上方时,爆破效果较好(但此时可能大块岩石产出率较高);当炮孔位于自由面的下方时,爆破效果较差。

4.2.3.4 单排成组药包齐发爆破

为了解释成组药包爆破应力波的相互作用情况,有人在有机玻璃中用微型药包进行了模拟爆破试验,并同时用高速摄影装置将试块的爆破破坏过程摄录下来并进行分析研究。分析研究后认为,当药包同时爆破时,在最初几微秒时间内,应力波以同心球状从各爆点向外传播。经十几微秒后,相邻两药包爆轰波相遇,产生相互叠加,于是在模拟试块中出现复杂的应力变化情况,应力重新分布,沿炮孔连心线得到加强,而炮孔连心线中段两侧附近则出现应力降低区。

爆生气体和应力波综合作用爆破理论认为,应力波作用于岩石中的时间虽然极为短暂,然而爆生气体产物在炮孔中却能较长时间地维持高压状态。在这种准静态压力作用下,炮孔连心线各点上产生切向拉伸应力,最大应力集中于炮孔连心线与炮孔壁相交处,如图4-10所示。因此,拉伸裂隙首先出现在炮孔壁,然后沿炮孔连心线向外延伸,直至贯通相邻的两炮孔。这种解释很有说服力,而且生产现场也证明,相邻齐发爆破炮孔间的拉伸裂隙是从孔壁沿连心线向外发展的。

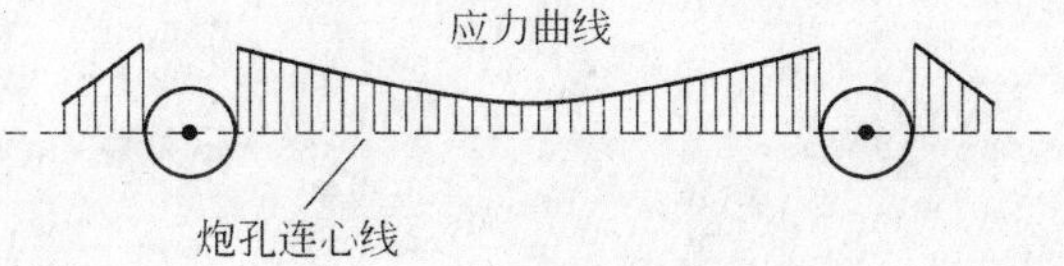

图4-10 拉伸应力作用

根据上述理论,适当增大相邻炮孔距离并相应减小最小抵抗线,可避免左右相邻的压应力和拉应力相互抵消作用,有利于减少大块岩石的产生。此外,相邻两排炮孔的梅花形布置比矩形布置更为合理,这一点已经被生产中采用大孔距、小抵抗线爆破所取得的良好效果所证明。

4.2.3.5 多排成组药包齐发爆破

多排成组药包齐发爆破时,只有第一排炮孔爆破具有优越的自由面条件,后续各排炮孔爆破均受到较大的夹制作用。所以,多排成组药包齐发爆破的效果不佳,工程实际中很少应用,一般被微差爆破所代替。

复习思考题

4-1　简述爆破的内部作用。

4-2　简述爆破的外部作用(爆破漏斗的形成过程)。

4-3　爆破漏斗分为几类,这对工程爆破有何意义?

4-4　什么是自由面,什么是最小抵抗线,它们对工程爆破有何意义?

4-5　多排成组炮孔齐发起爆在工程爆破中为什么基本不用?

5 爆破器材

5.1 起爆材料

雷管是用来起爆炸药或导爆索的,它是一种最基本的起爆材料。雷管的引爆过程是通过火焰或电能首先使雷管上部起爆药着火,起爆药很快由燃烧转为爆轰。爆轰波是将雷管下部的高猛炸药激发,从而完成整个雷管的爆炸。

雷管的种类很多,工业雷管按点火方式分类如下:

- 雷管
  - 火雷管
  - 电雷管
    - 瞬发电雷管
    - 延期电雷管
      - 秒和半秒延期电雷管
      - 毫秒延期电雷管
  - 非电雷管
    - 瞬发非电雷管
    - 秒或半秒非电雷管
    - 毫秒非电雷管

按管壳材料,可分为金属(铜、铁、铝等)管壳雷管和非金属(塑料、纸等)管壳雷管。金属管壳强度高、加工容易,制成的雷管封闭性能好,有利于防潮抗水。其缺点是:铝壳雷管不能用于有瓦斯和矿尘爆炸危险的矿山;铜壳管壳的原材料缺乏,价格较高、且不能装填叠氮化铝;铁壳雷管强度高、来源广,但它能与硫氰酸铅起化学反应。塑料壳雷管用量少、尺寸易变、强度低、起爆威力小。纸壳雷管用量大,大部分火雷管和相当一部分延期雷管都是纸壳雷管,其材料来源广,但强度低、不抗水、防潮能力差。

导火索也称作导火线,它是一种用作传递火焰的索状点火材料。索芯是黑火药。导火索主要用于引爆火雷管或黑火药包。在索式秒延期雷管中,它还可作为延期元件;在花炮、军工制品(手榴弹、爆破筒等)中,也常用作延期元件。但在有瓦斯、煤尘或矿尘爆炸危险的场所不能使用导火索。

5.1.1 火雷管

在工业雷管中,火雷管是最基本、最简单的一个品种。它由火焰直接引爆,火焰是通过导火索等传递的。火雷管结构简单,生产效率高,使用方便、灵活,价格低廉,不受各种杂电、静电及感应电的干扰,故至今仍被广泛使用。但必须指出,由于导火索难以避免存在速燃、缓燃等缺点,在使用过程中曾发生过大量爆破事故,因而极大地限制了它的用量和使用范围。

5.1.1.1 火雷管的结构

火雷管由管壳、正起爆药、副起爆药、加强帽等组成。管壳的一端开口,另一端封闭并带有凹槽,起聚能作用,其结构如图 5-1 所示,规格尺寸见表 5-1。

(1)管壳。管壳有一定的机械强度,能减少正、副起爆药爆炸时的侧向扩散,保证起爆能力,管壳还可以避免起爆药受外部能量的直接作用,保证安全并可提高雷管的防潮能力。金属管壳一端开口以供插入导火索;另一端封闭,冲压成聚能穴(见图 5-1)。纸管壳则为两端开口,先将

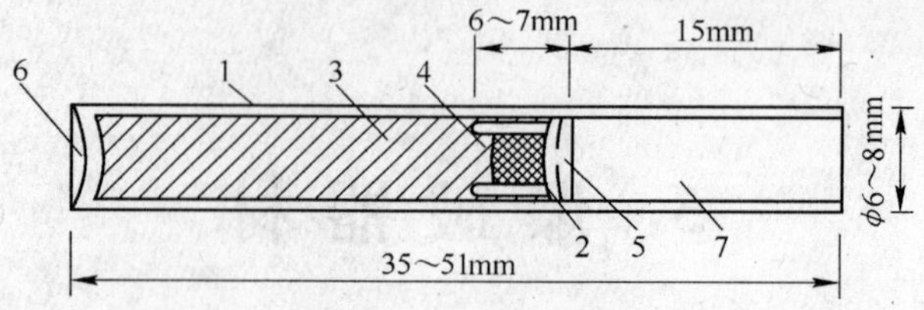

图 5-1　火雷管构造

1—管壳;2—加强帽;3—副起爆药;4—正起爆药;5—中心孔;6—聚能穴;7—开口端

表 5-1　国产 6 号和 8 号火雷管的规格尺寸　(mm)

雷管材料	雷管编号	雷管壳			加强帽(铜、铝、铁)			
		外径	内径	全长	外径	内径	全长	帽孔直径
铜、铝、铁	6 号	6.6 ±0.1	6.22 ±0.04	35 ±1	6.16 ±0.06	6.55 ±0.05	6.5 ±1	2.0
铜、铝、铁	8 号	6.6 ±0.1	6.22 ±0.04	40 ±1	6.16 ±0.06	6.55 ±0.05	6.5 ±1	2.0
纸	8 号	7.8 ±0.3	6.25 ±0.1	40 ±1	6.16 ±0.06	5.55 ±0.05	6.5 ±1	2.0

副起爆药压制成圆锥形或半球形凹穴,再在凹穴表面涂上防潮剂。

(2)正起爆药。正起爆药是火雷管组成的关键部分,它在导火索火焰的作用下迅速爆轰。正起爆药具有良好的火焰感度,而且它的爆速能急速增长到稳定爆轰速度。6 号和 8 号雷管的正起爆药量相同。

(3)副起爆药(主装药)。副起爆药(主装药)通常是黑索金或泰安,其净装药量为:6 号雷管不低于 0.4g,8 号雷管不低于 0.6g。副起爆药一般对火焰不太敏感,它需要由正起爆药爆轰起爆,但爆炸威力大,故在制造雷管时通常将两者配合使用。雷管的起爆能力与副起爆药的性能(主要是爆速和猛度)、装药密度、装药量等有关。

(4)加强帽。加强帽为中心带有一小孔的金属罩,多由铜片或铁片冲压而成,它有三个作用:减少起爆药的暴露面积,提高抗震能力,避免外力作用,加强雷管的安全性;防止起爆药受潮,增加雷管的防潮能力;促使起爆药爆炸时压力的增长,提高雷管起爆的可靠性和起爆能力。加强帽中心孔设有一个直径为 20mm 的传火孔,其作用是让导火索产生的火焰通过传火孔引爆正起爆药,再由正起爆药激发雷管的副起爆药爆炸。为防止杂物、水汽侵入和起爆药散失,中心孔及加强帽周围常采取防潮处理。

5.1.1.2　火雷管的号数和起爆能力

工业雷管按其装药量的多少分为 10 个等级。号数越大,起爆药量越多,起爆能力越强。较常用的是 6 号和 8 号雷管,表 5-2 列出了 6 号、8 号两种雷管的装药量。按作用的不同,火雷管又可分为延发火雷管和瞬发火雷管两种。

表 5-2　工业雷管装药量

雷管号数	起爆药药重/g			主装药药重/g			
	二硝基重氮酚	雷　汞	迭氮铅	黑索金或钝化黑索金	特屈儿	黑索金(TNT)	特屈儿(TNT)
6 号	0.3 ±0.02	0.4 ±0.02	0.1 ±0.02 (0.21 ±0.02)	0.4 ±0.02	0.4 ±0.02	0.5 ±0.02	
8 号	(0.3 ~0.367) ±0.02	0.4 ±0.02	0.1 ±0.02 (0.21 ±0.02)	(0.7 ~0.72) ±0.02	(0.7 ~0.72) ±0.02	(0.7 ~0.72) ±0.02	(0.7 ~0.72) ±0.02

安全规程规定:每100发雷管装入一个纸盒内,纸盒必须蜡封防潮;每50或75盒雷管装入一个包装箱内。

5.1.1.3 火雷管的检验

经验表明,在爆破工程实践中,有时因雷管质量不合格或检查不严,常常发生拒爆现象,影响爆破效果和爆破作业安全。因此,在爆破作业的准备工作中,应对火雷管做必要的检验。

5.1.1.4 火雷管储存有效期

纸壳火雷管的有效期一般为1年,其他管壳雷管为2年。当对储存过久的火雷管的质量有怀疑时,应进一步做火雷管爆炸威力的试验。

5.1.2 电雷管

电雷管按作用不同,可分为普通瞬发电雷管和普通延期电雷管两种。延期电雷管又可分为秒延期电雷管和毫秒延期电雷管两种。

5.1.2.1 普通瞬发电雷管

瞬发电雷管是在起爆电流足够大的情况下通电即爆的电雷管,又称作即发电雷管,实际上是一个火雷管与电力点火装置的结合体。

A 瞬发电雷管的结构

瞬发电雷管的构造如图5-2所示。按点火装置的不同,瞬发电雷管分为药头式和直插式两种。

直插式瞬发电雷管的特点是:起爆药DDNP(二硝基重氮酚)是松装的,而点火装置的桥丝直接插入起爆药中,没有加强帽。这对雷管的起爆能力是不利的,故往往需要将起爆药量增大。

药头式瞬发电雷管的特点是:桥丝周围涂有引火药并制成圆珠状,桥丝在电流作用下发热引起点火头燃烧,火焰穿过加强帽中心孔,引起起爆药爆炸。

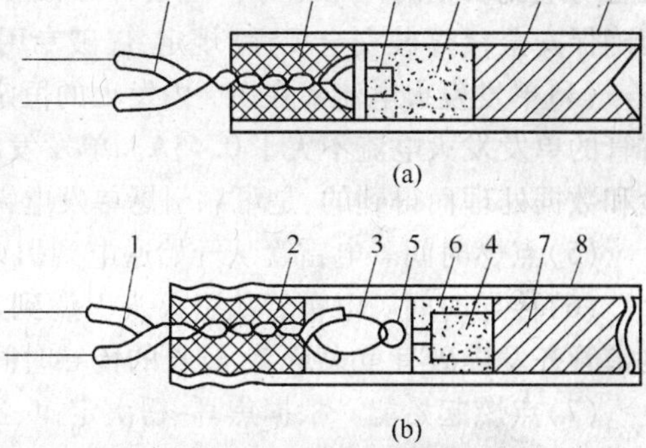

图5-2 瞬发电雷管

(a)直插式;(b)药头式

1—脚线;2—密封塞;3—桥丝;4—起爆药;5—引火头;6—加强帽;7—加强药;8—管壳

B 瞬发电雷管的性能参数

电雷管的性能参数是国家制定的与爆破相关的法规、标准,是生产厂家进行质量检验,用户进行验收,爆破工程技术人员进行电爆网路设计、选用起爆电源和检测仪表的重要依据。电雷管的性能参数主要有全电阻、最低准爆电流、最高安全电流、单发发火电流、点燃时间、传导时间、点燃起始能等。

(1)电雷管全电阻。电雷管全电阻包括桥丝电阻和脚线电阻。国产电雷管电阻值可参考表5-3。

表5-3 国产电雷管电阻

桥丝材料	桥丝电阻/Ω	脚线长度/m	脚线材料	全电阻/Ω
康 铜	0.7~1.0	2	铁 线	2.5~4.0
			铜 线	1.0~1.5

续表 5-3

桥丝材料	桥丝电阻/Ω	脚线长度/m	脚线材料	全电阻/Ω
镍 铬	2.5~3.0	2	铁 线	5.6~6.3
			铜 线	2.8~3.8

由表 5-3 看出,2m 长铁脚线电雷管的全电阻不大于 6.3Ω,上下线差值不大于 2.0Ω;当采用铜脚线时,其全电阻不大于 4.0Ω,上下线差值不大于 1.0Ω。电雷管在出厂时,允许电阻值有一定的误差范围。因此在使用单个电雷管时,电阻值在规定范围内均属于合格。电雷管在使用之前,要用爆破专用电表逐个测定每个电雷管的阻值,剔除断路、短路和阻值异常的电雷管。《爆破安全规程》规定:用于同一爆破网路的电雷管应为同厂、同型号产品,康铜桥丝雷管的电阻值差不得超过 0.3Ω,镍铬桥丝雷管的电阻值差不得超过 0.8Ω,否则难以同时起爆甚至造成部分雷管拒爆。当使用电雷管大规模成组爆破时,若不能满足此要求,也应尽量把电阻值接近的雷管编在一组使用。

(2)最低准爆电流。电雷管通以恒定的直流电流能使引火头必定引燃的最小电流,称为最低准爆电流。国产电雷管的最低准爆电流一般不大于 0.7A。

(3)安全电流。在 5min 内不发火的恒定直流电流,称为安全电流。国家标准规定,电雷管的安全电流不小于 0.18A。安全电流的试验测试方法为:20 发电雷管串联连接,测量电阻后,对该组电雷管通以 0.18A 的恒定直流,通电时间为 5min,电雷管均不爆炸为合格。安全电流是电雷管对电流安全的一个指标。在设计爆破专用仪表时,安全电流是选择仪表输出电流的依据。为确保安全,《爆破安全规程》规定,爆破专用电表的工作电流应小于 30mA。

(4)单发发火电流。在 30s 内发火的恒定直流电流,称为单发发火电流。国家标准规定,电雷管的单发发火电流不大于 0.45A。单发发火电流的数值,是通过采用数理统计的方法进行试验和数据处理而得到的,是可靠引爆单发电雷管的最小准爆电流。

(5)点燃时间。电雷管从开始通电到引火头引燃的时间,称为点燃时间。

(6)传导时间。电雷管从引火头引燃到发生爆炸的时间,称为传导时间。传导时间对成组电雷管齐发爆破有重大意义,较长的传导时间使敏感度稍有差别的电雷管成组爆炸成为可能。

(7)点燃起始能。根据焦耳-楞次定律,当桥丝电阻一定时,桥丝的发热量和电流平方(I)与通电时间(t)的乘积成正比。我们把恰能使引火头点燃的电流平方与通电时间的乘积 I^2t,称为点燃起始能 K_B。点燃起始能是表示雷管敏感程度的重要参数。点燃起始能值越小,说明它对电能的敏感度越高,否则反之。

电雷管成组起爆时,由于各个雷管点燃起始能的差异,其对电能的敏感程度不尽相同。点燃起始能低的电雷管首先被点燃,炸断电路,致使点燃起始能高的电雷管因未获得足够的点燃起始能而产生拒爆。因此,为了保证成组电雷管的准爆,必须满足下列条件:

$$t_{B最低} + t_{D最低} \geqslant t_{B最高} \tag{5-1}$$

式中 $t_{B最低}$——点燃起始能最低的电雷管的点燃时间(最敏感电雷管);

$t_{D最低}$——点燃起始能最低的电雷管的传导时间(最敏感电雷管);

$t_{B最高}$——点燃起始能最高的电雷管的点燃时间(最钝感电雷管)。

式(5-1)说明:点燃起始能最低的电雷管的点燃时间与传导时间之和,应大于点燃起始能最高的电雷管的点燃时间。假设 I 为保证成组电雷管起爆的准爆电流,则:

$$I^2 t_{D最低} \geqslant I^2 t_{B最高} - I^2 t_{B最低} \tag{5-2}$$

因

$$K_B = I^2 t_B$$

所以
$$I^2 \geqslant \frac{K_{B最高} - K_{B最低}}{t_{D最低}} \tag{5-3}$$

或者
$$I \geqslant \sqrt{\frac{K_{B最高} - K_{B最低}}{t_{D最低}}} \tag{5-4}$$

尽管单个电雷管的最低准爆电流不大于0.7A，但考虑到成组电雷管中不同雷管点燃起始能的差异，为了可靠起见，《爆破安全规程》规定，电力起爆时，流经每个雷管的电流为：一般爆破，交流电不小于2.5A，直流电不小于2A；大爆破，交流电不小于4A，直流电不小于2.5A。因交流电的变化曲线呈正弦曲线变化，任一瞬间的电流值均不相等，为保证起爆的可靠性，就必须提高单个雷管的起爆电流。

C 瞬发电雷管的发火装置

瞬发电雷管的发火装置如图5-3所示，其结构由下列元件组成：

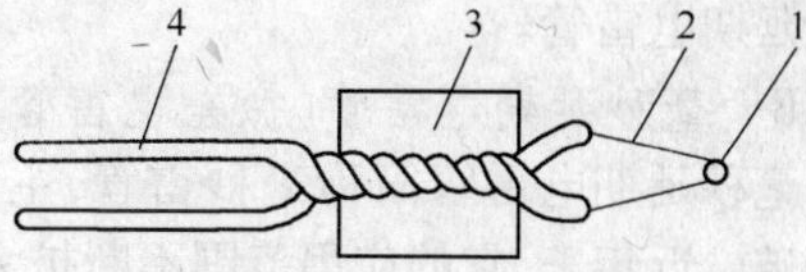

图5-3 瞬发电雷管的发火装置
1—药头（引火药）；2—桥丝；3—塑料柱；4—脚线

（1）引火药。其成分一般为可燃剂和氧化剂的混合物。目前，各厂家使用的引火药归纳起来有三类：氯酸钾-硫氰酸铅类、氯酸钾-木炭类、氯酸钾-木炭+DDNP（二硝基重氮酚）15%类。

（2）桥丝。桥丝有康铜丝和镍铬丝两种。

（3）塑料柱。塑料柱一般由高压聚乙烯注塑而成。

（4）脚线。脚线材料有铜和铁两种。紫铜丝的直径为0.45mm，长度为（2.0±0.1）m（根据用户需要规定），电阻为0.10～0.12Ω/m。

D 瞬发电雷管的技术指标

瞬发电雷管的主要技术指标如下：

（1）外观。表面应符合要求。

（2）尺寸。雷管长45～50mm，外径为8.5mm，脚线长1.5～3m。

（3）电阻：采用镍铬合金细丝作桥丝材料。铁脚线电雷管全电阻为（6.3±1.0）Ω，铜脚线电雷管全电阻为（4.0±0.5）Ω。

（4）最大安全电流。通0.1A恒定直流电流，30s不爆炸。

（5）最小发火电流。通0.6A恒定直流电流，30s必须起爆；20发雷管串联，通1.2A恒定直流电流应全爆。

（6）铅板穿孔和串联试验。8号雷管应炸穿5mm厚铅板，6号雷管应炸穿4mm厚铅板。穿孔直径应不小于雷管外径。

（7）振动试验。在振动机上，频率为每分钟（60±1）次，落高为150mm，连续振动10min，雷管的各项性能指标不变。

（8）封口牢固性。荷重2kg，1min内封口塞无肉眼可见的移动和损坏。

（9）储存性能在规定的储存条件下，储存期为2年。

5.1.2.2 普通延期电雷管

延期电雷管是通以足够电流之后，还要经过一定时间才能爆炸的电雷管。延期电雷管按时间间隔的长短可分为秒延期电雷管、半秒延期电雷管和毫秒延期电雷管。

A 秒和半秒延期电雷管

秒和半秒延期电雷管的结构如图5-4所示。电引火元件与起爆药之间的延期装置是由精制导火索段或在延期体壳内压入延期药构成的，延期时间由延期药的装药长度、药量和配比来调节。索式结构的秒或半秒延期电雷管在管壳上钻有两个起防潮作用的排气孔，排出延期装置燃烧时产生的气体。起爆过程是：通电后引火头发火，引起延期装置燃烧，延迟一段时间后雷管爆炸。秒和半秒延期雷管的延期时间和脚线标志颜色，如表5-4和表5-5所示。

在有瓦斯和煤尘爆炸危险的工作面，不准使用秒延期电雷管。

B　毫秒延期电雷管（微差电雷管）

毫秒延期电雷管简称毫秒雷管，主要用于微差爆破。近年来，它的应用范围不断扩大，在控制爆破中已成为不可缺少的起爆器材。毫秒延期电雷管有等间隔和非等间隔之分。段与段之间间隔时间相等的称为等间隔，间隔时间不相等的称为非等间隔，如表5-6中的第2、4毫秒系列产品及1/4秒系列，分别以25ms、20ms、1/4s为段间间隔，而第1、3毫秒系列产品为非等间隔毫秒延期电雷管。

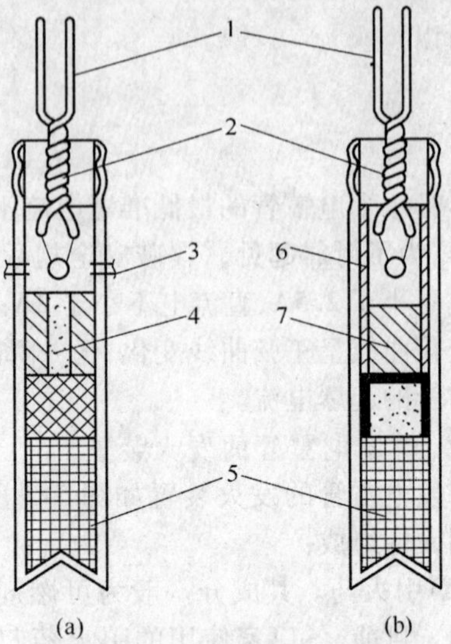

图5-4　秒和半秒延期电雷管

（a）索式结构；（b）装配式结构

1—脚线；2—电引火线；3—排气孔；4—精制导火索；5—火雷管；6—延期体壳；7—延期药

表5-4　秒延期电雷管的段别与秒量

段　别	延期时间/s	脚线标志颜色
1	0	灰红
2	1.2	黄
3	2.3	蓝
4	3.5	白
5	4.8	绿红
6	6.2	绿黄
7	7.7	绿蓝

表5-5　半秒延期电雷管的段别与秒量

段　别	延期时间/s	脚线标志颜色
1	0	雷管壳上印有段别标志，每发雷管还有段别标签
2	0.5	
3	1.0	
4	1.5	
5	2.0	
6	2.5	
7	3.0	
8	3.5	
9	4.0	
10	4.5	

表5-6　国内毫秒延期电雷管段别与秒量

段　别	第1毫秒系列/ms	第2毫秒系列①/ms	第3毫秒系列/ms	第4毫秒系列/ms	$\frac{1}{4}$秒系列/s
1	0	0	0	0	0
2	25	25	25	25	0.25
3	50	50	50	45	0.50
4	75	75	75	65	0.75
5	110	100	100	85	1.00

续表 5-6

段别	第 1 毫秒系列 /ms	第 2 毫秒系列① /ms	第 3 毫秒系列 /ms	第 4 毫秒系列 /ms	$\frac{1}{4}$秒系列 /s
6	150		128	105	
7	200		157	125	
8	250		190	145	
9	310		230	165	1.25
10	380		280	185	1.50
11	460		340	205	
12	550		410	225	
13	650		480	250	
14	760		550	275	
15	880		625	300	
16	1020		700	330	
17	1200		780	360	
18	1400		860	395	
19	1700		945	430	
20	2000		1035	470	
21			1125	510	
22			1225	550	
23			1350	590	
24			1500	630.	
25			1675	670	
26			1875	710	
27			2075	750	
28			2300	800	
29			2550	850	
30			2800	900	
31			3050		

①第 2 毫秒系列为煤矿许用毫秒延期电雷管。

我国毫秒延期电雷管的结构有多种形式,按延期药的装配关系,可分为装配式(如图 5-5(a)所示)和直填式(如图 5-5(b)所示)。装配式又有管式、索式和多芯式结构。

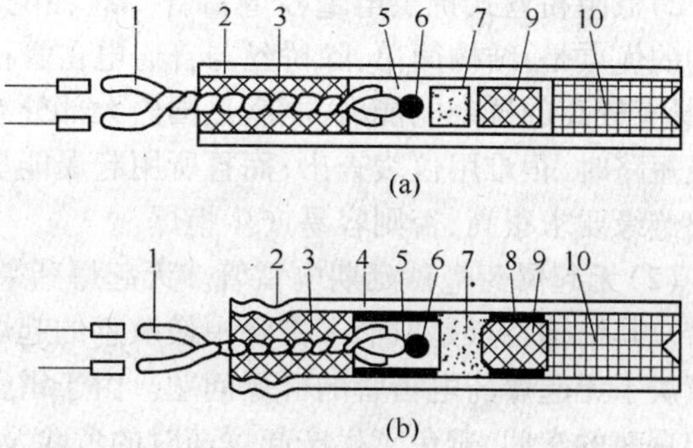

图 5-5 毫秒延期电雷管

(a)装配式;(b)直填式

1—脚线;2—管体;3—塑料塞;4—长内管;5—气室;6—引火头;7—压装延期药;8—加强期;9—起爆药;10—加强药

(1)直填式。这种结构把延期药直接装入雷管内,见图 5-5(b)。其优点是工艺简单,缺点是压药压力需严格控制,压力过大,起爆药将被“压死”而产生半爆。

(2)装配式。装配式结构见图 5-5(a),被广泛应用。其优点是结构简单,延期药可承受高压而不受起爆药的限制,生产时延期体与火雷管分开而在加工后装配,因此安全性能良好。国内毫秒延期电雷管段别与秒量见表 5-6。

目前,我国毫秒延期电雷管的延期元件更多的是采用铅质延期体,同时取消了加强帽。铅质延期体主要经过以下工序加工而成:首先在壁厚 3mm 左右、长度 300mm 左右、内径大于 10mm 的铅锑合金管内装入定量延期药,经专用模具引拔至一定细度后切成一定长度的中间料管,然后再将 3 根(或 5 根)这样的中间料管装入一根铅锑合金大套管内,经多次引拔后直至外径为 6.15 ~

6.27mm；然后按要求的延期时间切成一定长度，这样就形成了3芯（或5芯）的铅锑合金延期体，简称铅质延期体。铅质延期体内的延期药分布均匀、延期精度高，所以在毫秒延期雷管中得到了广泛的应用。

C 延期电雷管的作用原理

电雷管通电后，桥丝电阻产生热量点燃引火药头，引火药头迸发出的火焰引燃延期元件或延期药，延期元件或延期药按确定的速度燃烧，并在延迟一定时间后将雷管引爆。毫秒延期电雷管在工程爆破中的用途越来越广泛，如降低爆破地震、保护边坡、控制飞石等爆破有害效应、控制爆破和保护水利水电工程爆破的地基基础等。其发展趋势是：段数多，秒量精度高；发展等间隔毫秒电雷管的品种，形成系列化，有抗杂电、抗静电、耐高温、抗深水等各种毫秒延期电雷管，以适应各种特殊爆破的需要。

5.1.2.3 特种电雷管

普通电雷管遇到较大杂散电流时，有可能发生早爆事故。此外，雷电、射频电或静电也能使起爆系统发生意外事故。针对这种情况，必须研制抗杂散电流、抗静电干扰的特种电雷管。有特殊要求时使用的电雷管简介如下：

(1)抗杂散电流毫秒延期电雷管。抗杂散电流毫秒延期电雷管简称抗杂电雷管，按其抗杂电的原理可分为容抗式、无桥丝式、低阻桥丝式三种，我国有无桥丝式和低阻桥丝式两种抗杂电雷管。

1)无桥丝式抗杂电毫秒电雷管。这种电雷管的特点是用导电药代替桥丝。这种雷管的结构除药头外与普通毫秒电雷管相同，其爆炸性能也与普通工业8号雷管相同。这种雷管的优点是：具有一定的抗杂电能力、能满足绝大部分矿山抗杂电的要求、群爆性能好、结构简单、使用方便，在串、并联网路使用时，只要求连接各串的雷管数平衡，不需电阻平衡，因此免去了复杂的网路计算；缺点是每个雷管电阻的范围大，网路连好后，难以用仪表进行检查。

2)低阻桥丝式抗杂电毫秒电雷管。这种电雷管的特点是采用低阻紫铜丝作为桥丝。这种结构的优点是：结构简单，除桥丝与普通电雷管桥丝有区别外，其他方面均与普通毫秒电雷管相同，具有较高的抗杂电能力，能满足国内大部分有杂电的矿山爆破的要求。缺点是电阻很小，当两极短路时，很难用仪表查出；而且所用起爆能量大，起爆能量大部分消耗在网路线路上，因此对网路绝缘要求很高，否则容易产生拒爆。

(2)无起爆药毫秒延期电雷管。无起爆药毫秒延期电雷管是目前世界上最先进和最安全的雷管。其结构特点是取消了雷管中最敏感的起爆药，整个雷管只装单一的猛炸药或混合猛炸药，并解决了无起爆药电雷管的群爆问题。由于雷管中取消了起爆药，因此雷管生产厂就可取消生产起爆药的车间，避免了生产起爆药时的危险及对空气和环境的污染，并且生产、运输、使用、储存安全性好，结构简单，可以与普通毫秒延期电雷管一样使用。由于这种电雷管具有上述独特优点，因此它显示出强大的生命力，预计不久的将来将取代所有的有起爆药的雷管，并将制成各种电、非电、耐高温等系列产品，用于各个领域的工程爆破中。但需注意：毫秒延期电雷管在有瓦斯或煤尘爆炸危险的煤层中，使用时最后一段的延期时间不得超过130ms。

(3)煤矿许用电雷管。允许在有瓦斯和煤尘爆炸危险的环境中使用的电雷管，统称为煤矿许用电雷管（又称安全电雷管）。煤矿许用电雷管分为瞬发和毫秒延期两种类型，为确保雷管的爆炸不致引起瓦斯和煤尘的爆炸，煤矿许用雷管在普通电雷管的基础上采取了以下措施：

1)为消除雷管爆炸时产生的高温和火焰的引燃作用，在雷管的副起爆药（主装药）内加入适量的消焰剂或采用其他有利于控制起爆药的爆温、火焰长度和火焰延续时间的添加剂。

2)为消除雷管爆炸飞散出的灼热碎片或残渣的引燃作用,禁止使用铝质管壳。

3)采用铅质5芯延期体,减少了延期药用量并能吸收燃烧热,同时具有抑制延期药燃烧残渣喷出的作用。

4)采用燃烧温度低、气体生成量少的延期药,加强雷管的密封性,避免延期药燃烧时火焰喷出管体而引爆瓦斯或煤尘。

5)煤矿许用毫秒延期电雷管的段别分为5段,最长延期时间不超过130ms。

在有瓦斯与煤尘爆炸危险的环境中施工,必须遵守《煤矿安全规程》的有关规定,使用煤矿许用炸药和煤矿许用电雷管。

5.1.3 导火索

5.1.3.1 导火索的种类和结构

导火索按用途,可分为普通导火索、缓燃导火索、高秒量导火索、安全导火索和防水导火索等。一般地说,普通导火索的燃速为100~125s/m,缓燃导火索燃速可达200s/m,而高秒量导火索均在200s/m以上。显然,缓燃导火索和高秒量导火索是相对于普通燃速导火索而言的,是通过调整药芯黑火药的配比和使用炭化程度不同的木炭来实现的。安全导火索的特点是在燃烧过程中其包裹层不燃烧。防水导火索从结构上看有一塑料包缠层,具有较好的防水性能,适用于水孔爆破或水下爆破作业。

根据结构特点的不同或者说按照被覆材料的不同,导火索可分为全棉线导火索,3层纸导火索和塑料导火索三种。全棉导火索的被覆材料主要是棉线,内衬以纸条作包缠物,石油沥青作防潮剂,具有较好的防潮能力,适用于潮湿度较大的爆破作业。3层纸导火索以纸条代替部分棉纱,适用于干燥和潮湿度不大的爆破作业。塑料导火索的突出特点在于有一塑料包缠层,因而有较好的防水性能,适用于水下爆破作业。此外,还有双层沥青导火索、褐煤导火索和炭导火索等新产品。

用途不同的导火索其结构也各有所异,但各种导火索的基本结构是相同的。普通工业导火索是以一定密度的黑火药为药芯(中间有3根芯线通过),其外包缠3层棉线和3层纸条(中间一层为防潮层,涂沥青),外层线用21支纱4根,中层线用10支纱4根(有时用塑料纤维或玻璃纤维代替),内层线用10支纱12~13根,芯线用32支纱4根,纸条用80g/m^{2}牛皮纸或导火索专用纸,如图5-6所示。

导火索常见的质量问题有:断药,细药;线层包得不整齐,燃烧时可能透火;药芯密度太小,可能产生速燃。

5.1.3.2 导火索的质量标准

工业导火索的规格必须符合下列要求:

(1)外观。外表一般呈白色,表面粗细和绕线均匀;无损伤、变形、发霉、油污、剪断处散头等现象,外层线允许断线1根,但长度不超过6m;外层线排得不匀的长度不超过10cm,索头要用防潮剂密封。

(2)尺寸。导火索外径为(5.5±0.3)mm,药芯直径为2.2mm,每盘长度有(250±2)m和(100±1)m两种,其中最短的一根不小于2m。

(3)药芯质量。每米导火索所含黑火药的质量一般为7~9g。

(4)喷火强度。在内径为6~7mm、长度为150~200mm的标准玻璃管中进行喷火试验时,应

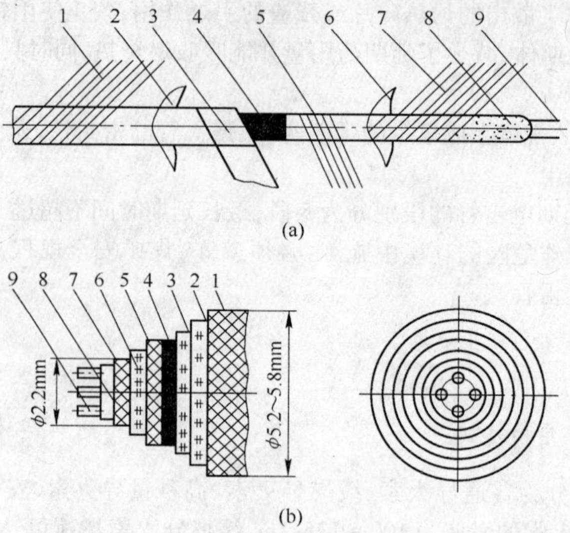

图 5-6 导火索的结构示意图

(a)解剖图;(b)剖视图

1—外层线;2—外层纸(挂涂料);3—中层纸;4—防潮层;5—中层线;6—内层纸;7—内层线;8—药芯;9—芯线

能将 40mm 外的另一段导火索点燃。

(5)燃烧速度。燃速一般为 100~125m/s。

(6)燃烧性能。在导火索燃烧过程中,不应发生断火、透火(燃烧时有火星从索壳喷出的现象),外层燃烧、速燃和爆燃(燃烧时伴随有爆声)等现象。

(7)抗水性能。在 1m 深的常温(20℃)静水中浸泡 2h(塑料导火索浸泡 5h)后,剪去受潮索头,燃速及燃烧性能不变。

(8)耐热及耐寒性能。在温度为 45℃的恒温箱中放置 2h,不应有黏结和外壳破坏现象。在温度为 -25℃的条件下放置 1h,不应有裂纹和折断现象。

(9)储存性能。当导火索储存于通风、干燥的库房内且储存温度不超过 40℃时,其有效储存期一般为 2 年。

延期导火索的质量规格与工业导火索的不同之处是:外径为 5.9~6.1mm,药芯直径为 2.5mm,燃速有 60~80m/s 至 290~320m/s 6 种规格;而且规定每 100mm 长度的秒量偏差,高秒量为 1.5s,其余为 1s。其他指标与工业导火索一样。

5.2 传爆材料

5.2.1 导爆索

导爆索是以猛炸药(如黑索金或泰安)为索芯,以棉、麻或人造纤维等为被覆材料,能够传递爆轰波的一种索状起爆器材。它经雷管起爆后,可以引爆其他炸药或另一根导爆索。

5.2.1.1 导爆索的种类

根据使用条件不同,导爆索有普通导爆索、震源导爆索、煤矿许用导爆索、油井导爆索、金属导爆索、切割索和低能导爆索等多种类型。常用的是普通导爆索和煤矿许用导爆索(又称安全导爆索)。普通导爆索是目前生产和使用量最多的一种导爆索。它有一定的抗水性能,能直接起爆常用的炸药,工程上所用的导爆索均属于此类。许多煤矿用导爆索爆轰时产生的火焰较小、温度较低,专供有矿尘危险的煤矿爆破使用。

普通导爆索的结构如图 5-7 所示。它与普通导火索相似,其不同之处在于采用高猛炸药黑索金或泰安作索芯。在索芯中间有 3 根芯线,在药芯外有 3 层棉纱、纸条缠绕,并有 2 层防潮层,在最外防潮层上涂有红色或红黄相间的颜料,作为与导火索相区别的标志。

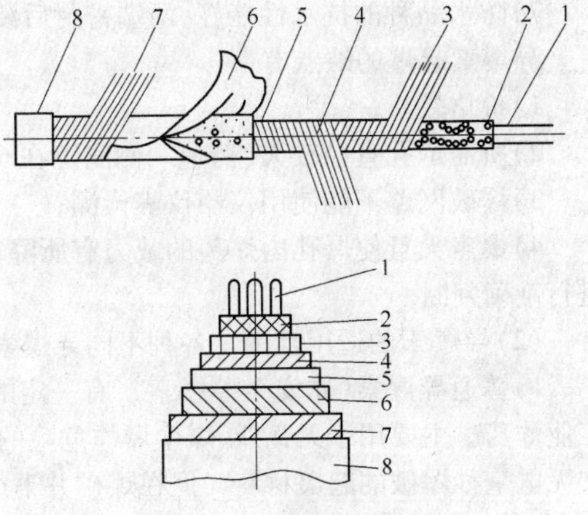

图 5-7 导爆索的结构
1—药线;2—药芯;3—内层线;4—中层线;5—防潮层;6—纸条;7—外层线;8—涂料层

5.2.1.2 导爆索的质量标准

以黑索金为药芯的普通导爆索,其质量规格(技术要求)如下:

(1)外观。其外观为线绕或塑料管加工成红色或白色、红绿白线间绕。线绕应无严重折伤、油脂和污垢;外层线不得同时断两根及两根以上,断一根的长度不得超过 7m;每盘索卷不多于 3 段,最短一根长度不得小于 2m;索头要套有金属或塑料防潮帽或浸涂防潮剂。

(2)药量。药量为 12 ~ 14g/m。

(3)外径。外径为 5.8 ~ 6.2mm,每卷长(50 ± 0.5)m。

(4)爆速。爆速应在 6000m/s 以上。

(5)起爆性能。用 2m 长的导爆索能完全起爆一个 200g 的 TNT 药块。

(6)传爆性能。按规定方法连接后,用 8 号雷管起爆,应爆轰完全。

(7)抗水性能。棉线导爆索在 0.5m 深、水温为 10 ~ 25℃的静水中浸泡 24h 后,传爆性能不变;塑料导爆索在水压为 50kPa、水温为 10 ~ 25℃的静水中浸泡 5h 后,传爆性能不变。

(8)耐热性能。在(50 ± 2)℃的条件下保温 6h,外观及传爆性能不变。

(9)耐寒性能。在(40 ± 2)℃的条件下冻 2h,取出后仍能连接成水手结,按规定连接法用 8 号雷管起爆,应爆轰完全。

(10)耐折性能。按耐热、耐低温性能试验的条件保温后做弯曲试验,药芯不撒出,内层线不露出,然后按规定的方法连接,应爆轰完全。

(11)耐喷燃试验。导爆索断面药芯被导火索喷燃时,不爆轰。

(12)耐拉强度。导爆索承受 500N 拉力后,仍能保持爆轰性能。

(13)储存性能。导爆索储存有效期为 2 年。

5.2.1.3 导爆索的特点及适用范围

(1)导爆索起爆的特点。导爆索起爆法主要具有如下优点:

1)爆破网路设计简单,操作方便。与电力起爆法相比,准备工作量少,不需对爆破网路进行计算。

2)能提高炸药的爆速和传爆稳定性,可消除深炮孔的间隙效应。

3)起爆准确可靠,能同时起爆多个药包。同时,便于可靠地起爆长大药包、间隔药包以及用雷管不易起爆的炸药。

4)可使间隔一定距离的药室或炮孔同时起爆。

5)不需在药包中连接雷管,安全性高,出现瞎炮(拒爆炮孔)时较易处理。

6)不受杂散电流和雷电以及其他各种电感应的影响(除非雷电直接击中导爆索)。

7)防水品种的抗水性能好,两端密封后浸入0.5m深的静水中24h,仍能可靠传爆。

导爆索起爆的缺点有:

1)价格较贵;

2)所需炮孔直径较大(药包一侧间隙在6.5mm以上);

3)爆破网路不能使用仪器仪表检测;

4)爆声大且使爆孔内炸药的威力有所降低,无法对已经堵塞的炮孔或导硐中的导爆索状态进行准确判断。

(2)导爆索的适用范围。各种不同导爆索的适用范围是:

1)普通导爆索(非安全导爆索),有一定的抗水性和耐高、低温的性能,能直接起爆一般常用工业炸药。主要用于无瓦斯、煤尘爆炸危险的露天药室爆破和深孔分段爆破,或与继爆管配合,作无电毫秒爆破的起爆材料。但在煤矿井下严禁使用。

2)煤矿许用导爆索,可用于煤矿井下,也可用于有瓦斯、煤尘爆炸危险的采掘工作面起爆药卷,在炮孔深度大于2.5m时应用较为普遍。

3)高抗水导爆索,适用于深水爆破作业。它从两方面增强其抗水能力:一方面是用抗水性好的材料包覆外层,如塑料外皮导爆索;另一方面是用高抗水炸药,如将药芯做成塑性的高威力炸药。

4)震源导爆索,用于起爆钝感炸药或作为地震勘探的震源,每米药量为40g以上;有些特殊用途的导爆索,每米炸药量可达100g。

(3)导爆索使用注意事项。导爆索的药芯与雷管的副起爆药(主装药)都是黑索金或泰安,可以把导爆索看作是一个"细长而连续的小号雷管"。机械冲击和导火索喷出的火焰不能可靠地将导爆索引爆,必须使用雷管或起爆药柱、炸药等大于雷管起爆能力的火工品将其引爆。导爆索可以直接引爆具有雷管感度的炸药,不需在插入炸药的一端连接雷管。导爆索在使用中严禁冲击和挤压,当需剪断时,只准用利刀剪切,不论其长度大小严禁点燃,以防发生意外爆炸。特别应注意的是,被水或油浸渍过久的导爆索会失去接受传导爆轰波的能力,所以在按油炸药的药包中,使用其导爆索时必须用塑料布包裹,使其与油源隔开,避免其被炸药中的柴油侵蚀而失去爆炸能力。

5.2.2 继爆管

导爆索爆速在600m/s以上,因此在单纯的导爆索起爆网路中,各药包几乎是齐发爆破。继爆管配合导爆索使用,可以实现毫秒延期起爆。

5.2.2.1 继爆管的结构

继爆管种类很多,常用的国内产品有YMB-1型双向继爆管和单向继爆管。双向继爆管的结构如图5-8所示,它由两端的用导爆索分别连接的毫秒延期雷管及中间的消爆元件组成,主动端和被动端可互换。单向继爆管的结构如图5-9所示。继爆管实质上是由不带电点火装置的毫秒延期雷管和消爆管、导爆索等组成。

5.2.2.2 继爆管的工作原理

继爆管的工作原理是:爆源方向导爆索爆炸的高温气体产物通过消爆管和长内管的气室后,

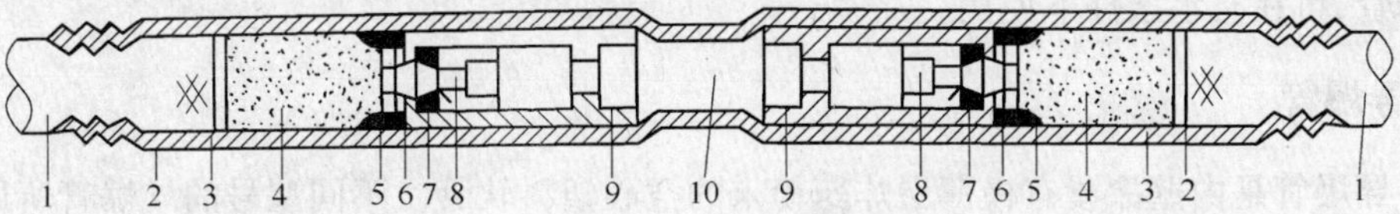

图 5-8 YMB-1 型双向毫秒继爆管

1—导爆索；2—外套管；3—雷管体；4—二硝基重氮酚；5—加强帽；6—内管；7—延期药；8—小帽；9—阻闸帽；10—缩孔

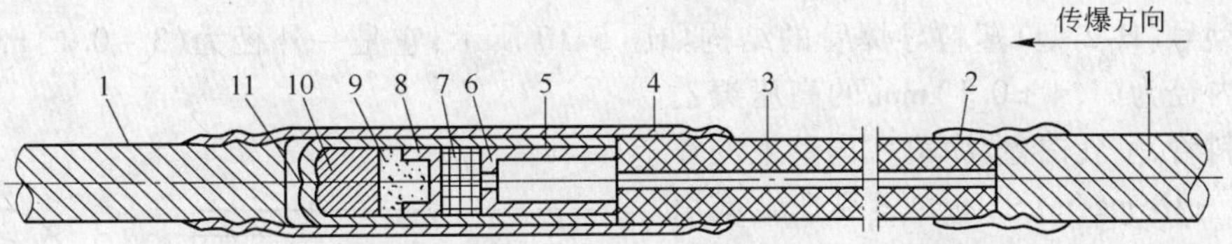

图 5-9 单向继爆管

1—导爆索；2—连接管；3—消爆管；4—外套管；5—大内管；6—纸垫；7—延期药；8—加强帽；9—起爆药；10—加强药；11—雷管壳

压力和湿度都有所降低，形成一股热气流。这股热气流能可靠地点燃缓燃剂，而又不至于击穿缓燃剂而发生早爆。经过若干毫秒的时间间隔以后，延期药引起正、副起爆药爆炸，从而引爆连接在尾端的导爆索爆炸。这样，两根导爆索中间经过一只继爆管就可以延迟一段爆轰传递时间。单向继爆管的工作原理与双向继爆管基本相似，不同的是主动端和被动端不能互换且主动端没有延期药；双向继爆管是二硝基重氮酚（DD）的爆轰产生高温高压射流引燃主动端、被动端的延期药，而单向继爆管则是导爆索的爆轰产生高温高压射流引燃延期药。双向继爆管具有对称的结构，无首尾之分，使用时两端均可作起爆端（起爆端的雷管只起传爆作用），因而使用方便，但消耗的器材和原料比单向的多一倍，单向继爆管是不对称结构，只能从固定的一端起爆（成品有首尾标记），因而使用时不能接错，否则将拒爆。

5.2.2.3 继爆管的主要性能

继爆管的主要性能有：

（1）延期时间。目前有 7 个段别的毫秒延期继爆管，其情况见表 5-7。

表 5-7 单向继爆管的延期时间

段 别	1	2	3	4	5	6	7
名义延期时间/ms	15	30	50	75	100	125	150
允许误差/ms		0	0	0	0	0	0

（2）起爆力。铅板穿孔试验结果表明，继爆管与未装压延期药的火雷管无明显差异，其起爆力不低于 8 号工业雷管。

（3）高低温性能。在高温（(40±2)℃）和低温（(−40±2)℃）条件下试验，产品性能无明显变化。

（4）传爆性能。使用时，当爆破网路中的主导爆索与继爆管尾部的导爆索搭接长度不小于 150～200mm 时，其传爆性能完全可靠。

（5）抗水性能。放入 1m 深的水里，2h 后取出做传爆试验，应完全传爆。此外，经过浸蜡处理的继爆管,可在有水条件下使用。

5.2.3 导爆管

塑料导爆管是内壁涂覆有极薄层炸药粉末的空心塑料软管。不同型号的导爆管所用的塑料品种不完全相同,颜色也不一样。涂覆在内壁上的炸药粉末常用的有奥克托金、黑索金、泰安、梯恩梯、二硝基乙脲、特屈儿,可以是单一品种,也可以是以上两种及两种以上的混合物。

5.2.3.1 导爆管的构造

普通型号(H-2型)塑料导爆管的结构如图5-10所示,它是一外径为(3+0.1)mm或(3-0.2)mm、内径为(1.4±0.1)mm的高压聚乙烯透明塑料管,呈乳白色,涂覆在内壁上的炸药量为14~18 mg/m(91%为奥克托金或黑索金,9%为铅粉)。塑料管每米最大重量为5.5g。另外,还有一些以非高压聚乙烯(如尼龙、聚丙烯、低压聚乙烯等)为管材的塑料导爆管,以适应特殊条件的爆破需要。

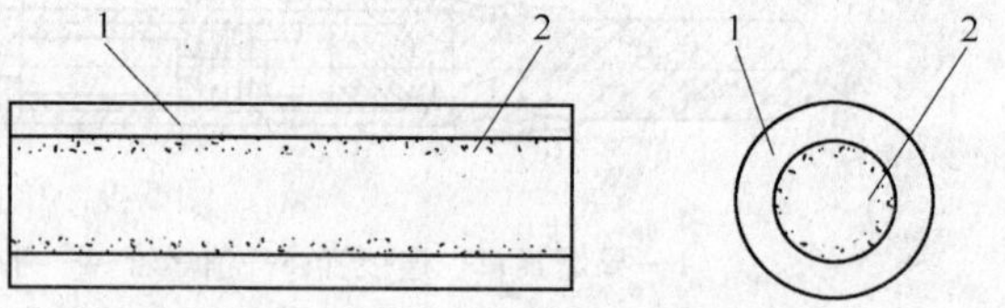

图5-10 导爆管的结构
1—塑料管;2—炸药粉末

5.2.3.2 导爆管的工作原理

根据管道效应原理,导爆管可以传播空气冲击波。因此,导爆管受到一定强度的激发冲量作用后,管内出现一个向前传递的爆轰波。维持导爆管内爆轰波传递的能源,是管壁内表面加强药粉的爆炸反应放热。若管内混合炸药的密度是一致的,该爆轰波在导爆管中传播300mm后转变为稳定爆轰波,此后爆轰波传播速度将保持恒定,从而形成导爆管的稳定传爆。导爆管中激发的冲击波以1600~2000m/s的速度传播。冲击波传播到管口时,出现以导爆管出口轴心为球心的球面波。这种球面波不能直接引爆工程炸药,但能激发雷管内敏感度较强的副起爆药而使雷管起爆。这种球面波使得冲击波阵面面积扩大,呈扇形扩散,在此范围内若置有导爆管,则导爆管将传爆。这种球面波遇到阻挡会反射回来,若紧挨着出口阻挡物置有导爆管,则此导爆管能被传爆。

导爆管被引爆后,我们可以看到管内闪着一道白光,前面有一个特别亮的光点伴随不太大的声响向前快速移动。冲击波传播后,整根导爆管除个别地方被爆轰波击穿成小洞外,塑料管不会遭到损坏。

导爆管既可以从轴向引爆,也可从侧向引爆。轴向引爆就是把引爆源对准导爆管管口,侧向引爆是把引爆源置于导爆管管壁外方。轴向起爆的传爆原理如上所述。侧向起爆时,外界激发冲量作用到管壁,管壁发生变形,处于受压状态,管腔中空气介质形成绝热压缩,产生一系列压缩波,这些压缩波叠加产生压力突跃升高的冲击波,冲击波引发炸药粉末发生化学反应,形成稳定传爆。

5.2.3.3 导爆管的技术性能

以高压聚乙烯为管材的普通塑料导爆管,应具有以下技术性能:

(1)起爆性能。导爆管可用火帽、雷管、导爆索、引火头等一切能产生冲击波的起爆器材击发,用雷管和导爆索还可以从侧向击发,一个8号工业雷管可击发数十根导爆管。

(2)传爆性能。导爆管爆速分(1650±50)m/s和(1950±50)m/s两种;冲击波在管内传播时,导爆管断药长5~10cm时仍能传播下去;连续传2000m之后,爆速有明显下降。

(3)抗电性能。导爆管两极相距10cm外加30kV静电,电容为330pF,1min内导爆管不被击穿。

(4)抗拉性能。常温下承受68.6N的静拉力时,导爆管仅伸长而不破坏。

(5)耐水性能。导爆管两头密封,浸水深度为20m,经16h性能不变。

(6)耐温性能。将导爆管置于-20~+50℃的环境中,历时16h性能不变。

(7)抗冲击性能。导爆管受一般的机械冲击不击发。在用卡斯特落锤仪的10kg落锤从155cm的高处自由落下时,侧向冲击导爆管,导爆管不会击发。

(8)抗火性能。用火焰点燃单根或成捆的导爆管时,它只和塑料一样缓慢燃烧。

(9)抗自爆性能。导爆管不能直接起爆炸药。用20~30m长的导爆管在外径为17mm、内径为7mm、高为19mm的钝化泰安炸药卷(7g)上缠绕3道,使导爆管一端管口紧对泰安药卷,导爆管正常传爆,泰安药卷不起爆。

(10)枪击试验。一卷700mm长的导爆管,用自动步枪在距离35m、25m、15m处射击,不爆炸、不传爆。

(11)破坏性能。导爆管传爆时,管壁完整无损,对周围环境没有破坏作用;用手拿着导爆管击发时,只感到轻微脉动,声响也很小。塑料导爆管在储存期中,只需将端头用火柴热熔封口,使之不受潮气、水分或尘粒侵入,便能长期保存。由于用枪击、冲砸和燃烧均不能引起爆炸,因此,导爆管在运输过程中可以不作为危险的爆破器材处理。

正是因为导爆管具有上述一系列特点,所以以其为主组成的非电起爆系统成为近代爆破技术中的一项新技术,受到国内外的广泛重视。

5.2.3.4 导爆管的使用条件

导爆管在下列使用条件下均能正常传爆:

(1)传爆长度从零点几米至几千米,中间不需要雷管接力;

(2)导爆管内断药长度不超过15cm;

(3)在-40~50℃温度范围内;

(4)导爆管局部打结、扭曲、拉细或将导爆管180°对折(但未将管腔堵死);

(5)导爆管在深达180m的水中,两端密封;

(6)用胶布、套管或其他方法对接导爆管。

导爆管在下列情况下将发生拒爆现象:

(1)导爆管内有大于20cm的断药;

(2)导爆管内有炸药结节,即混合药粉涂层在管内堆积成节,传爆时有可能将导爆管炸断或炸裂;

(3)导爆管裂口大于1cm;

(4)导爆管腔由于种种原因被堵塞,如有水、砂粒、木屑等异物或者过分对折;

(5)水下使用时,管壁出现破洞。

导爆管不能用于有瓦斯和煤尘爆炸危险的处所。

5.2.3.5 导爆管连通器具

导爆管线路的接续应使用专用连接元件或用雷管分级起爆的方法实施。连通器具的功能是实现导爆管与导爆管之间的冲击波传播,起到连续传爆或分流传爆的作用。

爆破工程中常用的连通器具有连通管(见图5-11)、连接块(见图5-12)和多路分路器(见图

5-13)，使一根主发导爆管可以激发几根到几十根被发导爆管。

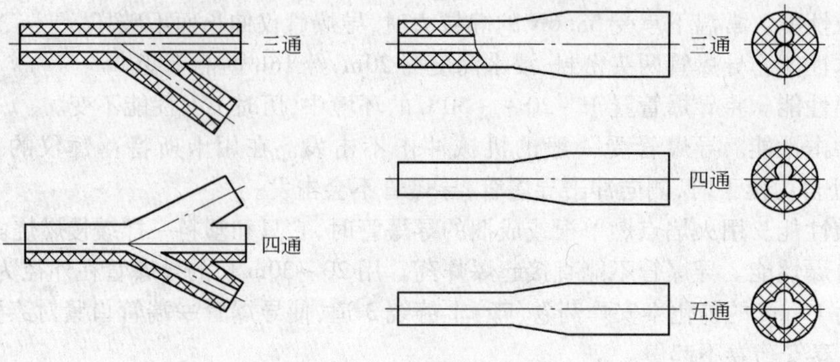

图 5-11　连通管结构

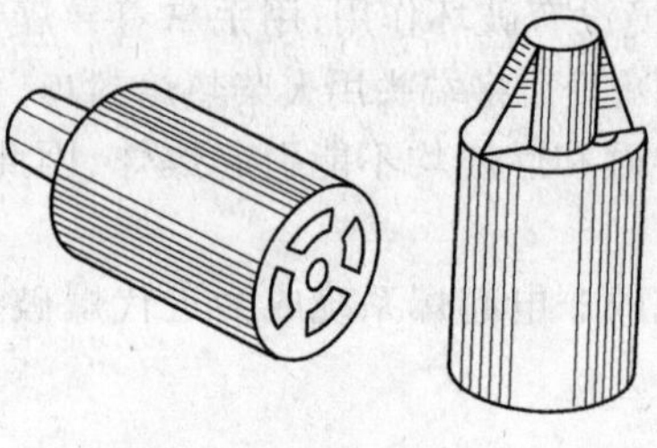

图 5-12　连通块结构

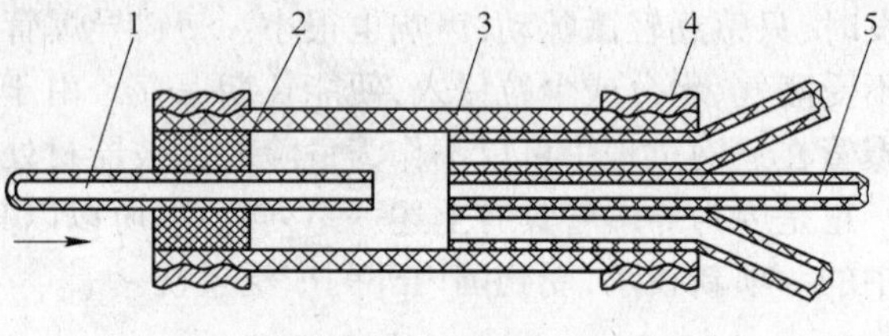

图 5-13　多路分路器

1—主发导爆管；2—塑料塞；3—壳体；
4—金属箍；5—被发导爆管

导爆管与装药的连接必须在导爆管起爆装药的一端，用 8 号雷管或毫秒延期雷管通过卡口塞(见图 5-14)连接后插入所装药中。

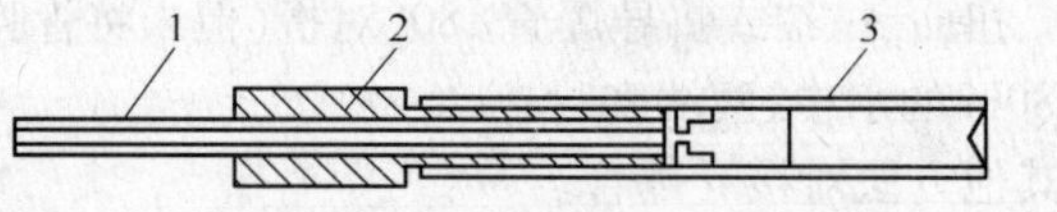

图 5-14　卡口塞

1—导爆管；2—卡口塞；3—雷管

5.3　炸药

5.3.1　爆炸与炸药

5.3.1.1　爆炸现象

爆炸是物质系统一种极迅速的物理或化学变化，在变化过程中瞬时放出其内含的能量，并借助系统内原有气体或爆炸生成气体的膨胀对周围介质做功，产生巨大破坏效应并伴有强烈的发光和声响。

爆炸做功的根本原因在于，系统原有的高压气体或爆炸瞬间形成的高温、高压气体骤然膨胀。爆炸的一个最重要的特征是在爆炸点周围介质中发生急剧的压力突跃，这种压力突跃是造成周围介质破坏或对周围生命体杀伤的直接原因。

在自然界、工程、军事及日常生活中存在大量的爆炸现象。爆炸现象多种多样,大致归为三类:

(1)物理爆炸。由物理变化引起的爆炸称为物理爆炸。在爆炸过程中,爆炸物质仅有温度、压力、体积的变化,如蒸汽锅炉或高压气瓶的爆炸、雷电及细金属丝因通过高压电流而发生的爆炸以及雪崩、地震、高速粒子撞击物体表面等引起的爆炸。

(2)化学爆炸。由化学变化引起的爆炸称为化学爆炸。在爆炸过程中,形成了新的化学物质。这类爆炸包括常见的炸药和火药的爆炸,浮悬于空气中的细煤粉或其他可燃粉尘的爆炸,甲烷、乙烷以一定比例与空气混合时所发生的爆炸等。

(3)核爆炸。由核裂变或核聚变引起的爆炸称为核爆炸。在爆炸过程中,生成了新的元素。核爆炸可能形成数百万到数千万摄氏度的高温,在爆炸中心会造成数百万大气压,同时还有很强的光辐射和热辐射,因此它所造成的破坏要比一般炸药大得多。

5.3.1.2 爆炸条件

尽管各种类型爆炸的物理机制不同,所产生的力学效果也不同,但它们都是在极短时间内迅速释放能量的过程。

在热力学意义上,炸药是一种在一定外能作用下可发生高速化学反应并释放出大量热量和生成大量气体的物质。简言之,炸药是一种能把它所集中的能量在瞬间释放出来的物质。

从本质来讲,炸药是一种相对稳定系统,一旦外界作用达到一定程度时,它就能迅速地释放出热量,同时产生大量高温气体。炸药爆炸是化学体系的非常迅速的化学反应过程。

炸药爆炸过程具有以下三个条件,这三个条件正是任何物质化学反应成为爆炸反应所必备的,三者相互关联,缺一不可。

(1)反应的放热性。反应过程的放热性是爆炸反应的首要条件,因为炸药爆炸时首先要进行能量转换,即将其内能转变成热能,再由热能转变成机械能对外做功。炸药要发生爆炸,首先需要使炸药分子活化并产生急剧化学反应而释放能量,通过能量转换再激发下一层炸药发生化学反应,因此,爆炸释放的热量是激发未爆炸炸药的能源,否则爆炸反应将不能自行传播下去。由于反应放热,使炸药的气体产物温度达数千摄氏度,反应放热和反应传播速度越大,则爆炸的破坏性也就越大。

(2)反应的快速性。爆炸反应与一般化学反应的最大差异在于反应速度,爆炸反应过程极快,以至于可认为爆炸反应释放的能量几乎全部聚集在相当于原来炸药体积的气体产物之中,从而达到高度的能量集中。

(3)生成大量气体。炸药爆炸之所以能够膨胀做功并对周围介质造成破坏,根本原因之一就在于炸药爆炸时能在极短的时间内生成大量气体产物。由于爆炸反应迅速,加之反应放热,从而造成所生成的气体高温高压。

5.3.1.3 炸药分类

(1)按作用分:

1)起爆药。起爆药是一种对外能作用特别敏感的炸药。当其受较小的外能作用时(如受机械、热、火焰的作用),易激发而产生爆轰,且反应速度极快,故工业上常用它来制造雷管,最常用的有二硝基重氮酚(DDNP)和氮化铅。

2)猛性炸药。与起爆药相比,猛性炸药的敏感度较低,通常要在一定的起爆源(如雷管)作用下才会发生爆轰。猛性炸药具有爆炸威力大、爆炸性能好的特点,因此是用于爆破作业的主要炸药种类。

3)发射药。发射药对火焰极敏感,可在敞开的环境中燃烧;而在密闭条件下则会发生爆炸;但爆炸威力较弱,工业上主要用于制造导火索和矿用火箭弹。

(2)按用途分:

1)煤矿许用炸药。煤矿许用炸药又称安全炸药。该类炸药主要针对有瓦斯和矿尘爆炸危险的煤矿生产环境而设计,除严格要求控制其爆炸产物中有毒气体不超过安全规程所允许的量以外,还需在炸药中加入10% ~20%的食盐作为消焰剂,以确保其在爆破时不会引起瓦斯和矿尘爆炸。

2)岩石炸药。该类炸药是一种允许在没有瓦斯和矿尘爆炸危险、通风环境较差、作业空间狭窄的环境中使用的炸药,其特点是有毒有害气体的生成量受到严格的限制和规定,因此适用于没有瓦斯和矿尘爆炸危险的各种地下工程。

3)露天炸药。露天炸药是指适用于各种露天爆破工程的炸药。由于露天爆破用药量大,且爆破场地空间开阔,通风条件较好,故这类炸药的爆炸生成物中有毒有害气体含量相对允许较大一些。

4)特种炸药。特种炸药泛指用于特种场合爆破的炸药,如在爆炸金属加工、复合、表面硬化工艺及金属切割、石油射孔、震源弹中使用的炸药。

(3)按主要成分分:

1)硝铵类炸药。硝铵类炸药指以硝酸铵为主要成分(一般达80%以上)的炸药。由于硝酸铵为常用的化工产品,来源广泛、易于制造且成本低廉,故这种炸药也是目前国内外用量最大、品种最多的炸药。

2)硝化甘油炸药。该类炸药的组成以硝化甘油为主要成分。由于感度高、危险性大,近年来硝化甘油炸药逐步被大量使用的铵油炸药所取代,只在小直径光面爆破、油井、水下爆破中有少量使用。

3)芳香族硝基化合物类炸药。该类炸药主要是苯及其同系物的硝基化合物,如梯恩梯、黑索金等。

4)其他炸药。例如黑火药和氮化铅等。

5.3.1.4 硝铵类炸药的成分

工业炸药种类较多,硝铵类炸药是目前品种最多且使用最广泛的炸药。硝铵类炸药也称硝铵炸药,其主要成分一般有:

(1)氧化剂,即硝酸铵,在炸药中的作用是提供爆炸反应时所需的氧元素。

(2)还原剂(可燃剂),常用的有梯恩梯、木粉、木炭、柴油、铝粉等,它与氧化合,可进行剧烈的燃烧(氧化)反应。

(3)敏化剂,常用的有梯恩梯、二硝基萘、铝粉和一些发泡剂或发泡物质等,它的作用是增加炸药的敏感度,改善其爆炸性能。

(4)加强剂,即为提高炸药威力而加入的物质,如梯恩梯、铝粉等。

(5)其他成分,即为满足各种不同的使用要求而加入的一些附加成分,如消焰剂(如食盐)、防潮剂(如石蜡)、疏松剂(如木粉)、黏结剂等。

以上各成分中,氧化剂和还原剂为必要成分,其他成分则视需要而定。为了进一步了解各种硝铵炸药的组成及特性,在5.3.3节中将分别介绍常用的两大类硝铵炸药,即粉状硝铵炸药和含水硝铵炸药。

5.3.2 炸药的性能

5.3.2.1 炸药的起爆性能

A 炸药的起爆

炸药具有爆炸的性能。在常态下,它能处于相对的稳定状态,也就是说,它不会自行发生爆炸。要使炸药发生爆炸,必须使炸药失去其相对的稳定状态,即必须给炸药施加一定的外能作用。炸药在外能作用下发生爆炸,多种形式的外能都可以激起炸药起爆,但从工程爆破技术、作业安全和有效使用炸药的角度看,热能、机械能和爆炸能经常被应用。

(1)热能。当炸药受到热或火焰的作用时,其局部温度会达到爆发点以引起爆炸。例如,火雷管起爆法就是利用导火索的火焰来引爆火雷管;电雷管起爆法则是利用电桥丝通电灼热引燃引火药头而引燃雷管,进而起爆炸药。

(2)机械能。炸药在撞击或摩擦的作用下,炸药颗粒间产生强烈的相对运动,机械能瞬间转化为热能,从而引起炸药爆炸。在运输和使用炸药时,必须注意机械作用可能引爆炸药的问题,以防爆炸事故发生。

(3)爆炸能。工程爆破中常利用一种炸药爆炸产生的强大能量来引爆另一种炸药。例如,在实际爆破作业中最常见的是利用雷管或导爆索的爆炸来引爆炸药,其次是利用起爆药包的爆炸来引爆一些钝感炸药。

除了上述的热能、机械能和爆炸能外,光能、超声振动、粒子轰击、高频电磁波等也都可激起炸药爆炸,因此这些在爆破作业中都应引起注意和重视。

B 炸药的感度

炸药在外界作用影响下发生爆炸的难易程度称为炸药的敏感度(简称为感度),即指炸药对外界起爆能的敏感程度。感度的高低,通常以引起爆炸所需的最小外界能量来表示。所需外界能量小则感度高,反之则感度低。引起炸药爆炸的外界能量有:(1)机械能,如冲击、摩擦、针刺、振动等产生的能量;(2)热能,如加热、火花、火焰或灼热物所放出的能量等;(3)电能,如电热、电火花产生的能量;(4)光能,即激光发出的能量;(5)爆炸能,即由爆炸产生的能量。

(1)冲击感度。冲击感度即对冲击能量的敏感程度,用炸药受固定重量的落锤自固定高度自由落下的冲击作用而发生爆炸的百分数表示。猛炸药的冲击感度通常用立式落锤试验仪测定,如图5-15所示,锤重10kg,落高为25cm,药量为0.05g,试验次数规定为25次,用爆炸次数所占总数的百分数表示。表5-8列出了几种猛炸药的冲击感度。

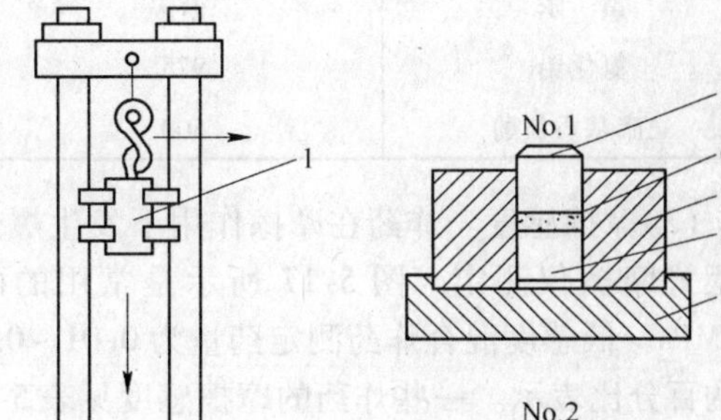

图5-15 立式落锤仪

1—落锤;2—撞击器;3—钢砧;4—基础;5—上击柱;6—炸药;7—导向套;8—下击柱;9—底座

表 5-8　炸药的冲击感度

炸药名称	冲击感度/%	炸药名称	冲击感度/%
黑火药	50	特屈儿	48
硝铵炸药	16 ~ 32	黑索金	72 ~ 88
硝化甘油	100	太　安	100
梯恩梯	4 ~ 8		

起爆药的冲击感度很高，用上述装置来测定不合适，可用弧形落锤仪（见图 5-16）进行测量。在固定锤重时，以使受试炸药 100% 爆炸的最小落高作为上限距离（mm），以其 100% 不爆炸的最大落高作为下限距离（mm）。试验药量为 0.02g，平行试验次数为 10 次以上。上限距离表示起爆药的冲击感度，下限距离表示安全条件。表 5-9 所示为几种起爆药的冲击感度。

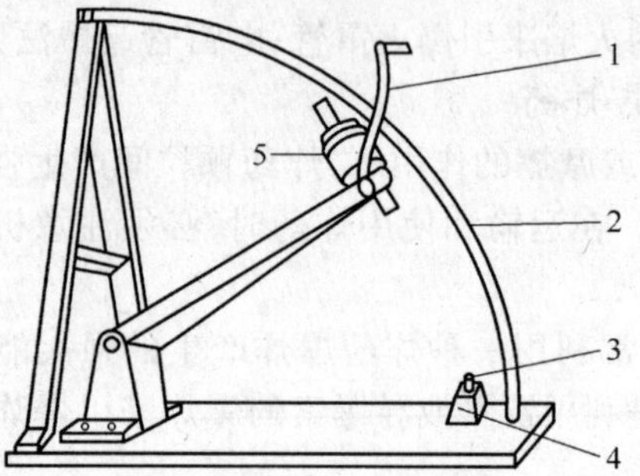

图 5-16　弧形落锤仪

1—手柄；2—有刻度的弧架；3—击柱；4—击柱和火帽定位器；5—落锤

表 5-9　几种起爆药的冲击感度

起爆药名称	锤重/g	上限距离/mm	下限距离/mm
雷　汞	480	80	55
氮化铅	975	235	65 ~ 70
二硝基重氮酚	500	—	225

（2）摩擦感度。炸药在摩擦作用下发生爆炸的难易程度，称为摩擦感度。炸药的摩擦感度用摆式摩擦仪测定。图 5-17 所示是常用的两种摩擦摆，摆锤为 1500g，摆角为 90°，表压为 5.0MPa。低感度混合炸药测定药量为 0.01 ~ 0.03g，试验 25 次。其感度用爆炸次数与试验总次数的百分比表示。一些炸药的摩擦感度见表 5-10。

表 5-10　一些炸药的摩擦感度

炸药名称	摩擦感度/%	炸药名称	摩擦感度/%
梯恩梯	0	1 号煤矿炸药	28
特屈儿	24	4 号高威力硝铵炸药	32
黑索金	48 ~ 52	铵铝高威力炸药	40
太　安	92 ~ 96		

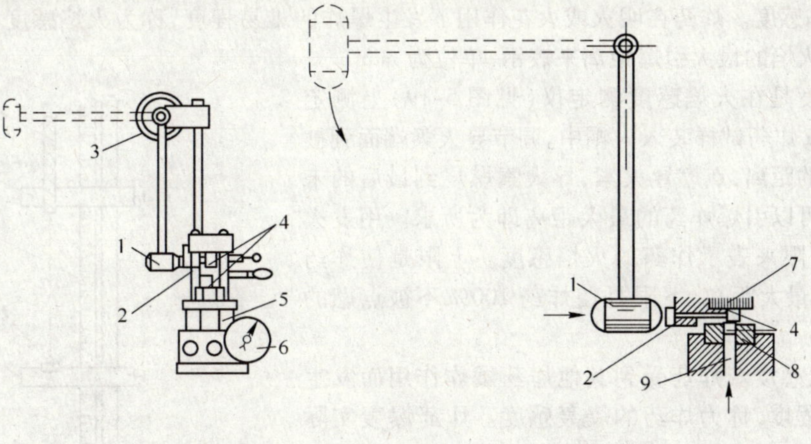

(a) (b)

图 5-17 摩擦摆

1—摆锤;2—击柱;3—角度标盘;4—测定装置(上下击柱);5—油压机;6—压力表;7—顶板;8—导向套;9—柱塞

(3)热感度。炸药在热能作用下发生爆炸的难易程度,称为热感度。热感度一般用爆发点来表示。爆发点是指0.05g炸药在标准容器伍德合金浴锅(见图5-18)中受热作用时,在5min内必然发生炸药反应的最低温度。爆发点低,表示热感度高,一些炸药的爆发点列于表5-11中。

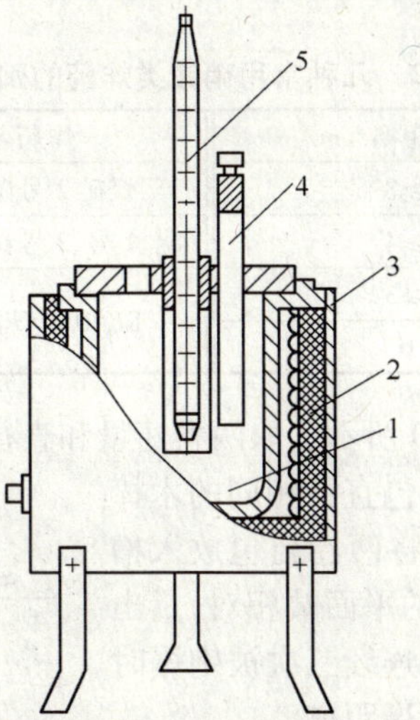

图 5-18 爆发点测定器

1—合金浴锅;2—电热丝;3—隔热层;4—铜试管;5—温度计

表 5-11 一些炸药的爆发点

炸 药	爆发点/℃	炸 药	爆发点/℃
EL系列乳化炸药	330	雷 汞	175~180
2号岩石硝铵炸药	186~230	黑索金	230
2号煤矿硝铵炸药	180~188	特屈儿	195~200
硝酸铵	300	梯恩梯	290~295
黑火药	290~310	二硝基重氮酚	170~173

(4)火焰感度。炸药在明火或火花作用下发生爆炸的难易程度,称为火焰感度,常用炸药对导火索喷出火焰的最大引爆距离来表示,单位为 mm。

火焰感度是在火焰感度测定仪(见图 5-19)上测定的。将 0.05g 炸药试样装入火帽中,调节导火索端面到被测药面之间的距离,点燃导火索,导火索燃烧到最后的末端喷出火焰可以引爆炸药的最大距离即为所求。用发火距离的上、下限来表示炸药的火焰感度。上限是使炸药 100% 发火的最大距离,下限是使炸药 100% 不被点燃的最小距离。

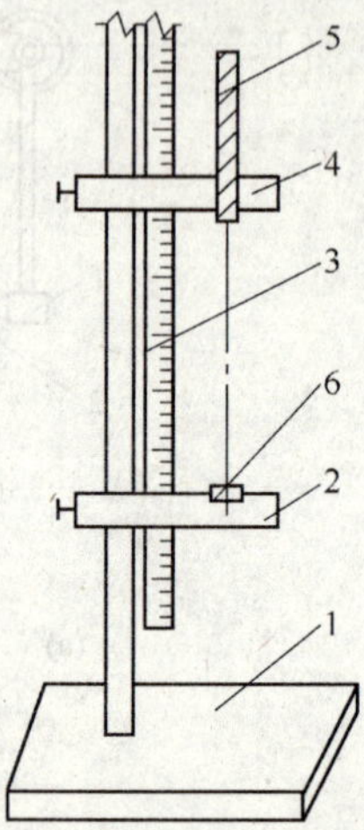

图 5-19　火焰感度试验装置

1—底座;2—下盘架;3—标尺;4—上盘架;5—导火索;6—火帽壳

(5)爆轰感度。炸药受到其他炸药爆炸作用而发生爆炸的难易程度,称为炸药的爆轰感度。炸药爆轰实际是一种冲击波,所以爆轰感度在一定程度上反映了冲击波感度。炸药爆轰感度通常用极限起爆药量来表示,极限起爆药量越小,则炸药的爆轰感度越高。对于工业用混合炸药,一般采用殉爆距离来衡量。炸药爆炸时引起与它不相接触的邻近炸药发生爆炸的现象,称为殉爆。在一定程度上,殉爆反应了炸药的冲击波感度。主发炸药包爆炸时能引爆沿轴线布置的另一药包的最大距离,称为殉爆距离。殉爆距离越大,则爆轰感度越高,几种常用硝铵类炸药的殉爆距离列于表 5-12。

表 5-12　几种常用硝铵类炸药的殉爆距离

炸药名称	殉爆距离/cm	炸药名称	殉爆距离/cm
2 号岩石硝铵炸药	≥8	煤矿 2 号硝铵炸药	5
1 号露天矿硝铵炸药	≥4	1 号、2 号铵油炸药	5
2 号露天矿硝铵炸药	≥3	EL-102 型乳化炸药	ϕ32 >10
煤矿 1 号硝铵炸药	6		

殉爆距离的测定方法如图 5-20 所示。取两卷药量和直径相同的药包,其中一卷的平面端装上 8 号雷管作为主发药包。用与药包直径相同的木棒在水平的松沙土地上压出半圆槽,将两卷药包放入槽内,主发药包的凹面端与被发药包的平面端相对,量出两药包的间距,随后起爆,被发药包连续三次被殉爆时的两药包最大间距就是该炸药的殉爆距离。

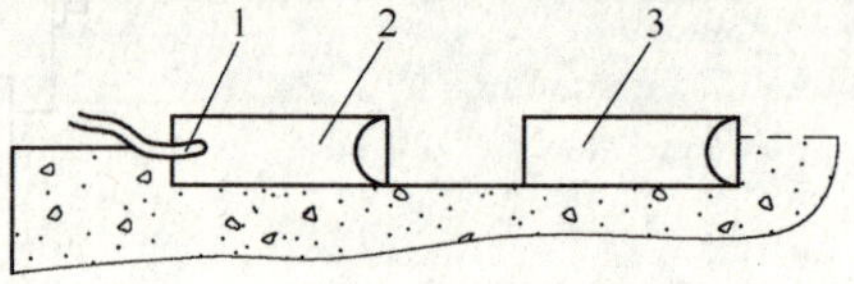

图 5-20　炸药殉爆距离的测定

1—雷管;2—主发药包;3—被发药包

影响炸药殉爆的因素很多,如装药密度、药量、药卷直径、药包外壳强度和连接、炸药含水量、中间介质等。

1)装药密度的影响。当主发药包确定后,被发药包在一定的范围内密度减小,殉爆距离增加;主发药包密度增大,殉爆距离增加。

2)药量和直径的影响。如固定主发、被发药包的药量,殉爆距离随直径的增加而增大;如固定两者的直径,殉爆距离随药量的增加而增大。

3)装药外壳强度和连接的影响。随着药包外壳强度的增大,殉爆距离增大,如把药卷装在坚固的钢管内,并使主动、被动药卷用一钢卷连接起来,殉爆距离可进一步加大。

4)炸药含水量的影响。含水量大,被动药卷感度低,使殉爆距离下降,过大的含水量会造成拒爆。

5)中间介质的影响。药卷间的介质对殉爆距离的影响依次是:空气 > 水 > 木材、黏土 > 砂。这种现象在建造危险工房或炸药库时可以利用,如设计采用防爆土堤或防爆墙,可大大缩短安全距离;在炮孔装药中采用沙土堵塞进行分段装药起爆,可减少爆破震动。

如前所述,热能、机械能、爆炸能、光能、超声振动、粒子轰击、高频电磁波等也都可激起炸药爆炸,所以都可以测定其感度。

5.3.2.2 炸药的爆炸性能

A 炸药爆炸的参数

(1)爆热。进行爆炸反应时放出的热量称为炸药的反应热,简称为爆热。它是指1kg或1g分子炸药在定容条件下爆炸瞬间所放出的热量。爆热越大,炸药的做功能力也越大。常用工业炸药的爆热一般为2931~6280kJ/kg。

(2)爆温。炸药爆炸瞬间所放出的热量将爆炸产物加热到的最高温度,称为爆温。工业炸药的爆温一般可达2000~4500℃以上。

(3)爆压。在发生爆炸反应的瞬间、高温气体未向外膨胀以前,对周围介质造成的最大压力称为爆压。工业炸药爆炸时产生的爆压可达 $1\times10^5\sim4\times10^5$MPa。实践证明,当炸药本身的爆炸反应传播较慢而周围条件对维持压力又不利时(如裸露药包爆破),炸药的爆压将急剧下降,能量大量损失,从而降低爆破效果。为此,对于硐室爆破和炮孔爆破,保持堵塞质量是提高爆破效果、减少飞石的有利途径。

(4)爆炸功。炸药爆炸时,整个爆炸过程中的爆炸做功能力称为爆炸功。常用爆炸产物做绝热膨胀时,从起始膨胀到温度降到炸药初温时所做的全部功来表示。

B 炸药爆破性能

与工程爆破有关的炸药爆炸性能有:爆力、猛度、爆速、聚能效应、传爆等。

(1)爆力。爆力(也称威力)即炸药爆炸时做功的能力。它表示炸药在介质内部爆炸时对其周围介质产生的整体压缩、破坏和抛移能力。它的大小与炸药爆炸时释放出的能量大小成正比。威力越大,破坏能力越强,破坏的范围及体积也就越大。威力的大小取决于爆热的大小、产生气体量的多少以及爆温的高低。爆热大,产生气体量多,爆温高,则威力大。

威力的测量常用铅铸扩孔试验法测定。即用精制铅铸成圆柱体,其规格为 $\phi200$mm × 200mm,中央有一个 $\phi125$mm × 125mm 的圆孔(见图5-21(a)),称取(10±0.1)g 炸药装入 $\phi24$mm 锡箔纸筒内,然后插入雷管一起放入铅铸孔的底部,上部空隙用干净的并经144孔/cm² 筛选过的石英砂填满,爆炸后圆柱扩大成梨形(见图5-21(b))。

用量筒注水测出爆炸前后体积差,从中减去所用雷管的扩孔值(通过试验确定),之后所得的差数值即为被测炸药的爆力。雷管本身的扩孔量应从扩孔值中扣除,可先用雷管在同等条件下对铅柱做扩孔试验。一些炸药的爆力列于表5-13中。

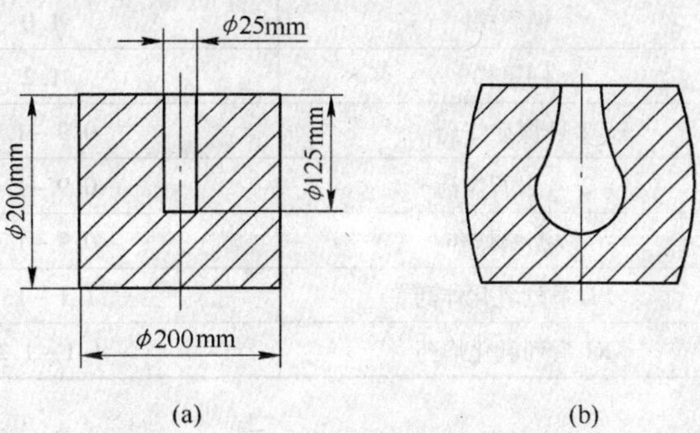

图5-21 炸药爆炸前后的铅柱测状与尺寸
(a)爆炸前的铅柱;(b)爆炸后的扩孔示意图

表 5-13　几种炸药的爆力值

炸药名称	爆力(威力)/mL
梯恩梯	285
黑索金	490
太　安	500
2 号煤矿炸药	250
2 号岩石炸药	320

(2)猛度。猛度即炸药的破碎能力,指在爆炸瞬间,爆炸直接对与之接触的局部固体介质的破坏程度。

猛度的测量方法常用铅柱压缩法,实验装置如图 5-22 所示。在 200mm × 200mm × 20mm 的钢板中央放置 ϕ41mm × 10mm 钢片一块。炸药试验量一般为 50g,猛炸药如黑索金、太安等用 25g,装入 ϕ40mm 纸筒内,控制其密度为 1g/cm^3,药面上锥一中心孔插入雷管,插入深度为 15mm,将这个药柱放置在钢片上用索线绷紧,然后引爆。爆炸后,铅柱被压缩成蘑菇形,用卡尺测其四点高度,取平均值,计算出压缩值。几种炸药的铅柱压缩值列于表 5-14 中。

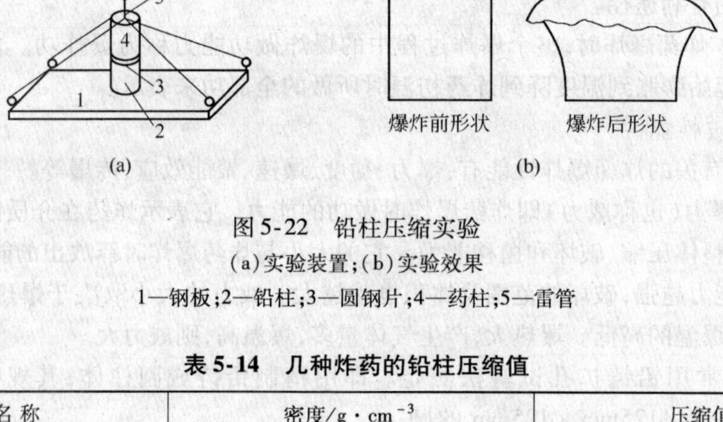

图 5-22　铅柱压缩实验
(a)实验装置;(b)实验效果
1—钢板;2—铅柱;3—圆钢片;4—药柱;5—雷管

表 5-14　几种炸药的铅柱压缩值

炸药名称	密度/g · cm^{-3}	压缩值/mm
梯恩梯	1.0	16 ~ 17
梯恩梯	1.2	18.7
2 号煤矿炸药	0.9 ~ 1.0	10 ~ 12
2 号岩石炸药	0.9 ~ 1.0	12 ~ 14
铵沥蜡炸药	0.9 ~ 1.0	8 ~ 9
EL 系列乳化炸药	1.1 ~ 1.2	16 ~ 19
KJ 系列乳化炸药	1.1 ~ 1.25	15 ~ 19

(3)爆速。爆速即炸药爆炸时爆轰波沿炸药内部传播的速度。爆速主要取决于炸药的性质与纯度,此外还与起爆药的威力、装药直径、包装材料的强度、炸药的装填密度、炸药的颗粒大小、含水量及附加物等因素有关。一些猛炸药的爆速见表 5-15。

表 5-15 几种炸药的爆速

炸药名称	爆速/m · s^{-1}	炸药名称	爆速/m · s^{-1}
梯恩梯	6850	煤矿 1 号、2 号炸药	3509 ~ 3600
太 安	8400	铵油炸药	3200
黑索金	8380	EL-102 型乳化炸药	4000 ~ 5300
2 号岩石炸药	3826		

由炸药的传爆过程可知,爆轰波的传播速度就是爆速。如果炸药的爆速在增长到最大值后始终是稳定的,那么炸药的爆炸就能进行到底,这称为稳定爆炸;反之,如果在传爆过程中爆速是逐渐衰减的,那么炸药的爆炸就不能进行到底,这就是不稳定传播。可见,炸药爆速的变化反映了炸药爆炸反应的完全程度,因此,它是衡量炸药爆炸性能的重要指标。

在进行爆破工作时,必须经常进行炸药的爆速测定,才能把握爆破的效果、质量和安全。传统的测试方法有导爆索对比法,现在常用的是电子仪器测试法。常用的电子仪器测试法有光线示波器测定法和计时器测定法两种方法。测试准确可靠的专门仪器如 BSS-1 和 BS-1 型爆速仪,测量精度高。

在实际生产中,为了保证爆破效果,应力求炸药处于稳定爆轰状态,即具有理想的爆速。在生产实践中,影响爆速的因素很多,但主要的是药卷直径和炸药密度。用相同起爆能量引爆不同直径的药卷时,药卷的爆速和稳定传爆的情况有很大不同,随着药卷直径增大,爆速和爆炸稳定性均有所提高。当药卷直径较小时,随药卷直径增大,爆速增加较快;但药卷直径增大到某一数值后,爆速趋于一恒定值。增大炸药的密度可提高理想爆速,临界直径和极限直径也会发生变化。由于炸药密度对临界直径的影响规律是随炸药类型的不同而变化的,因此,密度影响爆速的规律也是不同的。

(4)聚能效应。某特定装药形状(如锥形孔、凹穴)可使炸药能量在空间上重新分配,大大地加强了某一方向的局部破坏作用,这种现象称为聚能效应。能产生聚能效应的装药称为聚能装药,而其特定的装药形状(如锥形孔、凹穴等),称为聚能穴,如雷管的底部凹槽等。

聚能装药爆炸时,爆炸气体产物向聚能穴汇集,在凹穴轴线方向上形成一股高速运动的强大射流,即聚能流。聚能流具有极高的速度、密度、压力和能量密度,并在离聚能穴底部一定距离达到最大值,因此其破坏作用增强。带有金属罩的聚能装药,其聚能效应更大,炸药爆炸时,它在聚能穴轴线上形成高速的金属射流,其速度每秒可达数千米甚至上万米,压力可达几兆帕,因此其破甲、破坏能力更集中。利用聚能药包可破碎大块。

(5)传爆。炸药起爆后,爆轰波能以最大速度稳定传播的过程,称为理想爆轰。在一定条件下,炸药达不到理想爆轰,但可能以某一速度稳定传播爆轰波的过程,称为稳定传爆。

炸药在理想爆轰时才能充分释放出最大能量。为了充分利用炸药的爆炸能、提高爆破效果、保障施工安全,必须保证炸药稳定传爆,争取达到理想爆轰。影响稳定传爆的因素有:

1)起爆能的影响。起爆能不足,激发不起炸药的化学反应或激发起的化学反应速度低,在传播过程中会很快衰减,在这种情况下将出现炸药拒爆或爆轰中断现象。不同炸药所需的起爆能不一样,因此,应针对不同炸药选择适当的起爆能,以保证炸药可靠起爆,这是十分重要的。

2)装药直径的影响。前文曾提及炸药的直径对爆速有影响, 装药直径增大时,爆速也相应变大;当直径大到某一值后,爆速增加不明显而趋于某一个定值,即达到条件下的最大爆速。使炸药爆速达到最大值所需的最小装药直径,称为极限直径,而该条件下的最大爆速称为极限爆速。同样,爆速随着直径的减小而下降,当装药直径小于某一值时,爆轰即将中断。不同的炸药,临界、极限直径和爆速各不相同。一般来讲，单质猛炸药的临界爆速为 2000 ~ 3000m/s，极限爆速为 6000 ~ 8000m/s；硝铵炸药的临界爆速为 1000 ~ 2000m/s，极限爆速为 4000 ~ 5000m/s。

因此在实际爆破中，若要保证炸药稳定传爆、争取理想爆轰，则应保证装药直径大于临界直径，争取达到极限直径。

3）装药密度的影响。关于装药密度对传爆的影响，单质炸药和工业混合炸药表现不同。在一定条件下，单质炸药的爆速与装药密度成正比。在混合炸药中，爆速-密度曲线上存在着极限爆速，有如上述，在一定的条件下爆速随装药密度的增大而提高；但由于混合炸药化学反应区中存在着二次反应，二次反应的阻力随炸药密度的增大而增大，所以当密度增大到一定限度时，化学反应速度下降，爆速也相应下降。这两方面作用同时存在，对爆速产生综合的影响。

4）药包外壳约束条件的影响。药包外壳越坚固，质量越大，约束条件越好，侧向的能量损失越少，传爆越好。当药包直径达到极值时，外壳的影响就不明显了。

5）径向间隙的影响。不同炸药的径向间隙对传爆的影响也不同，它可能对高感度单质猛炸药的传播有利，而对于低感度工业混合炸药不利，甚至使爆轰中断。径向间隙的这种影响作用称为径向间隙效应，或简称间隙效应。

径向间隙对炸药爆速的不同影响与上述炸药密度对爆速的影响机理相同。炸药爆炸后，由于径向间隙的存在，孔中的空气冲击波超前于爆轰波，对未爆炸药进行压缩，使炸药密度提高而影响未爆炸药的爆速。

6）炸药颗粒的影响。工业混合炸药爆轰中存在二次反应，因此，组分颗粒小、混合均匀有利于爆轰的传播。感度低的成分粒度应小于感度高的成分粒度，才有利于二次反应；然而当药卷直径大于或等于极限直径时，炸药粒度的影响就不明显了。

5.3.3 常用炸药

5.3.3.1 粉状硝铵炸药

常用的粉状硝铵炸药有铵梯炸药、铵油炸药、铵松蜡炸药和煤矿许用炸药，由于其组成成分不同，性能指标和适用条件也各不相同。

A 铵梯炸药

铵梯炸药又称岩石炸药，由硝酸铵、梯恩梯和木粉三种成分组成。硝酸铵是氧化剂，为主要成分；梯恩梯是敏化剂，也起还原剂的作用；木粉是可燃剂，又是疏松剂。铵梯炸药是国内外工业上用了近两个世纪的传统炸药，目前仍是工业上使用最多的炸药品种。其主要成分如下：

(1)硝酸铵。硝酸铵是一种应用广泛的化学肥料。纯硝酸铵为白色晶体，熔点为 160.6℃，温度达 300℃时便发火燃烧，高于 400℃时可转为爆炸。硝酸铵是一种弱性爆炸成分，钝感，需经强力起爆后才能引爆，爆速为 2000 ~ 2500m/s，爆力为 165 ~ 230mL。

硝酸铵具有较强的吸湿性和结块性。吸湿现象的产生是由于它对空气中的水蒸气有吸附作用，并通过毛细管作用在其颗粒表面形成薄薄的一层水膜，硝酸铵易溶于水，因而水膜会逐渐变为饱和溶液。只要空气中的水蒸气压力大于硝酸铵饱和溶液的压力，硝酸铵就会继续吸收水分，一直到两者压力达到平衡时为止。硝酸铵吸水后，一旦温度下降，饱和层将部分或全部发生重结晶，形成坚硬致密的晶粒层，将硝酸铵黏结成块状。这种结块硬化过程还将因晶形变换和上部重压等原因而加剧，给加工炸药造成很大困难。

为了提高硝酸铵的抗水性，可加入防潮剂。常用的防潮剂有两类：一类是憎水性物质，如松香、石蜡、沥青和凡士林等，它们覆盖在硝酸铵颗粒表面，使它与空气隔离；另一类是活性物质，如硬脂酸钙、硬脂酸锌等，它们的分子结构一端为体积较大的憎水性基团（硬脂酸根），另一端是体积较小的亲水性基团（金属离子），这些活性物质加入后，它们的亲水性基团将朝向外面，因而能起到防水作用。

为了防止炸药中的硝酸铵吸湿后结块硬化，可在炸药中加入适量的疏松剂，如木粉等。

干燥的硝酸铵与金属作用极缓慢，有水时其作用速度加快。故溶化的硝酸铵与铜、铅和锌均起作用，形成极不稳定的亚硝酸盐；但硝酸铵不与铝、锡作用，故在制造硝酸炸药时均使用铝质工具和容器。同时，由于硝酸铵是由强酸弱碱生成的盐类，要避免其与弱酸强碱生成的盐类（如亚硝酸盐、氯酸盐等）混在一起，否则也会产生安定性很差的亚硝酸铵，容易引起爆炸。

（2）梯恩梯（TNT）。其本身就是一种单质猛炸药，具有良好的爆轰性能，是军事爆破中常用的炸药品种。由于梯恩梯的制造工艺复杂，价格也较昂贵，故在炸药中尽量少用或改用其他敏化剂代替。梯恩梯有一定的毒性，能通过皮肤和呼吸系统对人体产生损害，故在炸药的生产和使用中要注意工作环境及个人防护。

（3）木粉。木粉除了作疏松剂和可燃剂外，还能调节炸药的密度。要求它不含杂质、不腐朽、含水率在4%以下、细度在0.83～0.85 mm（20～40目）之间。

矿山多用2号岩石硝铵炸药，常用铵梯炸药的成分与性能见表5-16。

表5-16　常用铵梯炸药的成分与性能

成分性能和指标	炸药品种	1号岩石硝铵炸药	2号岩石硝铵炸药	2号抗水岩石硝铵炸药	2号露天硝铵炸药	2号抗水露天硝铵炸药
组成/%	硝酸铵	82±1.5	85±1.5	84±1.5	86±2.0	86±2.0
	梯恩梯	14±1.0	11±1.0	11±1.0	5±1.0	5±1.0
	木　粉	4±0.5	4±0.5	4.2±0.5	9±0.5	8.2±1.0
	沥　青			0.4±0.1		0.4±0.1
	石　蜡			0.4±0.1		0.4±0.1
	轻柴油					
	松　香					
性　能	水分（不大于）/%	0.3	0.3	0.3	0.5	0.5
	密度/$g \cdot cm^{-3}$	0.95～1.1	0.95～1.1	0.95～1.1	0.85～1.1	0.85～1.1
	猛度（不小于）/mm	13	12	12	8	8
	爆力（不小于）/mL	350	320	320	250	250
	殉爆Ⅰ/cm	6	5	5	3	3
	殉爆Ⅱ/cm			3		2
	爆速/$m \cdot s^{-1}$		3600	3750	3525	3525
爆炸参数计算值	氧平衡/%	0.52	3.38	0.37	1.08	-0.30
	质量体积/$L \cdot kg^{-1}$	912	924	921	935	936
	爆热/$kJ \cdot kg^{-1}$	4078	3688	3512	3740	3852
	爆温/℃	2700	2514	2654	2496	2545
	爆压/Pa		3306100	3587400	3169800	3169300

注：殉爆Ⅰ是浸水前的参数，殉爆Ⅱ是浸水后的参数。

B　铵油炸药

铵油炸药是一种无梯炸药，主要成分是硝酸铵和柴油，是我国冶金、有色金属矿山应用广泛

的一种钝感猛性炸药。铵油炸药的主要成分如下:

(1)硝酸铵。硝酸铵为氧化剂,其性能如前所述。

(2)柴油。柴油在炸药中作可燃剂。在柴油成分中,要求碳、氢元素含量达 99.5% 以上。柴油来源容易,运输、使用安全,有较高的黏性和挥发性,能有效渗入炸药的颗粒中,从而保证了炸药组分混合的均匀性和致密性。

(3)木粉。木粉主要用作疏松剂以防止炸药结块,同时还可起到可燃剂的作用。

在铵油炸药中,多孔粒状铵油炸药是一种较新型的工业炸药类型,它由多孔粒状硝酸铵和柴油组成。多孔粒状硝酸铵为白色颗粒状混合物,是一种内部充满空穴和裂隙的颗粒状物质,其堆积密度一般在 0.75 ~ 0.85g/cm^3 之间。与普通粉状硝酸铵相比,它不易结块、流散性好、吸油能力强。多孔粒状铵油炸药可用于露天及地下无水爆破作业,其爆破效果近似于 2 号岩石铵梯炸药,该炸药的感度较低,一般用一发雷管难以引爆,必须利用起爆药包进行起爆。多孔粒状铵油炸药具有组分少、原料来源丰富、使用方便、成本低廉、不易结块、流散性好、装药时不易堵孔、性能可靠、储存稳定、使用安全和易于机械化装药等特点,其用量正逐年提高。铵油炸药及多孔粒状铵油炸药的组分、性能及适用条件见表 5-17。

表 5-17 铵油炸药及多孔粒状铵油炸药的组分、性能及适用条件

组分和性能			炸药名称			
			1 号铵油炸药(粉状)	2 号铵油炸药(粉状)	3 号铵油炸药(粒状)	多孔粒状铵油炸药
组分/%	硝酸铵		92 ±1.5	92 ±1.5	94.5 ±1.5	94.5 ±0.5
	柴 油		4 ±1	1.8 ±0.5	5.5 ±1.5	5.5 ±0.5
	木 粉		4 ±0.5	6.2 ±1		-
水分(不大于)/%			0.75	0.8	0.8	0.3
装药密度/g · cm^{-3}			0.9 ~1.0	0.8 ~0.9	0.9 ~1.0	
爆炸性能	殉爆距离(不小于)/cm	浸水前	5			
		浸水后				
	猛度(不小于)/mm		12	18	18	15
	爆力(不小于)/mL		300	250	250	278
	爆速(不低于)/m · s^{-1}		3300	3800	3800	2800
炸药保证期/d			(雨季)7 (一般)15	15	15	30
适用条件			露天或无瓦斯、无矿尘爆炸危险的中硬以上矿岩的爆破工程	露天中硬以上矿岩的爆破和硐室大爆破工程	露天大爆破工程	露天大爆破工程或无瓦斯、无矿尘爆破危险的地下中深孔爆破

C 铵松蜡炸药

铵松蜡炸药由硝酸铵、木粉、松香和石蜡混制而成。它克服了铵梯和铵油炸药吸湿性强、保存期短的不足,其原料来源也较符合我国资源特点。总之,它除了保持铵油炸药的优点外,还具有良好的抗水性能、长的保存期,其性能指标也达到了 2 号岩石炸药的标准。铵松蜡炸药之所以

具有良好的防水性能,主要是因为:

(1)松香、石蜡都是憎水物质,可形成粉末状防水网,防止硝酸铵吸水;

(2)石蜡还可形成一层憎水薄膜,阻止水分进入;

(3)含有柴油的铵松蜡炸药中,松香与柴油可以共同组成油膜,也能防止水分进入。

除铵松蜡炸药外,还有铵沥炸药、铵沥蜡炸药等。这些炸药的缺点是,由于石蜡和松香的燃点低,不能用于有瓦斯和矿尘爆炸危险的地下矿山;另外,这类炸药的毒气生成量也较大。

5.3.3.2 含水硝铵炸药

含水硝铵炸药包括浆状炸药、水胶炸药、乳化炸药等。它们的共同特点是,将硝酸铵或硝酸钾、硝酸钠溶解于水后,成为硝酸盐的水溶液,当其达到饱和时便不再吸收水分。依据这一原理制成的防水炸药,其防水机理可简单理解为“以水抗水”。

A 浆状炸药

浆状炸药是由氧化剂水溶液、敏化剂和胶凝剂等基本成分组成的悬浮状饱和水胶混合物,其外观呈半流动胶浆体,故称为浆状炸药,其成分具体如下:

(1)氧化剂水溶液。浆状炸药的氧化剂水溶液主要是硝酸铵或硝酸钾、硝酸钠的混合物,它的含量占炸药总量的65%~85%,含水量为10%~20%。水作为连续相而存在,其主要作用是:

1)使硝酸铵等固体成分成为饱和溶液,不再吸水;

2)使硝酸铵等固体成分溶解或悬浮,以增加炸药的可塑性和增大炸药的密度;

3)使炸药成为细、密、匀的连续相,各成分紧密接触,提高炸药的威力。但是必须注意的是,水为钝感物质,由于水分增加,炸药的敏感度将有所降低。

(2)敏化剂。浆状炸药敏化剂按成分的不同可分为以下四类:

1)猛炸药的敏化剂,常用的有梯恩梯、黑索金、硝化甘油等,含量为6%~20%;

2)金属粉末敏化剂,如铝粉、镁粉、硅铁粉等,含量为2%~15%;

3)气泡敏化剂,如亚硝酸钠,加入量为0.1%~0.5%;

4)燃料性敏化剂,如柴油、硫黄等,含量为1%~5%。

(3)胶凝剂。它是浆状炸药的关键成分,可使氧化剂水溶液变为胶体液,并使各物态不同的成分胶结在一起,使其中未溶解的硝酸盐类颗粒、敏化剂颗粒等悬浮于其中,又可使浆状炸药胶凝、稠化,提高其抗水性能。胶凝剂有两类,一类是植物胶,主要是白笈、玉竹、田菁胶、槐豆胶、皂胶和胡里仁粉等;另一类是工业胶,主要为聚丙烯酰胺,俗称“三号剂”。植物胶用量约为2%~2.4%,聚丙烯酰胺用量约为1%~3%。

(4)交联剂。又称助胶剂,交联剂的作用是使浆状炸药进一步稠化以提高抗水性能,常用硼砂、重铬酸钾等,其含量为1%~3%。使用交联剂,可以相对减少胶凝剂的用量。

(5)表面活性剂。常用十二烷基苯磺酸钠或十二烷基磺酸钠。它的作用是增加塑性,提高其耐冻能力;其次是能吸附铝粉等金属颗粒,防止与水反应生成氢而逸出。

(6)起泡剂。常用亚硝酸钠,其作用是加入后能产生氮气化物和二氧化碳,形成气泡,以便在起爆时产生绝热压缩,增加炸药爆轰感度。这种气泡又称为敏化气泡。采用起泡剂可以相对减少敏化剂梯恩梯的用量。另外,泡沫、多孔含碳材料等也可用作起泡剂。

(7)安定剂。加入适量的尿素等,可提高胶凝剂的黏附性和炸药的柔软性,以防止炸药变质。

(8)防冻剂。加入乙二醇等可使冰点降低,增加炸药耐冻性。

浆状炸药的优点是:炸药密度高,可塑性较好,抗水性强,适用于有水炮孔爆破,使用安全;其缺点是:感度低,不能用普通雷管起爆,需采用专门起爆体(弹)加强起爆,理化安定性较差,在严寒冬季露天使用受到影响。国产浆状炸药的组分和性能指标见表5-18。

表5-18　国产浆状炸药的组分和性能

炸药品种		4号浆状炸药	5号浆状炸药	槐1号浆状炸药	槐2号浆状炸药	白云1号抗冻浆状炸药	田菁10号浆状炸药
组成/%	硝酸铵	60.2	70.2~71.5	67.9	54.0	45.0	57.5
	硝酸钾				10.0		
	硝酸钠			10.0		10.0	10.0
	梯恩梯	17.5	5.0		10.0	17.3	10.0
	水	16.0	15.0	9.0	14.0	15.0	11+2
	柴油		4.0	3.5	2.5		2.0
	胶凝剂	(白)2.0	(白)2.4	(槐)0.6	(槐)0.5	(皂)0.7	田菁胶0.7
	亚硝酸钠		1.0	0.5	0.5		
	交联剂	硼砂1.3	硼砂1.4	2.0	2.0	2.0	1.0(交联发泡溶液)
	表面活性剂		1.0	2.5	2.5	1.0	3.0
	硫黄粉			4.0	4.0		2.0
	乙二醇					3.0	
	尿素	3.0				3.0	3.0
性能	密度/$g \cdot cm^{-3}$	1.4~1.5	1.15~1.24	1.1~1.2	1.1~1.2	1.17~1.27	1.25~1.31
	爆速/$km \cdot s^{-1}$	4.4~5.6	4.5~5.6	3.2~3.5	3.9~4.6	5.6	4.5~5.0
	临界直径/mm	96	≤45		96	≤78	70~80

B　水胶炸药

水胶炸药实际上是浆状炸药改进后的新品种,它与浆状炸药的不同之处在于其主要使用的是水溶性敏化剂,这样就使得氧化剂的耦合状况大为改善,从而获得更好的爆炸性能。水胶炸药的成分如下:

(1)氧化剂。主要是硝酸铵和硝酸钠。硝酸铵可用粉状也可用粒状。在生产水胶炸药时,将一部分硝酸铵溶解成15%的水溶液,另一部分可直接加入固体硝酸铵。

(2)敏化剂。常用甲基胺硝酸盐(简称MANN)的水溶液。甲基胺硝酸盐比硝酸铵更易吸湿,易溶于水,本身又是一种单质炸药。在水胶炸药中,它既是敏化剂又是可燃剂。甲基胺硝酸盐不含水时可直接用雷管起爆,但当其为温度小于95℃、浓度低于86%的水溶液时,不能用8号雷管起爆。因此,可用不同含量的甲基胺硝酸盐制成不同感度的水胶炸药。由于其原料来源广泛,应用较广。

(3)黏胶剂。水胶炸药具有良好的黏胶效果,因而比浆状炸药具有更好的抗水性能和爆炸威力。国内多用田菁胶、槐豆胶,国外多用古尔胶作黏胶剂。

水胶炸药的优点是:抗水性强,感度较高,可用8号雷管起爆,并具有较好的爆炸性能,可塑性好,使用安全;缺点是成本较高,爆炸后生成的有毒气体比2号岩石炸药多。其性能成分指标见表5-19。

表 5-19 水胶炸药的组分及性能

炸药系列或型号		SHJ-K 型	W-20 型	1 号	3 号
组成/%	硝酸铵(钠)	53~58	71~75	55~75	48~63
	水	11~12	5~6.5	8~12	8~12
	硝酸甲胺	25~30	12.9~13.5	30~40	25~30
	铝粉或柴油	铝粉 4~2	柴油 2.5~3		
	胶凝剂	2	0.6~0.7		0.8~1.2
	交联剂	2	0.03~0.09		0.05~0.1
	密度控制剂		0.3~0.5	0.4~0.8	
	氯酸钾		3~4		0.1~0.2
	延时剂				0.02~0.06
	稳定剂				0.1~0.4
性 能	爆速/km·s^{-1}	3.5~3.9	4.1~4.6	3.5~4.6	3.6~4.4
	猛度/mm	>15	16~18	14~15	12~20
	殉爆距离/cm	>8	6~9	7	12~25
	临界直径/mm		12~16	12	
	爆力/mL	>340	350		330
	爆热/J·g^{-1}	1100	1192	1121	
	储存期/月	6	3	12	12

C 乳化炸药

乳化炸药具有威力高、感度高、抗水性良好的特点,被誉为“第四代”炸药。它不同于水包油型的浆状炸药和水胶炸药,而是以油为连续相的油包水型乳胶体。它不含爆炸性的敏化剂,也不含胶凝剂。此种炸药中的乳化剂可使氧化剂水溶液(水相或内相)微细的液滴均匀地分散在含有气泡的近似油状物质的连续介质(油相或外相)中,使炸药形成灰白色或浅黄色的油包水型特殊内部结构的乳胶体,故称乳化炸药。

乳化炸药的成分有:

(1)氧化剂水溶液,即硝酸盐水溶液,以细小水滴的形式存在,其含量为55%~80%,含水量为10%~20%。

(2)可燃剂,一般由柴油和石蜡组成,其含量约为1%~8%,水相分散在油相之中,形成不能流动的稳定的油包水型乳胶体。

(3)发泡剂,可用亚硝酸钠、空心微玻璃球、珍珠岩粉或其他多孔性材料。发泡剂可提高炸药的感度,加入量约为0.05%~0.1%。

(4)乳化剂,这是乳化炸药生产工艺中的关键成分,其含量约为0.5%~0.6%。本来油与水是不相溶的,但乳化剂是一种表面活性剂,可用来降低油和水的表面张力,使它们互相紧密吸附,形成油包水型乳化物,这种油包水型微粒的粒径约为2pm,因而极有利于爆轰反应。乳化剂多为脂肪族化合物,它可以是一种化合物,也可以是多种物质的混合物。常用山梨糖醇单月桂酸酯、山梨糖醇酐单油酸盐等。

乳化炸药的性能不但与它的组成配比有关,而且也与它的生产工艺(特别是乳化技术)有关。乳化炸药的主要性能特点是:

(1)抗水性强。常温下浸泡在水中7天后,炸药的性能不会产生明显变化,仍可用8号雷管起爆,故可代替硝化甘油炸药在水下使用。

(2)爆速高,一般可达4000~5500m/s,故威力大。

(3)感度高。由于加入了发泡剂,加上乳化、搅拌加工,使氧化剂水溶液变成微滴,敏化气泡均匀地吸留在其中,故爆轰感度较高,可达雷管感度。

(4)密度可调范围宽。由于加入了充气成分,可通过控制其含量来调节炸药密度,炸药的可调密度一般在0.80~1.45g/cm³ 之间。

(5)安全性能好。乳化炸药对于冲击、摩擦、枪击的感度都较低,而且爆炸后毒气生成量也少,使用安全,储存期较长。部分国产乳化炸药的成分与性能见表5-20。

表5-20 部分国产乳化炸药的成分与性能

炸药系列或型号		EL系列	CLH系列	SB系列	RJ系列	WR系列	岩石型	煤矿许用型
组成/%	硝酸(钠)	67~75	63~80	67~80	58~85	78~80	65~86	65~80
	硝酸甲胺				8~10			
	水	8~12	5~11	8~13	8~15	10~13	8~13	8~13
	乳化剂	1~2	1~2	1~2	1~3	0.5~2	0.8~1.2	0.8~1.2
	油相材料	3~5	3~5	3.5~6	3~5	3~5	4~6	3~5
	铝粉	2~4	2					1~5
	添加剂	2.1~2.2	10~15	6~9	0.5~2	5~6.5	1~3	5~10
	密度调整剂	0.3~0.5		1.5~3	0.2~1			另加消焰剂
性能	爆速/km·s⁻¹	4~5.0	4.5~5.0	4~4.5	4.5~5.4	4.7~5.8	3.9	3.9
	猛度/mm	16~19		15~18	16~18	18~20	12~17	12~17
	殉爆距离/cm	8~12	2	7~12	>8	5~10	6~8	6~8
	临界直径/mm	12~16	40	12~16	13	12~18	20~25	20~25
	抗水性	极好	极好	极好	极好	极好	极好	极好
	储存期/月	6	>8	>6	3	3	3~4	3~4

5.3.3.3 其他炸药

A 岩石粉状铵梯油炸药

岩石粉状铵梯油炸药属于少梯工业炸药,它是工业粉状炸药的第二代产品,是由工业粉状铵梯炸药发展而来的。其关键技术是,将乳化分散技术应用于粉状铵梯炸药中,在炸药的组分中加入以非离子表面活性剂为主构成的复合油相,取代了部分梯恩梯,使梯恩梯的含量由11%降低至7%,达到了降低粉尘、防潮、防结块的综合效果。岩石粉状铵梯油炸药的组分和性能见表5-21。

为了进一步降低梯恩梯含量并改善炸药性能,在岩石粉状铵梯油炸药的基础上,成功研制了4号岩石粉状铵梯油炸药。该产品的特点是梯恩梯含量降至2%,组分中选用了1号复合改性剂,解决了硝铵炸药的结块问题,提高了爆破性能、储存性能及防潮、防水的性能。4号岩石粉状铵梯油炸药的组分和性能见表5-22。

表 5-21　岩石粉状铵梯油炸药的组分和性能

组分与性能			炸药名称：2 号岩石铵梯油炸药	炸药名称：2 号抗水岩石铵梯油炸药
组分/%	硝酸铵		87.5 ±1.5	89.0 ±2.0
	梯恩梯		7.0 ±0.7	5.0 ±0.5
	木　粉		4.0 ±0.5	4.0 ±0.5
	复合油相		1.5 ±0.3	2.0 ±0.3
	复合添加剂(外加)		0.1 ±0.005	0.1 ±0.005
爆炸性能	水分/%		≤0.30	≤0.30
	猛度/mm		≥12	≥12
	爆力/mL		≥320	≥320
	爆速/m · s^{-1}		≥3200	≥3200
	殉爆距离/cm	浸水前	≥4	≥3
		浸水后		≥2
	有毒气体量/L · kg^{-1}		≤100	≤100
	药卷密度/g · cm^{-3}		0.95 ~ 1.10	0.95 ~ 1.10
	炸药有效期/月		6	6
	炸药有效期内	殉爆距离/cm	3	2
		水分/%	0.50	0.50

表 5-22　4 号岩石粉状铵梯油炸药的组分和性能

	硝酸铵	木　粉	复合油相	梯恩梯	1 号改性剂
组分/%	91.3 ±1.5	4.0 ±0.7	2.7 ±0.6	2.0 ±0.2	0.30 ±0.01

爆炸性能		
	水分/%	≤0.30
	药卷密度/g · cm^{-3}	0.95 ~ 1.10
	爆速/m · s^{-1}	≥3200
	猛度/mm	≥12
	殉爆距离/cm	≥4
	爆力/mL	≥320
	有毒气体量/L · kg^{-1}	≤100
	有效期/天	180
炸药有效期内	殉爆距离/cm	≥3
	水分/%	≤0.50

B　膨化硝铵炸药

膨化硝铵炸药是一种新型粉状工业炸药，属于无梯炸药。其关键技术是硝酸铵的膨化，膨化的实质是表面活性技术和结晶技术的综合作用过程，是硝酸铵饱和溶液在专用表面活性剂作用下经真空强制析晶的物理化学过程。这一过程可制得具有许多微孔气泡、呈膨松状和蜂窝状的膨化硝酸铵。微孔气泡的形成可以取代梯恩梯的敏化作用，故炸药组分中便可不用梯恩梯。岩石膨化硝铵炸药是由膨化硝酸铵、燃料油、木粉混合而成的。膨化硝铵炸药爆破性能优良、爆轰速度快，综合性能优于 2 号岩石铵梯炸药；产品吸湿性低，不易结块，储存性能和物理稳定性高；

安全性能好，使用可靠。其特点是炸药中不含梯恩梯，彻底消除了梯恩梯对人体的毒害和对环境的污染。该产品适用于中硬及中硬以下矿岩，是国家重点推广的炸药品种。

目前，膨化硝铵炸药已形成了系列产品，相继推出了岩石膨化硝铵炸药、煤矿许用膨化硝铵炸药、震源药柱膨化硝铵炸药、抗水膨化硝铵炸药、低爆速型膨化硝铵炸药、高安全煤矿许用膨化硝铵炸药和高威力膨化硝铵炸药。其中，岩石膨化硝铵炸药的组分和性能见表5-23。

表5-23 岩石膨化硝铵炸药的组分和性能

组分/%	膨化硝酸铵	复合油相	木 粉
	92.0±2.0	4.0±1.0	4.0±1.0
爆炸性能	水分/%	≤0.30	
	药卷密度/g·cm^{-3}	0.80~1.00	
	爆速/m·s^{-1}	≥3200	
	猛度/mm	≥12	
	殉爆距离/cm	≥4	
	爆力/mL	≥320	
	有毒气体量/L·kg^{-1}	≤100	
	有效期/天	180	
	炸药有效期内	殉爆距离/cm	≥3
		水分/%	≤0.50

C 粉状乳化炸药

粉状乳化炸药是近几年发展起来的一种炸药新品种，它是一种具有高分散乳化结构的固态炸药，属于乳化炸药的衍生品种，是当前民用爆破行业发展较为迅速的炸药新品种，其科技含量高、发展迅猛。粉状乳化炸药爆炸性能优良，组分原料不含猛炸药，具有较好的抗水性，储存性能稳定，现场使用装药方便，是兼有乳化炸药及粉状炸药优点的新型工业炸药。它克服了现有粉状炸药混合不均匀的不足，提高了粉状炸药的爆炸性能，其技术指标均高于工业粉状铵梯炸药标准规定的要求。

粉状乳化炸药设计思路的独到性在于，它巧妙地把工业胶质乳化炸药与工业粉状炸药的性能优点有机地结合起来，形成了一种新型的高性能无梯炸药。其组分和性能指标见表5-24。

表5-24 岩石粉状乳化炸药的组分和性能

组分/%	硝酸铵	复合油相	水 分
	91.0±2.0	6.0±1.0	0~5.0
爆炸性能	药卷密度/g·cm^{-3}	0.85~1.05	
	爆速/m·s^{-1}	≥3400	
	猛度/mm	≥13	
	殉爆距离/cm	浸水前	≥5
		浸水后	≥4
	爆力/mL	≥320	
	撞击感度/%	≤8	
	摩擦感度/%	≤8	
	有毒气体量/L·kg^{-1}	≤100	
	有效期/天	180	

D 低密度炸药

通过在铵油炸药中掺入木粉和微球，将炸药的密度降低从而制成了低密度炸药，将其作为露天台阶深孔爆破的上半部装药，取得了良好的爆破效果。

在硝铵炸药中加入高分子发泡材料作为密度调节剂，可研制成光面爆破专用炸药。该种炸药的爆速为1200～2000m/s，密度在0.3～0.7g/cm^{3}之间可调。

E ANRUB炸药

该炸药为国外新研制的一种"很不敏感"的炸药，其管理等级与硝酸铵相当，允许进行预混合散装运输，极大地方便了炸药混制和装药作业。

ANRUB炸药是一种低冲能炸药，由粒状硝酸铵和橡胶颗粒混合而成，橡胶占3.25%～13%。炸药的无约束稳定爆轰直径为300mm，在ϕ89mm炮孔中可以稳定传爆，爆速约为铵油炸药的80%。该炸药不仅可以减震，而且也有利于提高自由面质点的初始运动速度。

复习思考题

5-1 无起爆药雷管与有起爆药雷管比较有哪些优点？
5-2 何谓延时雷管的段别，一般如何识别？
5-3 雷管质量检验有哪些内容？
5-4 绘图说明导火索、导爆索的构造和作用原理。
5-5 工程爆破中常用的点火器材有哪几种？
5-6 试说明导爆管的传爆原理。
5-7 导爆索有何特点，使用时应注意哪些事项？
5-8 工业炸药有什么特点？
5-9 工业炸药分为几类，各有什么特点？
5-10 常用炸药的主要成分是什么，各有什么作用？
5-11 如何根据施工实际选择炸药？
5-12 简述新型工业炸药的特点。

6 爆破起爆技术

起爆方法通常是根据所采用的起爆器材和工艺特点来命名的，选用起爆方法时，要根据炸药的品种、工程规模、工艺特点、爆破效果和现场条件等因素来决定。

在爆破作业中，起爆方法直接关系到装药爆破的可靠性、起爆效果、爆破质量、作业安全和经济效益等。

矿山爆破的起爆方法，主要分为两大类，即电力起爆法和非电起爆法。

6.1 电力起爆法

利用电雷管通电爆炸产生的爆炸能引爆炸药的方法，称为电力起爆法。电力起爆法使用的主要器材是电雷管。

6.1.1 电爆网路的组成

电力起爆法是利用由电雷管、导线和电源三部分组成的起爆网路来实施起爆的。

(1)电雷管的选择。由于电雷管电热性能的差异，有时会引起串联电雷管组的拒爆。因此，在一条网路中，特别是大爆破时，应尽量选用同厂、同型号和同批生产的产品，并在使用前用专用爆破电桥进行雷管电阻的检查。目前大多数工程爆破在选配雷管时，要求康铜桥丝电雷管间的电阻值差不大于0.3Ω，镍铬桥丝电雷管间的电阻值差不大于0.8Ω。也有个别矿山在加大起爆电流的条件下，对电雷管电阻值的要求并不严格。进行微差爆破时，还要根据起爆顺序和特定的爆破目的选用不同段别的毫秒延时电雷管，做到延时合理、一致和顺序准确。

(2)导线的选择。在电爆网路中，应采用绝缘良好、导电性能好的铜芯线或铝芯线作导线。铝芯线抗折断能力不如铜芯线，但价格便宜，故应用较多。铝芯线的线头包皮剥开后极易氧化，所以接线时必须用砂纸擦去氧化物，露出金属光泽后方能连接，不然电阻会增大，接触不良。大量爆破时，网路导线用量较大，有时还分区域(或支路)。为了便于计算和敷设，通常将导线按其在网路中的不同位置划分为脚线、端线、连接线、区域线(支线)和主线。

1)脚线。雷管出厂就带有长为2m、直径为0.4~0.5mm的铜芯或铁芯塑料包皮绝缘地线。

2)端线。端线是指用来接长或替换原雷管脚线，使之能引出炮孔口的导线；或指用来连接同一串组中相邻炮孔内雷管脚线引出孔外的部分。其长度根据炮孔深度与孔间距来定，截面面积一般为0.2~0.4mm^2，常用多股铜芯塑料皮软线。

3)连接线。连接线指连接各串组或各并联组的导线，常用截面面积为2.5~16mm^2的铜芯或铝芯塑料线。

4)区域线。区域线是指连接线至主线之间的连接导线，常用截面面积为6~33mm^2的铜芯或铝芯塑料线。

5)主线(又称母线)。主线指连接电源与区域线的导线，因它不在爆落范围内使用，一般用动力电缆或专设的爆破用电缆包皮线，可多次重复使用。爆破规模较小时，也可选用截面面积为16~150mm^2的铜芯或铝芯塑料线或橡皮包皮线。主线电阻对网路总电阻影响很大，应选用合适的断面规格。

实际工作中，应尽量简化导线规格，脚线与端线、连接线和区域线可选用同一规格导线。

(3)电源的选择。电力起爆网路可采用交流供电，也可采用直流供电。常用的起爆电源有照明电源、动力电源和起爆器。

1)交流电源。照明和动力电源均属于交流电源，其输出电压一般为380V和220V，具有足够容量，是电力起爆中常用的可靠电源，尤其在起爆线路长、雷管多、药量大、网路复杂、准爆电流要求高的地下中深孔大量爆破中，是比较理想的电源。

2)直流电源。电容式起爆器是一种很好的直流电源。我国生产的电容起爆器品种较多，可根据爆破现场、规模和一次爆破雷管数量等合理选用不同容量的起爆器。电容式起爆器体积小、质量轻、便于携带、瞬间起爆电流大，适用于中小规模工程爆破串联网路起爆。

6.1.2　电爆网路的计算

电爆网路按雷管连接方式的不同可分为串联、并联和混联三种，网路的计算按一般电路的串联、并联和混联电路进行计算。

6.1.2.1　串联

串联是将电雷管一个接一个互相成串地连接起来，再与电源连接的方法，如图6-1所示。其优点是连线简单、操作容易、所需总电流小、导线消耗少，缺点是网路中若有一个雷管断路，则会使整条网路断路而拒爆。串联电爆网路总电阻$R(\Omega)$的计算公式如下：

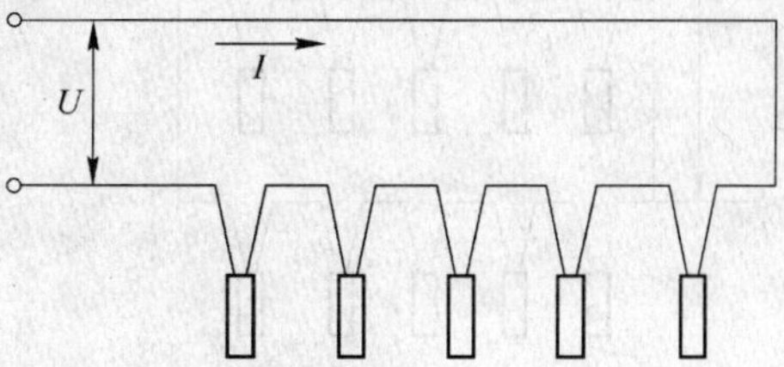

图6-1　串联网路

$$R = R_X + nr \tag{6-1}$$

式中　R_X——导线电阻，Ω；

n——串联电雷管个数；

r——单个电雷管电阻，Ω。

串联网路总电流I(A)为：

$$I = U/(R_X + nr) \tag{6-2}$$

式中　U——电源电压，V。

6.1.2.2　并联

并联是将所有电雷管的脚线分别连在两条导线上，然后把这两条导线与电源连接起来的方法，如图6-2所示。其优点是不会因为其中一个雷管断路而引起其他雷管的拒爆，网路的总电阻小；缺点是网路的总电流大，连接线消耗量多，若有少数雷管漏接，检查时不易发现。并联电爆网路总电阻$R(\Omega)$的计算公式为：

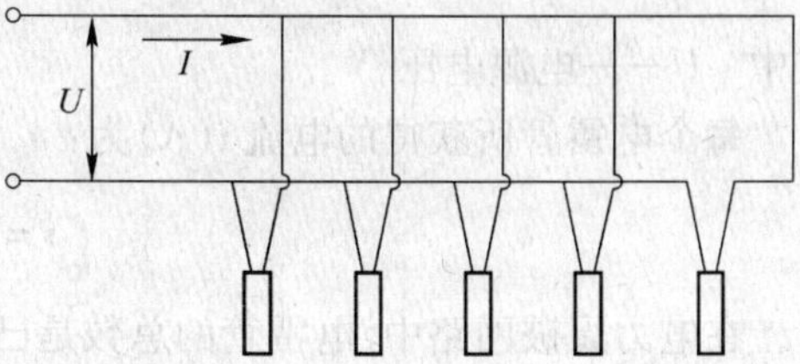

图6-2　并联网路

$$R = R_X + \frac{r}{m} \tag{6-3}$$

式中　m——并联电雷管个数。

并联网路总电流I(A)为

$$I=\frac{U}{R}=\frac{U}{R_X+\frac{r}{m}} \tag{6-4}$$

每个电雷管所获得的电流 i 为

$$i=\frac{I}{m}=\frac{U}{mR_X+r} \tag{6-5}$$

6.1.2.3　混联

混联是在一个电爆网路中由串联和并连进行组合连接的混合连接方法，可进一步分为串并联和并串联，如图6-3和图6-4所示。串并联是将若干个电雷管串联成组，然后将若干个串联组又并联在两根导线上，再与电源连接的方法。并串联是将若干组并联的电雷管组串联在一起，再与电源线连接的方法。

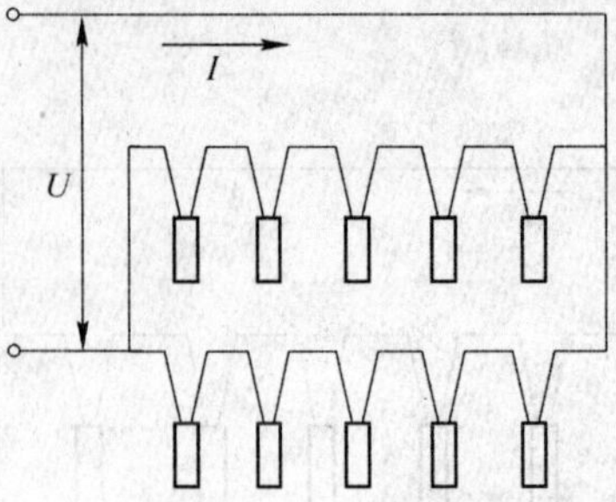

图6-3　串并联网路

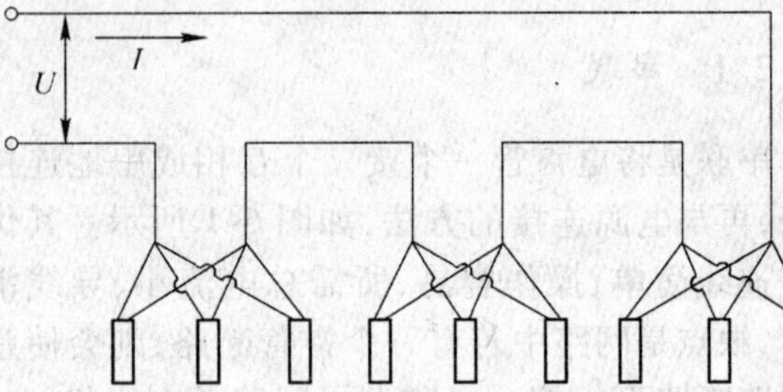

图6-4　并串联网路

混联电爆网路总电阻 $R(\Omega)$ 的计算公式为：

$$R=R_X+\frac{nr}{m} \tag{6-6}$$

式中　m——串并联时为并联组的组数，并串联时为一组内并联的雷管个数；

n——串并联时为一组内串联的雷管个数，并串联时为串联组的组数。

混联网路总电流 I(A) 为：

$$I=\frac{U}{R_X+\frac{nr}{m}} \tag{6-7}$$

式中　U——电源电压，V。

每个电雷管所获得的电流 i(A)为：

$$i=\frac{I}{m}=\frac{U}{mR_X+nr} \tag{6-8}$$

在电力爆破网路中，电雷管的总数是已知的，而电雷管总数 $N=mn$，即 $n=N/m$，将 n 值代入上式得：

$$i=\frac{I}{m}=\frac{mU}{m^2R_X+Nr} \tag{6-9}$$

为能在电爆网路中满足每个电雷管均获得最大电流的要求，必须对混联网路中串联或并联进行合理分组。从式(6-9)可知，当 U、N、r 和 R_X 固定不变时，则通过各组或每个电雷管的电流 i 为 m 的函数。为求得合理的分组组数 m 值，可将式(6-9)对 m 进行微分，令其值等于零，即可求

得 m 的最优值，此时电爆网路中的每个电雷管可获得最大电流值。

$$m = \sqrt{\frac{Nr}{R_x}} \tag{6-10}$$

计算后的 m 值应取整数。

混联网路的优点是，同时具有串联和并联的优点，可同时起爆大量的电雷管。在大规模爆破网路中，混联网路还可以采用多种变形方案，如串并并联、并串并联等方案。这两种连接方案的网路如图 6-5 所示。

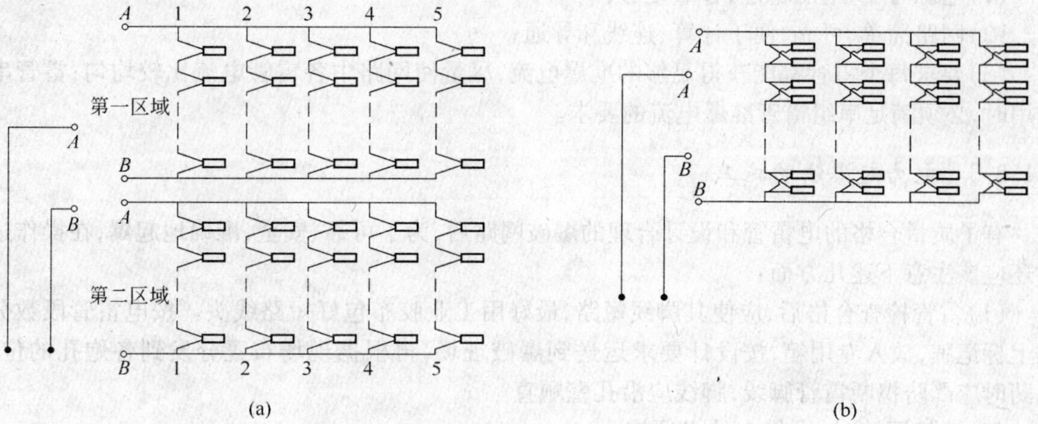

图 6-5　混合连接网路的变形方案

(a) 串并并联；(b) 并串并联

电爆网路设计是否合格，一是看起爆电源容量是否合格，二是看通过每一发雷管的电流是否符合要求。成组电雷管的最低准爆电流比单发电雷管要大，规程规定：起爆成组电雷管时，对一般爆破，通过每一发雷管的直流电电流不小于 2A，交流电电流不小于 2.5A；对大爆破，通过每一发雷管的直流电电流不小于 2.5A，交流电电流不小于 4A。

6.1.3 电力起爆法的评价

6.1.3.1 电力起爆法的特点

电力起爆法的优点有：

(1) 从准备到整个施工过程中的各个工序，如挑选雷管、连接起爆网路等，都能用仪表进行检查，并能根据设计计算数据及时发现施工和网路连接中的质量和错误，从而保证了爆破的可靠性和准确性。

(2) 能在安全隐蔽的地点远距离起爆药包群，使爆破工作能在安全条件下顺利进行。

(3) 可准确地控制起爆时间和药包群之间的爆炸顺序，因而可保证良好的爆破效果。

(4) 可同时起爆大量雷管等。

因此，电力起爆法使用范围十分广泛，无论是露天或井下、小规模或大规模爆破还是其他工程爆破，均可使用。

电力起爆法有如下缺点：

(1) 普通电雷管不具备抗杂散电流和抗静电的能力，所以在有杂散电流的地点或露天爆破遇有雷电时，危险性较大，此时应避免使用普通电雷管；

(2)电力起爆准备工作量大，操作复杂，作业时间较长；

(3)电爆网路的设计计算、敷设、连接技术的要求较高，操作人员必须有一定的技术水平；

(4)需要可靠的电源和必要的仪表设备等。

6.1.3.2　电力起爆法的设计要求

对电爆网路设计的基本要求是：

(1)电源可靠，电压稳定，容量足够；

(2)网路简单、可靠，便于计算、连线和导通；

(3)要求每个雷管都能获得足够的准爆电流，尽量使网路中各雷管电流比较均匀；雷管串联使用时，必须满足串组雷管准爆电流的要求。

6.1.3.3　电力起爆法的施工

有了质量合格的电雷管和设计合理的爆破网路后，为了可靠、安全、准确地起爆，在操作过程中还应该注意下述几方面：

(1)雷管检查合格后，应使其脚线短路，最好用工业胶布包好短路线头。按电雷管段数分别挂上标记牌，放入专用箱，按设计要求运送到爆破现场，再根据现场布置分发到各炮孔的位置。装药时应严防捣断雷管脚线，脚线应沿孔壁顺直。

(2)连接网路时，操作人员必须按设计接线。连线人员不得使用带电的照明。无关人员应退出工作面。整个网路的连接必须从工作面向爆破站方向按顺序进行。连好一个单元后便检测一个单元，这样能及时发现和纠正问题。在连接过程中，网路的不同部位采用不同的接头形式，如图6-6所示。图6-6(a)、图6-6(b)是常用于雷管脚线之间的接头形式；图6-6(c)是多用于端线和连接线之间的接头形式；图6-6(d)是用于细导线与粗导线之间的接头形式；图6-6(e)为连接线与区域线之间或区域线之间的接头形式；图6-6(f)是多用于区域线与主线连接或多芯导线连接的接头形式。

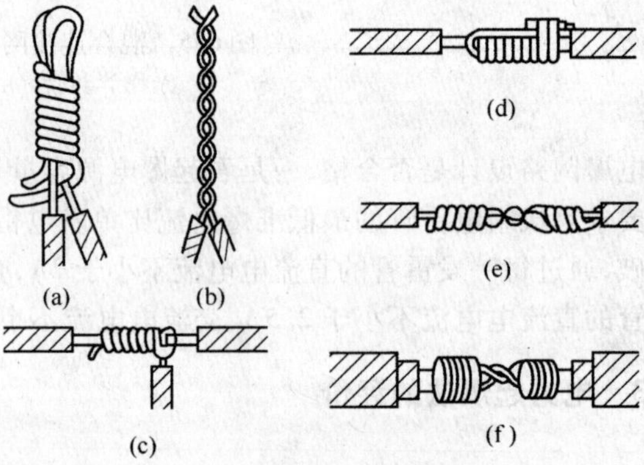

图6-6　爆破网路常用接头形式

(a)，(b)脚线接头；(c)端线和连接线接头；(d)细导线与粗导线接头；(e)连接线与区域线接头；(f)区域线与主线接头

实践证明，接头不良会造成整条网路的电阻变化不定，因而难以判断网路电阻产生误差的原因和位置。为了保证良好的接线质量，应注意下述几点：

1)接线人员开始接线时应先擦净手上的泥污，刮净线头的氧化物、绝缘物，露出金属光泽以保证线头接触良好，作业人员不准穿化纤衣服；

2)接头应牢固扭紧，线头应有较大接触面积；

3)各个裸露接头彼此应相距足够距离，更不允许相互接触而形成短路，应避免线头接触岩、矿或落入水中，故应用绝缘胶布缠裹；

4)敷线时应留有10%～15%的富余长度，以防过紧拉断网路；

5)建立安全信号及警戒制度,认真检查后才能合闸起爆;

6)整条网路连好后,应有专人按设计进行复核。

(3)应进行电爆网路的电阻检查与故障排除。安全规程规定:爆破主线与起爆电源或起爆器连接之前,必须检测全电阻,总电阻值应与实际计算值符合(允许误差为±5%)。若不符合,禁止连接。

检查网路电阻时,应始终采用同一爆破电桥或内阻校对过的同类电桥,避免出现误差。在正常情况下,由于接头多的影响,实测电阻常会大于计算电阻。当差值超过±5%时,应分析和检查发生故障的原因和地点。一般用二分之一淘汰法寻找,即把整条网路一分为二,分别测这两部分的电阻,并与设计计算的电阻比较,符合计算的为正常区,反之为故障区;再将故障区一分为二,进行检测。这样不断缩小范围,直至找到故障点并加以排除为止。

(4)采用起爆器起爆时,起爆站可比较机动灵活地选择在安全地点,网路主线可在起爆前随时敷设和检查。

采用交流电源起爆时,专用电源位置是固定的,必须预先设置专用的起爆箱(双刀双置开关),如图6-7所示。电源在起爆时不作其他用途。

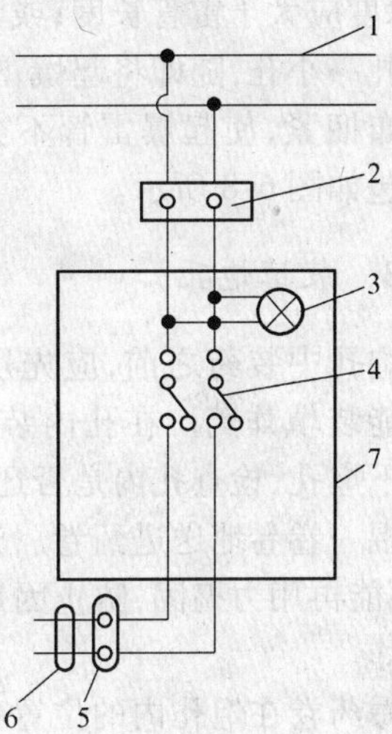

图6-7 电力起爆开关装置

1—电源线路;2—保险栓;3—指示灯;4—开关;5—插座;6—插销;7—带锁木箱

无论采用何种方式起爆,闭锁起爆电源是必须严格执行的,而且闭锁木箱的钥匙应由负责爆破的专人随身携带,不得转交他人。起爆时,必须有明确规定的指令和操作步骤以及安全信号。

6.2 非电起爆法

非电起爆法采用的主要器材有导火索、火雷管、导爆索、继爆管、导爆管等。根据起爆器材的不同,这类起爆方法可分为导火索起爆法、导爆索起爆法、导爆管起爆法和联合起爆法。

6.2.1 导火索起爆法

导火索起爆法所使用的主要器材是导火索、火雷管和点火材料。此方法的起爆原理是:用点火材料点燃导火索,利用导火索燃烧产生的火焰引爆火雷管,再由火雷管的爆炸能引起炸药爆炸。

6.2.1.1 制作起爆雷管

首先在导火索和火雷管质量检查合格的基础上,根据现场实际需要将导火索切割成一定长度的段。切割导火索所用的刀具要锋利、干净,不能有油污或锈蚀,以避免弄脏芯药;切口不能斜,应当垂直于轴线;切取长度应等于从炮孔内起爆药包处到孔口的长度加上孔外的一段附加长度,并要保证每段导火索的长度相等,不允许导火索的长度不足或长度不等。然后,将切好的导火索缓慢地插入火雷管内,直到紧密地接触加强帽为止,不允许转动。金属管壳火雷管,在距管口5mm以内用管钳将管口夹紧;纸壳火雷管则用胶布固定,使导火索不能在雷管内转动或脱离。

起爆雷管的组装加工应在远离炸药的专门工房内进行，加工台应铺有毡子或胶垫。

6.2.1.2　制作起爆药包

起爆药包只允许在爆破地点制作，并且应在钻孔工作完成后进行。

制作时先把药卷一端的包装纸打开，揉松后用直径大于雷管外径的竹、木签在药卷中心扎一小孔，深度应大于雷管长度；或者直接在药卷一头或腰部扎一小孔，随即将起爆雷管插入小孔内，用线或胶布捆紧，使起爆雷管不会脱出。制作好的起爆药包如图6-8所示。

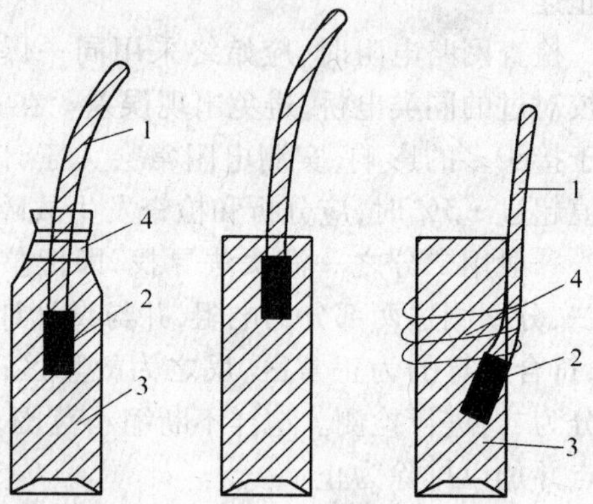

图6-8　加工好的起爆药包

1—导火索；2—火雷管；3—药包；4—捆绳

6.2.1.3　装填炮孔

在炮孔中装药之前，应先用捞勺清除孔内泥浆后方能装填炸药。在孔内装药前，先用木质炮棍捅一下炮孔，检查孔内是否还有岩渣或渗水，再用木炮棍一卷卷地送进药卷。当起爆药卷送进炮孔时，不能再用力捣固，防止因用力过大导致起爆药包爆炸。

起爆药卷在炮孔内的位置如图6-9所示，可在孔口（见图6-9(a)）、孔底（见图6-9(b)）或孔中部（见图6-9(c)）。实践证明，孔底和中部效果较佳。

在装填过程中，不允许提拉起爆药包，也不允许将导火索缠绕在起爆药包上。导火索应顺着炮孔引出，不允许将导火索卷成圈或结成扣绊，只能紧贴一侧孔壁。此时，应注意导火索的点燃端，不能让其触及泥浆或水，避免芯药受潮。根据设计的装药量将炸药装完后填塞炮泥，炮泥必须捣固严实，长度不短于15cm。装药结束后，设备、人员应撤离工作面。

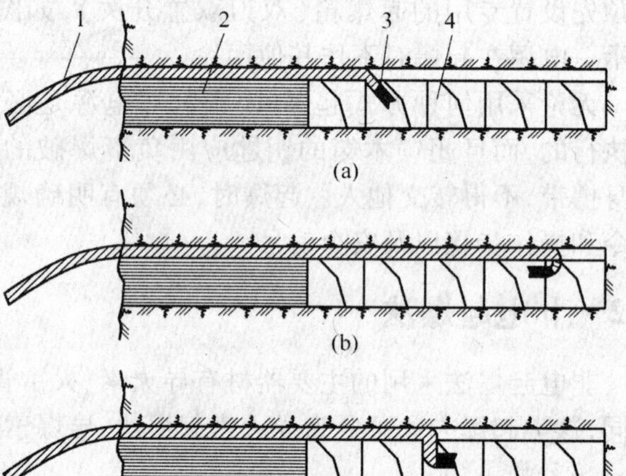

图6-9　起爆药包在炮孔内的位置

(a)孔口；(b)孔底；(c)孔中部

1—导火索；2—炮泥；3—起爆药包；4—药卷

6.2.1.4　导火索点火

爆破安全规程规定，导火索起爆时，应采用一次点火法。单个点火时一人连续点火的根数（或分组一次点的组数），地下爆破不得超过5根（组），露天爆破不得超过10根（组）。导火索的长度应保证点完导火索后人员能撤至安全地点，但不得短于1.2m。同一工作面由一人以上同时点火时，应指定其中一人为组长，负责协调点火工作，掌握信号管或计时导火索的燃烧情况，及时发出撤至安全地点的命令。连续点燃多根导火索时，露天爆破必须先点燃信号管，井下爆破必须先点燃计时导火索。信号管响后或计时导火索燃烧完毕后，无论导火索点完与否，人员必须立即撤离。信号管和计时导火索的长度不得超过该次被点导火索中最短导火索长度的1/3。

点火前特别注意下列几点：

(1)点火人员必须是经过培训并获得爆破员作业证的专门人员。

(2)确认已站好岗哨，并通知邻近工作面。

(3)导火索的点燃是指芯药燃烧，其标志是喷出一股烟火。

(4)点火器材多用点火筒，点火筒可一次点燃 3 ~ 30 根导火索。

(5)炮响时，放炮人员应心算炮响的个数是否与所点的个数相符合，若有瞎炮要及时处理；炮响完后，必须通风一定时间后方能进入工作面，如掘进时，要求每次爆破后的通风时间为 15 ~ 20min。

特别提醒：2008 年国家对起爆方法做了重新规定，取消了火雷管起爆方法，全部采用电雷管起爆法。

6.2.2 导爆索起爆法

导爆索起爆法，是一种利用导爆索爆炸时产生的能量去引爆炸药的起爆方法。由于该法在爆破作业中从装药、堵塞到连线等施工程序中都没有雷管，而是在一切准备就绪、实施爆破之前才接上引爆导爆索的雷管，因此，施工的安全性要比其他方法好。

此外，导爆索起爆法还有操作简单、容易掌握、节省雷管、不怕雷电和杂电影响、可在炮孔内实施分段装药爆破等优点，因而在爆破工程中广泛采用。

导爆索被水或油浸渍过久后会失去或减弱传递爆轰的能力，所以在铵油炸药药卷中使用导爆索时，必须用塑料布包裹，使其与油源隔离开，避免其被炸药中的柴油侵蚀而降低或失去爆轰性能。

6.2.2.1 导爆索的连接方法

导爆索传递爆轰波的能力有一定的方向性，顺着传播方向最强，也最可靠。因此在连接网路时，必须使每一支路的接头迎着传爆方向，夹角应大于 90°。导爆索与导爆索之间的连接，应采用如图 6-10 所示的搭接、水手结、T 形结等方法。

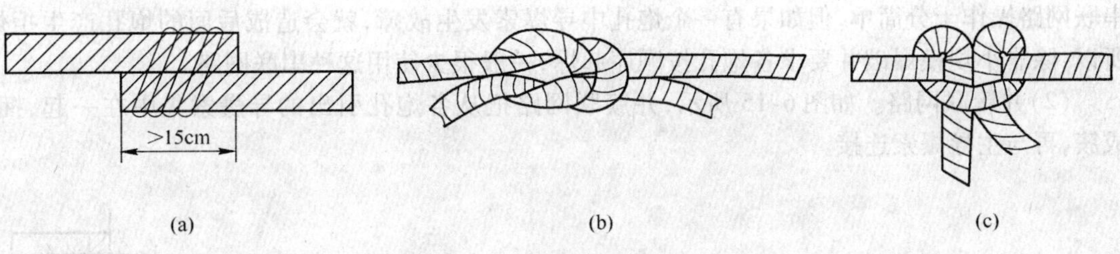

图 6-10 导爆索间连接形式

(a)搭接；(b)水手结；(c)T 形结

因搭接的方法最简单，所以其被广泛使用。搭接长度一般为 15 ~ 20cm，不得小于 15cm。搭接部分用胶布捆扎。有时为了防止线头芯药散失或受潮引起拒爆，可在搭接处增加一根短导爆索。在复杂网路中导爆索连接头较多的情况下，为了防止弄错传爆方向，可以采用如图 6-11 所示的三角形连接法。这种方法不论主导爆索的传爆方向如何，都能保证可靠地传爆。导爆索与雷管的连接方法比较简单，可直接将雷管捆绑在导爆索的起爆端，不过要注意使雷管的聚能穴端与导爆索的传爆方向一致。导爆索与药包的连接则可采用如图 6-12 所示的方式，将导爆索的端部折叠起来，防止装药时将导爆索扯出。

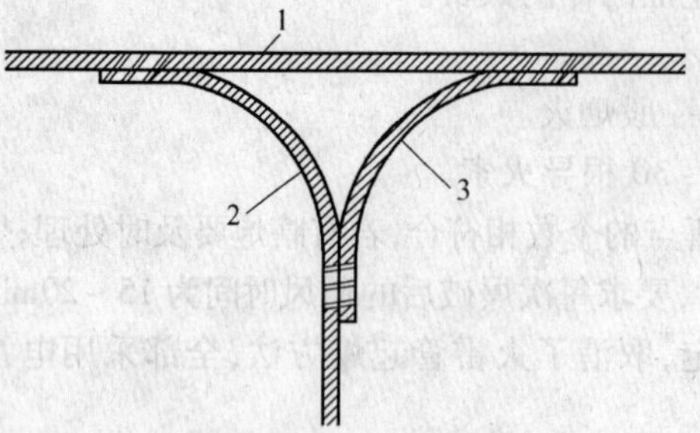

图 6-11　导爆索的三角形连接
1—主导爆索；2—支导爆索；3—附加支导爆索

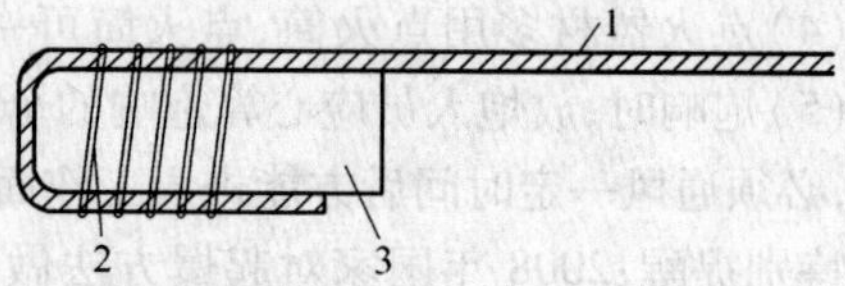

图 6-12　导爆索与药包的连接
1—导爆索；2—药包；3—药包

药室爆破时，在起爆体中为了增加导爆索的起爆能量，可制作导爆索起爆结，即取一根长 4m 左右的导爆索，将其一端折叠为一段长约 0.7m 的双线，然后平均折叠三次，外围用单根导爆索紧密缠绕成如图 6-13 所示的导爆索结，再把这一导爆索结装入起爆箱中做成起爆体。

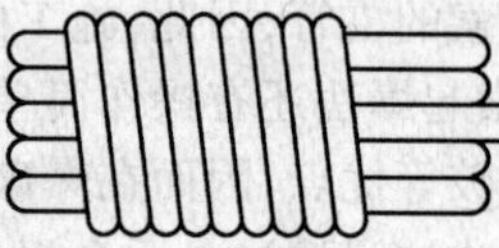

图 6-13　导爆索结

6.2.2.2　导爆索起爆网路

导爆索起爆网路的形式比较简单，无需计算，只要合理安排起爆顺序即可。但在敷设网路时必须注意，当传爆方向相反的两条导爆索平行敷设或交叉通过时，两根导爆索的间距必须大于 40cm。

通常采用的导爆索起爆网路形式有：

(1) 串联网路。如图 6-14 所示，串联网路是将导爆索依次从各个炮孔引出串联成一网路。串联网路操作十分简单，但如果有一个炮孔中导爆索发生故障，就会造成后面的炮孔产生拒爆。所以，除非小规模爆破并要求各炮孔按顺序起爆，一般很少使用这种串联网路。

(2) 并簇联网路。如图 6-15 所示，并簇联网路把从各炮孔引出的导爆索集中在一起，捆扎成簇，再与主导爆索连接。

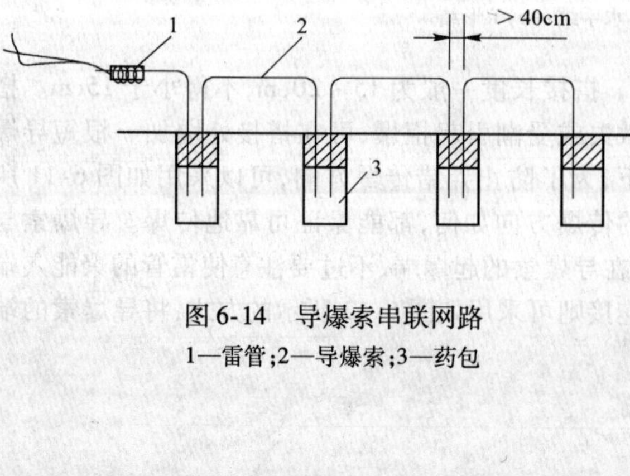

图 6-14　导爆索串联网路
1—雷管；2—导爆索；3—药包

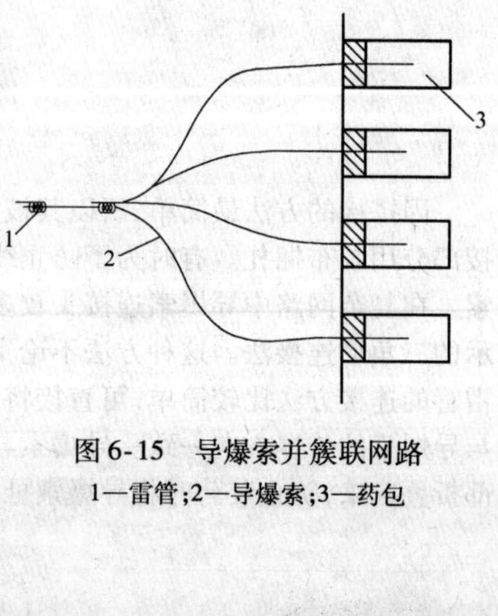

图 6-15　导爆索并簇联网路
1—雷管；2—导爆索；3—药包

（3）分段并联网路。如图6-16所示，分段并联网络将各炮孔中的导爆索引出，分别与事先敷设在地面上的主导爆索连接。主导爆索起爆后，可将爆炸能量分别传递给各个炮孔，引爆孔内的炸药。为了确保导爆索网路中的各炮孔内炸药可靠起爆，可使用双向分段并联网路（见图6-17）。这是一种在大量爆破中常用的网路，分段起爆是利用继爆管的延时来实现的。

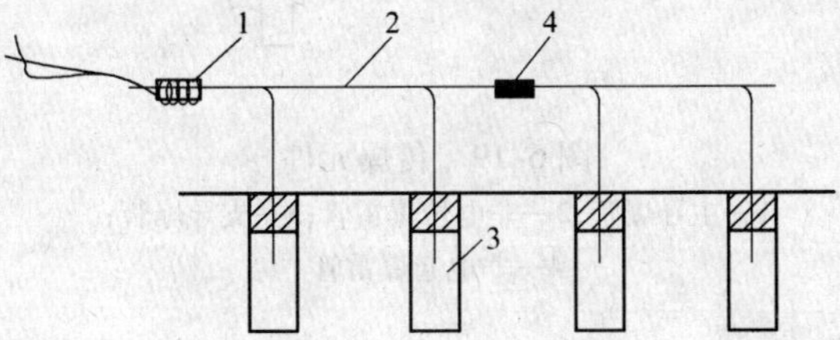

图6-16　导爆索分段并联网路

1—雷管；2—导爆索；3—药包；4—继爆管

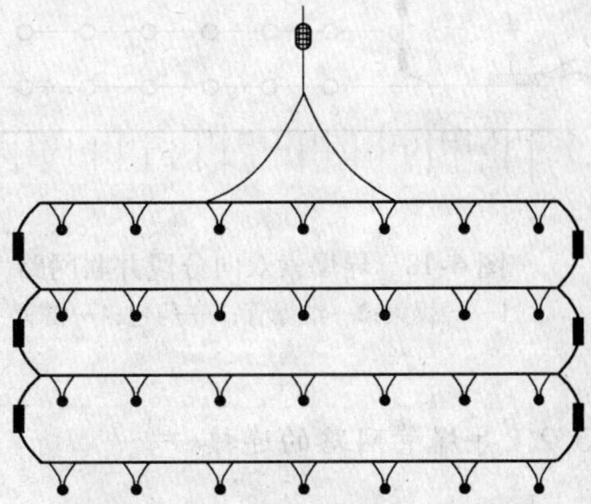

图6-17　导爆索双向分段并联网路

6.2.2.3　导爆索网路微差起爆

导爆索的爆速一般为6500～7000m/s。因此，导爆索网路中所有炮孔内的装药几乎是同时爆炸的。若在网路中接上继爆管，可实现微差爆破，从而提高导爆索网路的应用范围。

继爆管的作用是，当主动导爆索爆炸时，爆轰波由消爆管一端传入，经消爆管将爆轰波减弱成火焰，再经长内管减速和降低一定的压力后引燃延时药。经延时后，火焰穿过加强帽小孔引爆火雷管，将爆炸作用传递给另一端的从动导爆索。所以，单向继爆管具有方向性，它只能由消爆管端传向延时雷管端，其作用方向是不可逆的。为了防止生产中由于连接错误而出现拒爆现象，人们发明了双向继爆管，克服了单向继爆管的不足。导爆索继爆管微差起爆网路如图6-18所示。

6.2.3　导爆管起爆法

导爆管起爆法的主体是塑料导爆管。起爆网路由击发元件、传爆元件、连接元件和起爆元件所组成。

6.2.3.1　导爆管起爆网路

（1）网路组成。网路中的击发元件是用来击发导爆管的，有击发枪、电容击发器、普通雷管和导爆索等。现场爆破多用后两种。

传爆元件由导爆管与非电雷管装配而成。在网路中，传爆元件爆炸后可再击发更多的支导爆管，传入炮孔实现成组起爆，如图6-19所示。

连接元件可用塑料连接块，用来连接传爆元件与起爆元件。在爆破现场塑料连接块则很少使用，多用工业胶布，既方便经济又简单可靠。

起爆元件多由8号雷管与导爆管组装而成。根据需要可用瞬发或延发非电雷管，它装入药卷置于炮孔中可起爆炮孔内的所有装药。

（2）起爆原理。主导管被击发产生冲击波，引爆传爆雷管；再击发支导爆管产生冲击波，最后引爆起爆雷管以起爆炮孔内的装药。

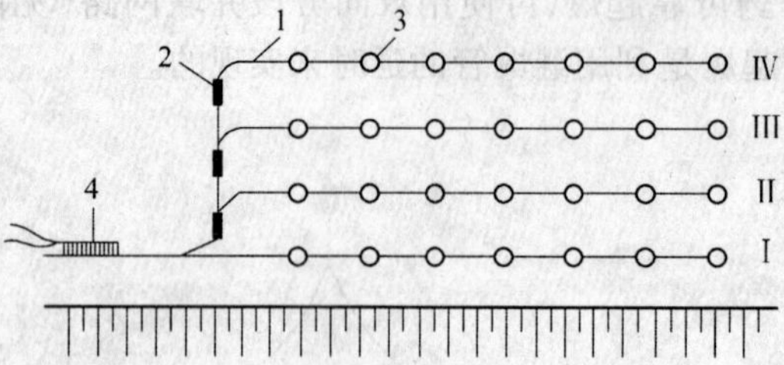

图 6-18　导爆索双向分段并联网路
1—导爆索;2—继爆管;3—药包;4—雷管

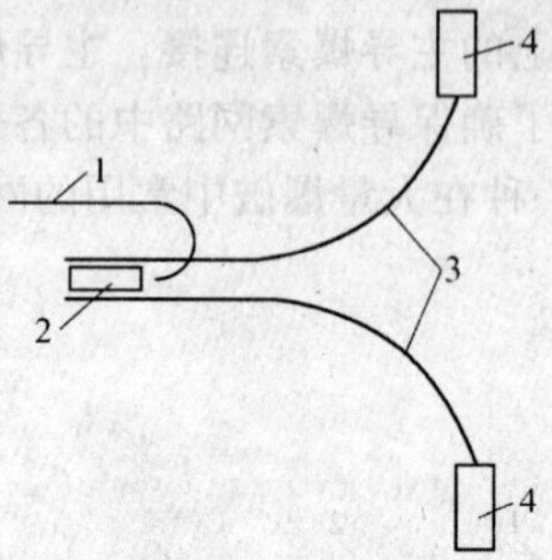

图 6-19　传爆元件
1—主导爆管;2—非电传爆雷管;3—支导爆管;
4—非电起爆雷管

6.2.3.2　导爆管网路的连接

导爆管网路常用的连接形式有:

(1)簇联法。簇联法中传爆元件的一端连接击发元件,另一端的传爆雷管(即传爆元件)外表周围簇联各支导爆管,如图 6-20 所示。簇联支导爆管与传爆雷管多用工业胶布缠裹。

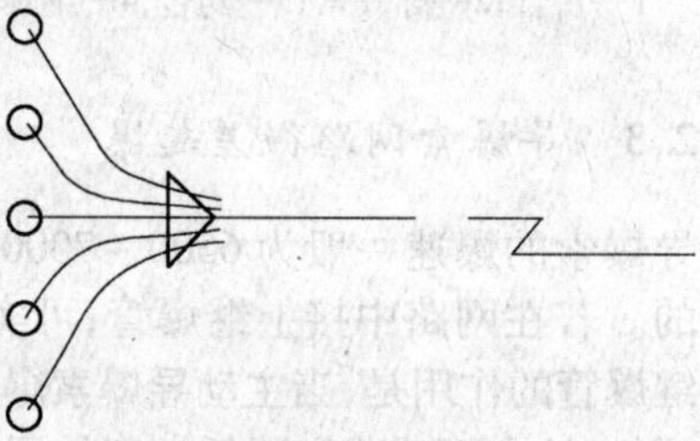

图 6-20　导爆管簇联网路

(2)串联法。导爆管的串联网路如图 6-21 所示,即把各起爆元件依次串联在传爆元件的传爆雷管上,每个传爆雷管的爆炸可以击发与其连接的分支导爆管。

(3)并联法。导爆管并联起爆网路的连接如图 6-22所示。

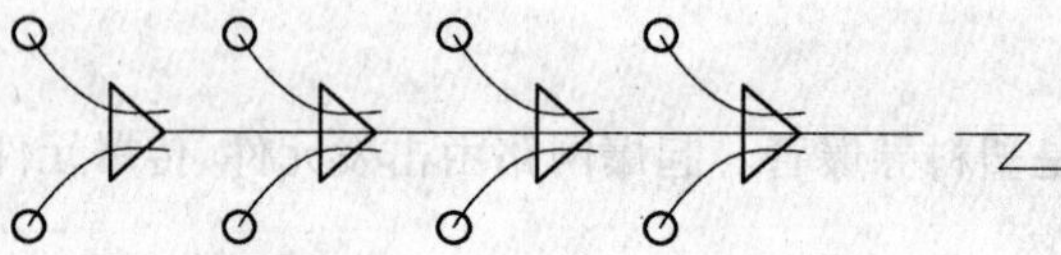

图 6-21　导爆管串联网路

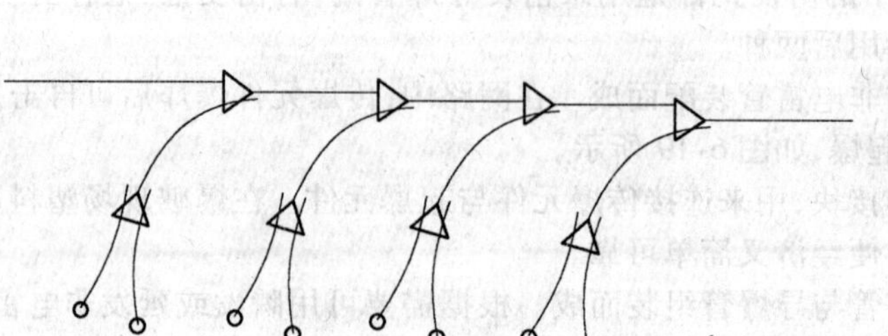

图 6-22　导爆管并联网路

6.2.3.3 导爆管复式起爆网路

在一些重要的爆破场合,为保证起爆的可靠性,可采用复式起爆网路导爆管并联起爆网路,其可靠性比前述的各种导爆管单式起爆网路高。复式起爆网路如图 6-23 和图 6-24 所示,其中,复式交叉起爆网路可靠性最高。

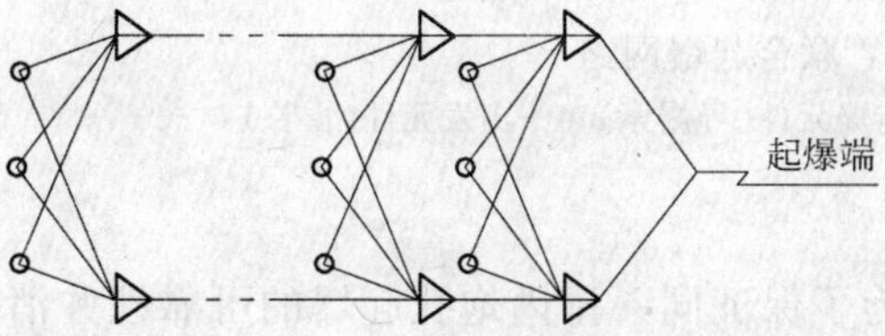

图 6-23 导爆管复式起爆网路

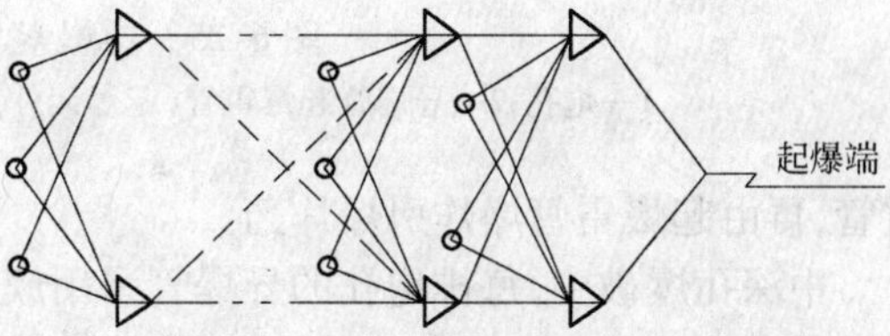

图 6-24 导爆管复式交叉起爆网路

6.2.3.4 导爆管起爆网路的延时

导爆管网路必须使用非电延时雷管才能实现微差爆破。我国也生产与电雷管段别相对应的非电毫秒雷管,其毫秒延时时间及精度均与电雷管相同。

导爆管起爆的延时网路,一般分为孔内延时网路和孔外延时网路。

(1)孔内延时网路。在这种网路中,传爆雷管(传爆元件)全用瞬发非电雷管,而装入孔内的起爆雷管(起爆元件)是根据实际需要而使用不同段别的延时非电雷管。干线导爆管被击发后,干线上各传爆瞬发非电雷管顺序爆炸,相继引爆各炮孔中的起爆元件,通过孔内各起爆雷管的延时作用过程来实现微差爆破。

(2)孔外延时网路。在这种网路中,炮孔内的起爆非电雷管采用瞬发非电雷管,而网路中的传爆雷管按实际需要使用延时非电雷管。孔外延时网路在生产上一般不用。

但必须指出,使用导爆管延时网路时,不论是孔内延时还是孔外延时,在配各延时非电雷管和决定网路长度时都必须遵照下述原则:起爆网路中,在第一响产生的冲击波到达最后一响的位置之前,最后一响的起爆元件必须被击发并传入孔内,否则第一响所产生的冲击波有可能赶上并超前网路的传播,破坏网路,造成后续起爆元件拒爆。这是由于冲击波的传播速度大于导爆管的传爆速度所造成的。

6.2.3.5 导爆管与导爆索联合起爆网路

导爆管与导爆索联合起爆网路具有网路可靠、可有效实现多段微差起爆、连接简单且安全性好等优点,因此在工程爆破中应用普遍,它广泛应用于大规模爆破,如地下大规模的爆破落矿和露天台阶深孔爆破。

(1)网路的组成。导爆管与导爆索起爆网路由击发元件(火雷管)、传爆元件(导爆索)、连接元件(工业胶布等)和起爆元件(导爆管和非电延时雷管装配)四部分组成。

传爆元件用导爆索,由于其传爆速度快(是导爆管传爆速度的 3 倍多),所有起爆元件可看成是同时被击发的,这给炮孔内的延时雷管实现延时起爆创造了良好条件。第一响炮孔群爆破所产生的冲击波对后继各响没有任何影响,因为所有后继炮孔群也同时被击发。导爆管与导爆索联合起爆网路如图 6-25 所示。

(2)网路起爆原理。由雷管的爆炸引爆导爆索,导爆索爆炸击发导爆管,进而引爆孔内起爆

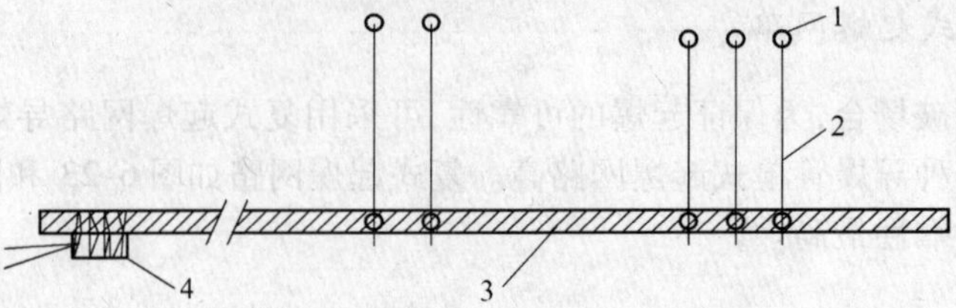

图 6-25　导爆索与导爆管联合起爆网路

1—炮孔；2—导爆管起爆雷管（起爆元件）；3—传爆元件（导爆索）；4—击发元件（雷管）

雷管，再由起爆雷管爆炸引爆炸药。

中深孔爆破中，每排炮孔的导爆管采用簇联。为了保证同一排内炮孔起爆的可靠性并消除药卷装药时的径向间隙效应，排内所有炮孔可采用导爆管和导爆索复式起爆网路，如图 6-26 所示。只要排内炮孔中有一发雷管爆炸，复式网路中所有炮孔的装药就都能同时爆炸。

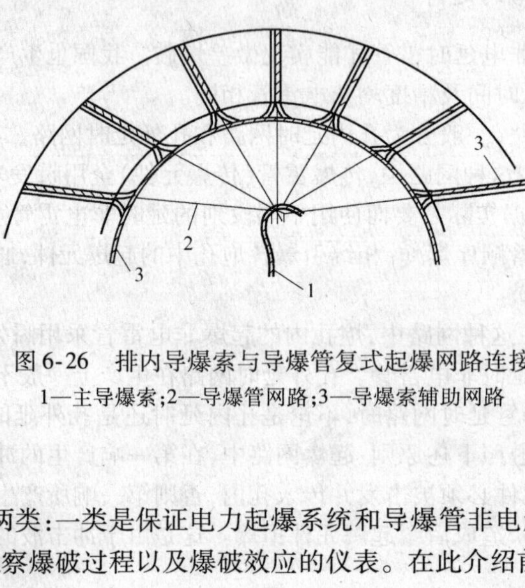

图 6-26　排内导爆索与导爆管复式起爆网路连接

1—主导爆索；2—导爆管网路；3—导爆索辅助网路

6.3　爆破仪表

工程爆破用仪表有两类：一类是保证电力起爆系统和导爆管非电起爆系统安全准爆的专用仪表，另一类是研究和观察爆破过程以及爆破效应的仪表。在此介绍前一类仪表。

6.3.1　电爆网路检测仪表

在准备和铺设整个电爆网路的过程中，必须随时采用有关的电爆网路检测仪表进行检验测定，才能确保安全准爆。

通常，电爆网路的检测内容有以下三个方面：

（1）检测单个电雷管的电阻值，并根据爆破网路的设计要求对电雷管进行筛选。起爆药包在加工完毕、使用之前，应检查电雷管是否导通、电阻值是否稳定，确认起爆药包处于良好状态。

（2）在铺设电爆网路的过程中，随时检测网路部分的电阻值是否与网路设计计算相符，以便及时发现断路、漏接、导线接头接触不良的地点和原因，并予以处理。在电爆网路铺设完毕后，应再次检查。

（3）检测电源电压的波动情况和判定网路内能否获得必要的电流。

为了检测电爆网路各参数值，除了检测电源电压和电流用的常规电压表、电流表和绝缘用摇表(兆欧表)之外,常用的电爆网路检测用仪表有爆破欧姆表和电雷管测试仪两类,现将其原理和使用方法分述如下。

6.3.1.1 爆破欧姆表

爆破欧姆表是一种小型的导通用仪表。其测量原理与普通测电阻的仪表相同,只不过工作电流小,因此可用来检查电雷管、导线和电爆网路的导通与否和电阻值。爆破欧姆表测量电阻值的精度不高,所以一般只用在小规模爆破和起爆少量电雷管的场合。

爆破欧姆表的一般使用方法是:

(1)使用前先检查仪表性能,将欧姆表的两个接线柱短路,此时表头的指针应为零;若指针不指零,则可调整调节螺钉使之对零或更换电源电池。

(2)用万能表、毫安表或杂散电流测定仪检查欧姆表的输出电流,特别是在仪表更换新电池以后。经检查的欧姆表输出电流不得超过30mA,否则不能使用该仪表。

(3)用兆欧表检查接线柱与仪表外壳间的绝缘电阻,不得低于20MΩ。

(4)将待测电雷管或导线端头用砂布擦光并接在接线柱上,指针摆动则说明通路,同时需读出欧姆数;指针不动则说明断路。检测时,导线与仪表接触时间最好不超过2s,以便保证测量时的安全。

6.3.1.2 电雷管测试仪

电雷管测试仪的技术要求是:用万能表或杂散电流测定仪检查爆破电桥的输出电流,其最大输出电流不得超过30mA;用兆欧表检查导电线路与外壳及各安装螺丝间的绝缘电阻,最小不得低于20MΩ。

其测定步骤如下:

(1)调节调整按钮,使电表(检流计)指针正对分划玻璃指示器上的中线。

(2)估计所测电阻值的大小,将测量转换开关置于相应位置。

(3)将被测脚线或导线末端擦亮并接入线柱上,注意不使导线裸露处相碰。

(4)按下按钮,同时迅速转动活动分划刻度盘,视指针摆动情况决定刻度盘的转动方向。转至使电表指针正对分划玻璃指示器上的中线时,松开按钮,读出指示器中线所对应刻度盘的数字,即为所测的电阻值。

6.3.2 杂散电流测定仪

杂散电流是杂散分布的电流,它与工地的电气设备多少和技术保养状态有关,一般是地下多于陆上。特别是随着电气化、自动化施工水平的提高,这种现象越来越突出,直接威胁着电力爆破法的安全性。

杂散电流的来源有:

(1)直流架线电机车引起的直流杂散电流;

(2)电缆外表损伤后出现的漏电,也可能产生杂散电流;

(3)交流杂散电流一般比较小,但在电气牵引网路为交流电和电源变压器零线接地时,产生的交流杂散电流也足以引爆电雷管;

(4)无金属物体地点的杂散电流,主要是大地自然电流,其值远小于雷管安全电流,而且停电前后无变化。

威胁电气爆破安全的杂散电流主要分布在导电体之间,其中,以风水管对铁轨最大,其次是风水管对岩体和铁轨对岩体。

杂电的测量是十分困难的。测量时，为了减少测量时的接触电阻和人为降低电压的不良现象，保证测定结果的精确度，宜采用电导率高、绝缘良好的测杂棒接触被测物，而测点应选择最易出现最大杂散电流处。

6.3.3 电力起爆器

起爆器又称发爆器、放炮器。电力起爆器能够提供给爆破网路的电流较小，一般适用于电雷管的串联网路。由于它具有使用简单、质量轻、便于携带的优点，在小规模的爆破工程中得到广泛的使用。

6.3.3.1 手摇发电机式起爆器

使用手摇发电机式起爆器时应注意以下几点：

(1)电爆网路的主线接在端钮上，线头裸露部分不得与机壳短路。

(2)把手应由专人保管，不用时从发爆器上取下，以防止误操作发生事故。

(3)在有瓦斯爆炸危险的地下，应当使用防爆型的手摇起爆器。

6.3.3.2 电容式起爆器

电容式起爆器有许多种，常用的有 MFB 系列起爆器和 GM-2000 型高能脉冲起爆器。

(1)MFB 系列起爆器。使用 MFB 型起爆器时应注意：

1)先检查网路起爆要求与仪器能力是否相符；同时检查充电时间是否合格，即氖灯在规定时间内是否发亮；操作时，将钥匙扭至充电位置进行充电。

2)氖灯发亮后必须立即放炮，否则可能继续升压，使仪器内部元件损坏。

3)钥匙应由专人保管，以确保安全，放炮后应立即取下钥匙，避免发生因余电引爆电雷管的事故。

(2)GM-2000 型高能脉冲起爆器。GM-2000 型高能脉冲起爆器在使用时应注意如下几点：

1)因起爆器电压高、容量大，开始工作后，人手不可接触母线及接线柱。

2)将经过检测后的爆破网路接入接线柱，然后把钥匙插入充电开关，顺时针转动充电到 2000V。按下起爆按钮，炮响后松开按钮，取下钥匙。

3)不得在爆破网路总电阻小于 10Ω 的条件下进行多发并联起爆。

4)给蓄电池充电时，蓄电池应从起爆器中取出，以防止充电时逸出的酸气腐蚀机件。

6.3.4 导爆管击发系统

6.3.4.1 导爆管引爆方法

(1)击发枪引爆。击发枪是类似体育信号枪的一种特制火帽枪。在枪膛内只装上弹药的引火帽，由撞针打击火帽产生冲击波，以引发连接在枪膛里的导爆管。这种引爆方法能控制发火时间，并能在接近爆破工作面的适当隐蔽所中进行起爆作业。

(2)导爆索引爆。该法通过雷管的爆炸引爆导爆索，再由导爆索引爆导爆管的爆破网路。

(3)雷管引爆。该法通过连接管或击发管与导爆管的网路相连；也可直接将导爆管固定在雷管上，由雷管的爆炸引爆。

6.3.4.2 击发器使用注意事项

击发器在使用时,应注意以下几点:

(1)在网络连接好、待无关人员撤离到安全地点后,由爆破人员先从击发点敷设爆破母线至安全地点。

(2)爆破母线与专用探针和后端的连接应牢固可靠,并旋紧接线柱旋钮。

(3)在调试使用过程中,请勿触摸C型专用探针的针头部位,以免受电击伤害。

(4)在安装电池时应确保电池接触良好,并且不同品牌的电池不能混用,若长时间不使用击发器,应将电池取出。

(5)仪器使用前应检查有无沾水、沾油,用砂纸将探针头打磨光亮;C型专用探针插入导爆管时应进行检查,导爆管不能进水,应无药、油和杂质等,应确认探针和导爆管连接牢固,以确保发火可靠性。

(6)关掉电源钥匙开关后,按下泄放开关,此时将专用探针拔出,以防止使用过程中高压电击伤人。

复习思考题

6-1 常见的起爆方法有哪些?试述其所用材料、起爆原理、优缺点和适用条件。

6-2 用模拟器材进行导火索起爆法演示,并简述安全规程有哪些相关规定及操作中要注意什么。

6-3 用模拟器材组一个导爆管起爆法的起爆网路,并简述操作中要注意什么。

6-4 用模拟器材组一个电力起爆法的起爆网路,并简述如何确保起爆网路的设计是合格的,操作中要注意什么。

6-5 用模拟器材组一个导爆管与导爆索联合起爆法的起爆网路,并简述操作中要注意什么,说明其起爆原理。

6-6 起爆网路的微差爆破是如何实现的,试举例说明。

7 金属矿露天爆破

露天开采中使用的爆破方法有：

(1)浅孔爆破法，用于小型矿山、山头或平台的局部以及二次破碎等。

(2)深孔爆破法，是露天矿台阶正常采掘爆破最常用的方法。该方法依据起爆顺序的不同，分为齐发爆破、毫秒迟发爆破和微差爆破等，其中以微差爆破的使用最为广泛。

(3)药壶爆破法，在穿孔工作困难的条件下使用，将深孔孔底用药壶法扩孔。

(4)蛇穴爆破法，利用阶梯地形开挖炮硐，然后装药爆破。

(5)硐室爆破法，用于基建剥离和特殊情况。

(6)外复爆破法，用于二次破碎及处理根底等。

露天开采对爆破的要求是：

(1)有足够的爆破储备量。露天开采中，一般是以采装工作为中心组织生产的。为了保证挖掘机连续作业，要求工作面每次爆破的矿岩量至少能满足挖掘机 5～10d 的采装需要。

(2)要求有合格的矿岩块度。露天爆破后的矿岩块度，既要小于挖掘机铲斗允许的块度，又要小于粗碎机入口的允许块度。

按挖掘机要求：

$$a \leqslant 0.8\sqrt[3]{V} \tag{7-1}$$

按粗碎机要求：

$$a \leqslant 0.8A \tag{7-2}$$

式中 a——允许的矿岩最大块度，m；

V——挖掘机斗容，m^3；

A——粗碎机入口最小宽度，m。

(3)要有规整的爆堆和台阶。爆破后形成的松散爆堆，其尺寸对采装工作都有很大的影响。爆堆过高，会影响挖掘机安全作业；爆堆过低，挖掘机不易装满铲斗。若爆堆前冲过大，不仅增加挖掘机事先清理的工作量，而且运输线路也受到妨碍；前冲过小，说明矿岩碎胀不佳、破碎效果不好。因此，爆堆的宽度和高度都应适宜。

爆破后的台阶工作面也要规整，不允许出现根底、伞檐等凹凸不平现象。此外，新形成的台阶上部往往由于爆破后冲作用而出现龟裂，它对下一循环的穿孔、爆破工作影响极大，也应尽可能避免。

(4)要求安全经济。爆破是一种瞬间发生的巨大能量释放现象，安全工作非常重要。在露天开采过程中，除了要注意爆破技术操作的安全外，还要尽可能减轻爆破振动、空气冲击波及个别飞石对周围的危害。对于爆破工作的经济合理性，既要从爆破本身来衡量，如提高延米爆破量、降低单位矿岩成本等，又要从采装、破碎等总的经济效果来评价。

总之，为了满足上述要求，当前露天爆破工作明显向两个方向发展：一是不断扩大爆破规模及改进破碎质量，以适应露天矿产量增长的需要；一是控制爆破的破坏作用，以解决开采深度增加后的边坡稳定问题。

7.1 正常采掘穿孔爆破

7.1.1 穿孔工作

穿孔工作是露天矿开采的第一个工序，其目的是为随后的爆破工作提供装放炸药的炮孔。

在整个露天矿开采过程中,穿孔费用大约占生产总费用的10%~15%。穿孔质量的好坏,将对后序的爆破、采装等工作产生很大的影响。特别是矿岩坚硬、穿孔技术不够完善的冶金矿山,它往往成为露天开采的薄弱环节,制约了矿山的生产与发展。因此,改善穿孔工作,可强化露天矿床的开采,具有着重大的意义。

目前,露天矿开采中使用的穿孔设备主要有潜孔钻机和牙轮钻机。

7.1.1.1 潜孔钻机

A 简介

潜孔钻机是一种大孔径深孔钻孔设备,和牙轮钻机相比,具有结构简单、使用方便、成本低、不受孔深限制、可以钻凿斜孔等优点,但钻孔效率没有牙轮钻机高。它主要由冲击机构、回转供风机构、推压提升机构、接卸钻杆机构、行走机构、钻架起落机构、气动系统、电气系统组成。其主要特点是,钻机置于孔外,只负担钻具的进退和回转,产生冲击动作的冲击器紧随钻头潜入孔底,故称为潜孔钻机。冲击功能量的传递损失小,穿孔速度不因孔深的增加而降低,所以钻凿的孔深和孔径都较大,适用于露天钻孔,其钻凿深度主要取决于推进力、回转力矩和排岩粉能力。

露天潜孔钻机按机体质量和可穿凿钻孔直径的不同,分为轻型、中型和重型三种。

轻型露天潜孔钻机一般本身不带空压机和行走机构,需另配空压机和钻架,近几年生产的也有自带行走机构的,机体质量在10t以下,钻孔直径为100mm左右,常见的有KQ-100型钻机,适用于小型露天矿山。

中型露天潜孔钻机一般自带履带式行走机构,不带空压机,机体质量为15~20t,钻孔直径为150~170mm,常见的有KQ-150型钻机、T-170型钻机,适用于中小型露天矿山。

重型露天潜孔钻机自带空压机,电动履带自行,机体质量30~50t,钻孔直径为200~320mm,常见的有KQ-200型钻机、KQ-250型钻机,适用于大型露天矿山。

露天潜孔钻机的凿岩工作原理如下(见图7-1):

(1)推进机构将一定的轴向压力施加于钻头,使钻头与孔底相接触;

(2)由风动电动机和减速箱构成的回转供风机构使钻具连续回转,并将压缩空气经中空钻杆输入孔底;

(3)冲击机构在压缩空气的作用下使活塞往返运动,冲击钻头,完成对岩石的冲击作用;

(4)压缩空气将岩粉吹出孔外。

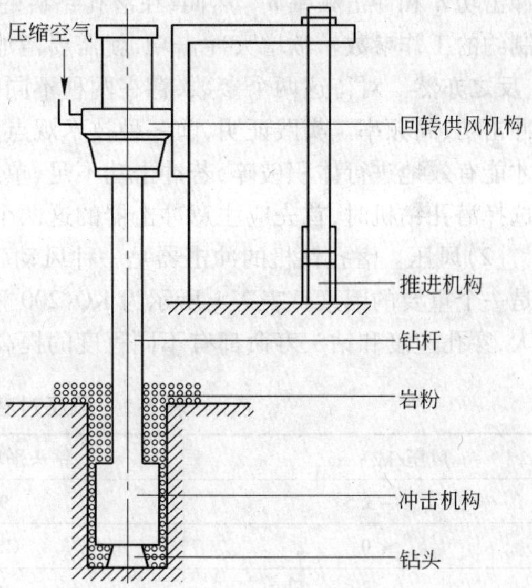

图7-1 露天潜孔钻机的凿岩工作原理

潜孔钻机的凿岩过程实质上是在轴向压力的作用下,冲击和回转联合作用的过程。其中,冲击是断续的,回转是连续的,并且以冲击为主、回转为辅。

露天潜孔钻机的钻具包括钻头和钻杆,钻头与浅孔和接杆式凿岩机所用的钻头相似,但不同的是钻头直接连接在冲击器上。连接方式有扁销和花键两种。按镶焊硬质合金的形状,潜孔钻机的钻头可分为刃片钻头、柱齿钻头、混合型钻头。其中,刃片钻头通常制成超前刃式,而混合型钻头则为中心布置柱齿、周边布置片齿的形式。钻杆有两根,即主钻杆和副钻杆,其结构尺寸完全一样,钻杆之间用方形螺纹直接连接,每根长约9m。

B 提高潜孔钻机穿孔效率的途径

类似于牙轮钻机,潜孔钻机的台班生产能力可按式(7-3)计算:

$$A = 0.6vT\eta \tag{7-3}$$

式中 A——潜孔钻机的生产能力,m/(台·班);

v——潜孔钻机的机械钻速,cm/min;

T——每班工作时间,h;

η——工作时间利用系数。

上式中的机械钻速 v 可近似用下式表示:

$$v = \frac{4ank}{\pi D_1^2 E} \tag{7-4}$$

式中 a——冲击功,N·m;

n——冲击频率,次/min;

k——冲击能利用系数,取0.6~0.8;

D_1——钻孔直径,cm;

E——消耗的岩石凿碎功,N·m/cm³。

下面依据式(7-3)和式(7-4)来分析提高潜孔钻机效率的途径。

(1)冲击功(a)和冲击频率(n)。从式(7-4)中可以看出,为了提高机械钻速 v,希望同时增加冲击功 a 和冲击频率 n。然而,在潜孔钻机的风动冲击器中,冲击功 a 和冲击频率 n 是两个相互制约的工作参数。欲增大冲击功,就需要增加活塞质量和活塞行程式,相应的就使冲击频率减少,反之亦然。对待这两个参数,存在两种不同的技术观点:一个是大冲击功、低频率;另一个是小冲击功、高频率。实践证明,前一种技术观点比较合理,因为岩石只有在足够大的冲击功作用下才能有效地进行体积破碎,若冲击功不足、单纯提高冲击频率无非使岩石疲劳破碎而已。所以在选择潜孔钻机时,首先应注意冲击器的这两个技术参数。

(2)风压。潜孔钻机的冲击器是一种风动工具,为了达到额定的冲击功 a 和冲击频率 n,风压是一个重要的因素。表7-1所示为KQ-200型潜孔钻机效率随风压的变化情况。随着风压的增大,穿孔速度和钻头寿命都有不同程度的提高,所以应尽量减小管路的风压降。

表7-1 风压对潜孔钻机效率的影响

风压/kg·cm^{-2}	钻头平均寿命/m	平均穿孔速度/cm·min^{-1}
3~3.5	9.3	2.1
4.0	13.8	2.5
4.5~5	46.0	4.5

(3)钻孔直径(D_1)。不要墨守式(7-4)来观察钻孔直径 D_1。随着钻孔直径 D_1 的增大,冲击器的活塞直径也可增大,相应的冲击功 a 和冲击频率 n 也可提高,从而使钻速 v 并不是单纯的和钻孔直径 D_1 成反比关系。另外,当增大钻孔直径时,爆破孔网参数也可加大,相应提高了钻孔的延米爆破量。

(4)轴压(P)和钻头转速。潜孔钻机的轴压,主要是克服冲击器的后座力,因而压力一般都不大,远小于牙轮钻机的轴压。轴压过大,既妨碍钻具回转,也容易损坏钻头。对于大孔径的潜孔钻机来说，由于钻具质量较大，一般都采用减压钻进，即钻机的提升推进机构应起到减小轴压的作用；相反，小孔径的中、轻型潜孔钻机钻具质量小，常用提升推进机构增压钻进。

潜孔钻具的回转，既是为了改变钻头每一次凿痕的位置，也是为了使钻头切削岩石。转速过低，会降低穿孔速度；但转速过高，过分磨损钻头，也会使穿孔速度下降。所以，在硬岩钻进中有趋于采用低转速的倾向，使转速保持在 15～20r/min 之间。当然，随着高压、高频率、大冲击功冲击器的出现，钻具的回转速度也会相应提高。

(5) 工作时间利用系数(η)。与牙轮钻机一样，工作时间利用系数是影响穿孔速度的另一个重要因素。目前，各露天矿山中潜孔钻机的工作时间利用系数也是不高的，非作业时间大部分消耗在检修、等待备件及待风、待电等项目上。所以在今后的生产中，有必要继续从钻机、钻具、工作参数及组织管理上进行改进。

7.1.1.2　牙轮钻机

A　简介

牙轮钻机是露天矿开采的主要穿孔设备，与其他类型的穿孔设备相比，它具有穿孔效率高、成本低、安全可靠和使用范围广等特点，能适用于各类岩石的穿凿。

牙轮钻机主要由回转机构、供风机构、加压提升机构、行走机构、接卸钻具机构等组成。露天牙轮钻机的凿岩工作原理如下(见图 7-2)：

(1) 钻孔时，回转机构带动钻杆、钻头回转；同时，加压机构向钻杆施加轴向压力，使其向孔底运动。

(2) 供风机构使压缩空气通过中空钻杆从钻头的喷嘴喷向孔底，将破碎下来的岩碴沿钻杆与孔壁之间的环状空间吹至孔外。

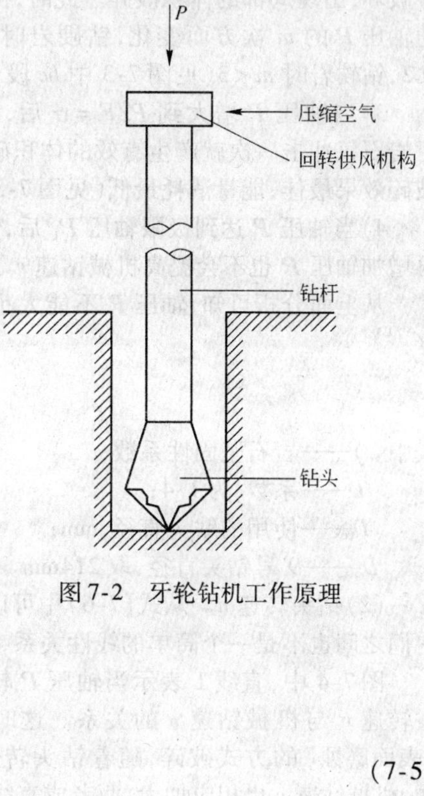

图 7-2　牙轮钻机工作原理

根据回转和加压方式的不同，牙轮钻机可分为底部回转间断加压式、底部回转连续加压式、顶部回转连续加压式三种基本类型。

牙轮钻机的凿岩原理是，通过加压机构在牙轮上施加压力，使岩石承受压应力；同时，回转机构使牙轮在岩石上产生滚动挤压，两种联合作用使岩石发生剪切破碎。

B　提高牙轮钻机穿孔效率的途径

牙轮钻机的合理生产能力，可按式(7-5)近似计算：

$$A = 0.6vT\eta \tag{7-5}$$

式中　A——牙轮钻机的生产能力，m/(台 · 班)；
　　v——牙轮钻机的机械钻速，cm/min；
　　T——每班工作时间，h；
　　η——工作时间利用系数。

机械钻速 v 又可近似用式(7-6)表示：

$$v = 3.75\frac{Pn}{Df} \tag{7-6}$$

式中　P——轴压，t；

n——钻头转速，r/min；

D——钻头直径，cm；

f——岩石坚固性系数。

虽然式(7-6)的计算结果和实际有一定的差距，但是可以利用上述两个公式在选定钻机、钻头的前提下，探讨提高牙轮钻机穿孔效率的途径。

(1)轴压 P。轴压 P 与机械钻速 v 近似成正比，但却不是严格的直线关系，具体取决于钻头单位面积上的作用力 P/F（F 为钻头与岩石的接触面积）和岩石抗压强度 σ 之间的关系，有如图7-3所示的四种情况：

1）当轴压 P 很小、P/F 小于 σ 时，岩石以表面磨蚀的方式进行破碎。此时，轴压 P 与机械钻速 v 呈直线关系（见图7-3中 ab 段）。

2）随着轴压 P 的增加，虽然 P/F 还小于 σ，但因钻头轮齿多次频繁冲击岩石，使岩石产生疲劳破坏，出现局部的体积破碎。此时，机械钻速 v 随轴压 P 的 m 次方而变化，钻硬岩时 $1.25 \leqslant m \leqslant 2$，钻软岩时 $m<3$（见图7-3中 bc 段）。

3）当轴压 P 增大到 $P/F=\sigma$ 后，钻头轮齿对岩石每冲击一次就产生有效的体积破碎，此时破碎效果最佳，能量消耗最低（见图7-3中 cd 段）。

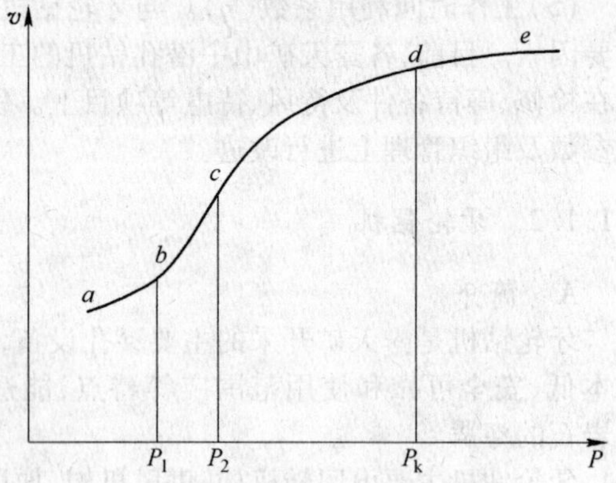

图7-3　轴压 P 与钻速 v 的关系

4）当轴压 P 达到极限轴压 P_k 后，钻头轮齿整个被压入岩石，牙轮体与岩石表面接触，即使再增加轴压 P 也不会提高机械钻速 v 了（见图7-3中 de 段）。

从上面分析可知，轴压 P 不能太小也不宜过大，大小要适宜。合理的轴压可按式(7-7)计算：

$$P=\frac{fkD}{D_9} \tag{7-7}$$

式中　f——岩石坚固性系数；

k——系数，为1.4；

D——使用的钻头直径，mm；

D_9——9号钻头直径，取214mm。

(2)钻头转速 n。从式(7-6)中可以看出，钻头转速 n 与机械钻速 v 之间成正比关系。其实，它们之间也不是一个简单的线性关系，具体关系如图7-4所示。

图7-4中，直线1表示当轴压 P 较小时，钻头转速 n 与机械钻速 v 的关系。这时，岩石以“表面磨蚀”的方式破碎，随着钻头转速 n 的增加，机械钻速 v 也相应加大，两者成直线关系。

曲线2表示轴压 P 增大后，钻头转速 n 与机械钻速 v 的关系。此时，岩石呈体积破碎，初始时，随着钻头转速 n 的增大机械钻速 v 也提高，但当超过钻头极限转速 n_j 后，机械钻速 v 却随着钻头转速 n 的增加而降低。这是因为钻头转速 n 太大，轮齿与孔底岩石的作用时间太短（小于0.02～0.03s），未能充分发挥轮齿对岩石的压碎

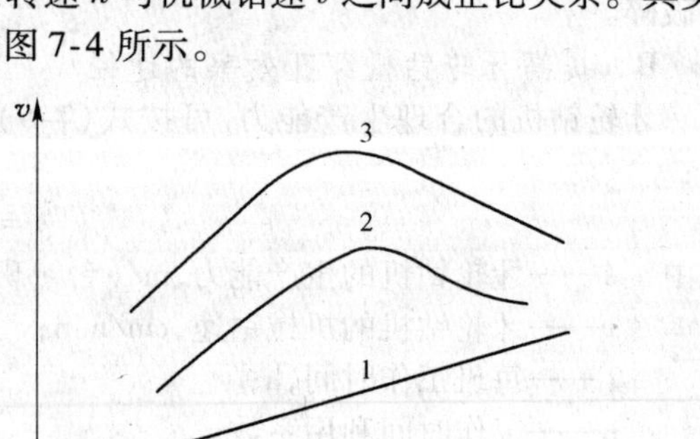

图7-4　转速 n 与钻速 v 的关系

作用；此外，由于钻头转速 n 过大，也加速了钻头的磨损和钻机的振动，给穿孔带来不良的影响。在实际生产中，对于软岩常选用 70~120r/min 的转速，中硬岩石选用 60~100r/min 的转速，硬岩石选用 40~70r/min 的转速。

曲线 3 表示轴压 P 继续增大后，钻头转速 n 对机械钻速 v 的影响，其情况和曲线 2 差不多。从线段 1、2、3 之间的关系可以看出，机械钻速 v 受轴压 P 和钻头转速 n 两者的综合影响，需要统筹兼顾。在牙轮钻机穿孔中存在两种工作制度：

1）强制钻进，采用高轴压（30~60t）和低转速（150r/min 以内）；

2）高速钻进，采用低轴压（10~20t）和高转速（300r/min）。

显然，无论从合理利用能量还是从提高钻头、钻机的使用寿命来衡量，高速钻进的工作制度有许多缺点，特别是在硬岩中更是如此。所以，牙轮钻机应向强制钻进方向发展。目前普遍使用的 HYI-250C 型及 KY-310 型钻机，其轴压分别为 32t 和 45t，而转速都控制在 100r/min 以内。

（3）排渣风量 Q。式（7-6）是在及时排渣、没有重复破碎的前提下得出的。为了彻底排渣，要求压缩空气有足够的风量，使孔壁与钻杆之间的环形空间有适宜的回风速度，从而对岩渣颗粒产生一定的升力以排除出孔。若风速太小，则升力不足，岩渣在孔底反复被破碎，既降低钻孔速度，又加剧钻头的磨损，甚至会造成卡钻事故；若风速过大，则浪费空压机的功率，也加剧钻杆的磨损。

（4）钻孔直径 D_1。从式（7-6）中可知，当轴压 P 和钻头转速 n 固定时，钻孔直径 D_1 与机械钻速 v 成反比。实际上，当钻孔直径 D_1 增大后，钻头的直径和强度也加大，只要相应采用更大的轴压和转速，机械钻速 v 并不会降低。另外，当钻孔直径增大，爆破孔网参数也可相应的扩大，从而提高延米爆破量。

（5）工作时间利用系数 η。从式（7-5）中可以看出，为了提高牙轮钻机的效率，另一个重要的因素就是提高钻机的工作时间利用系数 η。影响工作时间利用系数的因素主要有两个：一个是组织管理缺陷所带来的外因停歇；另一个是钻机本身故障所引起的内因停歇。

总之，为了提高牙轮钻机的穿孔效率，应该从钻机、钻头、工作参数和组织管理四个方面进行改革。

7.1.2 露天开采的正常采掘爆破

随着挖掘机斗容和生产能力的增大，要求每次的爆破量也越来越大。为此，在露天开采中广泛使用多排孔微差爆破、多排孔微差挤压爆破和高台阶爆破等大规模的爆破方法。

7.1.2.1 多排孔微差爆破

多排孔微差爆破，是排数一般在 4~7 排或更多的微差爆破。这种爆破方法一次爆破量大、矿岩破碎效果好，是露天开采中普遍使用的一种方法，其特点有：

（1）通过药包在不同时间起爆，使爆炸应力波相互叠加，加强破碎效果。

（2）创造了新的动态自由面，减少了岩石夹制作用，提高了矿岩的破碎程度和均匀性，减少了炮孔的前冲和后冲作用。

（3）爆后矿岩碎块之间的相互碰撞可产生补充破碎，提高爆堆的集中程度。

（4）由于相应炮孔先后以毫秒间隔起爆，爆破产生的地震波能量在时间与空间上分散，地震波强度大大降低。

目前，关于多排孔微差爆破参数的确定，主要还是依据经验，尚无成熟的理论指导，一般的原则如下：

(1)孔网参数。

1)底盘抵抗线 W_d。在露天深孔爆破中抵抗线有两种表示方法,即最小抵抗线 W 和底盘抵抗线 W_d。前者是指由装药中心到台阶坡面的最小距离,后者是指第一排炮孔中心线至台阶坡底线的水平距离。为了计算方便和有利于减少根底,在生产中通常不用最小抵抗线,而以底盘抵抗线为爆破参数。底盘抵抗线是一个很重要的爆破参数,它对爆破质量和经济效果影响很大。若底盘抵抗线过大,将残留根底,后冲现象也会严重;若底盘抵抗线过小,不仅会增加穿孔工作量,也浪费炸药,使爆堆分散,并且在穿孔设备距台阶坡顶线过近作业时不够安全。

底盘抵抗线可按下面几种方法来确定:

①按穿孔设备的安全作业条件确定,即

$$W_d = C + H\cot\alpha \tag{7-8}$$

式中 C——前排炮孔中心至台阶坡顶线的安全距离,一般为2.5~3.0m;

H——台阶高度,m;

α——台阶坡面角,(°)。

②按装药条件确定,即

$$W = d\sqrt{\frac{7.85\rho\eta}{mq}} \tag{7-9}$$

式中 W——最小抵抗线,m;

d——钻孔直径,dm;

ρ——炸药密度,kg/dm^3 或 g/cm^3;

η——装药系数;

m——密集系数;

q——单位炸药消耗量,kg/m^3。

③按台阶高度确定,即

$$W_d = (0.6 \sim 0.9)H \tag{7-10}$$

④可参考的经验公式还有

$$W_d = 0.024d + 0.85 \tag{7-11}$$

$$W_d = (0.24HK + 3.6)\frac{d}{150} \tag{7-12}$$

式中 d——钻孔直径,mm;

K——与岩石坚固性有关的系数,其取值情况如表7-2所示。

表7-2　与岩石坚固性有关的系数 *K* 值

f	6	8	10	12	14	16	18	20
K	1.17	0.87	0.70	0.58	0.50	0.44	0.39	0.35

注:表中 f 为岩石坚固性系数。

2)钻孔间距 a 和排距 b。它们是根据底盘抵抗线和邻近系数来计算的,即:

$$a = mW_d \tag{7-13}$$

$$b = (0.9 \sim 0.95)W_d \tag{7-14}$$

式中 a——钻孔间距,m;

b——钻孔排距,m;

m——邻近系数；

W_d——底盘抵抗线，m。

有关邻近系数 m，一般取值为 1.0～1.4。此外，国内外一些矿山采用大孔距爆破技术，据称这样能改善矿岩的破碎效果。这种技术是在保持每个钻孔担负面积 $a \cdot b$ 不变的前提下，减小 b 而增大 a，使 m 值可达 2～8。

3)超深 h_c。超深的作用是降低装药位置，为了克服因底盘抵抗线过大而影响爆破效果。超深的长度应适当，若超深过小，将产生根底或抬高底部平盘的标高而影响装运工作；若超深过大，不仅增加了钻孔工作量，浪费了炸药，而且也破坏了下一台阶的完整性，给下次钻孔带来了困难。

根据经验，超深值通常按下式确定：

$$h_c = (0.15 \sim 0.35) W_d \tag{7-15}$$

$$h_c = (10 \sim 15) d \tag{7-16}$$

式中 h_c——超深，m；

W_d——底盘抵抗线，m；

d——钻孔直径，m。

当矿岩松软时取小值，当矿岩坚硬时取大值。如果采用组合装药，底部使用高威力炸药时可适当降低超深。我国露天矿山的超深值波动一般在 0.5～3.6m 之间。但在某些情况下，如底盘有天然分离面或底盘需要保护，则可不留超深或留有一定厚度的保护层。

(2)施工参数。

1)填塞长度。装药后孔口部分的长度通常全部用充填料堵塞，故称为填塞长度。合理确定填塞长度和保证填塞质量，对改善爆破效果和提高炸药能量利用率是非常重要的。

合理的填塞长度能降低爆炸气体能量损失，尽可能增加钻孔装药量。填塞长度过长将会降低延米爆破量，增加钻孔成本，并造成台阶顶部矿岩破碎不好；填塞长度过短，则炸药能量损失大，将产生较强的空气冲击波、噪声和个别飞石的危害，也影响钻孔下部的破碎效果。一般在台阶深孔爆破时，填塞长度不小于底盘抵抗线的 0.75 倍，或者取 20～40 倍的钻孔直径。因此，爆破安全规程中规定禁止无填塞爆破。

填塞物料一般多为就地取材，以钻孔排出的岩粉或选矿厂的尾砂做填塞物料。

2)单位炸药消耗量 q 和每孔装药量 Q。影响单位炸药消耗量的因素很多，主要有矿岩的可爆性、炸药种类、自由面条件、起爆方式和块度要求等。因此，选取合理的单位炸药消耗量 q 值需要通过试验或生产实践来验证。单纯增加单耗对爆破质量不一定有很大的改善，只能消耗在矿岩过粉碎和增加爆破有害效应上。实际上对于每一种矿岩，在一定的炸药与爆破参数和起爆方式下，都有一个合理的单耗。所以，单位炸药消耗量的确定应根据生产实验，按不同矿岩爆破性分类确定或采用工程实践总结的经验公式进行计算。在爆破设计时，可以参照类似矿岩条件下的实际单耗，也可以按表 7-3 所示选取单位炸药消耗量，该表数据以 2 号岩石硝铵炸药为标准。

表 7-3 单位炸药消耗量 q 值

岩石坚固性系数 f	0.8～2	3～4	5	6	8	10	12	14	16	20
q/kg · m^{-3}	0.4	0.43	0.46	0.5	0.53	0.56	0.6	0.64	0.67	0.7

关于每个钻孔的装药量，目前露天矿山普遍采用体积法计算，即：

$$Q = qW_d aH \tag{7-17}$$

式中　Q——单排孔或多排孔爆破的第一排每孔装药量,kg;

q——单位炸药消耗量,kg/m^3;

W_d——底盘抵抗线,m;

a——钻孔间距,m;

H——台阶高度,m。

多排孔爆破时从第二排起,以后各排孔的装药量可按式(7-18)计算:

$$Q = KqabH \tag{7-18}$$

式中　K——矿岩阻力夹制系数,一般取1.1~1.2;

b——钻孔排距,m。

至于钻孔的装药结构,在露天台阶深孔爆破工程中普遍采用连续柱状装药形式。

3)微差爆破间隔时间。确定合理的微差爆破间隔时间,对改善爆破效果与降低地震效应具有重要作用。在确定间隔时间时,主要应考虑岩石性质、布孔参数、岩体破碎和运动的特征等因素。微差间隔时间过长,则可能造成先爆孔破坏后爆孔的起爆网路;过短,则后爆孔可能因先爆孔未形成新自由面而影响爆破质量。关于微差间隔时间的计算公式很多,其中可供参考的公式如下:

$$\Delta t = KW_d \tag{7-19}$$

式中　Δt——微差间隔时间,ms;

K——与岩石性质有关的系数,ms/m,当岩石f值大时取$K=3$,当f值小时取$K=6$;

W_d——底盘抵抗线,m。

$$\Delta t = K'W_d(24 - f) \tag{7-20}$$

式中　Δt——微差间隔时间,ms;

K'——岩石裂隙系数,对于裂隙少的矿岩取$K'=0.5$,对于中等裂隙的矿岩取$K'=0.75$,对于裂隙发育的矿岩取$K'=0.9$;

W_d——底盘抵抗线,m;

f——岩石坚固性系数。

目前,多排孔微差爆破间隔时间一般为25~50ms。

4)布孔形式和起爆顺序。露天台阶深孔的布孔形式有三种,即三角形、正方形和矩形。布孔时,应考虑满足钻孔方便、爆破质量良好、适应爆破顺序的要求。

多排孔微差爆破的起爆顺序是多种多样的,可根据工程所需的爆破效果及工程技术条件选用。较常见的起爆顺序有排间顺序起爆、孔间顺序起爆、波浪式起爆、V形起爆、梯形起爆、对角线(或斜线)起爆、中间掏槽横向起爆,如图7-5所示。

排间顺序起爆法(见图7-5(a)),它的网路连接简单,也有利于克服根底,是正常采掘爆破时常用的一种形式。但在使用此法时也要注意,每排钻孔数不宜过多,装药量也不宜过大。

孔间顺序起爆法(见图7-5(b)),这种方法每个钻孔的自由面较多,有利于矿岩充分碰击破碎。

波浪式起爆(见图7-5(c))、V形起爆(见图7-5(d))和梯形起爆(见图7-5(e)),这三种方法均有利于新自由面的扩展,并可缩短最小抵抗线和改变爆破作用方向,增加矿岩互相碰撞的机会,爆堆集中,但网路连接较复杂。

对角线起爆法(见图7-5(f)),因工作线长、炮孔多、装药量大而不宜使用排间顺序起爆时,可用这种爆序安排。

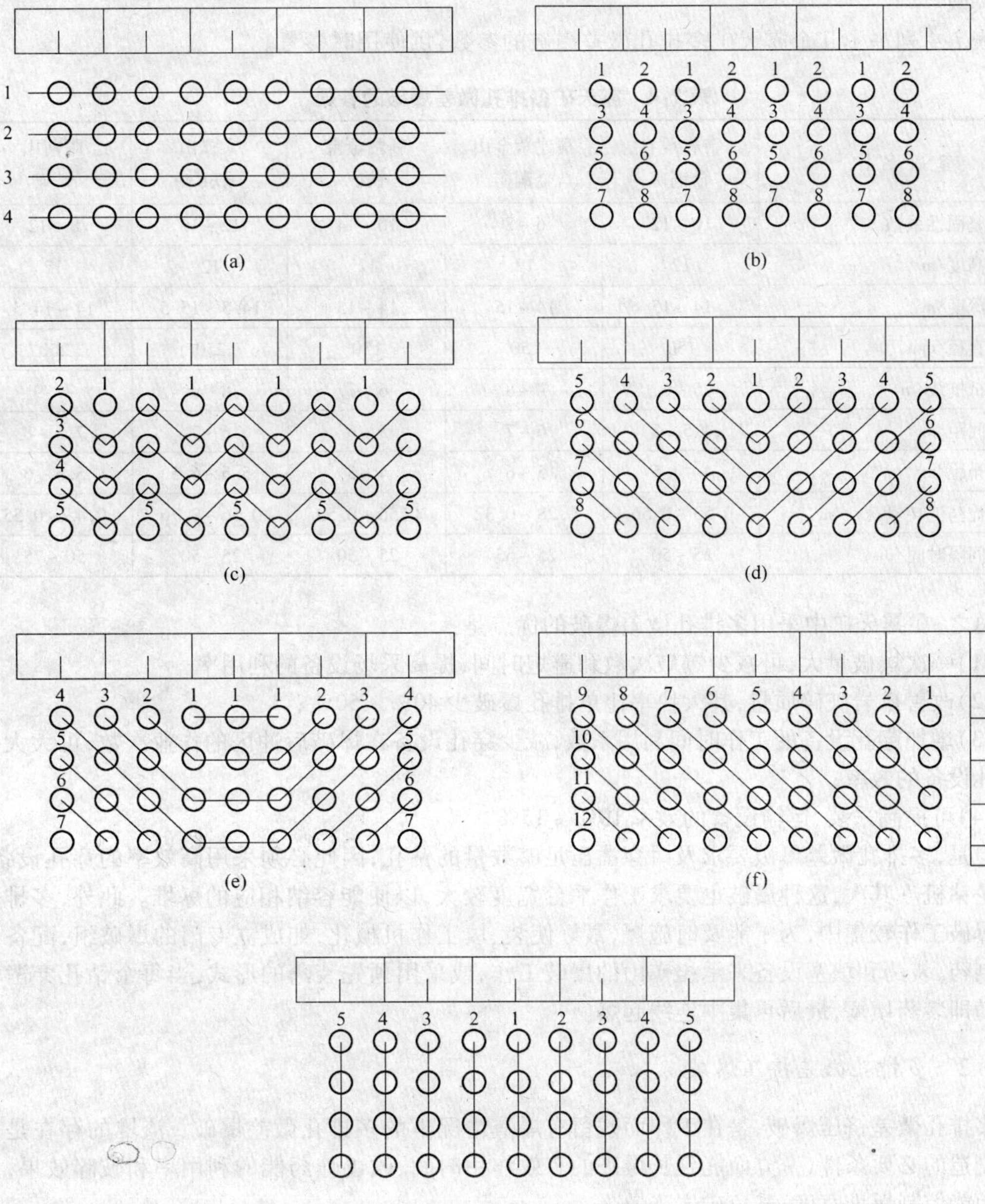

图 7-5　多排孔微差起爆顺序（1、2、3、……表示起爆顺序）
(a)排间顺序起爆；(b)孔间顺序起爆；(c)波浪式起爆；(d)V形起爆；
(e)梯形起爆；(f)对角线起爆；(g)中间掏槽横向起爆

中间掏槽横向起爆法(见图7-5(g)),它是首先用中间排掏槽孔形成槽沟状自由面,然后再依次起爆两侧各排钻孔。使用此法时要注意,掏槽孔的孔距一般要缩小20%,超深也需增加,装药量也需增大20%~25%;掏槽孔的排列方向宜顺着结构面走向。这种形式常用于堑沟掘进或挤压爆破。

表7-4列举了几个露天矿多排孔微差爆破的参数,供使用时参考。

表7-4　露天矿多排孔微差爆破的参数

参数名称	吉林珲春金铜矿	福建紫金山金铜矿	新疆金宝铁矿	大孤山铁矿	眼前山铁矿
岩石坚固性系数	10~12	6~8	10~14	12~16	8~12
台阶高度/m	12	12	12	12	12
钻孔深度/m	14~15	14~15	14~15	14.5~15.5	14~14.5
钻孔直径/mm	150	150	150	250	250
底盘抵抗线/m	5~6	7~8	6~7	8~9	7~9
钻孔间距/m	4.5~5	6~7	5~6	6~7	7.5~8
钻孔排距/m	4~4.5	5~6	4~5	5.5~6.5	5.5~6
单位炸药消耗量/$kg \cdot m^{-3}$	0.53~0.56	0.28~0.32	0.56~0.58	0.56~0.76	0.45~0.55
微差间隔时间/ms	25~50	25~65	25~50	25~50	50~75

总之,在露天矿中采用多排孔微差爆破的优点是:

(1)一次爆破量大,可减少爆破次数和避炮时间,提高采场设备的利用率;

(2)改善矿岩破碎质量,其大块率比单排孔爆破少40%~50%;

(3)增加穿孔设备的工作时间利用系数,减少穿孔设备在爆破后冲区的作业次数,可大大提高穿孔设备的效率;

(4)可提高采装、运输设备的效率10%~15%。

但是,多排孔微差爆破要求及时穿凿出足够数量的钻孔,因此必须采用高效率的穿孔设备,如牙轮钻机。其次,这种爆破也要求工作平台宽度较大,以便能容纳相应的爆堆。此外,多排孔微差爆破工作较集中,为了能及时施爆,最好使装、填工作机械化,如成立专门的爆破组,配备成套的制药、装药和填塞设备来承担矿山的爆破工作,或采用预先装药的形式,当每个钻孔穿凿完毕后随即装药填塞,最后再集中连线起爆。

7.1.2.2　多排孔微差挤压爆破

多排孔微差挤压爆破,是在工作面残留有爆渣情况下的多排孔微差爆破。渣堆的存在是为挤压创造的必要条件,一方面能延长爆破的有效作用时间、改善炸药能的利用率和破碎效果,另一方面能控制爆堆宽度,避免矿岩飞散。

根据我国一些矿山使用多排孔微差挤压爆破的经验,应注意下列几个问题。

(1)渣堆厚度及松散系数。首先,渣堆厚度决定了挤压爆破时刚性支撑的强弱,从最大限度利用爆炸能出发,可按式(7-21)求得:

$$B = K_c W_d \left(\frac{\sqrt{2\varepsilon q E E_0}}{\sigma} - 1 \right) \tag{7-21}$$

式中　B——渣堆厚度,m;

K_c——矿岩松散系数；

W_d——底盘抵抗线，m；

ε——爆炸能利用系数，一般取 0.04 ~ 0.20；

q——单位炸药消耗量，kg/m^3；

E——岩体弹性模量，kg/m^2；

E_0——炸药的热能，kJ · m/ kg；

σ——岩体挤压强度，kg/m^2。

在露天矿中，对于较弱的岩体，一般 $B=10\sim15$m；对于较硬的岩体，一般 $B=20\sim25$m。

其次，渣堆厚度也决定了爆破后的爆堆宽度。随着渣堆厚度的增加，爆堆前冲距离减少，表7-5 所示是渣堆厚度对爆堆宽度的影响。为了保护台阶工作面线路，可参照表 7-5 中的数据选取渣堆厚度。

表 7-5 渣堆厚度对爆堆宽度的影响

岩石坚固性系数	单位炸药消耗量 /kg · m⁻³	下述渣堆厚度时爆堆前移距离/m						
		10	15	20	25	30	35	40
17 ~ 20	0.70 ~ 0.95	31	27	20	15	10	5	0
13 ~ 17	0.50 ~ 0.80	27	21	13	5	0		
8 ~ 13	0.30 ~ 0.60	15	11	0				

此外，挤压爆破的应力波在岩体与渣堆界面上，一部分反射成拉伸波继续破坏岩体，一部分呈透过波传入渣堆而被吸收。因此，在保证渣堆挤压作用的前提下，要提高反射波的比例以保证渣堆适当松散。根据一些矿山经验，当渣堆松散系数大于 1.15 时，爆破效果良好；当小于 1.15 时，应力波透过太多，使第一排钻孔处常常出现“硬墙”。

应该指出，上述有关渣堆松散系数和厚度的要求并不是绝对的。当渣堆密实又厚时，只要增大炸药量，也能够保证挤压爆破的效果，例如，某镁矿就曾在 100m 的厚渣堆下成功地进行了爆破。

(2)单位炸药消耗量和药量分配。多排孔微差挤压爆破的单位炸药消耗量，比清渣多排孔微差爆破要大 20% ~30%。如果单耗过大，则爆效难以保证。关键在于第一排钻孔，由于它紧贴渣堆，会产生较大的透过波损失，而且还要推压渣堆为后续的爆破创造空间，因而需要适当增大第一排钻孔的药量或使用高威力炸药，缩小抵抗线和孔间距，增加超深值；对于最后一排钻孔的爆破，它涉及下一循环爆破的渣堆松散系数，为了使这部分渣堆松散，最后一排钻孔也要适当增大药量。为此，需要注意下述几方面：1）缩小钻孔间距或排距约 10%；2）增加装药量 10% ~ 20% 或使用高威力炸药；3）延长微差爆破间隔时间 15% ~20%。

(3)孔网参数。多排孔微差挤压爆破孔网参数的选取，与多排孔微差爆破的原则相似，其主要差别是第一排孔和最后一排孔的参数宜小一些。

(4)微差爆破间隔时间。由于挤压爆破要推压前面的渣堆，因而它的起爆间隔时间宜比清渣微差爆破长些。如果间隔时间过短、推压作用不够，则爆破受到限制；如果间隔时间过长，则推压出来的空间被破碎的矿岩充填，起不到应有的作用。实践表明，多排孔挤压爆破的微差爆破间隔时间应以较常规爆破时增大 30% ~60% 为宜，当岩石坚硬且岩渣堆较密时应取上限。在我国露天矿山中，通常取 50 ~ 100ms。

(5)爆破排数和起爆顺序。多排孔微差挤压爆破的排数，以一次爆破 3 ~ 7 排为宜，不宜采用单排,但采用更多的排数也会增大药耗,爆效也难以保证。各排的起爆顺序与多排孔清渣爆破相类似。表7-6列举了我国几个露天矿多排孔微差挤压爆破的参数,供使用时参考。

表7-6　我国几个露天矿多排孔微差挤压爆破的参数

参数名称	齐大山铁矿	眼前山铁矿	大孤山铁矿	大连石灰石矿	珲春金铜矿
岩石硬度系数	10~18	16~18	12~16	6~8	8~12
台阶高度/m	12	12	12	12	12
钻孔深度/m	15	14~15	14~15	14~15	14
钻孔直径/mm	250	250	250	250	150
底盘抵抗线/m	6~9	10~14	7~8	7.5~9	6~7
钻孔间距/m	5~6	5.5	5~5.5	10~12	4.5~5
钻孔排距/m	5~5.5	5.5	5~5.5	6~7	3.5~4
炸药单量/$kg \cdot m^{-3}$	0.7~1.0	0.77	0.55~0.57	0.12	0.56~0.60
渣堆厚度/m	10~12	6~22	15~20	10~15	>6
微差间隔时间/ms	50	50	50	25	50

相对多排孔微差爆破而言,多排孔微差挤压爆破的优点是:

(1)矿岩破碎效果更好,这主要是由于前面有渣堆阻挡,包含第一排孔在内的各排钻孔都可以增加装药量,并在渣堆的挤压下充分破碎;

(2)爆堆更集中,特别是对于采用铁路运输的露天矿,爆破前可以不用拆轨,从而提高采装、运输设备的效率。

多排孔微差挤压爆破也存在着如下缺点:

(1)炸药消耗量大;

(2)工作平台要求更宽,以便容纳渣堆;

(3)爆堆高度较大,特别是当渣堆厚度大而妨碍爆堆向前发展时,将可能影响挖掘机作业的安全。

7.1.2.3　高台阶爆破

高台阶爆破,就是近似于将目前使用的2~3个台阶并在一起作为一个台阶进行穿爆工作,爆破后再按原有的台阶高度逐层采装,上部台阶的装运是在已爆破的浮渣上进行的。爆破时,上一个台阶留有渣堆,连同下一台阶采用多排孔微差挤压爆破,如图7-6所示。高台阶爆破是一种爆破量最大的微差爆破。

采用高台阶爆破时的基本要求是:

(1)一次爆破的钻孔排数最少为3~4排,一般8~10排的效果较好,使爆堆能更集中;

(2)由于钻孔底部夹制现象严重,宜采用掏槽爆破;

(3)在坚硬矿岩中,宜提高单位炸药消耗量;

(4)钻孔超深,一般可按台阶高度的0.05~0.25计算;

(5)由于钻孔较长,宜采用分段间隔装药结构使炸药能均匀分布,同一孔内各段装药之间的起爆也可按孔内微差爆破。

高台阶爆破的优点是:

(1)充分实现穿爆、采装、运输工作的平行作业,有利于提高钻、装、运等设备的效率;

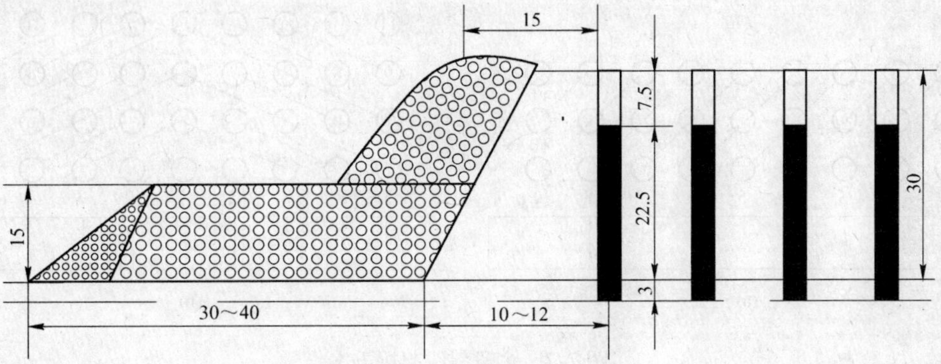

图 7-6 高台阶爆破(单位:m)

(2)相对减少超深和填塞长度,也相对减少超钻、开孔的数量;

(3)由于有效装药长度相对增加,炸药能在深孔中均匀分布,故改善了矿岩破碎质量,使大块率降低,基本上无根底;

(4)后冲与对下部台阶的破坏作用也相对减少。

但是采用高台阶爆破也存在一些严重的弱点,如要求穿孔深度大,对于一般钻机作业而言较困难;台阶下部夹制严重,质量不易保证。因此,目前高台阶爆破仍在探索和改进中。

7.2 露天矿临近边坡的爆破

随着露天矿向下延伸,边坡稳定问题日益突出。为了保护边坡,临近边坡的爆破应严格控制。根据国内外矿山的经验,目前主要采用的措施是采用微差爆破、预裂爆破和光面爆破。

7.2.1 采用微差爆破减小震动

微差爆破的主要作用之一是可以减少爆破的地震效应。为了充分发挥微差爆破的减震作用,关键是设法增加爆破的段数和控制微差间隔时间。

(1)采用多段微差爆破减震。爆破所引起的质点震动一般可以粗略分为几个阶段,即最先出现的是"初始相",它的特点是频率高、振幅小、作用时间短;随后出现的是"震相",它的特点是频率低、振幅大、作用时间长、具有较大的破坏作用;最后出现的是震后的"余震相"。在采用微差爆破中增加起爆段数,即使不能完全分离各段爆破的震波,起码也可以使各段震波的"主震相"得到某种程度上的分离,从而呈现各段爆破的单独作用,使得多段微差爆破所引起的震动不取决于总炸药量,而是取决于每一段炸药量的大小。例如,凤凰山铁矿曾用 12 ~ 15 段的微差爆破和齐发爆破进行过对比试验,其地震效应减少了 50%;又如珲春金铜矿用 15 ~ 20 段的对角起爆代替原有的 3 ~ 4 段逐排起爆微差爆破,使每段药量减少了 50% ~ 70%,地震效应也比原来减少了 31.8% ~ 51.2%。因此,多段微差爆破的实质是,通过增加起爆段数来减少每段爆破药量,从而借各段爆破的独立作用来实现减震。

目前在露天矿山中选择多段微差爆破时,一般是采用斜线(对角)起爆方式。当爆破孔数较少时,起爆从爆区的一端开始(见图 7-7(a));当孔数较多时,可从爆区中间(见图 7-7(b))或爆区的两端起爆;当孔数更多时,则可进行分区多处掏槽起爆。这样的起爆方式既可以增加起爆段数,又可以加强已破碎矿岩之间的挤压碰撞作用。值得注意的是:在安排雷管段数时,最好使后排孔比前排孔高两段,以防偶然出现跳段事故。当然,近年来随着科技的发展、高精度起爆器材

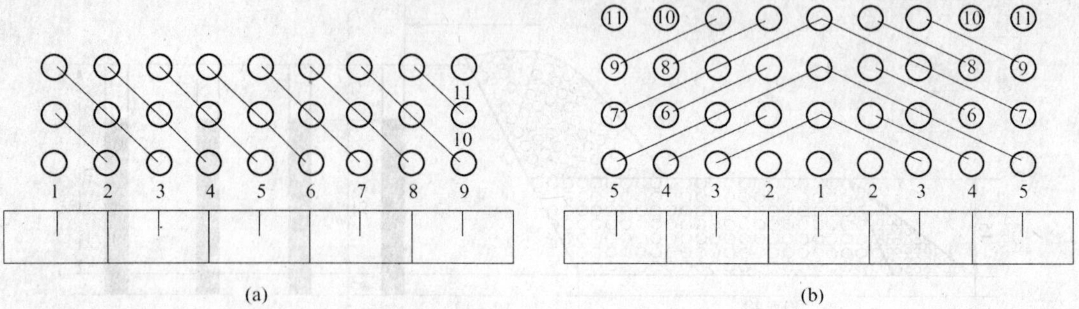

图 7-7　多段斜线起爆方案

(a)侧面掏槽;(b)中央掏槽

的出现,可以采用逐孔起爆,其减震效果更好。

(2)选择微差间隔时间干扰降震。在微差爆破中,间隔时间的确定是一个很重要的问题。假如间隔时间确定合适,不仅可以分离爆破地震波,而且可以使它们互相的干扰抵消;假如时间选择不当,也可能出现叠加增震。所以采用多段微差爆破时,一定要正确选择微差间隔时间。

7.2.2　采用预裂爆破隔离边坡

预裂爆破就是沿边坡界线钻凿一排较密集的平行钻孔,每孔装入少量炸药,在正常采掘爆破之前先行起爆,从而获得一条有一定宽度并贯穿各钻孔的裂缝。由于有这条预裂缝将采掘区与边坡分隔开来,使采掘区正常爆破的地震波在裂缝面上将产生较强的反射,使得透过裂缝的地震波强度大大削弱,从而保护了边坡的稳定。

根据国内外矿山的预裂爆破经验,为了取得良好的预裂爆破效果,应注意下列几方面。

(1)预裂缝。对预裂缝的要求有:

1)预裂缝要连续且能达到一定的宽度,能够充分反射采掘区爆破的地震波,以便控制它们对边坡的破坏作用。通常要求这个宽度应不小于 1 ~ 2cm。

2)预裂面要比较平整,为了获得整齐而稳定的边坡面,一般要求预裂面的不平整度不超过 ±(15 ~ 20)cm。

3)在预裂面附近的岩体要求无明显爆破裂隙,最好的情况是在预裂壁面上能留下较完整的半个钻孔壁,一般要求孔痕率大于 50% ~ 80%。

(2)基本参数。为了实现上述要求,关键是合理地确定孔径、孔距和装药量。

1)孔径和不耦合系数。所谓不耦合系数,就是钻孔直径与药柱直径的比值。在预裂爆破中,药柱外壁与孔壁之间环形间隙的作用,主要是降低爆轰波的初始压力、保护孔壁及防止其周围岩石出现过度粉碎;此外,还可以延长爆破作用时间,有利于预裂缝的发展。生产实践表明,不耦合系数一般要求大于 2,才能获得较好的效果。

至于对预裂钻孔孔径的要求,一般宜取小一些。这既是为了提高穿孔速度,也是为了便于缩小孔距及每孔装药量,从而提高预裂爆破的效果。一般在露天矿中,通常用 $\phi100 \sim 200$mm 的潜孔钻机或 $\phi60 \sim 80$mm 的凿岩台车来穿凿预裂孔。

2)孔距。预裂爆破的孔距比较小,可根据选定的孔径按一定的比值选取孔距,一般可取钻孔直径的 7 ~ 12 倍,即:

$$a = (7 \sim 12)d \tag{7-22}$$

式中　a——钻孔间距,mm;

d——钻孔直径,mm。

孔径大时取小值,孔径小时取大值;完整坚硬的岩石取大值,软弱破碎的岩石取小值。应该注意,最佳的钻孔间距不只是一个,而是在一个合理范围内变动。图7-8所示是马鞍山矿山研究院在实验室提出的孔距-不耦合系数关系曲线。图中曲线1表示可实现预裂爆破的最大孔距,曲线2表示可实现预裂爆破的最小孔距,曲线1、2所夹部分就是较合理的孔距取值范围。

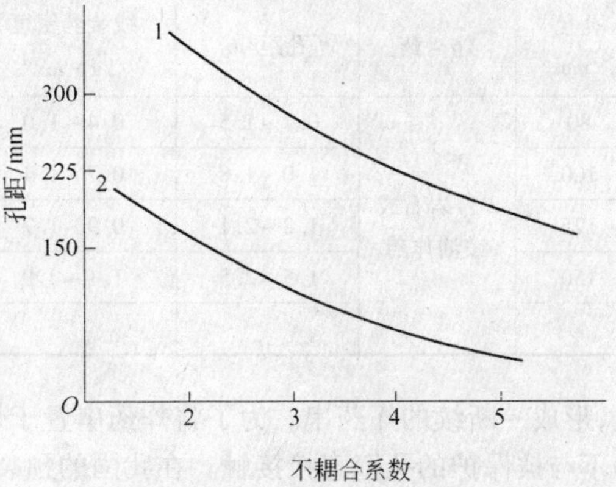

图7-8 孔距与不耦合系数的关系

(3)药量。钻孔的装药量及其药量分布是影响预裂爆破质量的重要因素。目前在矿山预裂爆破设计中,钻孔的装药量计算主要是采用一些经验公式及参考某些已成工程的实际经验数据,进行分析对比。常见的公式有:

1)长江科学院提出的计算公式:

$$q = 0.34\sigma_{压}^{0.63} \cdot a^{0.67} \tag{7-23}$$

2)葛洲坝工程局提出的计算公式:

$$q = 0.367\sigma_{压}^{0.5} \cdot d^{0.86} \tag{7-24}$$

3)武汉水利电力学院提出的计算公式:

$$q = 0.127\sigma_{压}^{0.5} \cdot a^{0.84} \cdot \left(\frac{d}{2}\right)^{0.24} \tag{7-25}$$

式中 q——线装药密度,等于钻孔正常装药量(不包括底部增加的药量)除以装药段长度(不包括堵塞长度),kg/m³;

$\sigma_{压}$——岩石抗压强度,kg/cm²;

a——钻孔间距,m;

d——钻孔直径,m。

用上述公式计算出来的药量,是预裂孔正常的线装药密度。在钻孔的底部由于受到夹制作用,必须加大装药量才能达到预期的效果。钻孔越深,岩石越坚硬,夹制作用越明显。底部需增加装药量的范围,自孔底起为0.5~1.5m。在实际生产工作中,底部装药的增量多半以该孔线装药密度的倍数来衡量,当孔深5~10m时,增加2~3倍;当孔深超过10m时,增加3~5倍;坚硬的岩石取大值,松软的岩石取小值。

预裂爆破的基本参数除了取决于矿岩的物理力学性质外,还与所保护边坡的重要程度有关。一般是临近运输干线等地段的边坡参数宜取小些,对于不太重要的地段参数可取大些。表7-7所示是马鞍山矿山研究院推荐的预裂爆破参数。

(4)装药和起爆。预裂爆破用的炸药应该是爆速低、传爆性能好的炸药,国外用专门的预裂炸药,如瑞典的古利特炸药、纳比特炸药等,而我国一般是用岩石炸药或铵油炸药。

在预裂钻孔内填装炸药时,药卷最好是均匀连续地布置在钻孔的中心线上,使周围形成环形空隙,其效果最理想。国外的专用预裂炸药都有翼状套筒定位,国内没有专门的预裂爆破药卷,很难达到这样的要求,在实际施工中通常都需要在现场加工制备。一般是采用两种方法,一是将炸药装填在一定直径的硬塑料管内连续装药,为了能顺利引爆和传爆,在整个管内贯穿一根导爆索;另一种方法是采用间隔装药,即根据计算的线装药密度,将药卷按一定的距离绑扎在导爆索

表 7-7　预裂爆破的参数

普通预裂爆破				重要预裂爆破			
孔径 /mm	炸　药	孔距/m	线装药密度 /kg · m^{-1}	孔径 /mm	炸　药	孔距/m	线装药密度 /kg · m^{-1}
80	2 号岩石或铵油炸药	0.7～1.5	0.4～1.0	32	2 号岩石或铵油炸药	0.3～0.5	0.15～0.25
100		1.0～1.8	0.7～1.4	42		0.4～0.6	0.15～0.3
125		1.2～2.1	0.9～1.7	50		0.5～0.8	0.2～0.35
150		1.5～2.5	1.1～2.0	80		0.6～1.0	0.25～0.5
				100		0.7～1.2	0.3～0.7

上,形成一断续的炸药串。为了将炸药串置于炮孔中心,通常是用竹皮或木板在侧壁隔垫,使药串不与被保护的孔壁直接接触。在我国的预裂隙爆破中,孔口的不装药部分应用砂子或岩粉堵塞,堵塞长度一般为 0.6～2.0m。

在预裂爆破中,为了能使各钻孔中的炸药同时起爆,保证爆破能量的充分利用,一般都是采用导爆索起爆。

(5)施工技术。为了获得整齐的预裂壁面,必须确保钻孔的精度,国内外预裂爆破的实践表明,孔底的钻孔偏差不应超过 15～20cm。对于沿预裂面方向的偏差,可以放松一些要求;但是对于垂直预裂面方向的偏差要严格控制,只有这样才能保证壁面的平整。

预裂钻孔的下部,通常距孔底约 0.7m 处仍有裂隙。若底部也需要保护,可适当减小孔深。为了防止主爆孔爆破地震波从预裂线端部绕过,通常要求预裂线端部比主爆区伸长(50～100)d(d 为钻孔直径)。

为了更好地保护边坡,临近预裂线的几排主爆孔应适当缩小孔距、排距和装药量。假若预裂孔和主爆孔一次起爆,预裂孔至少应超前主爆孔 100ms 以上起爆。

总之,预裂爆破是保护露天矿边坡的有效措施,特别是对于稳固性差或意义重大的边坡,更要精心使用预裂爆破。当然,相对于正常的采掘爆破来说,预裂爆破的穿孔、爆破工作量大,费用也高,这也是预裂爆破的最大缺点。

7.2.3　采用光面爆破保护边坡

光面爆破就是沿边界线钻凿一排较密的平行钻孔,往孔内装入少量炸药,在主爆孔爆破之后再进行起爆,从而沿密集钻孔形成平整的岩壁。图 7-9 所示是某铁矿采用光面爆破法清理边坡的示意图。

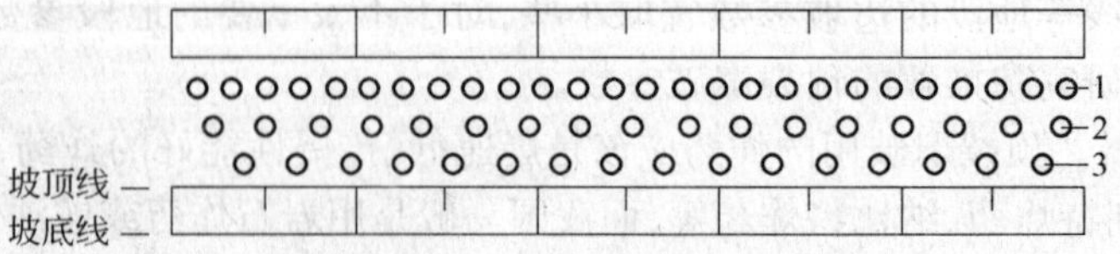

图 7-9　用光面爆破清理边坡

1—光面孔;2,3—辅助孔

首先,用 150 型潜孔钻机沿边界线打一排较密的光面炮孔,其孔径为 150mm,孔距为 1.7～2.0m,倾角 75°,斜长 16.5m。在光面孔距离台阶坡面大于 2.5m 的地方,再适当布置一些辅助钻孔,使光面钻孔排与辅助钻孔排的间距为2.0~2.3m。而后,往光面孔内装入比孔径小的细药卷,线装药密度为1.5kg/m,在药包与孔壁之间沿径向和轴向方向上都留有空隙,平均装药量为1.3kg/m。辅助孔按3kg/m的线装药密度装药,并适当增加底部装药量。起爆时,辅助孔先爆,间隔50ms后光面孔再爆。这样,爆破后坡壁面平整,不平整度仅为10~20cm,壁面上留有半个光面孔。

采用光面爆破时,应注意以下几个问题:

(1)合理选择爆破参数。光面爆破的参数选择与预裂爆破很类似,不过由于光面爆破是最后起爆,受岩石的夹制作用较小些,所以参数也就比较大。根据经验,光面爆破的最小抵抗线一般是正常采掘爆破的0.6~0.8倍,间距是自身抵抗线的0.7~0.8倍,即:

$$W_G = (0.6 \sim 0.8)W \quad (7\text{-}26)$$

$$a_G = (0.7 \sim 0.8)W_G \quad (7\text{-}27)$$

式中 W_G——光面爆破的最小抵抗线,m;

W——正常采掘爆破的最小抵抗线,m;

a_G——光面爆破的钻孔间距,m。

光面爆破的孔径一般等于正常炮孔作业的钻孔直径,若条件允许时宜取小一些的值。其不耦合系数同样在2~5范围内,线装药密度通常为0.8~2.0kg/m。表7-8列举了国外不同炮孔直径时的光爆参数,供使用时参考。

表7-8 国外不同炮孔直径时的光爆参数

孔径/mm	线装药密度/$kg \cdot m^{-1}$	炸药类型	最小抵抗线/m	炮孔间距/m
50	0.25	古利特	1.1	0.8
62	0.35	纳比特	1.5	1.0
75	0.5	纳比特	1.6	1.2
87	0.7	狄纳米特	1.9	1.4
100	0.9	狄纳米特	2.1	1.6
125	1.4	狄纳米特	2.7	2.4
150	2.0	狄纳米特	3.2	2.4
200	3.0	狄纳米特	4.0	3.2

(2)妥善进行装药与起爆。光面爆破用的炸药最好也是爆速低、传爆性能好的炸药,我国一般用岩石炸药或铵油炸药。药卷尽量固定在钻孔中央、使周围留有环形空隙等这些方面的要求与预裂爆破相似,与预裂爆破不同的地方主要是在起爆时间上。光面钻孔的起爆时间必须迟于主炮孔的起爆时间,通常是滞后50~75ms。至于光面钻孔的起爆方式,为了使光面孔同时起爆,最好也是采用导爆索起爆。

(3)控制最后几排的爆破。光面爆破的作用主要是形成平整的壁面,其并不能抵制或反射正常主炮孔爆破的地震效应,所以临近边坡时最后几排钻孔的装药量和抵抗线都应减小。最后几排孔最好是采用缓冲爆破。

(4)严格施工要求。光面钻孔的施工同样也要做到“平”、“正”、“齐”。特别是在边界平面的垂直方向上,钻孔偏差不许超过±(15~20)cm,否则壁面很难平整。

总之,光面爆破和预裂爆破有很多相似之处,其根本区别在于起爆时间。光面爆破孔距较大,穿孔工作量相对少一些,但其降震效果不如预裂爆破。所以,临近边坡的爆破可以概括为:微差爆破是基础,临近边坡宜采用"缓冲爆破",重要地段采用预裂爆破,清理边坡应采用光面爆破。

7.2.4 临近边坡爆破技术综述

合理有效的边坡控制爆破设计,能够以最小的成本实现边坡的安全、稳定。通常,影响边坡稳定的因素包括工程地质条件、边坡设计和使用特性、边坡开掘方法等。

7.2.4.1 预裂爆破技术

(1)超深预裂孔技术。露天矿开采中,为提高最终边坡的安全、稳定性,普遍采用了超深预裂爆破技术。图7-10所示为某矿临近边坡并段超深爆破实例,设计台阶高度为20m。在临近最终边帮时,将两个台阶合并为一段,段高40m;最后一排预裂孔采用60°~70°的倾斜孔,孔深约50m,其中超深3~4m。预裂孔间距为2~3m,采用粒状硝铵长药卷,直径为90~100mm,填塞高度为1.5~2.0m。预裂孔先爆,邻帮生产炮孔后爆,预裂爆破效果极好,在已形成的固定边帮上坡面平整光滑,可见到半壁孔。

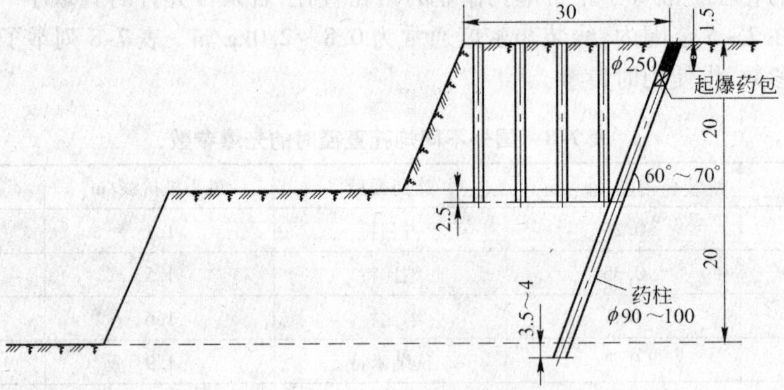

图7-10　临近边坡并段超深爆破(单位:m)

(2)新的预裂爆破装药结构。预裂爆破通常采用径向不耦合或轴向不耦合装药结构,采用膨胀橡胶球作为空气间隔材料,它是由壁厚3~4mm的聚苯乙烯橡胶制成的球囊,装入孔内一定深度后用混装车上的气泵充气,膨胀后的橡胶球利用摩擦力支撑在孔壁上,实现了径向不耦合或轴向不耦合装药结构。

(3)大直径预裂爆破技术。预裂爆破的作用是在预裂孔连线方向上形成一条连续预裂面,同时避免孔壁径向裂纹在边坡岩体中的过度延伸。由于边坡坡面的稳定取决于预裂面的质量,因此,必须最大限度地减少爆破对边坡岩体的破坏。这一要求也意味着预裂爆破在限制岩体破坏的同时,还必须保证在预裂孔之间形成一连续预裂面。

一般炮孔内炸药的爆轰压力会大大超过岩石的动态抗压和抗拉强度。因此,为避免孔壁岩石的破坏和邻近区域内径向裂隙的过度延伸,必须降低炸药爆轰作用于孔壁的压力。实现的途径有两个:一是减小炸药密度;二是采用炮孔不耦合装药结构。不耦合装药技术在小孔径(一般小于130mm)条件下的应用相当普遍,它作为预裂爆破的一种有效技术手段,已被人们所接受。为了实现炮孔不耦合装药结构,可以增大爆破炮孔直径。

(4)空气间隔装药预裂爆破。空气间隔装药结构一般由雷管、高爆炸药包、孔底小药包和空气间隙组成。空气间隙是通过在炮孔内放置一个可膨胀的塞子形成的,以便使填塞柱保持一定高度。填塞柱使空气冲击波降低到最小,同时密封炮孔以便产生一个密闭腔,有利于爆炸冲击波和爆生气体的作用。药柱起爆时,高压气体向空气柱内膨胀,同时使相邻孔间岩石受压,沿岩体边坡产生预裂缝。

7.2.4.2 光面爆破技术

为了提高光面爆破效果,降低爆破对预留保护岩层的损伤,在许多矿山采用了沿炮孔轴向和孔底径向刻槽的控制爆破技术。采用刻槽爆破技术的基本目的是,控制裂纹扩展方向,降低炮孔压力到合适的程度,以利于裂纹的生长。采用孔底刻槽爆破技术获得了非常理想的路堑边坡爆破效果,半孔率明显提高,和普通光面爆破相比,损伤范围大大降低。路堑边坡控制爆破表明:采用孔底径向刻槽、同时以起爆周边炮孔技术取代传统的超钻、孔底装药方法,预留边坡将更加平整、光滑,半孔率明显提高,孔底损伤范围减小。

7.3 露天矿道路开挖爆破

在露天采矿中,修建铁路、公路对岩石段开挖路堑和排水沟以及修建山坡路堤,由于矿山地质、地理地形条件、水土环境的多样性,作业的临时性和移动性以及对路堑与出入沟开挖的特殊性,其爆破也有一定的要求。

7.3.1 路堑的开挖爆破

7.3.1.1 装药量计算和炮孔布置参数

为了减少路堑边坡及基底的破坏、避免岩石飞散、取得所要求的岩石块度、充分利用炮孔容积,可按岩石可爆性和路堑深度选择炮孔的装药直径 d,一般为 60 ~ 160mm。

装药长度 L 应采用如下数值(装药炮孔直径的倍数):当 $d=146 \sim 160$mm 时,$100d \geqslant L \geqslant 30d$;当 $d=60 \sim 105$mm 时, $8d \geqslant L \geqslant 40d$。

炮泥长度(炮泥为炮孔岩粉时)不应少于 $22d$。当有条件约束爆破飞石时,为了破碎坚固的岩石及降低路堑围岩的破坏,炮泥长度可减至 $10d$ 以内;当爆破飞石和岩石爆堆无特殊要求时,炮泥长度可提高到 $40d$。垂直炮孔的超深,一般情况下取$(8 \sim 10)d$ 或$(0.3 \sim 0.4)W$ 或炮孔间距 a 的值。

当炮孔布置为矩形、装药长度和装药直径为最优时,其爆孔间距 a 可按式(7-28)确定:

$$a=\sqrt{\frac{p}{q}} \tag{7-28}$$

式中 p——每米炮孔装药量, kg/m;

q——单位炸药消耗量,根据岩石种类和性质选取, kg/m^3。

在下述情况下,q 值的选取原则为:

(1)当爆破的岩石容易破碎时,不管岩石属于什么级别一律取小值,如严重风化的板状岩石、薄层裂隙发育的岩石、有明显节理和片理的岩石及硅化性强的岩石。

(2)当爆破的岩石破碎性中等、黏性不大时,取大值。

(3)当装药长度 $L>60d$ 时,可在炮孔下部装填威力大、密度高的炸药,其装药长度不应小于下限的 0.6 倍,这个下限是指通过技术经济计算、采用混合炸药最为有利的一个装药长度下限。

炸药消耗量应按照打眼时所确定的岩石性质和第一次爆破的效果来确定。

爆破工作应先在一段路堑中进行,这段路堑一般应该满足电铲工作 3 ~ 4 个班。主要炮孔在路堑横断面上的排数，按式(7-29)计算：

$$N=\frac{B}{a}+1 \tag{7-29}$$

式中　N——主要炮孔的排数；

B——路堑在路基主平面上的水平宽度或在被爆破岩层水平上的宽度，m。

在计算排数 N 时，应调整孔距 a 的值，使最边上一排的主要炮孔装药恰恰落在路堑坡基上。

在深度超过4～6m的路堑中，当边坡斜率小于1:0.2时可不用光面爆破，除主要炮孔采用松动爆破外，还需在路堑断面处打很多斜坡炮孔，用以松动岩石、减少边坡的修整工程量，如图7-11所示。斜坡炮孔的布置在斜坡率为1:0.33以内时，应倾斜布孔；斜坡大于上述值时，应垂直布孔。在路堑横断面上，当炮孔排列为偶数、在纵向排列上又要求微差爆破时，中间两排炮孔应靠近一些布置。

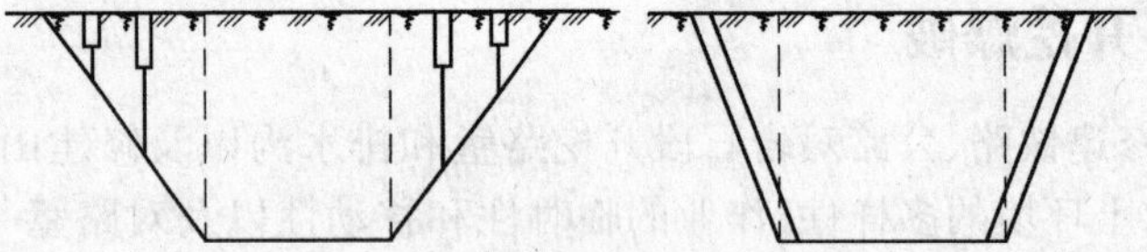

(a)　　(b)

图7-11　斜坡炮孔在路堑剖面图上的布置

(a)垂直布孔；(b)倾斜布孔

每一炮孔的装药量 Q 按式(7-30)计算：

$$Q=\sum_{i=1}^{m}L_iP_i$$

$$\sum_{i=1}^{m}L_i=H+L_1-L_2=L_3-L_2 \tag{7-30}$$

式中　L_i——同一装药密度段的长度；

L_1——炮泥长度；

L_2——超钻深度；

L_3——炮孔深度；

P_i——同一装药密度每米炮孔装药量；

m——不同炸药密度的装药段数；

H——台阶高度或被爆层高。

在开挖路堑时，若岩石为弱胶结的水平岩层或在路堑底板水平上有一夹层，可不打超深钻。

7.3.1.2　微差爆破的参数和计算

根据路堑的开挖和爆破工艺，需采用下列主要的炮孔装药方式和微差爆破方案。

(1)纵向顺次微差爆破方案。如图7-12所示，该方案适用于在山坡地形一次爆成的、深度小于4m的、用电铲纵向掘进的路堑和在平坦地段开挖的路堑。

在采用纵向顺次微差爆破方案时，相邻排的炮孔应交错排列。炮孔之间的设计间距 a 应取炮孔排距 b 的1.2～1.6倍以上(在爆破难破碎的岩石时，取大值)。

(2)横向顺次微差爆破方案。如图7-13所示，该方案适用于挖掘底面宽度大于10m的路堑和在易破碎岩石中用短段爆破和全宽度掘进的路堑。

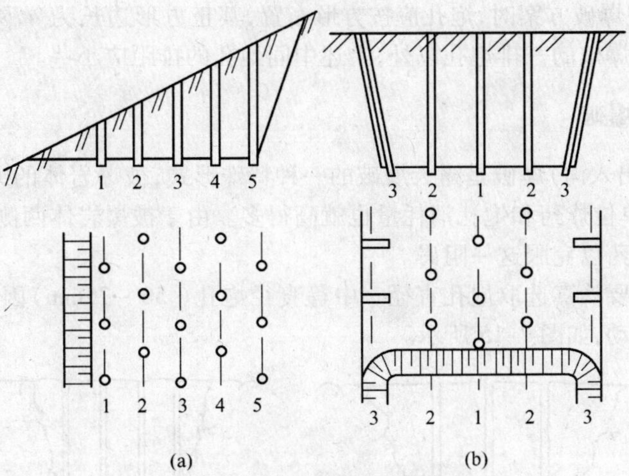

图 7-12 纵向顺次微差爆破

(a)山坡上的路堑;(b)平坦地段上的路堑

1~5—爆破各排炮孔的微差起爆顺序

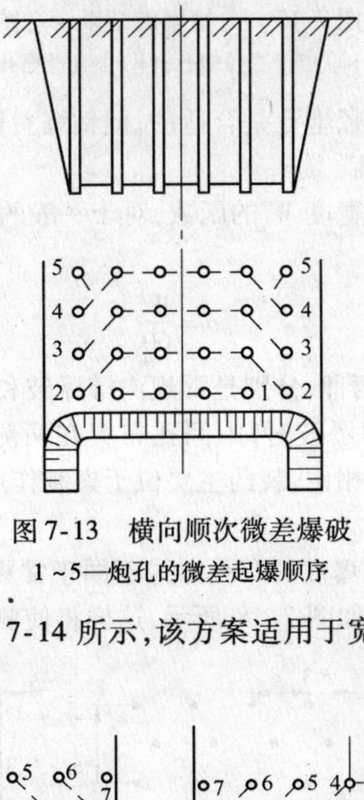

图 7-13 横向顺次微差爆破

1~5—炮孔的微差起爆顺序

(3)V形微差爆破方案。如图7-14所示,该方案适用于宽度小于10m的、正面短段爆破和全宽度掘进的路堑。

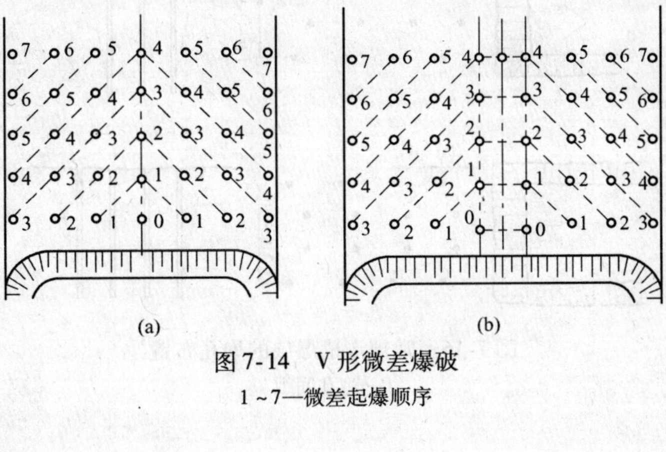

图 7-14 V形微差爆破

1~7—微差起爆顺序

在采用 V 形微差爆破方案时，炮孔应按方形布置，其正方形边长为 a，除梯形爆破的中间两排炮孔或构成三角形爆破的三排炮孔以外，上述中间炮孔的排距应小些。

7.3.2　沟槽的开挖爆破

露天采矿沟槽（出入沟）爆破是露天爆破的一种特殊形式，被爆岩体的夹制程度远远大于常规台阶爆破，相应的单位炸药和炮孔消耗量也就高得多。由于被爆岩体两侧存在巨大的摩擦力，这就需要额外多装炸药以克服这一阻碍。

设计沟槽爆破时要认真选取炮孔直径。中等直径炮孔（50～75mm）因其孔内装药较多，将会加大超裂和爆破震动，如图 7-15 所示。

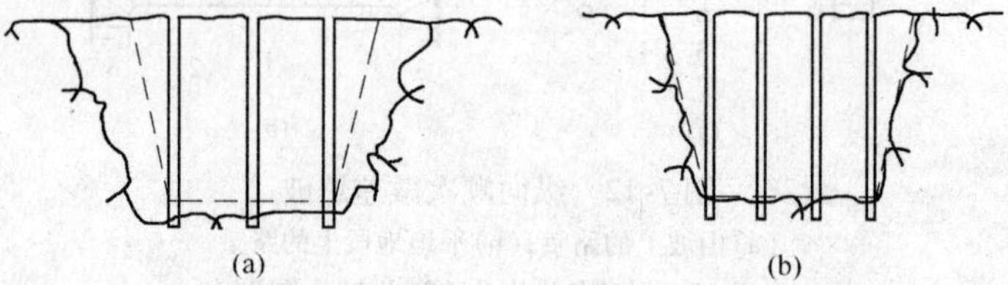

图 7-15　沟槽爆破结果示意图

（a）中等直径炮孔；（b）小直径炮孔

从钻爆的经济性来看，中等直径炮孔是合适的，但钻爆费用的减少必须与破碎岩石铲装和运输等后续作业费用的增加进行权衡。

根据经验，炮孔直径 d 是沟槽宽度 W' 的函数，对于一般的沟槽爆破，可用式（7-31）确定炮孔直径 d（mm）：

$$d = \frac{W'}{60} \tag{7-31}$$

目前主要的沟槽爆破方法有两种，分别是常规沟槽爆破和光面沟槽爆破。

（1）常规沟槽爆破。常规沟槽爆破时，中间孔布置在两侧孔的前面，如图 7-16 所示。所有炮孔装药相同，它与一般台阶爆破相比，装药主要位于夹制作用较大的被爆体底部，如图 7-17 所示。

（2）光面沟槽爆破。光面沟槽爆破的布孔方式不同于常规沟槽爆破，它将中间孔向后移动，使所有同排炮孔位于同一直线上，如图 7-18 所示，这样将使侧壁孔的破碎角度加大、夹制程度

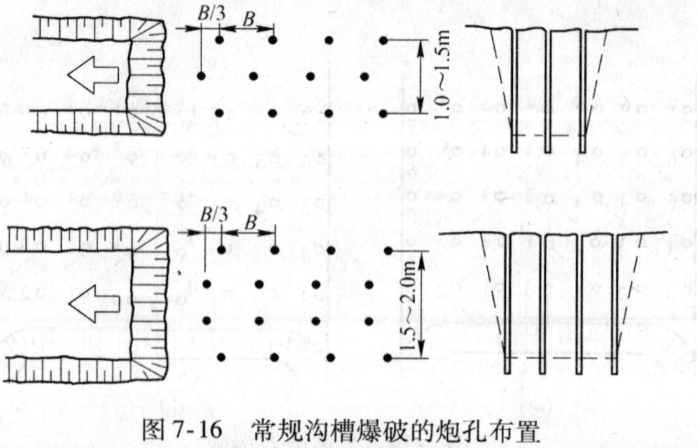

图 7-16　常规沟槽爆破的炮孔布置

B—炮孔间距

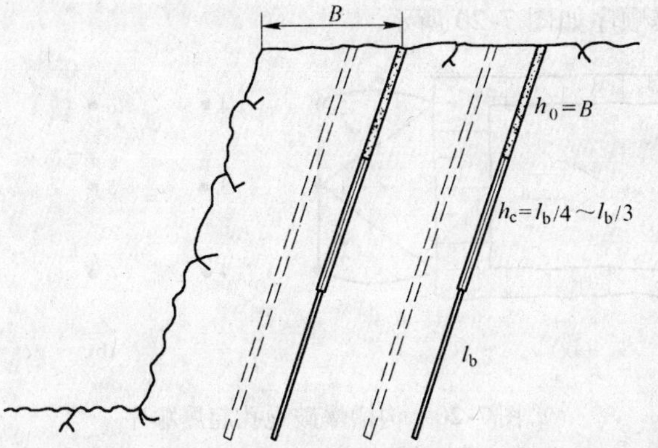

图 7-17 常规沟槽爆破的炮孔装药结构

B—炮孔间距;h_0—不填塞部分长度;h_c—填塞部分长度;l_b—装药部分长度

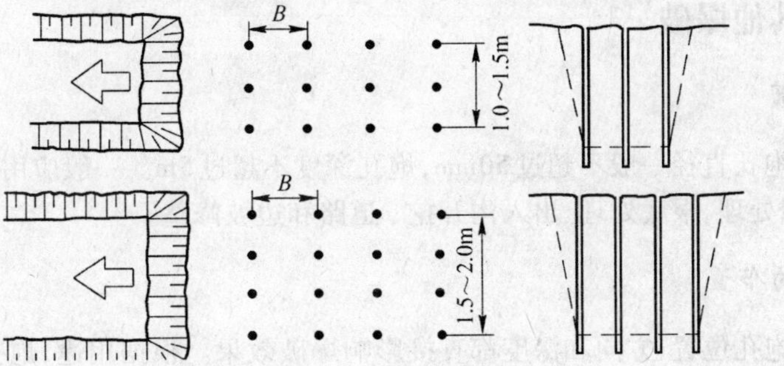

图 7-18 光面沟槽爆破的炮孔布置

降低,有利于减少侧壁的超裂。

该种方法的单位炸药消耗量与常规沟槽爆破是一致的,所不同的只是调整了被爆体的炸药分布,如图 7-19 所示。

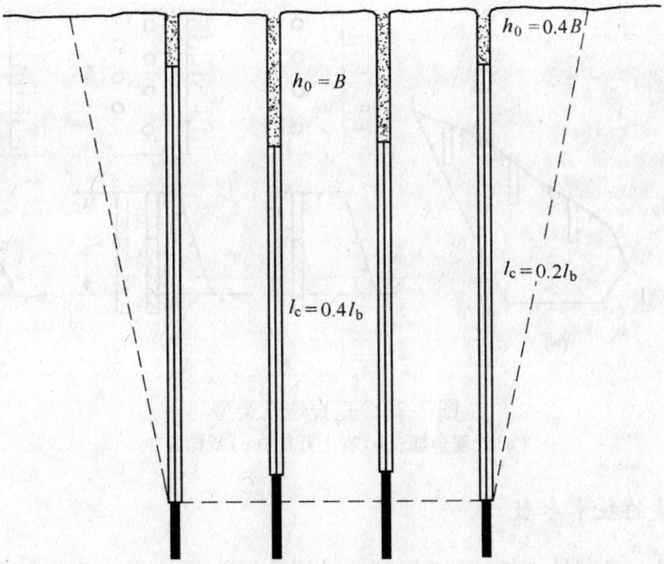

图 7-19 光面沟槽爆破的炮孔装药结构

沟槽爆破炮孔起爆顺序如图 7-20 所示。

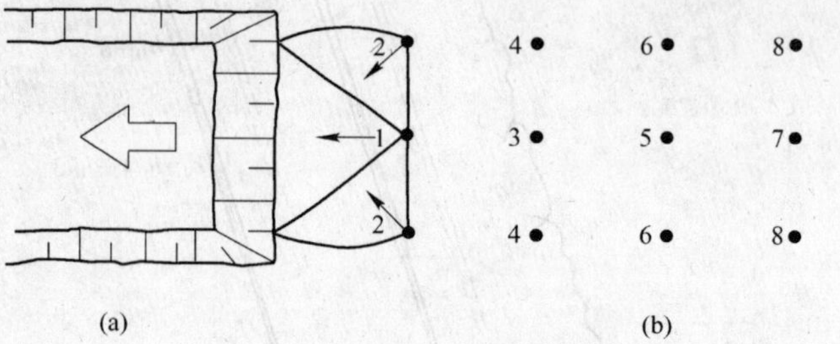

图 7-20　沟槽爆破炮孔起爆顺序
(a)常规沟槽爆破;(b)光面沟槽爆破
1 ~ 8—起爆顺序

7.4　露天矿其他爆破

7.4.1　浅孔爆破

浅孔爆破的炮孔直径一般不超过 50mm,炮孔深度不超过 5m。一般应用于露天岩土开挖、二次破碎大块、伞檐处理、根底处理、出入沟开挖、道路和边坡修整。

7.4.1.1　炮孔的布置

浅孔爆破的炮孔位置、方向和深度都直接影响爆破效果。根据用途,炮孔可分为水平孔、垂直孔、倾斜孔。

一般二次破碎大块、根底处理、道路和边坡修整可以采用倾斜孔,岩土开挖、二次破碎大块、伞檐处理、根底处理、出入沟开挖可以采用垂直孔(见图 7-21,H 为台阶高度),二次破碎大块、道路和边坡修整也可以采用水平孔。

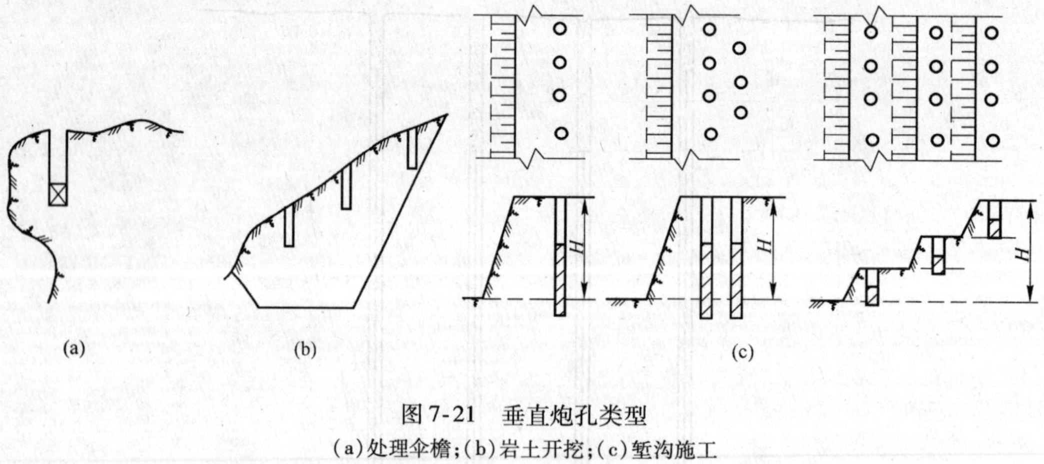

图 7-21　垂直炮孔类型
(a)处理伞檐;(b)岩土开挖;(c)堑沟施工

7.4.1.2　浅孔爆破的技术参数

(1)最小抵抗线。确定最小抵抗线(指第一排炮孔)时,要注意绝对不能大于台阶高度 H,否则有可能出现冲天炮,这样不但爆破效果不好,甚至可能使岩石飞散、爆破量减少、炸药消耗量增多。一般来说,岩石较硬、台阶较低时,抵抗线应该选取小值,通常取最小抵抗线为台阶高度 H 的0.6~0.8倍。

(2)炮孔深度。浅孔爆破时,一般炮孔的深度 L 不像深孔爆破要求的那样严格,但炮孔深度通常是由岩石软硬程度和台阶高度(H)来确定的。

坚硬岩石:$L=(1.1\sim1.5)H$

次坚硬岩石:$L=H$

松软岩石:$L=(0.8\sim0.95)H$

当炮孔的底部有一层软的岩石夹层时:$L=(0.7\sim0.9)H$,松软岩石取0.7,坚硬岩石取0.9。

在台阶式的梯段地形爆破时,一般应使梯段高度大一些,因此炮孔就要深一些,从而可以取得较好的爆破效果。但台阶地形炮孔深度以不超过3.5m为宜,水平地面以不超过2.5m为宜。因为孔深之后,凿岩效率下降,而且炮孔直径有限,药装不下,爆后残留炮根太长,等于白打。

(3)孔距。炮孔之间的距离称为孔距(a)。一般与起爆方法有关,通常与最小抵抗线 W 的关系是:火花起爆时,$a=(1.4\sim2.0)W$;电力起爆时,$a=(0.8\sim2.3)W$。

微差起爆在浅孔爆破中也可以使用。如采用这种方法,孔距还可以增大,最大可达到最小抵抗线的1.8~2.0倍。

(4)排距。当采用多排孔爆破时,两排之间的距离称为排距(b)。一般来说,炮孔应按梅花形交错排列,以求碎块均匀。通常,排距与最小抵抗线的关系是:

第一排 $b=W$

第二排起 $b=(0.8\sim1.2)W$

排距与孔距之间的关系是:排距 b 约等于孔距的0.86倍。

炮孔之间的距离(孔距与排距)过大,会留根底;间距过小,岩石破碎且飞得很远,不能充分发挥作用,特别是火花起爆时这种情况遇到得较多。孔距过小时,还会因一个炮孔爆破后将邻近的药包震坏或扒掉,失去爆破效果,或药包未坏但实际抵抗线大为减少,给安全带来不利。当岩石松软、临面多而且较陡时,间距应大些;和上述情况相反时,间距宜小一些。

(5)单位岩石炸药消耗量。爆破1m^3 原岩石所需的药量,称为单位岩石炸药消耗量(q)。该值确定的正确与否,将直接影响爆破岩石块度的大小,凿岩和装岩工作量,炮孔利用率、整齐性与稳定性,爆破效果以及经济指标等。

(6)实际装药量。每个炮孔的实际装药量,可以有两种计算方法:一种是根据炮孔装药长度计算实际装药量,适用于采用药卷型炸药的情况;另一种是根据炮孔容积计算实际装药量,适用于采用散装炸药的情况。

1)坚石:装药长度为孔深的1/2~2/3;

2)次岩石:装药长度为孔深的1/3~1/2;

3)软石:装药长度为孔深的1/3或稍多。

在特殊情况下,如在爆破作业场内有机械设备以及其他建筑物时,为避免损坏设备及破坏建筑物,也可少装药,但也不能少于炮孔深度的1/4。

7.4.1.3 浅孔爆破施工

装药前应详细检查炮孔的深度、方向、潮湿情况,同时准备好炸药、起爆器材、填塞材料等。垂直向下的炮孔可装散炸药,也可用袋装炸药(药卷);对于水平或向上的炮孔,需装袋装炸药。散炸药应分批装入,用炮棍轻轻捣紧,待装完全部装药量的80%~85%以后,即装入起爆药卷,然后再装入剩余的部分。

与上述方法不同,可以将起爆药卷倒置于炮孔底部,使聚能穴向上(朝炮口方向),这样更充分地利用了聚能效应,使炸药爆轰更完全,在实践中收到了较好的爆破效果。炸药装完后,立即进行堵塞。较好的堵塞材料为黏土和加砂混合物,除此以外,干砂土、小石屑、水泥纸袋均可。堵塞得好坏对爆破效果影响很大,堵塞紧密,爆炸时气体沿炮孔扩散少,因而爆破效果好;堵塞不好,爆炸时有些气体沿炮孔扩散了,没有起到破坏作用,因而降低了爆破效果。堵塞时,最初装入的堵塞物(最好在炸药与堵塞物之间用废水泥纸袋隔开)不可用力挤压,以后装入的用炮棍轻轻捣紧,到炮口附近的填塞物则需用力地捣紧。在堵塞过程中,要注意保护导火索或电线。

上述工作完成后,要全面检查一遍,各项工作妥善无误后即可发出爆破信号,进行起爆。

7.4.2　药壶爆破

药壶爆破是用一般的打孔方法将炮孔凿成之后,在炮孔底部放入少量炸药爆破,如此反复几次,在炮孔底部便形成一个大的壶形空腔,这就是药壶(如图 7-22 所示)。在此基础上,装入计算好的炸药进行爆破,这便是药壶爆破。这种爆破的实质是把普通炮孔爆破法中的长柱形药包变形成集中药包(近似球形药包),使得爆破时所产生的能量更集中,从而有利于克服台阶底板阻力。

药壶法适用于孔深 2 ~ 10m、中等坚硬岩石的矿山台阶爆破,在坚固岩石或岩石节理裂隙很多及有地下水的情况下均不宜采用。

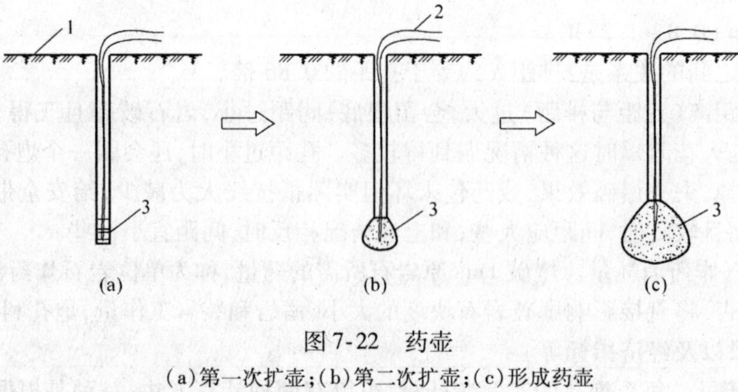

图 7-22　药壶

(a)第一次扩壶;(b)第二次扩壶;(c)形成药壶

1—地面线;2—导线;3—炸药

7.4.2.1　炮孔位置的选择

药壶法炮孔的深度、方向、位置基本上与炮孔法相同,下面仅就其与炮孔法不同之处进行介绍。

(1)当炮孔较深时,应做一些简单的测量控制工作,再设置炮位。

(2)炮孔深度不宜太深,一般不超过 6m。

(3)炮孔一般为垂直孔,也可以打倾斜孔和水平孔。

(4)炮位应放在整体岩层上,尽量避开裂缝或软弱层。

7.4.2.2　药壶制作技术

炮位选好后即可进行打孔。炮孔到达预定深度后,将炮孔清除干净,然后进行炮孔底部的扩大工作,如图 7-23 所示。

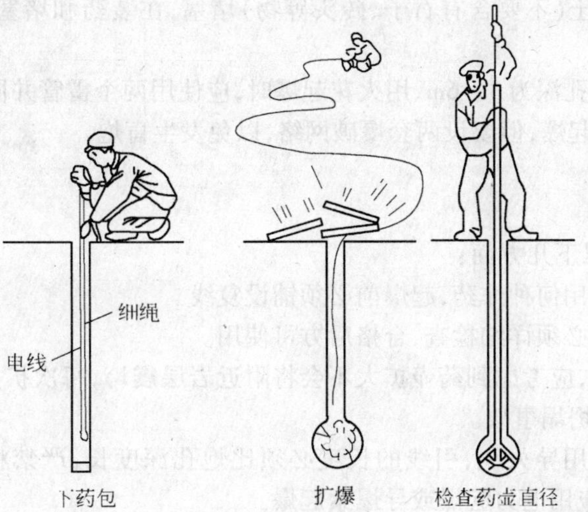

图 7-23 扩爆药壶示意图

(1)药壶可以一次扩爆而成。但是当扩爆需投药量多时,应分几次进行扩爆。在松软岩石中扩爆药壶时,装药可不加填塞;在中等坚硬的岩石中扩爆时,可使用局部填塞方法以减少扩大爆破次数,但最后两次不宜填塞,以免填塞物在爆破时冲不出炮口而落入药壶内。填塞物可使用砂和黄土混合物,填塞厚度为 20 ~ 30cm。

(2)每次投入炸药扩壶之前,先将炮棍插入孔底,检查炮孔有无堵塞情况。

(3)在开始扩孔之前还要用药卷检查炮孔,如为垂直孔,用线拴住药卷放入孔内,如能顺利落至孔底,证明炮孔完好;如为水平孔,用炮棍插入药卷中间并绑好,缓缓送入炮孔并拉出,如畅通则证明炮孔良好,否则不易扩壶。

(4)投药扩壶时,第一次用药量应根据孔的深度来决定,一般认为,炮孔 2m 以内用 100g,深 2m 以上用 100 ~ 200g。次坚石、坚石扩壶次数多,第一次用药量取小值,以后扩壶用药量增加的多少一般可由爆破声来判断,如声高尖脆,犹如枪声且振动小,说明这次扩大不多,下次投药量比前次增加约 1/3 就可以了;如声音闷哑、犹如闷雷且振动大,则表明药壶扩大很多,下次投药量可成倍增加。同时,也可以由炮孔中冲出的石渣来判断扩壶量的多少。

(5)每次扩爆后,由于爆破后孔底的热量一时不易散出,继续装药易发生危险,需间隔一定时间。当炮孔深度在 5m 以内时,使用硝铵炸药应间隔 15min;使用硝化甘油炸药应间隔 30min;炮孔深度大于 5m 时,应用冷水冲洗后将温度计放入孔内 5 ~ 6min,待壶内温度降至 40℃以下并将水吸干后,才能继续装药进行再次扩大。

(6)扩大药壶时,禁止将起爆药包的导火索点燃后丢进炮孔,以免发生危险。

(7)扩大药壶深入 4m 时,应使用电雷管或导爆索起爆。

7.4.2.3 药壶爆破施工

(1)装药与堵塞。药壶扩大完毕后应将内部清理干净。装药前,还应检查其温度、有无渗水和堵塞,如发现有上述情况应采取措施处理后方能装药。

装垂直孔时,可用炮棍将药卷送入壶底,每次一筒;如为散药,可用漏斗灌入药壶内,先装一半,将起爆体放入,再装其余的炸药,此时不能用炮棍捣实炸药以免出危险。当药壶内装药较多时,应装入两个起爆体,一个放入药壶底,另一个在装药一半时放入。

药装完后，用砂黏土(不要含有石子、砖头等物)堵塞，在装药和堵塞过程中，要注意保护导线或导火索。

(2)药包起爆。炮孔深为3～6m、用火花起爆时，应使用两个雷管并同时点燃。孔深大于6m时，应用导爆索或电力起爆，但要设两套爆破网络，以免发生盲炮。

7.4.2.4　注意事项

药壶爆破应注意以下几方面：

(1)药壶爆破不论用何种炸药，起爆前必须铺设复线。

(2)使用的起爆器必须详细检查，合格后方可使用。

(3)在选择炮位时，应考虑到药壶扩大不会将附近岩层震垮，每次扩大后必须检查有无坍塌迹象，以免操作时发生坍塌事故。

(4)扩大孔底时使用导火线，引线的长度必须比炮孔深度长，严禁将导火线点燃后丢进炮孔。深度超过4m时，应用电力起爆或导爆索起爆。

(5)药壶扩好后，在炮孔周围如果发现岩层移动或炮孔变形，不能继续装药，必要时可考虑放弃这个炮孔。

7.4.3　蛇穴爆破

蛇穴爆破是利用阶梯状地形，采用水平或略带倾斜炮硐，但断面很小，直径一般为30～40cm，深度为2～5m。如果因为断面直径小，容纳不下需装入的炸药，可在蛇穴底部装入适量炸药扩大成药室，因此，必须有合适的地形才能收到较好的效果。

7.4.3.1　蛇穴的施工

矿山爆破蛇穴可采用浅孔扩大或深孔扩大的办法开挖成硐。

当采用浅孔扩大时，开口用40～45mm宽的钎口打30～40cm深的眼孔，装药爆破，炸出直径为20～30cm的洞身；清渣后，打50～60 cm深的眼孔进行爆破，再清渣，如此往复直至形成所需的洞深。但必须注意保持洞身的平顺和顺直，否则会增加装药的困难。

当采用深孔扩大时可按下列顺序进行，如图7-24所示。

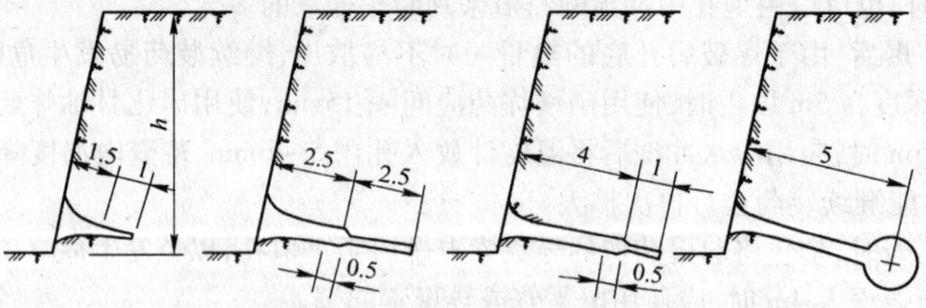

图7-24　深孔逐次扩大成硐(单位：m)

按规定位置水平或略带倾斜打一个深为2.5m的炮孔，装药2.0m，其余用炮泥堵塞进行爆破，大约可形成深1.5m的圆锥形洞；余下1m深炮孔重新装药0.6kg，外面堵塞1.0m左右进行爆破，最后获得口部直径为20～40cm、中部稍小、深为2.5m的洞。以后再打2.5m深的炮孔，全部装药，外面堵塞50～70cm长炮泥爆破并经清渣后，可获得深约4m的洞；余下1m重新全部装药，再用炮泥堵塞50～70cm，爆破后洞身直径扩大到20～40cm，深度为5.0m。

蛇穴法爆破最好要形成药室，方法如同前述的用炸药来扩壶，这样装药量集中，爆破效果才好;相反,如果洞底形成一锥形尖底、药又不集中,往往爆破效果差,还会造成冲炮而发生事故。另外,蛇穴是水平状或稍微向下倾斜的,炸药装入时不如药壶法方便,也不能全部达到预定位置,因此希望有较大的药室空间来放置炸药。

7.4.3.2 蛇穴法装药量的计算

蛇穴法的装药量可按具体情况进行计算如下:

阶梯地形 $$Q = 0.36qW^3 \tag{7-32}$$

多自由面或陡岩地形 $$Q = (0.125 \sim 0.440)qW^3 \tag{7-33}$$

式中 Q——装药量,kg;

W——最小抵抗线,m;

q——单位岩石炸药消耗量,kg/m^3。

7.4.3.3 蛇穴法的装药

干燥的蛇穴可把散装炸药用带长柄的卷边铜铲送入蛇穴底部。在潮湿和有水的蛇穴内,用油纸或水泥纸将炸药包成与蛇穴大小、形状相适合的药包,并涂以防水剂;或者将炸药装于竹筒和瓦罐内,用黏土堵塞封口。将做好防水的药包放在薄木板上送入蛇穴底部,再用炮棍把药包往前推,同时抽出木板;或者将两根以上修光的竹竿放进蛇穴内,药包放在竹竿上,再用炮棍将药包推至蛇穴的药室内。药量装至一半时,放入起爆体,此时应将导线或导火索放于硐壁比较平顺的一边。任何时候装入的炸药不得超过硐身长的1/3,当然最好能全部进入药室内。

7.4.3.4 蛇穴法的堵塞与起爆

装完药之后,电线和导火索应用竹管或带槽木板进行保护,然后进行回填堵塞,靠近炸药的堵塞物应用沙子和黏土,以后可用挖出来的石渣堵塞,但应注意回填紧密。蛇穴法的冲炮机会比其他方法爆破时多一些,布置警戒和堵塞回填应注意这个特点,采取相应的措施。装药堵塞完毕后,可按一般的起爆方法起爆。

7.4.4 裸露药包爆破

裸露药包爆破也称覆土爆破,现场多称为糊炮、糊大块。多用在大块的二次破碎、根底的二次处理。当然,大块也可以用浅孔方法爆破,如图7-25所示。

炸大块孤石可采用裸露药包法或炮孔爆破法。

裸露药包法是在爆破体上或紧靠其侧面、底面放置炸药包,再覆盖炮泥,用火雷管起爆或导爆管-雷管起爆(见图7-26)。这时,大块矿岩主要靠其上面药包爆破产生的爆破冲击波进行破

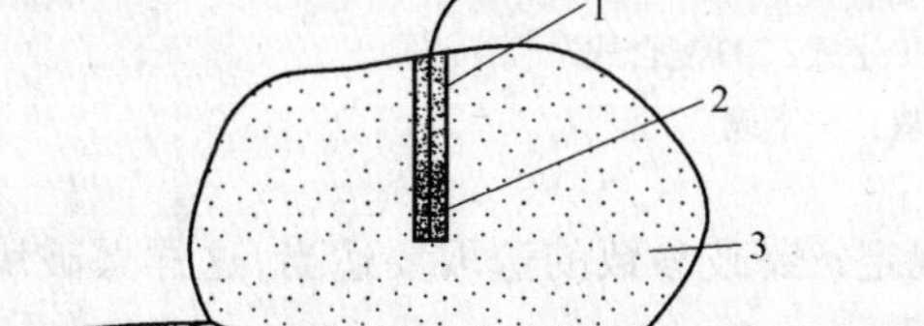

图7-25 浅孔处理大块

1—炮泥;2—炸药;3—大块

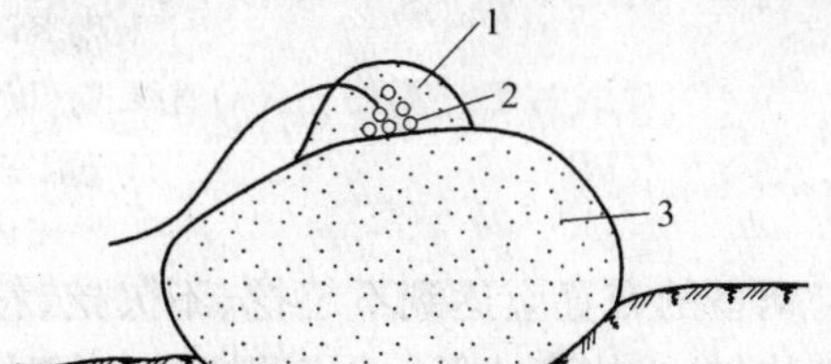

图7-26 裸露药包爆破

1—炮泥;2—炸药;3—大块

碎，爆炸气体在破碎中的作用是很小的，所以炸药能量损失大，单位炸药消耗量比浅孔爆破时大，达到1～2kg/m^3。为了减少炸药消耗量，提高破碎效果，往往在药包上覆盖黏土之类的炮孔填塞材料，或用装水的塑料袋覆盖。裸露药包爆破产生强烈的声响和空气冲击波，造成多方面的石块飞散，给人员和设备带来不良后果。因此，一次的爆破药量应加以限制，不应超过8～10kg。

7.4.5　硐室爆破

硐室爆破是将大量炸药（几吨至千吨以上）装在坑道或硐室内进行大规模爆破的方法，故通常称作大爆破。其突出特点是一次爆破的炸药量集中、炸药量大、爆破的岩土量大。

在矿山，硐室爆破主要用于剥离露天矿、开挖运输线路路堑、平整工业场地和修筑尾矿坝等大型基建工程。当采用抛掷爆破时，可抛移大量岩石，大大减少装载和运输机械设备的工作量，减少在这方面的费用；如果一次爆破炸药量大，爆破地震和爆破空气冲击波以及爆破噪声强度大，给环境保护带来不良影响；由于是集中爆破，岩体中炸药能量分布极不均匀，爆破后岩石矿石破碎程度差、大块多，二次爆破量增加，生产效率降低，矿岩破坏范围大，增加了露天矿边坡或路堑两边岩石的不稳定性。

常用的硐室形式如图7-27所示，主要有直线式、直角式、T字式和复合式。露天矿硐室爆破时，硐室和平硐一般都在硬岩中开掘，所以在多数情况下不必支护。硐室高度大多不超过2～2.5m，最大的也不超过4～5m。硐室宽度以不大于5m为宜。平硐的作用一是作为开挖硐室和硐室装药的通道，二是用以堆积堵塞材料。堵塞要有足够长度，并且要堵塞密实，以保证爆破安全和良好的爆破效果。

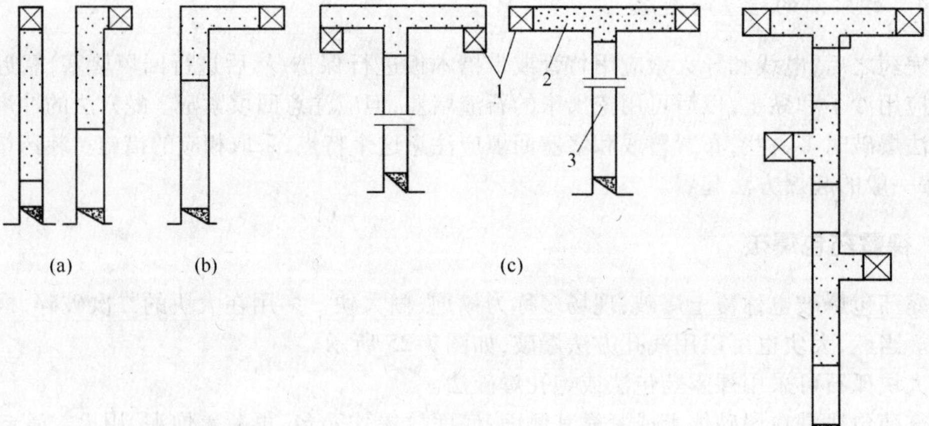

图7-27　硐室形式

(a)直线式；(b)直角式；(c)T字式；(d)复合式

1—硐室；2—填塞材料；3—平硐

硐室的布置应达到不超挖、不欠挖，符合设计规定；爆破参数的选取要适当，这样爆破块度才能均匀，大块率才低。硐室爆破的一般要求有：

(1)对于一般爆破工程，药包的最小抵抗线应不大于50m、不小于5～7m。

(2)当地形条件适当、爆破方量和抛掷方量都不过大时，应尽量采用单排硐室爆破；当然，当地形条件不允许、单排硐室爆破满足不了对爆破方量和破坏范围的要求时，则应考虑双排或多排硐室爆破。

(3)地形高差比较小时，硐室可按一层布置，破碎与抛掷效果均较好；地形高差大时，应考虑按双层或多层布置硐室，而且上、下层硐室之间要采用间隔爆破。

7.5 露天爆破施工与效果

7.5.1 爆破施工

在工程爆破中，特别强调施工作业的条理性、准确性、安全性和可靠性，每一次成功的爆破都离不开参加人员工作时的精心施工、认真操作。为了保障施工的安全并取得良好的爆破效果，要求参加各种作业的人员都应事先掌握施工作业的操作要领，了解注意事项，严格遵守各项有关规定，做到安全可靠、万无一失。

7.5.1.1 炮孔布置

炮孔布置应由爆破工程技术人员或者是有经验的爆破员来实施，并根据现场实际情况适当调整孔网参数，通常，孔网参数调整幅度不超过10%。炮孔布置的原则是：

(1)炮孔位置应尽量避免布置在岩石松动、节理裂隙发育或岩性变化较大的地方；

(2)应特别注意底盘抵抗线过大的地段，视情况的不同而分别采取加密炮孔、孔底扩壶、预拉底或底部采用高威力炸药等措施来避免产生根底；

(3)应特别注意前排炮孔抵抗线的变化，防止因抵抗线过小而出现爆破飞石事故，因抵抗线过大而留下根底；

(4)应注意地形标高的变化，需适当调整钻孔深度，保证下部作业平台的标高基本一致。

7.5.1.2 炮孔钻凿

(1)钻孔作业。钻机操作人员应根据炮孔位置进行钻孔。钻孔作业前，应认真清理炮孔周围的碎石、松石等，并了解钻孔的深度、方位、倾角。当前排炮孔因孔边距太小而换接钻杆不安全时，应及时向工程技术人员提出调整孔位请求。对于孔口岩石破碎不稳固或因浮渣较厚难以钻凿的地段，应在钻孔过程中采用泥浆进行护壁，其目的一是避免孔口形成较大的喇叭口状而影响岩粉冲击，二是在钻孔、装药过程中防止孔口碎岩块掉落孔内而造成堵孔。泥浆护壁法的操作程序是：1)炮孔钻凿2~3m；2)在孔口堆放一定量的含水黏黄泥；3)利用钻杆上下移动，将黄泥带入孔内并侵入碎岩缝内；4)检查护壁是否达到要求。

在终孔前使钻杆上下移动，尽可能将岩粉吹出孔外，以保证钻孔深度，提高钻孔利用率。

(2)炮孔验收。炮孔验收的主要内容有检查孔网参数和炮孔深度、复核前排各炮孔的抵抗线、查看孔中含水情况。

炮孔深度是用测绳（或软尺）前端系上重锤来测量的，测量时要做好编录。根据经验，炮孔深度不能达到设计要求的主要原因有：孔壁破碎岩石掉落孔内造成堵塞、炮孔钻凿过程中岩粉吹得不干净、孔口封盖不严造成雨水冲垮孔口。

为了防止堵孔，应该做到：1)每个炮孔钻完后应立即将孔口用编织袋堵塞好，防止其他杂物或雨水等进入孔内；2)孔口周围的碎石块应清理干净，防止掉落孔内；3)一个爆区钻孔完毕后，应尽快组织实施爆破。在炮孔验收过程中若发现堵孔、孔深不够，应及时进行补孔、补钻或透孔。在补孔、补钻或透孔过程中，应注意别破坏周边炮孔。在装药前应保证所有炮孔都符合设计要求。

检查孔内是否有水,通常是丢进孔中一块小石头,听是否有水声。如果有水声,应用皮尺测量水深度,检查后仍需将孔口堵塞好,并在炮孔堵塞物上做标记(如在上面压放一块较大的石块),以便装药前进行排水或采取其他防水措施。

(3)装药作业。

1)装药前准备工作。①在爆破技术人员根据炮孔验收情况编写施爆设计后,按装药卡分配各孔装药的品种和数量。②根据爆破设计准备所需要的爆破器材及其段别和数量。③清理炮孔附近的浮渣、碎石及孔口覆盖物。④检查炮杆上的刻度标记是否准确、明显。⑤炮孔中有水时可采取措施将孔内水排出,常用的排水方法有四种:一是采用高压风管将孔内的水吹出,二是用炸药将炮孔内的水泄出,三是当水量不太大时可直接装入防水炸药(如筒状乳化炸药),四是用水泵将孔内水排出。

2)起爆药包的制作。目前,多选用筒状2号岩石炸药或乳化炸药作为起爆药包。其起爆药包的制作程序为:①根据爆破设计,在每个炮孔孔口附近放置相应段别的雷管。②将雷管插入筒状乳化炸药或2号岩石炸药内,并用胶布(或绑绳)将雷管脚线(或导爆管)与炸药绑扎结实,防止脱落。③根据炮孔深度加长雷管连接线,其长度应保证起爆网路的敷设。

3)装药。起爆药包的位置,通常有四种形式:一是正向起爆,起爆药包放在孔内药柱上部;二是反向起爆,起爆药包放在孔底;三是中间起爆,起爆药包放在炮孔内药柱的中部;四是起爆药包放置在距装药底部1/4处。在工程实践中经常采用第四种形式。

装药的操作程序具体如下:

①主装药为散状铵油炸药时,爆破员分组,两人为一组;一名爆破员手持木质炮棍放入炮孔内,另一名爆破员手提铵油炸药包进行装药;散状铵油炸药顺着炮棍慢慢倒入炮孔内,同时将炮棍上下移动;根据倒入孔内的炸药量估算装药位置,达到设计要求的放置起爆药包位置时停止装药;取出炮棍,采用吊绳等方法将起爆药包轻轻放入孔内;再放入炮棍,继续慢慢将铵油炸药倒入孔内;根据炮棍上的刻度确定装药位置,确保填塞长度以满足设计要求。

②主装药为筒状乳化炸药时,直接(或用吊绳)将筒状乳化炸药一节一节慢慢放入孔内;根据放入孔内的炸药量估算装药位置,达到设计要求的放置起爆药包位置时停止装药;用吊绳等方法将起爆药包轻轻放入孔内;继续慢慢地将筒状乳化炸药一节一节放入孔内;接近装药量时,先用炮棍(或皮尺)上的刻度确定装药位置,然后逐节放入炸药,保证填塞长度以满足设计要求。

③孔内部分有水、主装药为散状铵油炸药时,爆破员分组,两人为一组;直接(或用吊绳)将筒状乳化炸药一节一节慢慢放入孔内,保证筒状乳化炸药沉入孔底并且节与节之间要接触上;根据放入孔内的炸药量估算装药位置,达到起爆药包的设计位置时停止装药;用吊绳等方法将起爆药包轻轻放入孔内,孔内水深时起爆药包可放置在乳化炸药装药段;孔内存水范围内需全部装乳化炸药,高出水面约1m以上时可开始装散状铵油炸药,散状铵油炸药的装药程序见前述。

装药过程注意事项有:①结块的铵油炸药应敲碎后放入孔内,防止堵塞炮孔,破碎药块时只能用木槌而不能用铁器;②乳化炸药在装入炮孔前一定要整理顺直,不得有压扁等现象,防止堵塞炮孔;③根据装入炮孔内的炸药量估算装药位置,发现装药位置偏差较大时应立即停止装药,并报告爆破技术人员处理,出现该现象的原因一是炮孔堵塞炸药无法装入,二是炮孔内部出现裂缝、裂隙等而造成炸药漏掉;④装药速度不宜过快,特别是水孔装药速度一定要慢,要保证乳化炸药沉入孔底和互相接触;⑤放置起爆药包时,雷管脚线要顺直、轻轻拉紧并贴在孔壁一侧,可避免脚线产生死弯而造成芯线折断、导爆管折断等现象,同时可减少炮棍捣坏的机会;⑥要采取措施防止起爆线(或导爆管)掉入孔内。

4)装药超量时采取的处理方法。装药为铵油炸药时,往孔内倒入适量水溶解炸药,降低装药高度,保证填塞长度以符合设计要求。装药为筒状乳化炸药时,采用炮棍等将炸药一节一节提出孔外,满足炮孔填塞长度。处理时,一定要注意导爆管或雷管脚线不得受到损伤,否则应通报爆破技术人员处理。

5)装药过程中发生堵孔时采取的措施。根据以往爆破工程的经验,发生堵孔的原因有:①在水孔中,由于炸药在水中下降速度慢、装药速度过快而造成堵孔;②炸药块度过大,在孔内下不去;③装药时将孔口浮石带入孔内或将孔内松石碰到孔中间,从而造成堵孔;④水孔内水面因装药而上升,将孔内松石冲出而造成堵孔;⑤起爆药包卡在孔内某一位置,未装到接触炸药处,则继续装药就造成堵孔。

所以,首先应了解发生堵孔的原因,以便在装药操作过程中予以注意。起爆药包未装入炮孔之前,可采用木制炮棍捅透装药、疏通炮孔;在起爆药包装入炮孔以后,严禁用力直接捅压起爆药包,可请现场爆破技术人员提出处理办法。

(4)填塞作业。

1)填塞前准备工作。①利用皮尺或带有刻度的炮棍校核填塞长度是否满足设计要求,若填塞长度偏大,可补装炸药达到设计要求;若填塞长度不足,应采取上述方法将多余炸药取出或降低装药高度。②填塞材料一般为岩粉、黏土、粗沙,并将其堆放在炮孔周围;若是水平孔填塞,应用报纸、塑料袋等将填塞材料按炮孔直径要求制作成炮泥卷,放至炮孔周围。

2)填塞。①将填塞材料慢慢放入孔内,并用炮棍轻轻压实、堵严。②填塞段有水时,最好是用粗沙等填塞,每填入30~50cm后,用炮棍检查是否沉到底部并且要求压实,防止填塞材料悬空、炮孔填塞不密实。③对水平孔、缓倾斜孔填塞时,应采用炮泥卷填塞,炮泥卷每放入一节后,应用炮棍将炮泥卷捣烂压实,防止炮孔填塞不密实。

填塞注意事项有:填塞材料中不得含有碎石块和易燃材料;填塞过程中应防止导线、导爆管被砸断、砸破。

(5)施工现场注意事项。施工现场应严禁烟火;采用电力起爆法时,在加工起爆药包、装药、填塞、网路敷设等爆破作业现场,均不得使用手机、对讲机等无线电通讯设备。

7.5.1.3 岗位操作要求

(1)穿孔司机安全操作规程如下:

1)穿孔司机在开车前,应检查各机械电气部位零件是否完好,并佩戴好劳动防护用品,方准开车。

2)穿孔机稳车时,千斤顶距阶段坡线的最小距离为2.5m,穿第一排孔时,穿孔机的水平纵轴线与顶线的最小夹角为45°,禁止在千斤顶下面垫石块。

3)穿孔机顺阶段坡线行走时,应检查行走线路是否安全,其外侧突出部分与分阶段坡顶线的距离为3m。

4)起落穿孔机架时,禁止非操作人员在钻机上危险范围内停留。

5)挖掘每个阶段爆堆的最后一个采掘带时,在上阶段正对挖掘作业范围内的第一排孔位上不得有穿孔机作业或停留。

6)运转时,设备的转动部分禁止人员检修、注油和清扫。

7)设备作业时,禁止人员上下;在危及人身安全的范围内,任何人不得停留或通过。

8)终止作业时,必须切断动力电源,关闭水、气阀门。

9)检修设备应在关闭启动装置、切断动力电源和安全停止运转后,在安全地点进行,并应对紧靠设备的运动部件和带电器件设置护栏。

10）设备的走台、梯子、地板以及人员通行的操作场所，应保证通行安全，保持清洁。不准在设备的顶棚存放杂物，要及时清除上面的石块。

11）供电电缆必须保持绝缘良好，不得与金属管（线）和导电材料接触；横过公路、铁路时，必须采取防护措施。

12）穿孔机内，必须备有完好的绝缘手套、绝缘靴、绝缘工具和器材等。停、送电和移动电缆时，必须使用绝缘防护用品和工具。

（2）牙轮钻司机岗位安全操作规程如下：

1）钻机起动前，发出信号应做到呼唤应答，否则不准起动。

2）起落钻架吊装钻杆时，吊钩下面禁止站人；牵引钻杆时，应用麻绳远距离拉线。

3）如遇突然停电，应及时与有关人员联系，拉下所有电源开关，否则不准做其他工作。

4）夜间作业禁止起落钻架、更换销杆。没有充足的照明时，不准上钻架，严禁连接加压链条。

5）工作中若发现不安全因素，应立即做停机、停电处理。

6）人员站在小车上为齿条刷油时，不准用力提升。

7）上钻架处理故障时，要系好安全带，将安全带大绳拴在作业点上方，六级以上大风或雷雨天禁止上钻架。

8）一切安全防护装置不准随意拆卸和移动。

9）检查和移动电缆时，要用电缆钩子；处理电气故障时，要拉下电源开关。

10）禁止在高压线及电缆附近停留或休息。

11）配电盘及控制柜里禁止放任何物品。

12）用易燃物擦车时，要注意防火。

13）岗位必须常备灭火器和一切安全防护用品。

14）钻机结束作业或无人值班时，必须切断所有电源开关，将门上锁。

15）钻机稳车时，千斤顶到阶段边缘线的最小距离为2.5m 。禁止千斤顶下垫石头。

（3）露天爆破工岗位操作要求如下：

1）爆破工必须进行专门培训，经过系统的安全知识学习，熟练掌握爆破器材性能，经有关业务部门考试取得爆破证者方准进行爆破作业。

2）运输爆破材料时，禁止炸药、雷管混装运输。

3）严格遵守爆破材料的领取、保管、消耗和运输等项制度。

4）爆破前必须抓好岗哨、加强警戒，点燃后立即退到安全地带。

5）加工导爆索时，必须用刀切割，禁止用钳子和其他物品切割。

6）采区放大炮时，其填塞物必须用沙土，不许用碎石充填。

7）无论放大炮、小炮，必须在炮响5min后方准进入爆破现场，如有盲炮时要及时采取安全措施处理。

8）剩余的爆破材料必须做退库处理，不准私存乱放。

9）所有爆破材料库不得超量储存，不得发放、使用变质失效或外部破损的爆破材料。

10）不得私藏爆破材料，不得在规定以外的地点存放爆破材料。

11）若丢失爆破材料，必须严格追查处理。进行爆破作业时，必须明确规定警戒区范围、岗哨位置以及其他安全事项。

12）爆破后留下的盲炮（瞎炮），应当由现场作业指挥人和爆破工组织处理。未处理妥善前，不许进行其他作业。

(4)爆破工作其他注意事项有：

1)领用爆破器材，要持有效证件、爆破器材领用单及规定的运输工具，要仔细核对品种、数量、规格。

2)装卸爆破器材要轻拿轻放，严禁抛掷、摩擦、撞击。

3)作业前要仔细核对所用爆破器材是否正确、数量是否与设计相符，核对无误后方可作业。

4)装卸、运输爆破器材时及在作业危险区内，严禁吸烟、动火。

5)操作过程中，严禁使用铁器。

6)爆破危险区禁止无关人员、机动车辆进入。

7)多处爆破作业时，要设专人统一指挥，每个作业点必须指派两人以上方可作业。

8)严禁私自缩短或延长导火索的长度。

9)炸药和雷管不得一起装运，不能放在同一地点。

10)爆破前，应确认点炮人员的撤离路线及躲炮地点。采场内通风不畅时，采场内禁止留人。

7.5.2 爆破效果

露天深孔爆破的效果，应当从以下几个方面来加以评价：

(1)矿岩破碎后的块度应当满足采、装、运机械设备工作的要求，大块率应低于5%，以保证提高采装效率；

(2)爆下岩堆的高度和爆堆宽度应当适应采装机械的回转性能，使穿爆工作与采装工作协调，防止产生铲装死角和降低效率；

(3)要求台阶规整，不留根底和伞檐，铁路运输时不埋道，爆破后冲小；

(4)应保证人员、设备和建筑物的安全不受威胁；

(5)应节省炸药及其他材料，使爆破成本低，延米炮孔崩岩量高。

为了达到良好的爆破效果，应正确选择爆破参数，选用合适的炸药和装药结构；正确确定起爆方法和起爆顺序，并加强施工管理。但在实际生产中，由于矿岩性质和赋存条件不同，以及受设备条件的限制和爆破设计与施工不周全等因素的影响，仍有可能出现爆破后冲、根底、大块、伞檐以及爆堆形状不符合要求等现象，下面分别讨论这些不良爆破现象产生的原因及处理方法。

7.5.2.1 爆破后冲现象

爆破后冲现象，是指爆破后矿岩在向工作面后方的冲力作用下，产生矿岩向最小抵抗线相反的后方翻起并使后方未爆岩体产生裂隙的现象，如图7-28所示。在爆破施工中，后冲是常常遇到的现象，尤其在多排孔齐发爆破时更为多见。后翻的矿岩堆积在台阶上和后冲在未爆台阶上造成的裂隙，都会给下一次穿孔工作带来很大的困难。

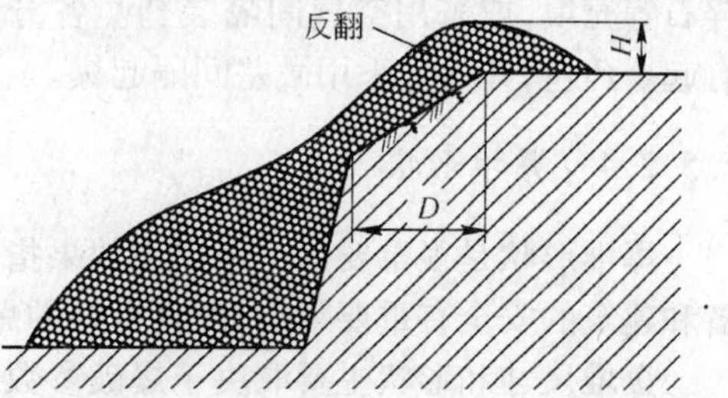

图7-28 露天台阶爆破的后冲现象

H—后冲高度；D—后冲宽度

多排孔爆破时产生爆破后冲的主要原因是：前排孔底盘抵抗线过大、装药时充填高度过小或充填质量差、炸药单耗过大、一次爆破的排数过多等。采取下列措施基本上可避免后冲的产生：

(1)加强爆破前的清底(又称拉底)工作，减少第一排孔的根部阻力，使底盘抵抗线不超过台阶高度；

(2)合理布孔，控制装药结构和后排孔装药高度，保证足够的填塞高度和良好的填塞质量；

(3)采用微差爆破时，针对不同岩石选择最优排间微差间隔时间；

(4)采用倾斜深孔爆破。

7.5.2.2　爆破根底现象

如图7-29所示，根底的产生不仅使工作面凹凸不平，而且处理根底时会增大炸药消耗量、增加工人的劳动强度。

产生根底的主要原因是：底盘抵抗线过大、超深不足、台阶坡面角太小（如仅为50°～60°以下）、工作线沿岩层倾斜方向推进等。

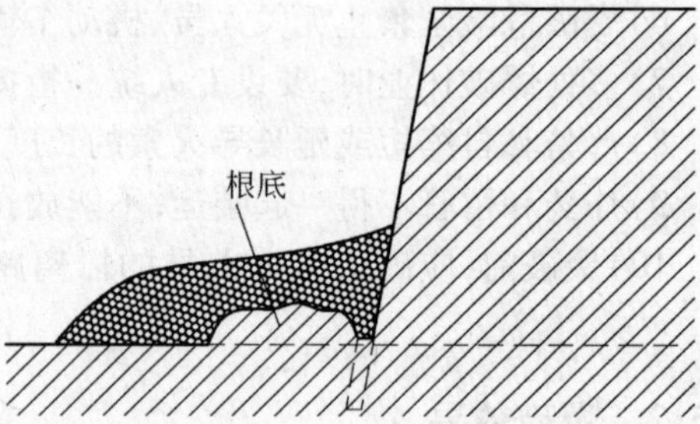

图7-29　露天台阶爆破的根底现象

为了克服爆后留有根底的不良现象，可采取以下主要措施：

(1)适当增加钻孔的超深值或在深孔底部装入威力较高的炸药。

(2)控制台阶坡面角，使其保持60°～75°。若边坡角小于50°～55°时，台阶底部可用浅孔法或药壶法进行拉根底处理，以加大坡面角、减小前排孔底盘抵抗线。

7.5.2.3　爆破大块及伞檐

大块的增加使大块率增大、二次破碎的用药量增大，同时也增大了二次破碎的工作量，降低了装运效率。

产生大块的主要原因是：由于炸药在岩体内分布不均匀，炸药集中在台阶底部，爆破后往往使台阶上部矿岩破碎不良、块度较大；尤其是当炮孔穿过不同岩层而上部岩层较坚硬时，更易出现大块或伞檐现象（如图7-30所示）。

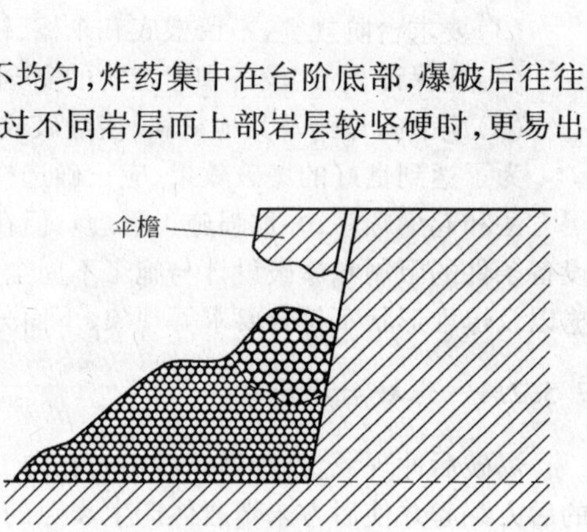

图7-30　伞檐现象

为了减少大块和防止伞檐，通常采用分段装药的方法，使炸药在炮孔内分布得较均匀，充分利用每一分段炸药的能量。这种分段装药方法的施工、操作都比较复杂，需要分段计算炸药量和充填量。根据台阶高度和岩层赋存情况的不同，通常分为两段或三段装药，每分段的装药中心应位于该分段最小抵抗线水平上。最上部分段的装药不能距离孔口太近，以保证有足够的堵塞长度。各分段之间可用砂、碎石等充填，或采用空气间隔装药。各分段均应装有起爆药包，并尽量采用微差间隔起爆。

7.5.2.4　爆堆形状

爆堆形状是很重要的一个爆破效果指标。在露天深孔爆破时，爆堆高度和宽度对于人员、设备和建筑的安全有重要影响，而且良好的爆堆形状还能有效提高采、装、运设备的效率。

爆堆尺寸和形状主要取决于爆破参数、台阶高度、矿岩性质以及起爆方法等因素。单排孔齐发爆破的正常爆堆高度一般为台阶高度的0.5～0.55倍，爆堆宽度为台阶高度的1.5～1.8倍。

值得注意的是，当采用多排孔齐发爆破时，由于第二排孔爆破时受第一排孔爆破底板处的阻力,常常出现根底。第二排孔爆破时,因受剧烈的夹制作用,有一部分爆力向上作用而形成爆破漏斗,底板处可能出现“硬墙”。

还应注意,某些较脆或节理很发育的岩石,虽然普氏坚固性系数较大,选取了较大的炸药单耗,即孔内装入炸药较多,但因爆破较易,使爆堆过于分散,甚至会发生埋道或砸坏设备等事故。遇到这类情况时,应当认真考虑并选择适当的参数。

复习思考题

7-1 露天深孔爆破的特点是什么?

7-2 露天深孔爆破的布孔方式有几种,各有什么特点?

7-3 露天深孔爆破的爆破参数有哪些,如何确定?

7-4 在露天矿山开采过程中,如何综合应用各种爆破技术以取得最好的爆破效果?

7-5 如何衡量露天深孔爆破的爆破效果,其常见的不良现象有哪些,产生的原因是什么,如何预防?

7-6 做一个露天深孔台阶爆破设计。

8 金属矿地下爆破

8.1 平巷施工爆破

井巷掘进是矿山生产中重要的作业，主要包括中段运输巷道、井底车场、部分水平采准巷道、硐室的开凿。目前工程中主要用浅孔爆破方法来施工，炮孔长度多为2～4m、直径为30～46mm。

平巷掘进时，爆破条件往往很差，技术要求严格。其技术上的特点是：爆破自由面少，一般只有一个，且多与炮孔方向垂直；自由面不大，炮孔密度较大，药量较多；总炮孔数不大，爆破网络较简单；巷道规格要求严格，既要防止因超挖增大成本和破坏井巷稳定性，又要防止因欠挖致使巷道过窄而无法使用，要求严格控制井巷轮廓。

通常，对平巷掘进爆破的要求有：(1)巷道断面规格、巷道掘进方向和坡度符合设计要求；(2)炮孔利用率高，材料消耗少，成本低而掘进速度快；(3)块度均匀，爆堆集中，以利于提高装岩效率；(4)爆破对巷道围岩震动小且产生的裂隙少，周壁平整，以保证井巷的稳定性，确保掘进作业的安全。

平巷掘进爆破中需正确解决的技术问题是：确定爆破参数，选择炮孔排列方式，采用正确的控制轮廓措施，采取有效的施工安全措施。

8.1.1 炮孔分类

按用途的不同，可将工作面的炮孔分为三种（见图8-1）：

(1)掏槽孔。掏槽孔的作用是将自由面上某一部位的岩石首先掏出一个槽子，形成第二个自由面，为其余的炮孔爆破创造有利条件。掏槽孔的爆破比较困难（只有一个垂直炮孔的自由面），因此，在选择掏槽形式和位置时应尽量利用工作面上岩石的薄弱部位。为了提高爆破效果、充分发挥掏槽作用，掏槽孔应比其他炮孔加深10～15cm，装药量增加15%～20%。

(2)辅助孔。辅助孔是破碎岩石的主要炮孔，其作用是进一步扩大槽子体积和增大爆破量，

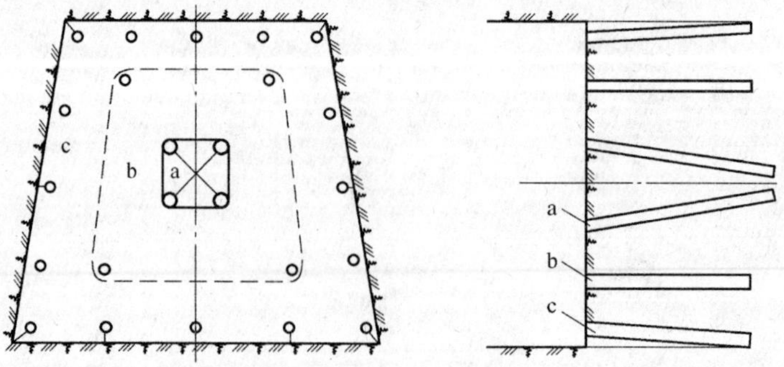

图8-1 井巷爆破炮孔分类

a—掏槽孔；b—辅助孔；c—周边孔

并为周边孔爆破创造平行于炮孔的自由面,使爆破条件大大改善,故能在该自由面方向上形成较大体积的破碎漏斗。根据岩石的可爆性不同,辅助孔间距一般可取0.4~0.8m。

(3)周边孔。周边孔可以控制爆破后的巷道断面形状、大小和轮廓,其作用是使爆破后的井巷断面规格和形状能达到设计的要求。周边孔的孔底一般不应超出巷道的轮廓线,但在坚硬难爆的岩石中可超出轮廓线10~20cm。这些炮孔应力求布置均匀,以便充分利用炸药能量。辅助孔和周边孔的孔底应落在同一个垂直于巷道轴线的平面上,尽量使爆破后的新工作面平整。周边孔间距取0.5~1m,孔口距离巷道轮廓线0.1~0.3m。周边孔又可分为顶孔、底孔和帮孔。

各类炮孔的排列及其爆破崩落范围,见图8-2。

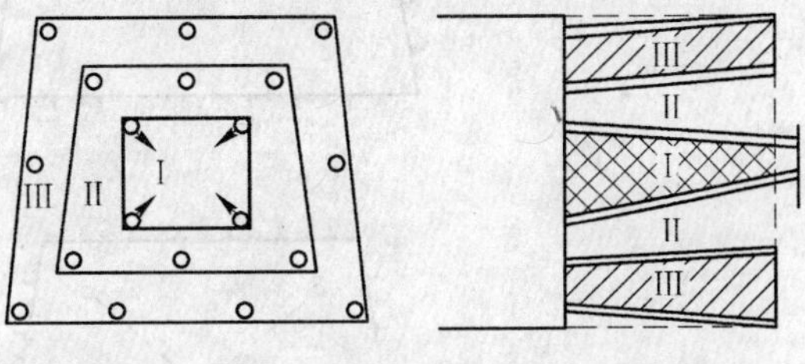

图8-2 各类炮孔的排列及其爆破崩落范围
Ⅰ—掏槽孔的爆落范围;Ⅱ—辅助孔的爆落范围;
Ⅲ—周边孔的爆落范围

8.1.2 平巷爆破掏槽方式

在平巷的开挖过程中,在掘进工作面上总是首先钻少量炮孔,起爆后形成一个适当的空间,形成新的自由面,使周围其余部分的岩石都按顺序向这个空间方向崩落,以获得较好的爆破效果,形成这个空间的过程通常称为掏槽。掏槽孔爆破是处于一个自由面的条件下,破碎岩石的条件非常困难,而掏槽的好坏又直接影响了其他炮孔的爆破效果,因此必须合理选择掏槽形式和装药量,使岩石完全破碎形成掏槽空间和达到较高的掏槽孔利用率。

掏槽爆破炮孔有多种不同的布置形式,归纳起来可分为两大类:斜孔掏槽和直孔掏槽。

8.1.2.1 斜孔掏槽

斜孔掏槽是掏槽孔与自由面(掘进工作面、掌子面)倾斜成一定角度。斜孔掏槽有多种不同的形式,各种掏槽形式的选择主要取决于围岩地质条件和掘进掌子面大小。常用的主要有以下几种形式:

(1)单向掏槽。单向掏槽由数个炮孔向同一方向倾斜组成。适用于中硬($f<4$)以下具有分层节理或软夹层的岩层。可根据自然弱面赋存条件,分别采用顶部、底部和侧部掏槽(见图8-3)。掏槽孔的角度可根据岩石的可爆性取45°~65°,间距在30~60cm范围内。掏槽孔应尽量同时起爆,这样效果更好。

(2)锥形掏槽。锥形掏槽由数个共同向中心倾斜的炮孔组成(见图8-4),爆破后掏槽空间呈锥形。锥形掏槽适用于$f>8$的坚韧岩石,其掏槽效果较好,但钻孔困难,主要适用于竖井掘进,其他巷道很少采用。

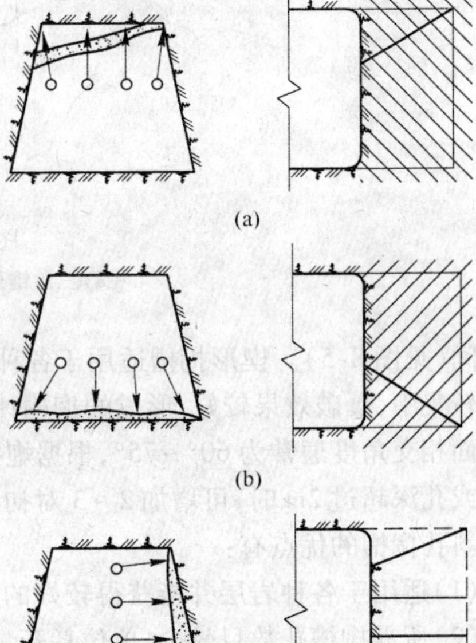

图8-3 单向掏槽
(a)顶部掏槽;(b)底部掏槽;(c)侧部掏槽

(3)楔形掏槽。楔形掏槽由数对(一般为2~4对)对称、相向倾斜的炮孔组成,爆破后形成楔形掏

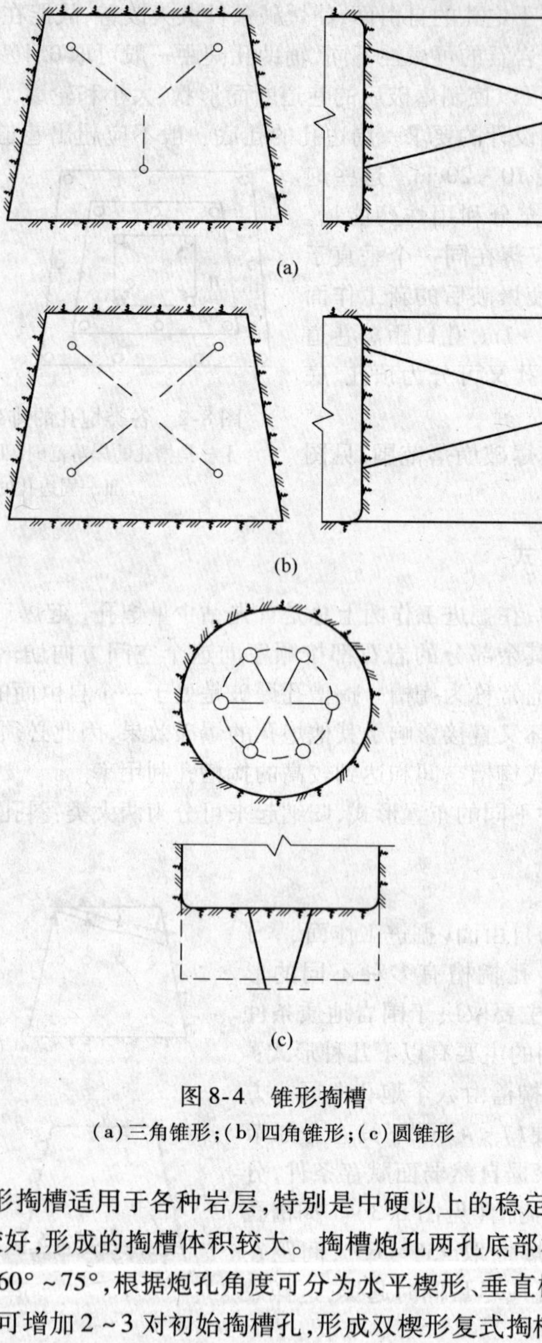

图 8-4　锥形掏槽
(a)三角锥形;(b)四角锥形;(c)圆锥形

槽空间(见图 8-5)。楔形掏槽适用于各种岩层,特别是中硬以上的稳定岩层。这种掏槽方法爆力比较集中,爆破效果较好,形成的掏槽体积较大。掏槽炮孔两孔底部相距 0.2 ~ 0.3m,炮孔与工作面相交角度通常为 60° ~ 75°,根据炮孔角度可分为水平楔形、垂直楔形。当岩石特别坚硬、难爆或孔深超过 2m 时,可增加 2 ~ 3 对初始掏槽孔,形成双楔形复式掏槽。

斜孔掏槽的优点有:

(1)适用于各种岩层并能获得较好的掏槽效果;

(2)所需掏槽孔数目较少,单位耗药量少;

(3)槽孔位置和倾角的精确度对掏槽效果的影响较小。

斜孔掏槽的缺点有:

(1)钻孔方向难以掌握,要求钻孔工人具有熟练的技术水平;

(2)炮孔深度受井巷断面的限制,尤其在小断面井巷中更为突出;

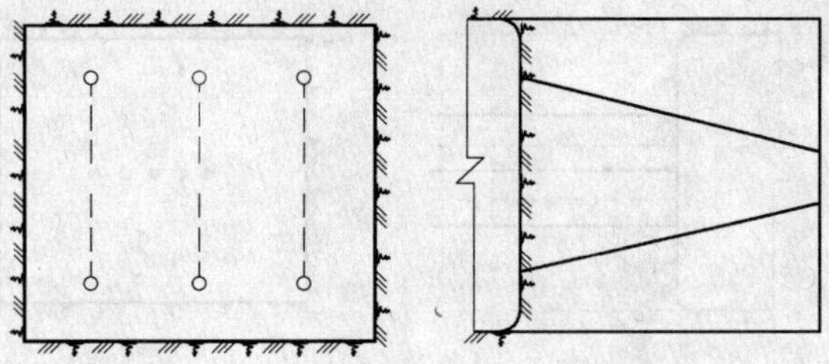

(a)

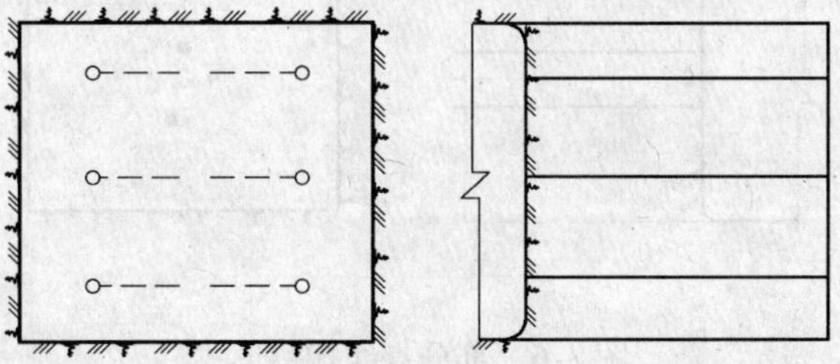

(b)

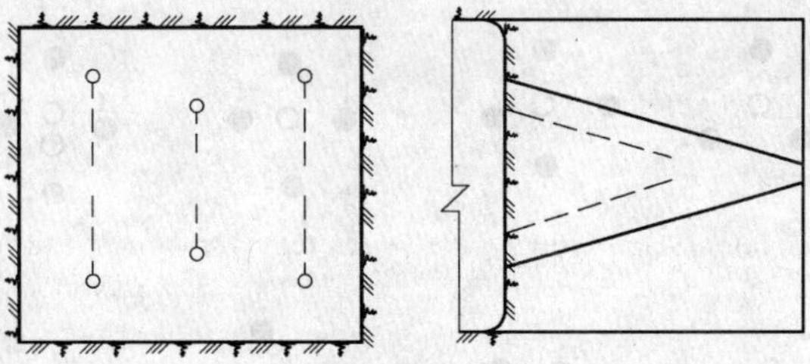

(c)

图 8-5　楔形掏槽

(a)垂直楔形；(b)水平楔形；(c)双楔形复式

(3)全断面井巷爆破下，岩石的抛掷距离较大、爆堆分散，容易损坏设备和支护。

8.1.2.2　直孔掏槽

直孔掏槽的掏槽孔与工作面垂直且相互平行，有时为了增加辅助自由面和破碎的补偿空间，可在其中钻几个空孔，空孔的作用是给装药孔创造自由面和作为破碎岩石的膨胀空间。通常，直孔掏槽又分为龟裂掏槽、桶形掏槽和螺旋形掏槽，如图 8-6 所示。

(1)龟裂掏槽。龟裂掏槽的掏槽孔布置在一条直线上且相互平行，隔孔装药，各孔同时起爆，爆破后在整个炮孔深度范围内形成一条稍大于炮孔直径的条形槽口，为辅助孔创造了爆破自由面。根据掏槽方向，可分为水平和垂直两种，适用于中硬以上或坚硬岩石和小断面巷道。炮孔间距视岩层性质而定，一般取 1 ~ 2 倍空孔直径，装药长度一般不小于炮孔深度的 90%。在多数情况下，装药孔与空孔的直径相同。

(2)桶形掏槽。桶形掏槽的掏槽孔按各种几何形状布置，使形成的槽腔呈角柱体或圆柱体，装药孔和空孔数目及其相互位置与间距是根据岩石性质和井巷断面来确定的。空孔直径可以采用等于或大于装药孔的直径。大直径空孔可以形成较大的人工自由面和膨胀空间，孔的间距可以扩大。各种形式如图 8-7 所示。

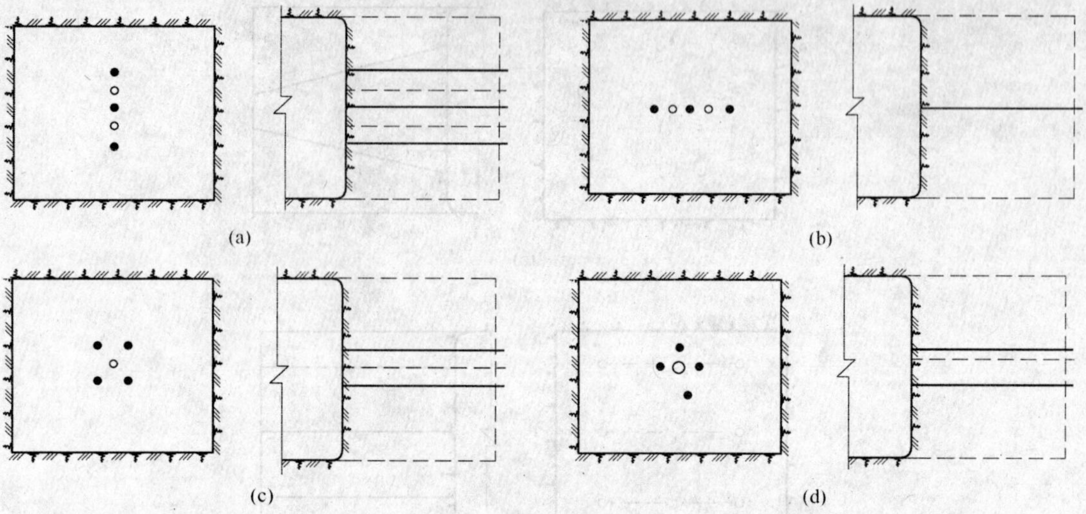

图 8-6　部分直线掏槽形式

(a)垂直龟裂掏槽;(b)水平龟裂掏槽;(c)桶形掏槽;(d)空孔螺旋形掏槽

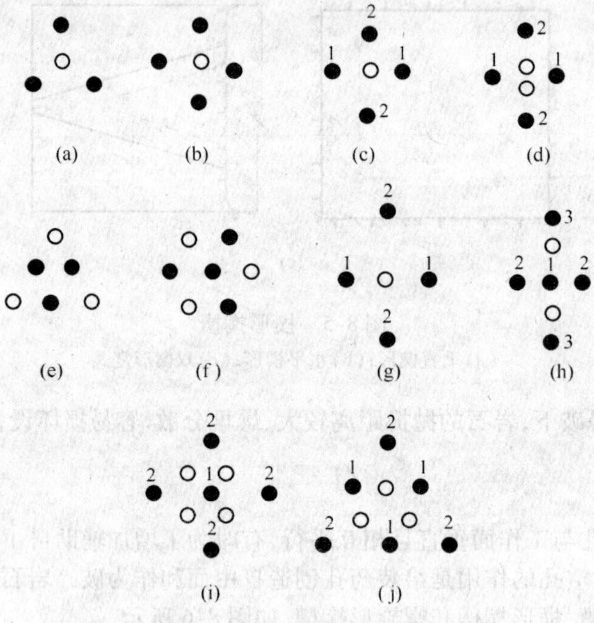

图 8-7　桶形掏槽孔的布置形式

(a),(e)三角柱掏槽;(b)四角柱掏槽;(c)单空孔菱形掏槽;(d)双空孔菱形掏槽;
(f)六角柱掏槽;(g),(h)大空孔菱形掏槽;(i)五星掏槽;(j)复式三角柱掏槽
○—空孔;●—装药孔;1 ~ 3—起爆顺序

(3)螺旋形掏槽。螺旋形掏槽的所有装药孔围绕中心空孔呈螺旋状布置(见图 8-8),并从距空孔最近的炮孔开始按顺序起爆,使掏槽空间逐步扩大。此种掏槽方法在实践中取得了较好的效果。其优点是可以用较少的炮孔和炸药获得较大体积的掏槽空间,各后续起爆的装药孔易于将碎石从掏槽空间抛出。但是,若延期雷管段数不够,就会限制这种掏槽的应用。空孔距各装药孔的距离可依次取空孔直径的 1 ~ 1.8 倍、2 ~ 3 倍、3 ~ 4.5 倍、4 ~ 4.5 倍等。当遇到特别难爆的岩石时,可以增

加1~2个空孔。为使掏槽空间内岩石抛出，有时将空孔加深300~400mm，在底部装入适量炸药并使之最后起爆，这样可以将掏槽空间内的碎石抛出。装药孔的药量约为炮孔深度的90%。

当需要提高掘进速度时，可采用如图8-9所示的双螺旋掏槽方式，装药孔围绕中心大空孔沿相对的两条螺旋线布置，其原理与螺旋形掏槽相同。中心空孔一般采用大直径钻孔，或采用两个相互贯通的小直径空孔（形成“8”字形空孔）。为了保证打孔规格，常采用布孔样板来确定孔位。此种掏槽适用于坚硬、密实、无裂缝和层节理的岩石。

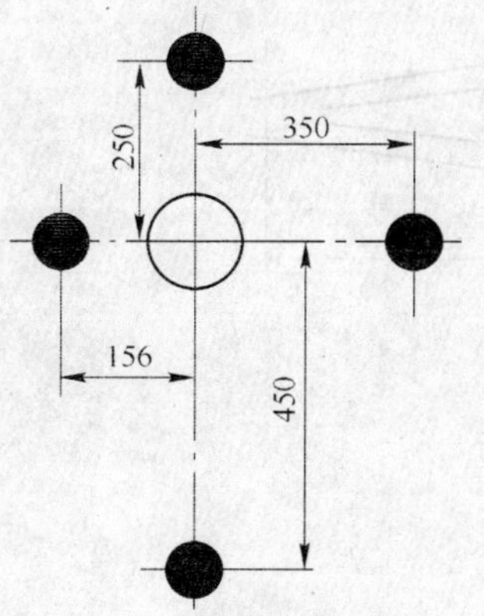

图8-8　螺旋形掏槽炮孔布置（单位：mm）

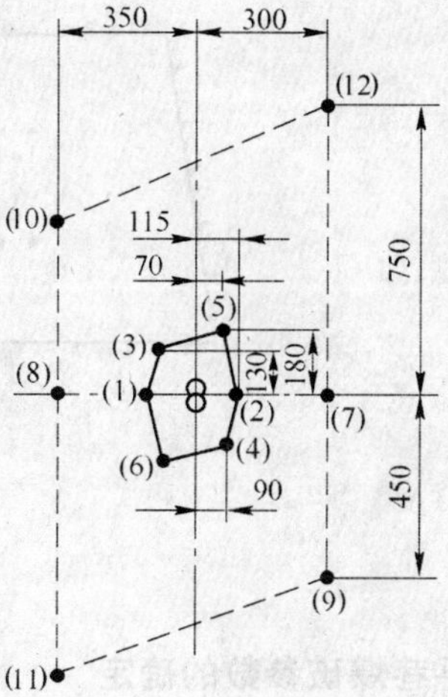

图8-9　双螺旋形掏槽炮孔布置（单位：mm）
（1）~（12）—起爆顺序

实验表明，直孔掏槽的孔距（包括装药孔到空孔间距和装药孔之间的距离）对掏槽效果影响很大。孔距是影响掏槽效果最敏感的参数，与最优孔距稍有偏离就可能会出现掏槽失败。孔距过大，爆破后岩石仅产生塑性变形而出现“冲炮”现象；孔距过小，会将邻近炮孔内的炸药“挤死”使之拒爆，或使岩石“再生”。围岩不同，装药孔与空孔之间的距离也不同。装药孔直径与空孔直径均为32~40mm时，装药炮孔与空孔距离一般为：软的石灰岩、砂岩等，取150~170mm；硬的石灰岩、砂岩等，取125~150mm；软的花岗岩、火成岩，取110~114mm；硬的花岗岩、火成岩，取80~110mm；硬的石英岩等，取90~120mm。

（4）混合掏槽。混合掏槽是将上述两种方法混合使用，如图8-10所示。

直孔掏槽的优点有：

（1）炮孔垂直于工作面布置，方式简单，易于掌握和实现多台钻机同时作业和钻孔机械化；

（2）炮孔深度不受井巷断面限制，可以实现中深孔爆破；当炮孔深度改变时，掏槽布置可不变，只需调整装药量即可；

（3）有较高的炮孔利用率；

（4）全断面井巷爆破岩石的抛掷距离较近，爆堆集中，不易崩坏井筒或巷道内的设备和支架。

直孔掏槽的缺点是：

（1）需要较多的炮孔数目和较多的炸药；

（2）炮孔间距和平行度的误差对掏槽效果影响较大，必须具备熟练的钻孔操作技术。

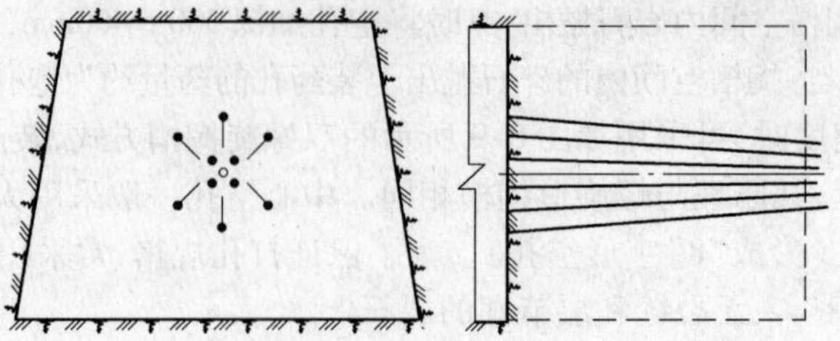

(a)

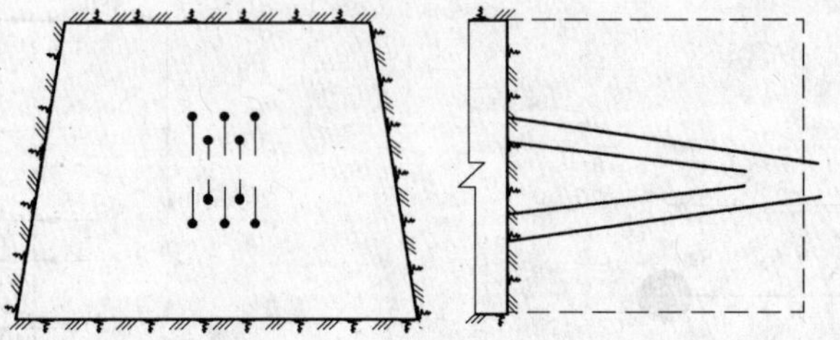

(b)

图 8-10　混合掏槽形式
(a)桶形和楔形；(b)复式楔形

8.1.3　平巷爆破参数的确定

8.1.3.1　炮孔深度

炮孔深度是指孔底到工作面的平均垂直距离。它是一个很重要的参数，直接与成巷速度、巷道成本等指标有关。炮孔深度的确定，主要依据巷道断面、岩石性质、凿岩机具类型、装药结构、劳动组织及作业循环而定。

一般来说，炮孔加深可以使每个循环进尺增加，相对地减少了辅助作业时间，爆破材料的单位消耗量也可相应降低；但炮孔太深时，凿岩速度就会明显降低，而且爆破后岩石块度不均匀、装岩时间拖长，反而使掘进速度降低。从我国一些矿山的具体情况来看，采用气腿凿岩机时，炮孔深度一般为 1.8 ~ 2.0m；采用凿岩台车时，一般认为 2.2 ~ 3.0m 较为合适。

此外，炮孔深度也可根据月进度计划和预定的循环时间进行估算。

8.1.3.2　炮孔直径

炮孔直径应和药卷直径相适应，炮孔直径过小，装药困难；而过大的炮孔直径将使药卷与炮孔内空隙过大，影响爆破效果。目前，我国普遍采用的药卷直径为 ϕ32mm 和 ϕ35mm 两种，而钎头直径一般为 ϕ38 ~ 42mm。

8.1.3.3　炸药消耗量

由于岩层多变，单位炸药消耗量目前尚不能用理论公式精确计算，一般由实际经验按表 8-1 选取。表 8-1 中所列数据是指 2 号岩石硝铵炸药，若采用其他炸药时则需根据其爆力大小加以适当修正。

巷道断面确定后，可根据岩石坚固性系数查表找出单位炸药消耗量 q，则一茬炮的总药量 Q 可按式(8-1)计算：

$$Q = qSL\eta \tag{8-1}$$

式中 q——单位炸药消耗量,kg/m³;

S——巷道掘进断面积,m²;

L——炮孔平均深度,m;

η——炮孔利用率。

表 8-1 平巷掘进炸药单耗 (kg/m³)

掘进断面/m²	岩石的坚固性系数 f 值				掘进断面/m²	岩石的坚固性系数 f 值			
	4~6	8~10	12~14	15~20		4~6	8~10	12~14	15~20
<4	1.77	2.48	2.96	3.36	10~12	1.01	1.51	1.90	2.10
4~6	1.50	2.15	2.64	2.93	12~15	0.92	1.36	1.78	1.97
6~8	1.28	1.89	2.33	2.59	15~20	0.90	1.31	1.67	1.85
8~10	1.12	1.69	2.09	2.32	>20	0.86	1.26	1.62	1.80

上面的 q 和 Q 值是平均值,至于各个不同炮孔的具体装药量,则应根据各炮孔所起作用及条件的不同而加以分配。掏槽孔最重要而且爆破条件最差,应分配较多的炸药,辅助孔药量分配次之,周边孔药量分配最小。周边孔中,底孔分配药量最多,帮孔次之,顶孔最少。采用光面爆破时,周边孔数目相应增加,但每孔药量应适当减少。

8.1.3.4 炮孔数目

炮孔数目直接决定每个循环的凿岩时间,在一定程度上又影响着爆破效果。实践证明,炮孔过多,在炸药量一定的条件下,每个炮孔的装药量减少,炸药过分集中于孔底,爆落岩块不均匀,将给装岩工作造成困难;炮孔过少,炮孔利用率会降低,崩落岩石少,崩出的巷道设计轮廓不规整。

一般根据岩石性质、巷道断面积、掏槽方式、爆破材料种类等因素作出炮孔布置图,经过实践最后确定合适的炮孔数目。表 8-2 所示为实践的炮孔数目经验值。

表 8-2 每平方米掘进工作面上所需的炮孔数目 N 值

岩石坚固性系数 f 值	巷道断面积/m²					
	4	6	8	10	12	14
5	2.65	2.39	2.09	1.81	1.81	1.70
8	3.00	2.78	2.50	2.21	2.20	2.05
10	3.25	3.05	2.77	2.48	2.35	2.20
12	3.61	3.33	3.04	2.74	2.45	2.35
14	3.91	3.60	3.31	3.01	2.71	2.50
18	4.45	4.15	3.85	3.54	3.24	2.99

也可根据将一个循环所需的总炸药量平均装入所有炮孔内的原则进行估算,作为实际排列炮孔时的参考。

一次爆破所需的总炸药量确定后,则炮孔数目可按式(8-2)计算:

$$Q = \frac{NLap}{m} \tag{8-2}$$

式中 N——炮孔数目,个;

a——装药系数，一般为0.5～0.7；

p——每个药卷重量，kg；

m——每个药卷的长度，mm。

由式(8-1)和式(8-2)相等得炮孔数目为：

$$N=\frac{qS\eta m}{ap} \tag{8-3}$$

如前所述，上述公式只是一种估算方法。更切合实际的合理炮孔数目，目前只能从实际炮孔排列着手，经过实践不断调整完善。

8.1.4　炮孔布置

除合理选择掏槽方式和爆破参数外，为保证安全、提高爆破效率和质量，还需合理布置工作面上的炮孔。

合理布置炮孔的要求有：

(1)有较高的炮孔利用率；

(2)先爆炸的炮孔不会破坏后爆炸的炮孔或影响其内装药爆轰的稳定性；

(3)爆破块度均匀，大块率少；

(4)爆堆集中，飞石距离小，不会损坏支架或其他设施；

(5)爆破后断面和轮廓符合设计要求，壁面平整并能保持井巷围岩本身的强度和稳定性。

平巷炮孔布置方法如下：

(1)工作面上各类炮孔布置是"抓两头、带中间"，即首先选择适当的掏槽方式和掏槽位置，其次是布置好周边孔，最后根据断面大小布置辅助孔。

(2)掏槽孔的位置会影响岩石的抛掷距离和破碎块度，通常布置在断面的中央偏下，并应考虑使辅助孔的布置较为均匀。

(3)周边孔一般布置在断面轮廓线上。按光面爆破要求，各炮孔要相互平行，孔底落在同一平面上。底孔的最小抵抗线和炮孔间距通常与辅助孔相同，为保证爆破后在巷道底板不留根底并为铺轨创造条件，底孔孔底要超过底板轮廓线。

(4)布置好周边孔和掏槽孔后，再布置辅助孔。辅助孔是以掏槽空间为自由面而层层布置并均匀地分布在被爆岩体上，并根据断面大小和形状调整好最小抵抗线和邻近系数。

图8-11所示是平巷炮孔布置实例。

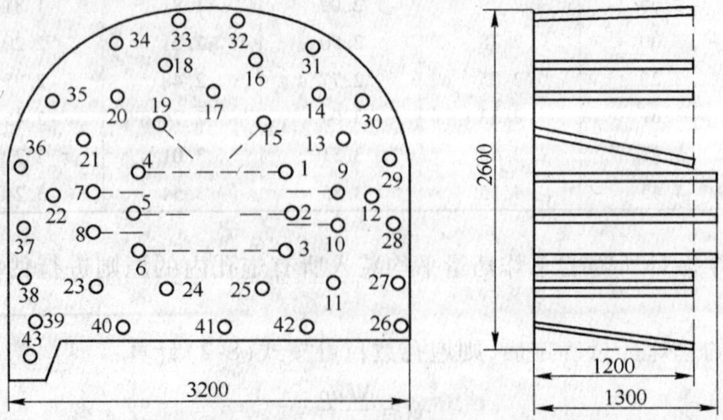

图8-11　平巷炮孔布置实例(单位：mm)

8.1.5 装药结构

装药结构是指炸药在炮孔内的装填情况,装药结构有以下几种(见图8-12):

(1)连续装药,装药在炮孔内连续装填,没有间隔。

(2)间隔装药,装药在炮孔内分段装填,装药之间有炮泥、木垫或空气使之隔开。

(3)耦合装药,装药直径与炮孔直径相同。

(4)不耦合装药,装药直径小于炮孔直径。

(5)正向起爆装药,起爆雷管在炮孔孔口处,爆轰向孔底传播。

(6)反向起爆装药,起爆雷管在炮孔孔底处,爆轰向孔口传播。

(7)无填塞装药结构,不用堵塞炮孔。

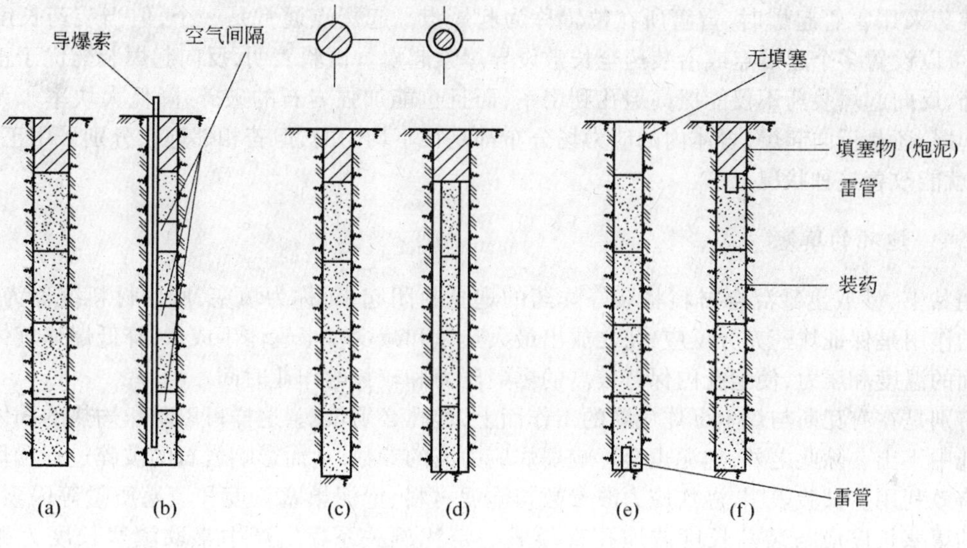

图8-12 装药结构

(a)连续装药;(b)间隔装药;(c)耦合装药;(d)不耦合装药;
(e)无填塞反向起爆装药;(f)正向起爆装药

8.1.5.1 连续装药和间隔装药

在间隔装药中,可以采用炮泥间隔、木垫间隔和空气柱间隔三种方式。试验表明,在较深的炮孔中采用间隔装药可以使炸药在炮孔全长上分布得更均匀,使岩石破碎块度更均匀。采用空气柱间隔装药,还可以增加用于破碎和抛掷岩石的爆炸能量,提高炸药能量的有效利用率,降低炸药消耗量。

当分配到每个炮孔中的装药量过分集中到孔底时或炮孔所穿过的岩层为软硬相间时,可采用间隔装药,一般可分为2~3段。若空气柱较长,不能保证各段炸药的正常殉爆,要采用导爆索连接起爆。在光面爆破中,当没有专用的光爆炸药时,可以将空气柱放于装药与炮泥之间,可取得良好的爆破效果。

8.1.5.2 耦合装药与不耦合装药

炮孔耦合装药爆炸时,孔壁受到的是爆轰波的直接作用,在岩体内一般要激起冲击波,造成粉碎区,从而消耗了炸药的大量能量。不耦合装药,可以降低对孔壁的冲击压力,减少粉碎区,加长激起应力波在岩体内的作用时间,这样就加大了裂隙区的范围,使炸药能量利用充分。在光面爆破中,周边孔多采用不耦合装药。炮孔直径与装药直径之比,称为不耦合值或不耦合系数。

在矿山井巷掘进中,大多采用粉状硝铵类炸药和乳化炸药。炮孔直径一般为 32 ~ 42mm,药卷直径为 27 ~ 35mm,径向间隙量平均为 4 ~ 7mm,最大可达 8 ~ 13mm。大量试验结果表明,对于混合炸药,特别是硝铵类混合炸药,在细长连续装药时如果不耦合系数选取不当,就会发生爆轰中断,在炮孔内的装药会有一部分不爆炸,这种现象称为间隙效应或管道效应。矿山小直径炮孔(特别是增大炮孔深度时)往往产生"残炮"现象,间隙效应则是主要原因之一,这样不仅降低了爆破效果,而且当在瓦斯矿井内进行爆破时若炸药发生燃烧,将会有引起事故的危险。

8.1.5.3 正向起爆装药和反向起爆装药

装药采用雷管起爆时,雷管所在位置称为起爆点。起爆点通常是一个,但当装药长度较大时,也可以设置多个起爆点或沿装药全长敷设导爆索起爆。试验表明,反向起爆装药优于正向起爆装药,反向起爆装药不仅能提高炮孔利用率,而且也能加强岩石的破碎,降低大块率。无论是正向起爆,还是反向起爆,岩体内的应力场分布都是很不均匀的,但若相邻炮孔分别采用正、反向起爆,就能改善这种状况。

8.1.5.4 炮孔的填塞

用黏土、砂或土砂混合材料将装好炸药的炮孔封闭起来,称为填塞,所用材料统称为炮泥。炮泥的作用是保证炸药充分反应,使之放出最大热量和减少有毒气体生成量;降低爆炸气体逸出自由面的温度和压力,使炮孔内保持较高的爆轰压力和较长的作业时间。

特别是在有瓦斯与煤尘爆炸危险的工作面上,炮孔必须填塞,这样可以阻止灼热的固体颗粒从炮孔中飞出。除此之外,炮泥也会影响爆炸应力波的参数,从而影响岩石的破碎过程和炸药能量的有效利用。试验表明,爆炸应力波参数与炮泥材料、炮泥填塞长度和填塞质量等因素有关。合理的填塞长度应与装药长度或炮孔直径成一定比例关系。生产中常取填塞长度为相当于 0.35 ~0.50 倍的装药长度。在有瓦斯的工作面,可以采用水炮泥,即将装有水的聚乙烯塑料袋作为填塞材料封堵在炮孔中,在炮孔的最外部仍用黏土封口。水炮泥可以吸收部分热量,降低喷出气体的温度,有利于安全。

8.1.6 平巷掘进爆破说明书

8.1.6.1 说明书的内容

平巷掘进爆破说明书的具体内容如下:

(1)爆破作业的原始条件,包括井巷的用途、掘进井巷的种类、断面形状和尺寸、岩石的性质及有无瓦斯等。

(2)选用的凿岩设备和爆破器材,包括凿岩机型号和工作面同时工作的台数、凿岩生产率、炸药品种、雷管的种类等。

(3)确定的凿岩爆破参数,包括炮孔直径、炮孔深度、炮孔数目、单位炸药消耗量、装药量等。

(4)炮孔的布置,包括掏槽孔、辅助孔和周边孔的数目,各炮孔的起爆顺序和炮孔布置三面投影图,各炮孔装药量、装药结构和起爆药包位置及其草图。

(5)预期爆破效果,包括炮孔利用率、每循环进尺、每循环炸药消耗量、每循环爆破实体岩石量、单位雷管消耗量、单位炮孔消耗量等。

8.1.6.2 作业循环图表

表8-3所示为掘进一断面为2.5m×2m平巷的作业循环图表实例，共布置20个炮孔，炮孔深2.2m，炮孔利用系数为90%，岩石碎胀系数为1.25。

表8-3 井巷掘进的作业循环图表

工序名称	工作量	效率	所需时间/h	进度/h														
				0.5	1.0	1.5	2.0	2.5	3.0	3.5	4.0	4.5	5.0	5.5	6.0	6.5	7.0	7.5
准备工作			0.5															
凿岩	44m	22m/h	2															
装药爆破			0.5															
通风			0.5															
出渣	12.5m^3	5m^3/h	2.5															
铺轨接线	2m		1.5															

8.2 井筒掘进爆破

井筒泛指竖井、斜井和天井，也包括斜坡道、盲竖井、盲斜井。竖井通常由井颈、井身和井窝组成。

在地下矿山为使矿体与地表相通，首先要掘进一系列的井巷，称为开拓。按井巷形式不同，分为平硐开拓、竖井开拓、斜井开拓、斜坡道开拓和联合开拓。所谓竖井，就是服务于各种工程、在地层中开凿的直通地面的垂直通道；而斜井是在地层中开凿的直通地面的倾斜巷道。斜坡道在施工方面类似于斜井，是一种无轨开拓矿体的运输方式。盲井是不能直接通达地表的地下井筒，按其倾斜与否有盲竖井、盲斜井之分。

盲竖井、盲斜井设计所需资料及施工与竖井、斜井相同。不同之处在于，盲竖井、盲斜井的井架、卷扬机硐室和其他辅助硐室均布置在井下，因此对工程地质和水文地质的要求比竖井、斜井要严格些，但是就爆破技术来说二者没多大差别。

8.2.1 竖井工作面炮孔布置

竖井一般均采用圆形或椭圆形断面，其优点是承压性能好、通风阻力小和便于施工。炮孔呈同心圆布置。同心圆数目一般为3~5圈，其中最靠近开挖中心的1~2圈为掏槽孔，最外一圈为周边孔，其余为辅助孔。

8.2.1.1 掏槽孔的形式

竖井掏槽孔的形式最常用的有以下两种：

(1)圆锥形掏槽。圆锥形掏槽与工作面的夹角(倾角)一般为70°~80°，掏槽孔比其他炮孔深0.2~0.3m，各孔底间距不得小于0.2m，如图8-13(a)所示。

(2)直孔桶形掏槽。圈径通常为1.2~1.8m，孔数为4~7个。在坚硬岩石中爆破时，为减少岩石夹制力，除选用高威力炸药和增加装药量以外，还可采用二级或三级掏槽，即布置多圈掏槽并按圈分次爆破，相邻每圈间距为0.2～0.4m，由里向外逐圈扩大加深，如图8-13(b)、(c)、(d)所示，各圈孔数分别控制在4～9个。

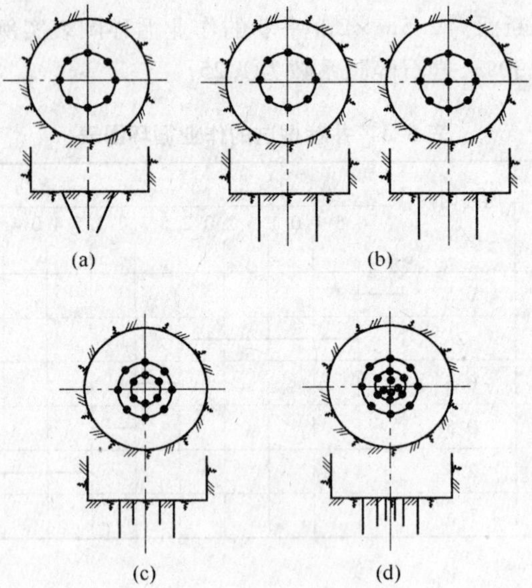

图8-13　竖井掘进的掏槽形式

(a)圆锥形掏槽；(b)一级桶形掏槽；(c)二级桶形掏槽；(d)三级桶形掏槽

为改善岩石破碎和抛掷效果，也可在井筒中心钻凿1～3个空孔，空孔深度较其他炮孔深0.5m以上，并在孔底装入少量炸药，最后起爆。

采用圆锥形和直线桶形掏槽时，掏槽圈直径和炮孔数目可参考表8-4选取。

表8-4　掏槽圈直径和炮孔数目

掏槽参数		岩石坚固性系数 f				
		1～3	4～6	7～9	10～12	13～16
掏槽圈直径/m	圆锥掏槽	1.8～2.2	2.0～2.3	2～2.5	2.2～2.6	2.2～2.8
	桶形掏槽	1.8～2.0	1.6～1.8	1.4～1.6	1.3～1.5	1.2～1.3
炮孔数目/个		4～5	4～6	5～7	6～8	7～9

8.2.1.2　辅助孔和周边孔布置

辅助孔介于掏槽孔和周边孔之间，可布置多圈。其最外圈与周边孔距离应满足光爆层要求，以0.5～0.7m为宜。其余辅助孔的圈距取0.6～1.0m，按同心圈布置。孔距为0.8～1.2m。

周边孔布置有两种方式：

(1)采用深孔光面爆破，将周边孔布置在井筒轮廓线上，孔距取0.4～0.6m。为便于打孔，孔略向外倾斜，孔底偏出轮廓线0.05～0.1m。

(2)采用非光面爆破时，则将炮孔布置在距井帮0.15～0.3m的圆周上，孔距为0.6～0.8m。孔向外倾斜，使孔底落在掘进面轮廓线略外些。与深孔光面爆破相比，井帮易出现凹凸不平，岩壁破碎，稳定性差。

8.2.2 竖井爆破参数的确定

8.2.2.1 炮孔直径

炮孔直径在很大程度上取决于使用的钻孔机具和炸药性能。

采用手持式凿岩机，在软岩和中硬岩石中孔径为 39～46mm，孔深 2m。随着钻机机械化程度的提高，孔径和孔深都有增大的趋势。例如，采用伞式钻架（由钻架和重型高频凿岩机组成的风液联动导轨式凿岩机具），钻头直径为 35～50mm，孔深 3.5～4.0m。

8.2.2.2 炮孔深度

影响炮孔深度的主要因素有：

(1) 钻孔机具。手持式凿岩机孔深以 2m 为宜，伞式钻架孔深以 3.5～4.0m 效果最佳。

(2) 掏槽形式。目前大多采用直孔掏槽，最大孔深是 4.4～5m；当孔深超过 6m 以后，钻速显著下降，孔底岩石破碎不充分，岩块大小不均，岩帮也难以平整。

(3) 炸药性能。对于药卷直径为 32mm 的岩石铵梯炸药，一个雷管只能引爆 6～7 个药卷，最大传爆长度为 1.5～2.0m（相当于 2.5m 左右的孔深）。若药卷过长，必然引起爆轰不稳定甚至拒爆，因此，进行中深孔和深孔爆破时，应改善炸药的爆炸性能或采用电力起爆和导爆索起爆的复式起爆网路。

(4) 井筒直径。一般来讲，井筒直径越大，掏槽效果越好，炮孔深度可取大值。

炮孔深度的确定，可在充分考虑上述影响因素的同时，按计划要求的月进度，根据式(8-4)进行计算。

$$I = \frac{Ln_1}{24n\eta_1\eta} \tag{8-4}$$

式中 I——按月进度要求的炮孔深度，m；

L——计划的月进度，m；

n_1——每循环小时数；

n——每月掘井天数，根据掘砌作业方式而定，平行作业可取 30 天，单行作业在采用喷锚支护时为 27 天，在采用混凝土或料石永久支护时为 18～20 天；

η——炮孔利用率，一般为 0.8～0.9；

η_1——循环率，一般可取 80%～90%。

8.2.2.3 炮孔数目

炮孔数目(N)的确定通常先根据单位炸药消耗量进行初算，再根据实际统计资料用工程类比法初步确定炮孔数目，作为布置炮孔时的依据，然后再根据炮孔布置情况适当加以调整，最后予以确定。

根据单位炸药消耗量进行估算时，可按式(8-5)进行计算。

$$N = \frac{qS\eta m}{\alpha G} \tag{8-5}$$

式中 q——单位炸药消耗量，kg/m^3；

S——井筒的掘进断面，m^2；

η——炮孔利用率；

m——每个药包的长度,m;

G——每个药包的质量,kg;

α——炮孔平均装药系数,当药包直径为 32mm 时取 0.6 ~ 0.72,当药包直径为 35mm 时取 0.6 ~ 0.65。

8.2.2.4　单位炸药消耗量

影响单位炸药消耗量的主要因素有岩石坚固性、岩石结构构造特性、炸药威力等。井筒断面越大,单位炸药消耗量越低。

单位炸药消耗量的确定方法有:

(1)参照国家颁布的预算定额选定(见表 8-5)。

表 8-5　竖井掘进炸药单耗　　(kg/m^3)

掘进断面		岩石的坚固性系数 f 值			
形　状	面积/m^2	4 ~ 6	8 ~ 10	12 ~ 14	15 ~ 20
圆　形	< 16	1.26	2.10	2.62	2.79
	16 ~ 24	1.13	1.82	2.22	2.31
	24 ~ 34	0.99	1.62	2.01	2.25
	> 34	0.87	1.41	1.78	1.95
矩　形	< 7	1.61	2.27	2.82	3.34
	7 ~ 12	1.50	2.14	2.56	2.98
	12 ~ 16	1.38	2.00	2.40	2.80
	> 16	1.29	1.87	2.22	2.62

(2)试算法。根据以往经验,先布置炮孔并选择各类炮孔的装药系数,依次求出各炮孔的装药量、每循环的炸药量和单位炸药消耗量。

(3)类比法。参照类似工程选取(见表 8-6)。

表 8-6　部分井筒的爆破参数

井筒名称	掘进断面/m^2	岩石性质	炮孔深度/m	炮孔数目/个	掏槽方式	炸药种类	药包直径/mm	雷管种类	爆破进尺/m	炮孔利用率/%	单耗/kg · m^{-3}
凡口新副井	27.34	石灰岩 $f=8 \sim 10$	2.8	80	锥形	甘油与硝铵炸药	32	毫秒	2.18	81	1.96
铜山新大井	29.22	花岗岩,长岩,大理岩 $f=6 \sim 8$	3 ~ 3.8	62	直孔	含 20% ~ 30% TNT 和 2% TNT 的硝铵	32	毫秒	平均 2.51	75.3	1.67
安庆铜矿副井	29.22	页岩,角页岩,细砂岩	2 ~ 2.3	70 ~ 95	锥形	硝铵黑	32	毫秒,秒差	2.7 ~ 3.31	77	3.14
凤凰山新副井	26.4	大理岩 $f=8 \sim 10$	4.3 ~ 4.5	104	复锥	2 号岩石硝铵炸药	32	秒差	1.5 ~ 1.7	75	2.15
桥头河 2 号井	26.4	石灰岩 $f=6 \sim 8$	1.83	65	锥形	40% 硝化甘油炸药	35	毫秒	1.6	87.85	1.97
万年 2 号风井	29.22	细砂岩,砂质泥岩 $f=4 \sim 6$	4.2 ~ 4.4	56	直孔	铵梯黑	45	毫秒	3.86	89	2.28

续表 8-6

井筒名称	掘进断面/m^2	岩石性质	炮孔深度/m	炮孔数目/个	掏槽方式	炸药种类	药包直径/mm	雷管种类	爆破进尺/m	炮孔利用率/%	单耗/$kg \cdot m^{-3}$
金山店主井	24.6	$f=10\sim14$	1.3	60	锥形	2 号岩石硝铵炸药	32	毫秒	0.85	70	1.79
金山店西风井	24.6	$f=10\sim14$	1.5	64	锥形	2 号岩石硝铵炸药	32	毫秒	1.11	85	1.79
凡口矿主井	26.4	石灰岩 $f=8\sim10$	1.3	63	锥形	2 号岩石硝铵炸药	32	秒差	1.1	85	1.70
程潮铁矿西副井	15.48	$f=12$	2.0	36	锥形	硝化甘油炸药	35	秒差	1.74	93	1.22

8.2.2.5　竖井爆破掏槽方法

竖井一般为圆形、椭圆形断面，炮孔呈同心圆分布，同心圆数目为 2～3 圈。开挖的掏槽方法一种是圆锥形掏槽，掏槽孔与工作面的夹角一般为 70°～80°，比其他炮孔要深 0.2～0.3m，其间距不小于 0.2m；一种是直孔桶形掏槽，直径通常为 1.2～1.8m，孔数为 4～7 个；还有一种是台阶式单项掏槽（如图 8-14 所示）。

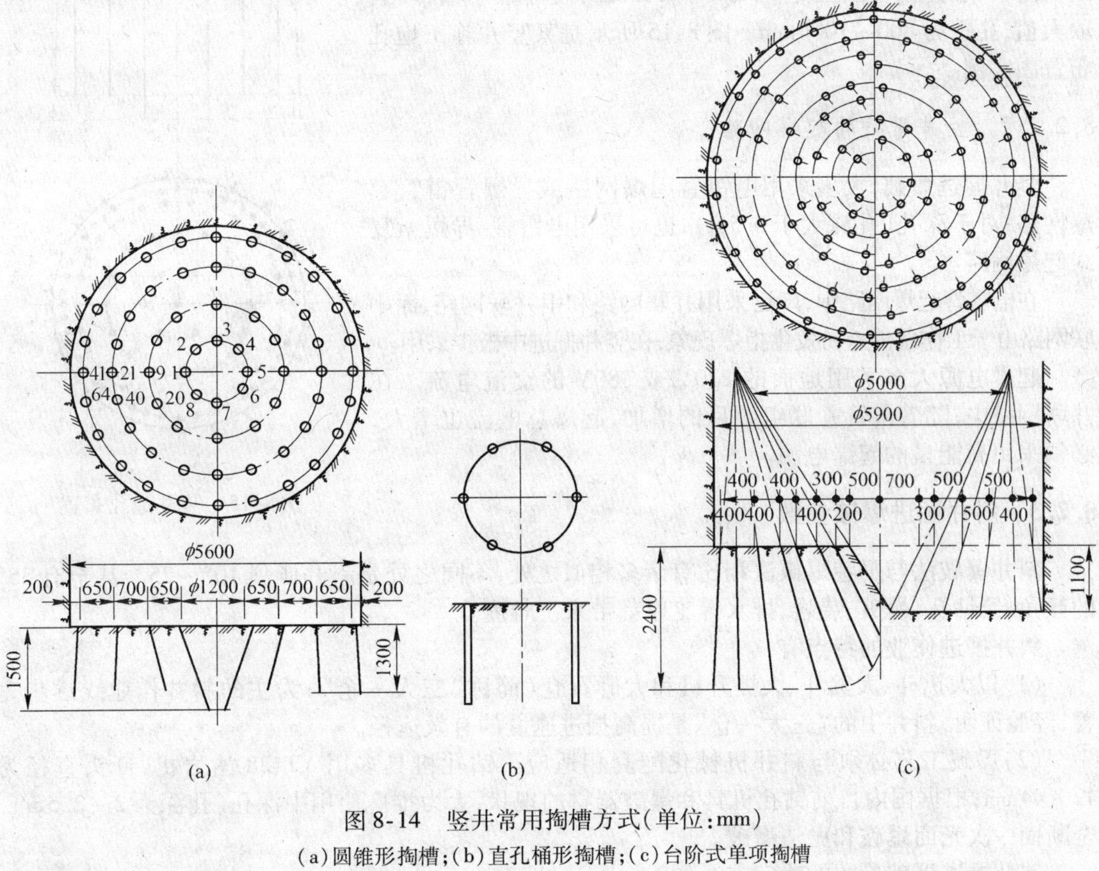

图 8-14　竖井常用掏槽方式（单位：mm）
（a）圆锥形掏槽；（b）直孔桶形掏槽；（c）台阶式单项掏槽

在坚硬岩石中，可布置多圈（2～3圈）掏槽，相邻间距为0.2～0.3m，由里向外逐圈扩大加深，孔数在4～9个之间。

8.2.2.6 竖井爆破炮孔布置

在圆形竖井中，炮孔通常采用同心圆布置。布置的方法是，首先确定掏槽孔形式及其数目，其次布置周边孔，再次确定辅助孔的圈数、圈径及孔距。

掏槽孔的布置是决定爆破效果、控制飞石的关键，一般布置在最易爆破和最易钻凿炮孔的井筒中心。掏槽形式有：（1）斜孔掏槽。孔数为4～6个，呈圆锥形布置，倾角一般为70°～80°，掏槽孔比其他孔深200～300mm，各孔底间距不得小于200mm。采用这种掏槽形式，打斜孔不易掌握角度，一般在井筒中心打一个空孔，孔深为掏槽孔的1/2～1/3，借以增加岩石碎胀的补偿空间。（2）直孔掏槽。圈径为1.2～1.8m，孔数为6～8个，打直孔方向易掌握，也便于机械化施工。但由于打直孔，特别是较深炮孔时，往往受岩石的夹制作用而使爆破效果不佳，为此，可采用多阶（2～3阶）复式掏槽 。后一阶的槽孔要依次比前一阶的槽孔深，各掏槽孔圈间距也较小，一般为250～360mm，分次顺序起爆，但后爆孔装药顶端不宜高出先爆孔底位置，孔内未装药部分宜用炮泥填塞密实。为改善掏槽效果，要求提高炮泥的堵塞质量以增加封口阻力，而且必须使用高威力炸药。

周边孔布置，一般距井壁100～200mm，孔距为500～700mm，最小抵抗线为700mm左右。

辅助孔布置，辅助孔圈数视岩石性质和掏槽孔至周边孔间距而定，一般控制各圈圈距为600～1000mm，硬岩取小值，软岩取大值，孔距为800～1000mm。图8-15所示是某竖井施工炮孔布置图实例。

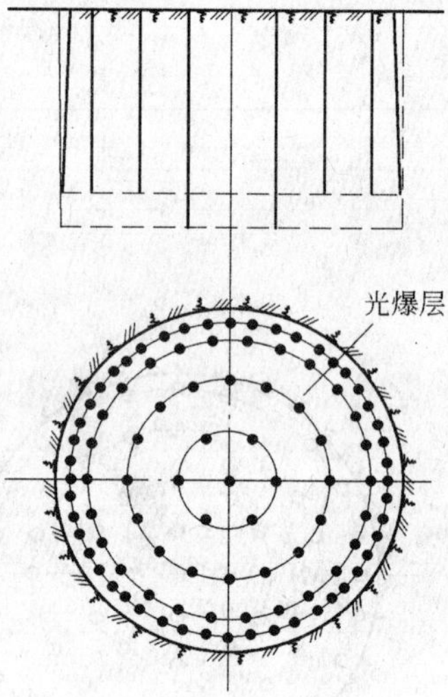

图8-15 竖井炮孔布置

8.2.2.7 竖井爆破的起爆网路

竖井掘进爆破，大多采用电雷管起爆网路或导爆管雷管起爆网路；对于深孔（孔深大于2.5m），也可采用电雷管-导爆索复式起爆网路。

在电雷管起爆网路中，广泛采用并联网路和串并联网路，而串联网路由于工作条件差易发生拒爆现象，在竖井掘进中极少采用。

起爆电源大多采用地面的220V或380V的交流电流。在并联网路中，随着雷管并联组数目的增加，起爆总电流也增大，必须采用高能量的起爆电源。

8.2.3 斜井掘进爆破参数

斜井爆破法与平巷爆破法相比有诸多相似之处，不同之处是斜井倾斜10°～25°，甚至有35°的倾角，给钻孔、爆破、装岩、排水等工序都带来了难度。

斜井掘进作业的特点有：

（1）以大扒斗、大箕斗、大提升机和大矸石仓（简称“三大一仓”）为主的斜井作业线逐步完善，经验证明，斜井中的“三大一仓”是提高掘进速度的有效途径。

（2）爆破工艺必须与斜井机械化配套相适应。钻孔机具多用YT-28凿岩机，钎头直径为42～44mm；根据国内目前钻孔机具和爆破器材的现状，大力推广使用中深孔（孔深为2～2.5m）、全断面一次光面爆破和抛渣爆破。

斜井掘进爆破参数的确定方法如下：

(1)若岩石坚固性系数$f=10$,中深孔爆破一般采用直孔掏槽和圆锥形掏槽。为了在硬岩中实现中深孔爆破,应改进掏槽方法,采用微斜角与楔形加中辅助的掏槽方式,效果良好。

(2)若岩石坚固性系数$f=10$,采用中深孔光面爆破和抛渣爆破。当斜井井筒倾角$\alpha<15°$时,采用抛渣爆破提高了装岩机效率。

(3)可以通过微机辅助设计,根据工作面的岩石变化及时调整爆破参数,通过优化爆破参数,可以比常规爆破的循环进度提高15%~20%。

(4)斜井掘进工作面往往会有积水,必须选用抗水炸药。

8.2.4 天井掘进爆破

天井用于连接矿山上下两个开采水平,提升下放设备、材料、行人以及用于通风、勘探矿体等。专门用于放矿的天井,也称溜井。

由于天井用途不同,其断面形状和尺寸也不相同。断面形状一般为矩形和圆形。断面尺寸为(1.5m×1.5m)~(3.0m×3.0m)。

8.2.4.1 浅孔爆破法

天井自下而上的掘进称为反向掘进,工人站在人工搭筑的工作台上进行钻孔、爆破作业。工作台每循环架设一次,工作台与工作面距离为2~2.5m。采用上向式凿岩机打孔。

炮孔数目计算和炮孔布置原则与水平巷道掘进相同,表8-7所示为天井掘进炸药单耗。

表8-7 天井掘进炸药单耗 (kg/m^3)

掘进断面/m^2	岩石的坚固性系数f值		
	4~6	8~10	12~14
<4	1.70	2.15	2.70
4~6	1.60	2.03	2.55
6~8	1.50	1.92	2.40

炮孔深度为1.6~1.9m,孔数为2.5~3.5个/m^2。掏槽方式常用直孔或半楔形掏槽,如图8-16所示。

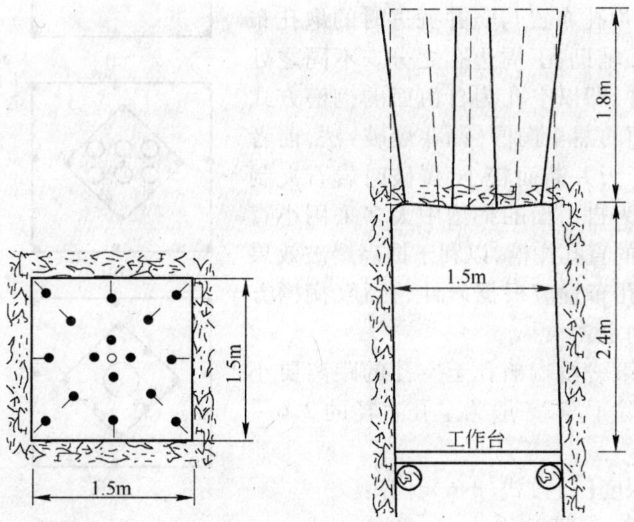

图8-16 浅孔爆破法

这种方式在掘进高天井时，通风、提升条件差，工效低且不安全，仅在掘进盲短天井或在岩层破碎地带以及掘进某些特殊形式的天井时应用。

图 8-17 所示为天井炮孔排列的几种形式，常用的炮孔排列有螺旋形掏槽、对称直线掏槽、三角柱掏槽、不规则桶形掏槽等。具体尺寸要求视岩石情况而定，一般孔深为 1.7m 左右。

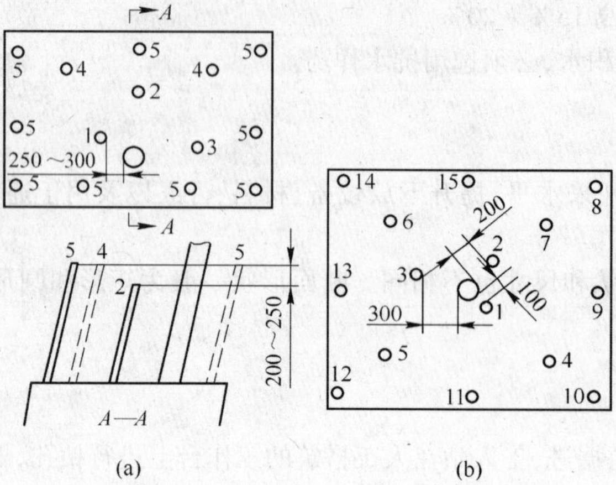

图 8-17　天井炮孔布置（单位：mm）
（a）斜天井螺旋形掏槽；（b）螺旋形掏槽；（c）对称直线掏槽

8.2.4.2　*深孔爆破法*

深孔爆破法用深孔钻机自上而下或自下而上沿天井全高钻凿一组平行深孔，然后分段，自下而上依次爆破，形成所需的断面和一定高度的天井。

掘进过程中，工人不进入天井内作业，其优点是工作安全、作业条件好，是近期掘进天井行之有效的一种方法。

（1）炮孔布置。炮孔布置与竖井掘进时的炮孔布置相同，也有掏槽孔、辅助孔、周边孔之分。不同之处是掏槽孔布置有两种，即以空孔为自由面的掏槽方式和以工作面为自由面的漏斗掏槽（漏斗爆破）法，前者应用较为广泛。由于天井断面较小，爆破时岩石夹制力较大，故在以空孔为自由面的掏槽中大多采用小直径深孔、大直径空孔的直孔掏槽，以利于提高爆破效果（见图 8-18）。其炮孔布置应根据岩性、孔径、掏槽方式及天井断面大小确定。

在分段爆破时，第一段掏槽孔至空孔的距离要小一些，以确保岩渣清除干净，一般为空孔直径的 2.6 ~ 5 倍。

每段掏槽孔的深度（h）按式（8-6）计算：

$$h = \frac{973D^2 d^2}{a(D+d) - 0.8(D^2 + d^2)} \tag{8-6}$$

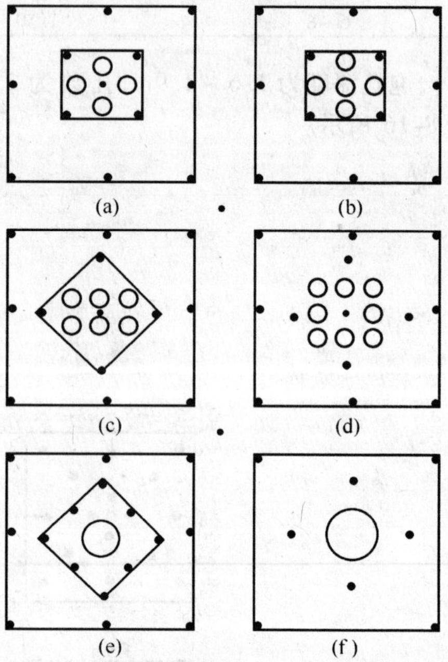

图 8-18　反井掘进典型掏槽方式

式中 d——掏槽孔直径,m;

D——空孔直径,m;

a——掏槽孔至空孔中心的距离,m。

当 $D=d$、取 $a=3.2d$ 时,$h=200d$。

漏斗爆破法是在天井内穿凿若干大直径炮孔,炮孔位置应根据大孔径的爆破漏斗试验结果和天井断面大小与形状来确定。一般方形断面的天井至少布置5个深孔。爆破时以单孔爆破漏斗方式掏槽,然后按一定顺序分段起爆,每段只爆一个孔,并为下一个孔的爆破开创自由面(见图8-19)。

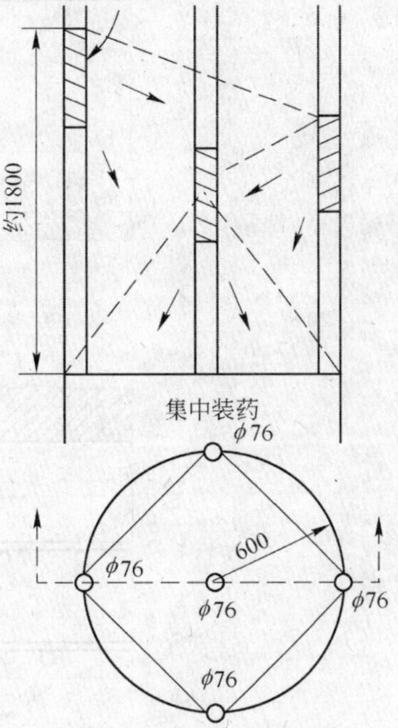

图 8-19 漏斗爆破法(单位:mm)

(2) 炮孔直径。采用潜孔钻时,孔径为90~150mm;采用FJI-700型深孔钻机时,孔径为51~76mm。

(3)炮孔数目。炮孔数目一般根据类似矿山经验和试验结果确定,也可按式(8-7)计算:

$$N=\frac{KqS}{r} \tag{8-7}$$

式中 K——断面系数,参考表8-8;

r——每米炮孔装药量,kg/m;

S——天井断面,m^2;

q——单位炸药消耗量,kg/m^3。

表8-8 断面系数

断面尺寸/m^2	K
2×2	1.0
1.2×1.5	1.04
1.5×1.5	1.2

(4)分段高度。深孔爆破法掘进天井时,虽然是一次钻完炮孔全部深度,但由于岩石爆破后产生膨胀,为了保证每次爆破所需的补偿空间,要采取分段爆破。分段高度取决于岩石性质、天井断面、孔径大小等因素。一般情况下,岩石易爆时,段高较大;岩石难爆时,段高则较小。例如,云南某铁矿采用深孔爆破法掘进天井时,由于该矿的岩石节理、裂隙发育、爆破性好,同时又采用100~110mm直径的深孔,因此,长度为15m以内的天井,采用一次起爆;15~25m长的天井,分两段爆破;大于25m的天井分三段爆破,爆破效果良好。在爆破条件较好时,天井长度在20~40m以内,一次起爆也获得了满意的效果。

8.3 地下采场浅孔爆破

地下采场浅孔爆破与井巷掘进爆破同样都属于浅孔爆破,不同的是采场浅孔爆破有两个自由面,爆破的面积和爆破量都比较大。

8.3.1 炮孔布置

地下采场的炮孔按其方向来分,有上向炮孔和水平炮孔,见图8-20(a)和图8-20(b)。其中,上向炮孔应用较多。爆破工作面以台阶形式向前推进,炮孔在工作面的布置有方形(矩形)排列和三角形排列(见图8-21)。方形(矩形)排列一般用于矿石比较坚硬、矿岩不易分离、采幅

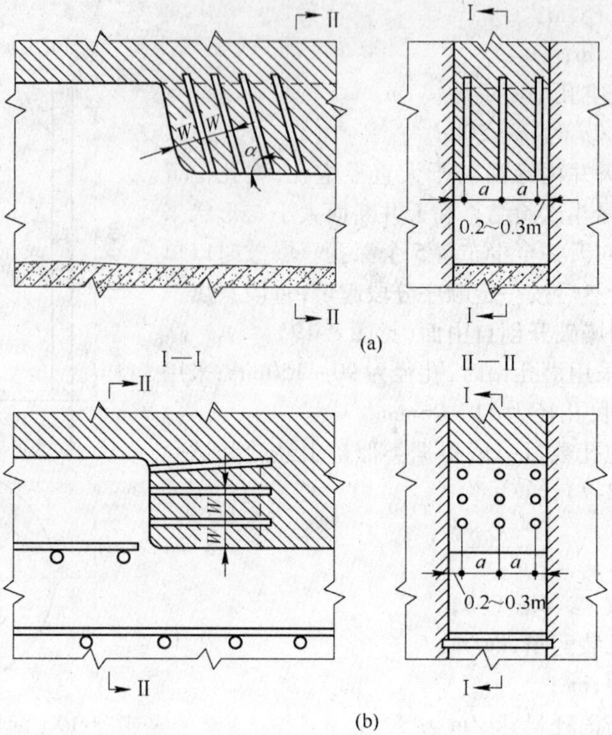

图 8-20　上向炮孔和水平炮孔

(a)上向炮孔;(b)水平炮孔

α—炮孔倾角;a—炮孔间距;W—抵抗线

较宽的矿体。三角形排列时,炸药在矿体中的分布比较均匀,崩落矿石块度的大小比较一致,当采幅较窄时效果更为显著。

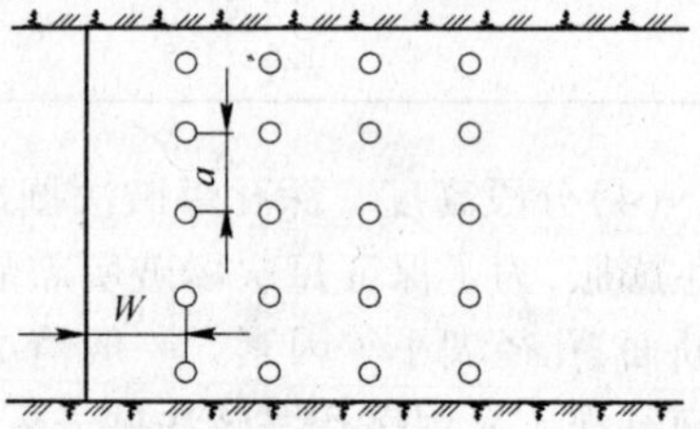

图 8-21　井下崩矿炮孔布置

(a)方形布置;(b)三角形布置

8.3.2　爆破参数

8.3.2.1　炮孔直径

影响炮孔直径的因素除了 8.1 节中谈到的内容之外,还有矿床赋存条件。我国炮孔落矿广泛采用 32mm 的药卷直径,其相应的炮孔直径为 38 ~ 42mm。不少有色金属矿山也用 25 ~ 28mm 的小直径药卷爆破,在控制采幅宽度、降低损失贫化方面取得了较显著的效果。

8.3.2.2　炮孔深度

炮孔深度与矿体、围岩性质、矿体厚度及其边界形状等因素有关。例如,采用浅孔留矿采矿法时,当矿厚大于 1.5 ~ 2.0m、矿岩稳固时,孔深常为 2m 左右,个别矿山采厚矿体时孔深达 3 ~ 4m;当矿厚小于 1.5m 时,随着矿厚不同,孔深变化在 1.0 ~ 1.5m 之间。在开采薄矿脉时,孔深与孔径一般取小值。

8.3.2.3　最小抵抗线和炮孔间距

采场浅孔爆破时,最小抵抗线就是炮孔的排距。炮孔间距是指排内炮孔之间的距离。这两个参数的大小对爆破效果影响很大。一般说来,最小抵抗线越大,炮孔间距也越大,则爆下的矿石大块率增大。如果最小抵抗线和炮孔间距过小,矿石被过度破碎,既浪费了爆破材料,又给易氧化、易黏结、易自燃的矿石装运工作带来困难。

通常,最小抵抗线(W)和炮孔间距(a)按下列经验公式选取:

$$W=(25\sim30)d \tag{8-8}$$

$$a=(1\sim1.5)W \tag{8-9}$$

式中,d 为炮孔直径,m;系数依岩石性质而定,岩石坚硬,取较小值,反之取大值。

8.3.2.4　单位炸药消耗量

单位炸药消耗量除与矿石性质、炸药性能、孔径、孔深有关外,还与矿床赋存条件有关。一般说来,矿体厚度越小,孔越深,单位炸药消耗量越大。表8-9列出的经验数值是在使用2号岩石铵梯炸药时获取的。

表8-9　采取浅孔落矿时单位炸药消耗量

岩石坚固性系数 f	<8	8~10	10~15
单位炸药消耗量/$kg\cdot m^{-3}$	0.26~1.0	1.0~1.6	1.6~2.6

采矿时,一次爆破装药量 Q 与采矿方法、矿体赋存条件、爆破范围等因素有关。由于影响因素多,难以用一个包括全部因素的公式计算,通常只根据单位炸药消耗量和欲崩落矿石的体积进行计算,即:

$$Q=qB_mL_j\bar{l} \tag{8-10}$$

式中　Q——一次爆破装药量,kg;

q——单位炸药消耗量,kg/m^3;

B_m——矿体厚度,m;

L_j——一次落矿总长度,m;

$\bar{l}$——平均炮孔深度,m。

8.4　地下采场深孔爆破

地下采场深孔爆破可分为两种,即中深孔爆破和深孔爆破。国内矿山通常把钎头直径为51~75mm的接杆凿岩炮孔称为中深孔,而把钎头直径为95~110mm的潜孔钻机钻凿的炮孔称为深孔。实际上,随着凿岩设备、凿岩工具的改进,二者的界限有时并不显著。所以,孔径为75~120mm、孔深大于5m的一般称为深孔,深孔崩落矿石的特点是效率高、速度快、作业条件安全,广泛应用于厚矿床的崩矿回采。

随着大量崩矿采矿方法的应用,深孔大爆破在黑色和有色金属矿山得到了广泛应用。爆破规模日趋增大,爆破方法也逐步完善。

深孔爆破相对于浅孔爆破具有以下优点:

(1)一次爆破量大,可大量采掘矿石或快速成井;

(2)炸药单耗低,爆破次数少,劳动生产率高;

(3)爆破工作集中,便于管理,安全性好;

(4)工程速度快,有利于缩短工期,对于矿山而言,有利于地压管理和提高回采强度。

同时,深孔爆破也有如下一些缺点:

(1)需要专门的钻孔设备,并对钻孔工作面有一定的要求;

(2)对钻孔技术要求较高,容易超挖和欠挖;

(3)由于炸药相对集中,块度不均匀,大块率较高,二次破碎工作量大。

8.4.1　深孔炮孔布置

深孔炮孔布置方式有平行布孔、扇形布孔及束状孔。平行布孔是在同一排面内,深孔互相平行,深孔间距在孔的全长上均相等,如图 8-22(a)所示。扇形布孔是在同一排面内,深孔排列成放射状,深孔间距自孔口到孔底逐渐增大,如图 8-22(b)所示。束状孔是以某点为圆心向外发散,应用较少。

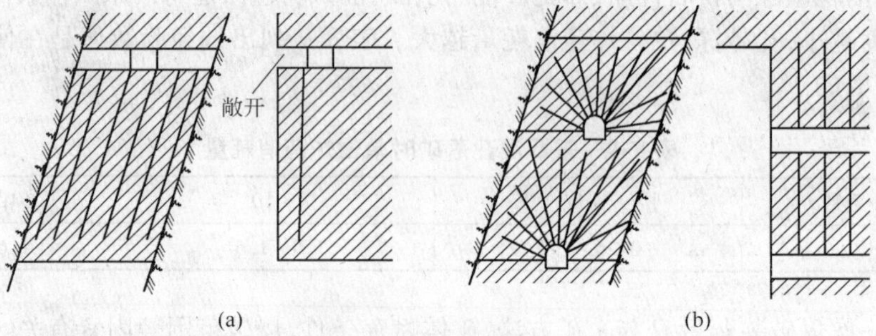

图 8-22　深孔布置

(a)平行布孔;(b)扇形布孔

根据炮孔的方向不同,又可分为上向孔(见图 8-23)、下向孔(见图 8-24)和水平孔(见图 8-25)、倾斜孔(见图 8-26)四种。

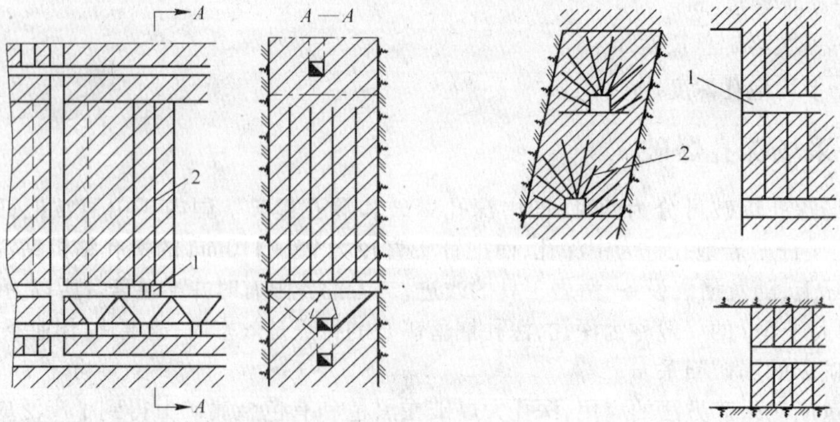

图 8-23　上向深孔崩矿

(a)上向平行深孔;(b)上向扇形深孔

1—凿岩巷道;2—深孔

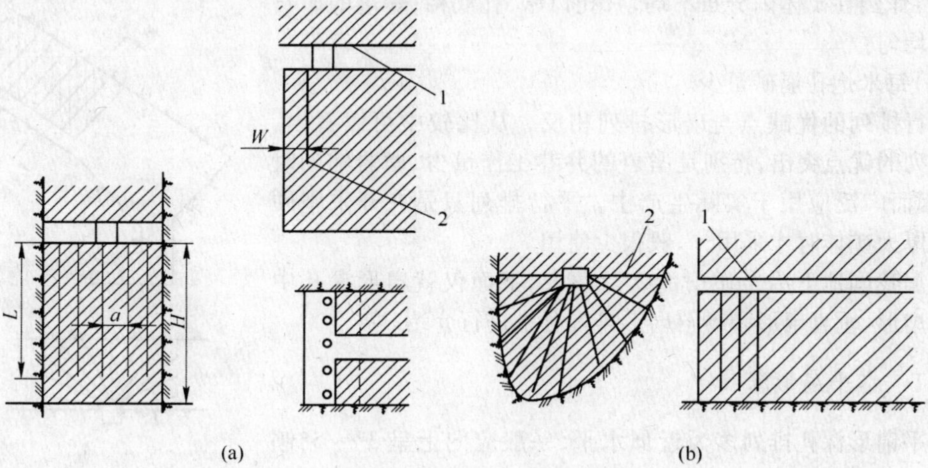

图 8-24　下向深孔崩矿

(a)下向平行深孔；(b)下向扇形深孔

1—凿岩巷道；2—深孔；*L*—炮孔深度；*H*—矿体厚度

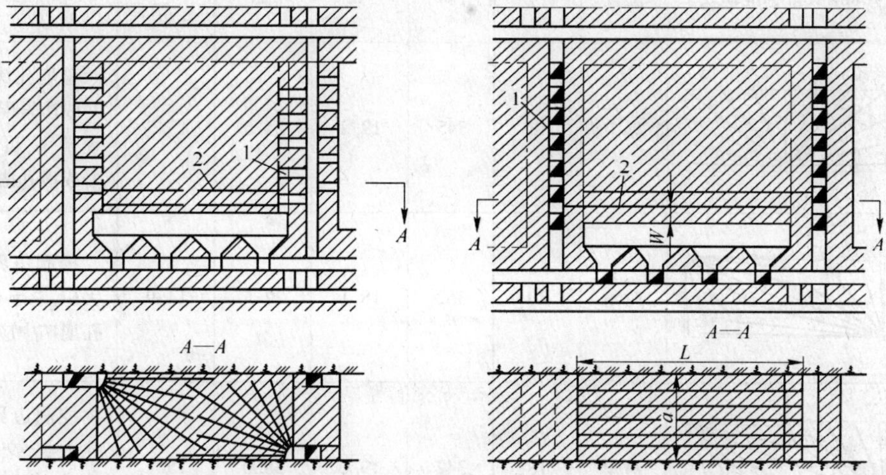

图 8-25　水平深孔崩矿

(a)水平扇形深孔；(b)水平平行深孔

1—凿岩巷道；2—深孔

扇形排列与平行排列相比较，其优点是：

(1)每凿完一排炮孔才移动一次凿岩设备，辅助时间相对较少，可提高凿岩效率；

(2)对不规则矿体布置深孔十分灵活；

(3)所需凿岩巷道少，准备时间短；

(4)装药和爆破作业集中，节省时间，在巷道中作业条件好，也较安全。

其缺点是：

(1)炸药在矿体内分布不均匀,孔口密,孔底稀,爆落的矿石块度不均匀;

(2)每米炮孔崩矿量少。

平行排列的优缺点与扇形排列相反。从比较中可以看出,扇形排列的优点突出,特别是凿岩的井巷工作量少、凿岩辅助时间少,因而广泛应用于实际生产中。平行排列只是在开采坚硬规则的厚大矿体时才采用,一般很少使用。

根据我国地下冶金矿山的实际情况,下面仅就扇形深孔中的水平扇形、垂直扇形和倾斜扇形排列分别进行介绍。

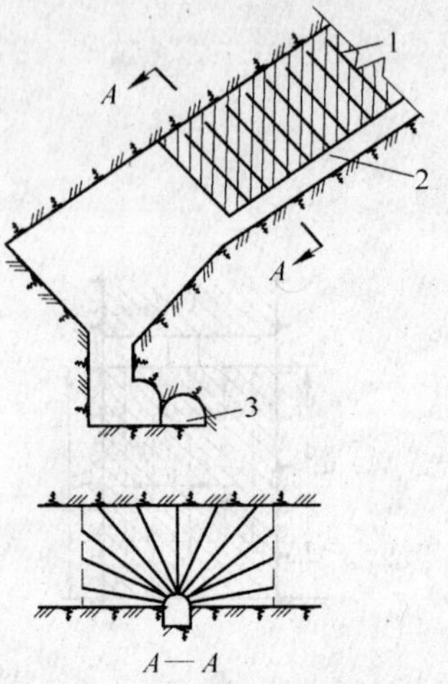

图 8-26　倾斜扇形深孔布置
1—深孔;2—凿岩天井;3—电耙道

8.4.1.1　水平扇形深孔

水平扇形深孔排列多为近似水平,一般应向上呈 3°～5°倾角,以利于排除凿岩产生的岩浆或孔内积水。水平扇形孔的排列方式较多,其形式如表 8-10 所示。

表 8-10　水平扇形深孔布置方式比较

编号	炮孔布置示意图（40m×16m 标准矿块）	凿岩天井位置	炮孔数/个	总孔深/m	平均孔深/m	最大孔深/m	每米炮孔崩矿量/m^3	优缺点和应用条件
1		下盘中央	18	345	19.2	24.5	15.5	总炮孔深小(凿岩天井或凿岩硐室),掘进工程量小;可用接杆式凿岩或潜孔凿岩进行施工
2	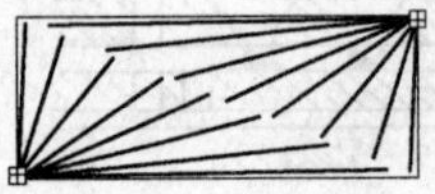	对角	20	362	18.1	22.5	14.9	控制边界整齐,不易丢矿,总炮孔深小;在深孔崩矿中应用较广
3	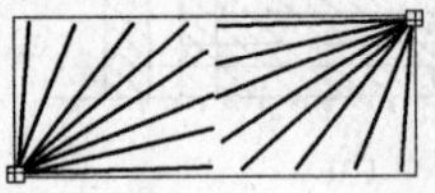	对角	18	342	19.0	38.0	15.7	控制边界尚好,但单孔太长,交错处邻孔易炸透;使用于潜孔凿岩崩矿爆破
4	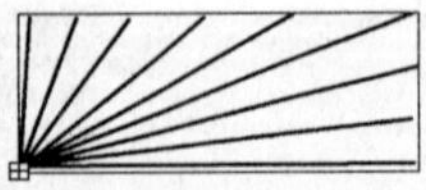	一角	13	348	26.8	41.5	15.5	掘进工程量小,凿岩设备移动次数少,但大块率较高,单孔长度过大;用于潜孔凿岩深孔爆破崩矿
5	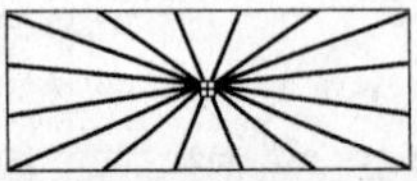	矿块中央	24	453	18.9	21.5	11.9	总炮孔深大,难控制边界,易丢矿,分次崩矿对天井维护困难;多用于矿体稳固时的接杆凿岩深孔爆破崩矿

续表 8-10

编号	炮孔布置示意图（40m×16m 标准矿块）	凿岩天井位置	炮孔数/个	总孔深/m	平均孔深/m	最大孔深/m	每米炮孔崩矿量/m^3	优缺点和应用条件
6	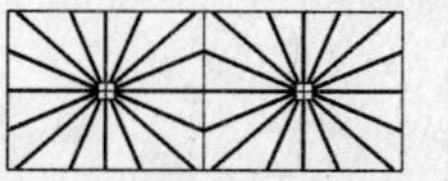	中央两侧	44	396	9.0	12.0	13.6	大块率低，凿岩工作面多，施工灵活性大，但难以控制边界；用于矿体稳固时的接杆凿岩深孔爆破崩矿

具体的选择应用需结合矿体的赋存条件、采矿方法、采场结构、矿岩的稳固性和凿岩设备等具体情况来确定。水平扇形炮孔的作业地点可设在凿岩天井或凿岩硐室中，前者掘进工作量少，但作业条件相对较差，每次爆破后维护工作量大；后者则相反。接杆凿岩所需空间小，多采用凿岩天井；而潜孔凿岩所需的空间大，常用凿岩硐室。用凿岩硐室凿岩时，上下硐室要尽量错开布置，避免硐室之间由于垂直距离小而影响硐室稳定性，引发意外事故。

8.4.1.2　垂直扇形排列

垂直扇形排列的排面为垂直或近似垂直。按深孔的方向不同，又可分为上向扇形和下向扇形。垂直上向扇形与垂直下向扇形相比较，其优点是：

(1)适用于各种机械进行凿岩，而垂直下向扇形只能用潜孔钻机或地质钻机凿岩；

(2)岩浆容易从孔口排出；

(3)凿岩效率高。

其缺点是：

(1)钻具磨损大；

(2)排岩浆的过程中，水和岩浆易灌入电机（对潜孔而言），工人作业环境差；

(3)当炮孔钻凿到一定深度时，随孔深的增加，钻具的重量也随之加大，凿岩效率有所下降。

垂直下向扇形炮孔排列的优缺点与垂直上向扇形炮孔正好相反。由于垂直下向扇形深孔钻凿时存在排岩浆比较困难等问题，它仅用于局部矿体和矿柱的回采。生产上广泛应用的是垂直上向扇形深孔，其作业地点是在凿岩巷道中。当矿体较小时，一般将凿岩巷道掘在矿体与下盘围岩交界处；当矿体厚度较大时，一般将凿岩巷道布置于矿体中间。

8.4.1.3　倾斜扇形排列

倾斜扇形深孔排列多用于无底柱崩落采矿法的崩矿爆破中，如图 8-27(a)所示。用倾斜扇形深孔崩矿的目的是为了放矿时椭球体发育良好，避免覆盖岩石过早混入，从而减少了贫化和损失。

有的矿山矿体倾角为 40°～45°，这种倾角矿体崩下的矿石容易发生滚动，不宜使用机械运搬，否则作业不安全。此时可使用倾斜的扇形深孔进行爆破，利用炸药爆炸的一部分能量将矿石直接抛入受矿漏斗，如图 8-27(b)所示，实现爆力运搬。

一些矿山采用侧向倾斜扇形深孔进行崩矿，见图 8-27(c)，可增大自由面，是垂直扇形深孔爆破自由面的 1.5～2.5 倍，爆破效果好，大块率可减少到 3%～7%，特别是对于边界复杂的矿体，可降低矿石的损失和贫化，被认为是扇形深孔排列中比较理想的排列方式。

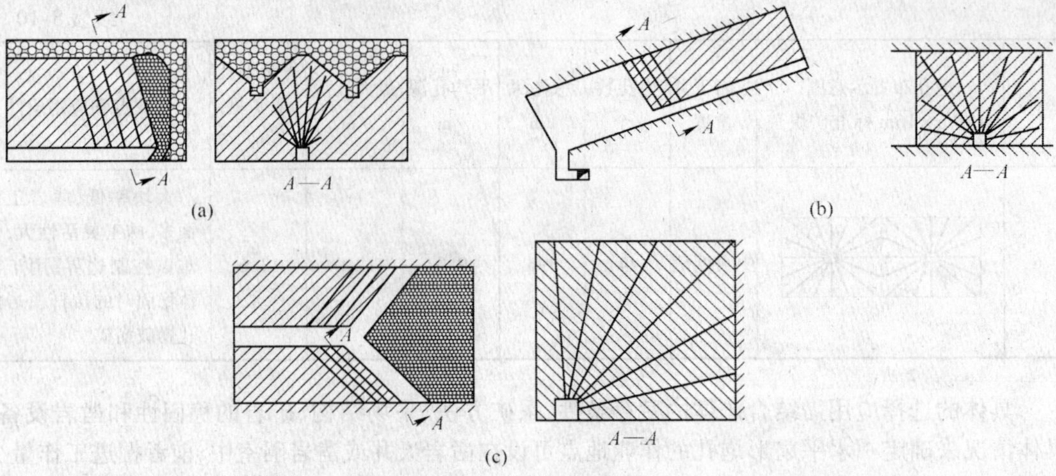

图 8-27　扇形深孔爆破
(a)无底柱分段崩落法倾斜扇形深孔;(b)爆力运搬扇形深孔;(c)侧向倾斜扇形深孔

8.4.2　爆破参数

8.4.2.1　深孔直径

深孔直径的大小对凿岩劳动生产率和爆破效果影响很大。影响孔径的主要因素是使用的凿岩设备和工具、炸药的威力、岩石特征。

采用接杆凿岩时,深孔直径主要取决于连接套直径和必需的装药体积,孔径一般为 50～75mm,以 55～65mm 较多。采用潜孔凿岩时,因受冲击器的制约,孔径较大,为 90～120mm,以 95～105mm 较多。在矿石节理裂隙发育、炮孔容易变形的情况下,采用大直径深孔则是比较合理的。

8.4.2.2　炮孔深度

孔深对凿岩速度、采准工作量影响很大,随着孔深的增加,凿岩速度下降,深孔偏斜增大,施工质量变差。但是,孔深的增加使凿岩巷道之间的距离加大,因而采准工作量降低。选择孔深主要取决于凿岩机类型、矿体赋存条件、矿岩性质、采矿方法和装药方式等因素。目前,使用 YT-23 (7655)型凿岩机时,孔深一般为 6～8m,最大不超过 10～12m;使用 YG-80 型和 BBC-120F 型凿岩机时,孔深一般为 10～15m,最大不超过 18m;使用 BA-100 型和 YQ-100 型潜孔凿岩机时,孔深一般为 10～20m,最大不超过 25～30m。

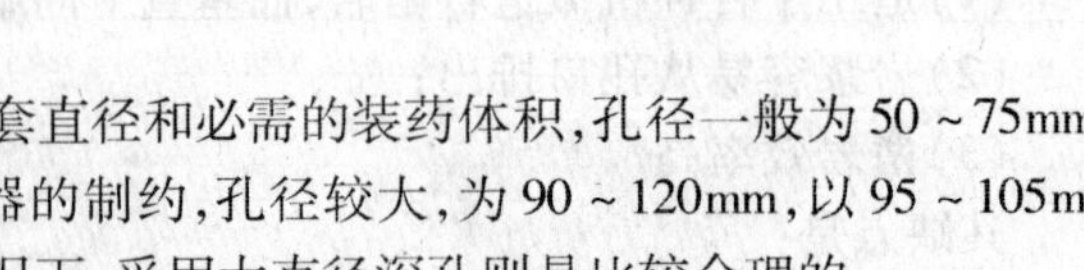

图 8-28　扇形孔装药处的孔口及孔底距离
1—间柱;2—采区天井;3—凿岩硐室;4—炮孔末装药部分;5—炮孔装药部分;6—矿房

8.4.2.3　最小抵抗线、孔间距和密集系数

最小抵抗线就是排距,即爆破每个分层的厚度。

孔间距是排内深孔之间的距离。对于扇形深孔来说,孔间距常用孔底距和孔口装药处的垂直距离表示。如图 8-28 所示,孔底距

$b_{大}$是指较浅的深孔孔底至相邻深孔的垂直距离。孔口装药处的垂直距离$b_{小}$是指堵塞较深的深孔装药处至相邻深孔的垂直距离。前者用于布置深孔时控制孔网密度,后者用于装药时控制装药量。

密集系数是孔间距与最小抵抗线的比值,即:

$$m = \frac{a}{W} \tag{8-11}$$

式中 m——密集系数;

a——孔间距,m;

W——最小抵抗线,m。

对于扇形深孔来说,常用孔底密集系数和孔口密集系数表示。孔底密集系数是孔底距与最小抵抗线的比值,孔口密集系数是孔口装药处垂直距离与最小抵抗线的比值。

以上三个参数直接决定着深孔的孔网密度,其中,最小抵抗线反映了排与排之间的孔网密度;孔间距反映了排内深孔的孔网密度;而密集系数则反映了它们之间的相互关系。它们的确定正确与否直接关系到矿石的破碎质量,影响着每米崩矿量、凿岩和出矿劳动生产率、爆破器材消耗、矿石的损失和贫化以及其他一些技术经济指标。

以下分别叙述上述三个参数的确定方法。

(1)密集系数。密集系数的选取是根据经验来确定的。通常,平行孔的密集系数为0.8~1.1,以0.9~1.1较多。扇形孔时,孔底密集系数为0.9~1.5,以1.0~1.3较多;孔口密集系数为0.4~0.7。选取密集系数时,矿石越坚固,要求的块度越小,应取越小的值;否则,应取较大值。

(2)最小抵抗线。确定最小抵抗线,主要有以下三种方法。

1)平行布孔时,仍可按巴隆公式计算:

$$W = d\sqrt{\frac{7.85\rho\tau}{qm}} \tag{8-12}$$

式中 d——炮孔直径,dm;

ρ——装药密度,kg/dm^3;

τ——装药系数,$\tau = 0.7 \sim 0.85$;

q——单位炸药消耗量,kg/m^3。

式(8-12)是平行布孔的最小抵抗线,如果是扇形布孔的最小抵抗线也可利用式(8-12),但应将式中的密集系数和装药系数改为平均值,平均密集系数一般为1~1.25;平均装药系数可根据实际资料选取。

2)根据最小抵抗线和孔径的比值选取。从式(8-12)可知,当单位炸药消耗量和密集系数一定时,最小抵抗线和孔径成正比。实际资料表明,最小抵抗线和孔径的比值一般在下列范围内:

坚硬矿石	$W/d = 23 \sim 30$
中等坚硬矿石	$W/d = 30 \sim 35$
较软矿石	$W/d = 35 \sim 40$

当装药密度越高、炸药的威力越大时,则该比值越大;相反,该比值越小。

3)根据矿山实际资料选取。矿山常用的最小抵抗线数值见表8-11。

(3)孔间距。孔间距根据最小抵抗线和密集系数计算。

表 8-11　最小抵抗线与炮孔直径

d/mm	W/m	d/mm	W/m
50 ~ 60	1.2 ~ 1.6	70 ~ 80	1.8 ~ 2.5
60 ~ 70	1.5 ~ 2.0	90 ~ 120	2.5 ~ 4.0

8.4.2.4　单位炸药消耗量

单位炸药消耗量的大小直接影响岩石的爆破效果，其值大小与岩石的可爆性、炸药性能和最小抵抗线有关。通常，参考表 8-12 选取，也可根据爆破漏斗试验确定。

表 8-12　地下深孔单位炸药消耗量

岩石坚固性系数 f	3 ~ 5	5 ~ 8	8 ~ 12	12 ~ 16	>16
一次爆破单位炸药消耗量/kg · m^{-3}	0.2 ~ 0.35	0.35 ~ 0.5	0.5 ~ 0.8	0.8 ~ 1.1	1.1 ~ 1.5
二次爆破单位炸药消耗量所占比例/%	10 ~ 15	15 ~ 25	25 ~ 35	35 ~ 45	>45

平行深孔每孔装药量（Q）为：

$$Q = qaWL = qmW^2L \tag{8-13}$$

式中　L——深孔长度，m。

扇形深孔每孔装药量因其孔深、孔距均不相同，通常先求出每排孔的装药量，然后按每排的总长度和总堵塞长度，求出每米孔的装药量，最后分别确定每孔装药量。每排孔装药量为：

$$Q_{排} = qWS \tag{8-14}$$

式中　$Q_{排}$——排深孔的总装药量，kg；

　　S——排深孔的负担面积，m^2。

表 8-13 列出了我国部分地下矿山深孔爆破参数。

表 8-13　部分地下矿山深孔爆破参数

矿山名称	矿石坚固性系数	深孔排列方式	深孔直径/mm	最小抵抗线/m	孔底距/m	孔深/m	一次单位炸药消耗量/kg · t^{-1}	二次单位炸药消耗量/kg · t^{-1}	每米深孔崩矿量/t · m^{-1}
胡家峪铜矿	8 ~ 10	上向垂直扇形	65 ~ 72	1.8 ~ 2.0	1.8 ~ 2.2	12 ~ 15	0.35 ~ 0.40	0.15 ~ 0.25	5 ~ 6
篦子沟铜矿	8 ~ 12	上向垂直扇形	65 ~ 72	1.8 ~ 2.0	1.8 ~ 2.0	<15	0.442	0.183	5
铜官山铜矿	3 ~ 5	水平或上向垂直扇形	55 ~ 60	1.2 ~ 1.5	1.2 ~ 1.8	3 ~ 5	0.25	0.16	6 ~ 8
云锡松树脚锡矿	10 ~ 12	上向垂直扇形	50 ~ 54	1.3	1.3 ~ 1.5	5 ~ 8	0.245	0.267	6.33
红透山铜矿	8 ~ 12	水平扇形	90 ~ 110	3.5	3.8 ~ 4.5	10 ~ 25	0.21	0.60	15 ~ 20
狮子山铜矿	12	水平扇形	90 ~ 110	2.0	2.5	15 ~ 20	0.45 ~ 0.50	0.1 ~ 0.2	11 ~ 12
易门铜矿风山坑	4 ~ 8	水平扇形或束状	105 ~ 110	2.5 ~ 3.0	2.5 ~ 4.0	<30	0.45	0.0213	10 ~ 15

续表 8-13

矿山名称	矿石坚固性系数	深孔排列方式	深孔直径/mm	最小抵抗线/m	孔底距/m	孔深/m	一次单位炸药消耗量/kg·t^{-1}	二次单位炸药消耗量/kg·t^{-1}	每米深孔崩矿量/t·m^{-1}
易门铜矿狮山坑	4~6	水平扇形或束状	105	3.2~3.5	3.3~4.0	5~20	0.25	0.074	16~26
狮子山铜矿	12~14	垂直扇形	90~110	2.0~2.2	2.5	10~15	0.40~0.45	0.10~0.20	11~12
东川因民铜矿	8~10	垂直扇形	90~110	1.6~2.0	2.0~2.5	<15	0.445	0.0643	7.9
红透山铜矿	8~10	水平扇形	50~60	1.4~1.6	1.6~2.2	6~8	0.18~0.20	0.40	4~5
青城子铅矿	8~10	倾斜扇形	65~70	1.5	1.5~1.8	4~12	0.25	0.15	5~7
金岭铁矿	8~12	上向垂直扇形	60	1.5	2.0	8~10	0.16	0.246	6
程潮铁矿	2~6	上向垂直扇形	56	2.5	1.2~1.5		0.218	0.01	8
核工业总公司794矿	8~10	垂直扇形中深孔	65	1.2	1.8	4~12	0.75		3
核工业总公司719矿	8~12	垂直扇形	70 75	1.2	0.8~1 1.8~2.2	1.5~1.8 35~40	0.45 0.9~1.08	0.01	
兰家金矿（长春）	11~12	水平，下向炮孔	38~42	0.85	0.85 （孔间距）	2~3 2~4	0.5		2.14

8.4.3 深孔爆破设计

深孔爆破设计是回采工艺中的重要环节，它直接影响崩矿质量、作业安全、回采成本、损失贫化和材料消耗等。合理的深孔设计应是：

(1)炮孔能有效地控制矿体边界，尽可能使回采过程中的矿石损失率、贫化率低；

(2)炮孔布置均匀，有合理的密度和深度，使爆下矿石的大块率低；

(3)炮孔的效率要高；

(4)材料消耗少；

(5)施工方便，作业安全。

8.4.3.1 布孔设计的资料与内容

(1)布孔设计需要的基础资料。包括下列内容：

1)采场实测图。图中应标有凿岩巷道或硐室的相对位置、规格尺寸、补偿空间的大小和位置、原拟定的爆破顺序和相邻采场的情况。

2)矿岩凿岩爆破性质，矿体边界线，简单的地质说明。

3)矿山现有的凿岩机具、型号及性能等。

(2)布孔设计的基本内容。布孔设计一般应包括下列内容：

1)凿岩参数的选择。

2)根据所选定的凿岩参数，在采矿方法设计图上确定炮孔的排位和排数，并按炮孔的排位作出剖视图。

3)在凿岩巷道或硐室的剖视图中，确定支机点和机高，并在平面图上推算出支机点的坐标。

4)按所确定的孔间距在剖视图上作出各排炮孔（扇形排列炮孔时，机高点是一排炮孔的放射点），然后将各深孔编号，量出各孔的深度和倾角，并标在图纸上或填入表中。

上述各项内容从生产实践角度出发，往往集中用作图软件或图纸来表示，必要时可在设计图纸上用简短的文字加以说明。

8.4.3.2　布孔设计的方法和步骤

布孔设计方法与步骤通过下述实例来说明。

如图 8-29 所示，有一底柱分段凿岩阶段矿房采矿法采场，切割槽布置于采场中央；用 YG-80 型凿岩机钻凿上向垂直扇形炮孔；分段巷道断面为 2m×2m。爆破顺序是由中央切割槽向两侧顺序起爆。矿石坚硬稳固，可爆性差，$f=12$。要求完成采场炮孔布孔设计。

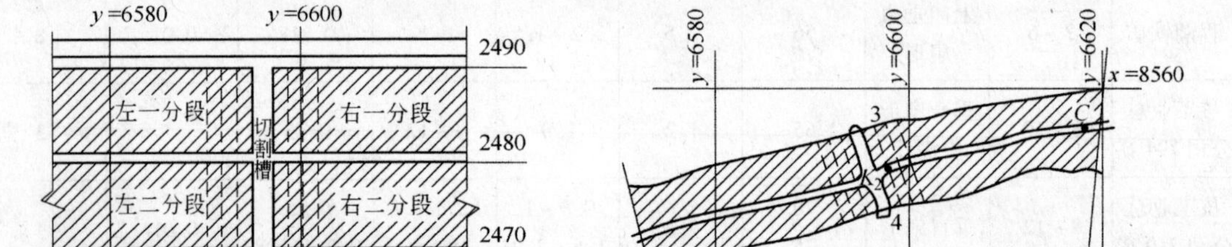

图 8-29　采场实测图

(1)参数选择

1)炮孔直径：$d=65$mm。

2)最小抵抗线：$W=(23\sim30)d=1.5\sim2.0$m，因矿石坚硬稳固，取 $W=1.5$m。

3)孔底距:在本采场采用上向垂直扇形炮孔,用孔底距表示炮孔的密集程度。因为炮孔的直径是65mm,在排面上将炮孔布置得稀一些,但考虑到降低大块的产生,将前后排炮孔错开布置。取密集系数 $m=1.35$,所以,孔底距 $a=mW=1.35\times1.5=2$m。

4)最小抵抗线:取 $W=1.5$m,在分段巷道2480、2470和2460中,决定炮孔的排数和排位,并标在图上。

(2)按所定的排位,作出各排的剖视图。作出切割槽右侧第一排位的剖视图,并标出有关分段凿岩巷道的相对位置,见图8-30。

(3)在剖视图上有关巷道中,确定支机点。为便于操作,机高取1.2m,支机点一般设在巷道的中心线上。

(4)根据巷道中的测点,例如 B、C、D 点的坐标,推算出各分段巷道中的支机点 K_1、K_2、K_3 的坐标,具体作法如下(如图8-31所示):

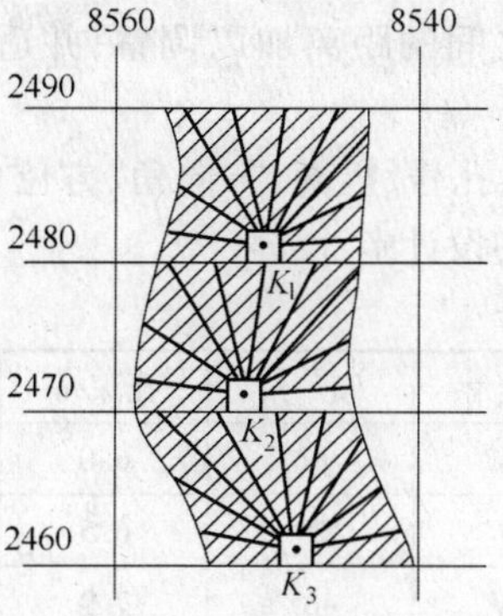

图8-30 右侧第一排位剖视图的炮孔布置

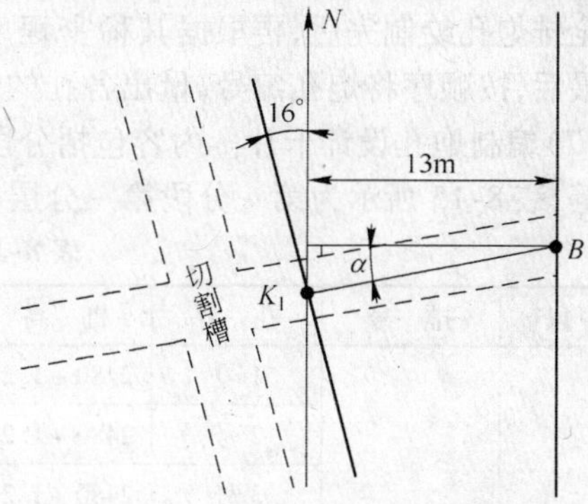

图8-31 支机点坐标推算示意图

1)连接 BK_1 线段;

2)过 B 点作直角坐标,用量角器量得 BK_1 的象限角 $\alpha=12°$;$BK_1=13$m;

3)推算得 K_1 点的坐标为:

$$x_{K_1}=x_B-\Delta x=x_B-13\sin12°=8553.5-2.7=8550.8$$

$$y_{K_1}=y_B-\Delta y=y_B-13\cos12°=6610.7-12.7=6598$$

$$z_{K_1}=2480+1.2=2481.2$$

同理,可求得所有支机点的坐标。为便于测量人员复核,用计算结果列出坐标换算表,其格式见表8-14。

表8-14 坐标换算表

点 号	已知测点坐标			坐标增量			K点坐标		
	x	y	z	Δx	Δy	Δz	x	y	z
B-K_1	8553.5	6610.7	2480	-2.73	-12.74	1.2	8550.8	6598	2481.2
C-K_2	8555.0	6618.5	2470						
D-K_3	8553.5	6612.2	2460						

(5)计算扇形孔排面方位。由图8-31中炮孔排面线与正北方向的交角偏西16°,得扇形孔方向是N16°W,方位角是344°。

(6)绘制炮孔布置图。在剖视图上,以支机点为放射点,取 $a=2\text{m}$ 为孔底距,自左至右或自右至左画出排面上所有炮孔,如图 8-32 所示。

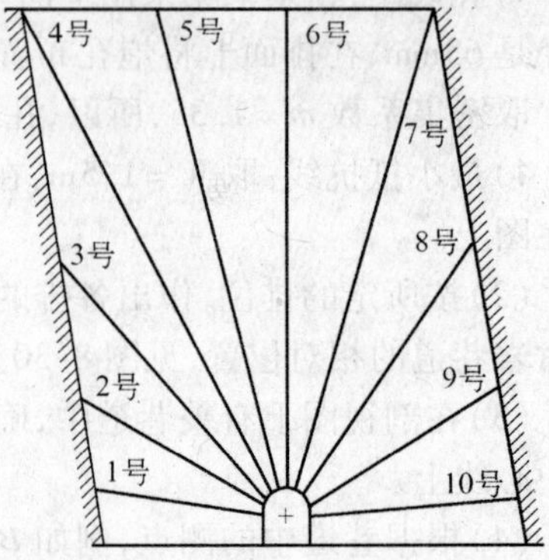

图 8-32 深孔布置图

布置炮孔时,先布置控制爆破规模和轮廓的炮孔,如 1 号、4 号、7 号、10 号孔,然后根据孔底距适当布置其余炮孔。上盘或较深的炮孔,孔底距可稍大些;下盘或较浅的炮孔,孔底距应小些;若炮孔底部有采空区、巷道或硐室,不能凿穿,应留 0.8 ~ 1.2m 的距离。在可爆性差或围岩有矿化的矿体中,孔底应超出矿体轮廓线外 0.4 ~ 0.6m,以减少矿石的损失。为使凿岩过程中排粉通畅,边孔不能水平,应有一定的仰角,一般孔深在 8m 以下时,仰角取 3° ~ 5°;孔深在 8m 以上时,仰角取 5° ~ 7°。

全排炮孔绘制完后,再根据其稀密程度和死角对炮孔之间的距离加以调整,并适当增减孔数。最后,按顺序将炮孔编号,量出各孔的倾角和深度。

(7)编制炮孔设计卡片。内容包括分段(层)名称、排号、孔号、机高、方向角、方位角、倾角和孔深等,表 8-15 所示为第一分段第一分层右侧每一排炮孔的设计卡片。

表 8-15 炮孔设计卡片

分 段	排 号	孔 号	机 高	方向角	方位角	倾 角	孔深/m	说 明
第一分段	右侧第一排	1 号	2480 + 1.2	N16°W	344°	8°	6.0	
		2 号	2480 + 1.2	N16°W	344°	25°	6.5	
		3 号	2480 + 1.2	N16°W	344°	46°	7.9	
		4 号	2480 + 1.2	N16°W	344°	79°	11.5	
		5 号	2480 + 1.2	N16°W	344°	85°	10.7	
		6 号	2480 + 1.2	N16°W	344°	104°	10.5	
		7 号	2480 + 1.2	N16°W	344°	126°	10.9	
		8 号	2480 + 1.2	N16°W	344°	138°	9.4	
		9 号	2480 + 1.2	N16°W	344°	150°	8.3	
		10 号	2480 + 1.2	N16°W	344°	175°	6.2	

8.4.3.3 炮孔施工和验收

炮孔设计完成后开施工单,交测量人员现场标设。施工人员根据施工单进行炮孔施工,要求边施工、边验收,这样才能及时发现差错并及时纠正,以免造成不必要的麻烦。

验收的内容包括炮孔的方向、倾角、孔位和孔深。方向和倾角用深孔测角仪或罗盘测量,孔深用节长为 1m 的木制或金属制成的折尺测量。测量时对炮孔的误差各个矿山不同,如某矿对垂直扇形深孔的排面施工误差允许值为 ±1°、倾角 ±1°、孔深 ±0.5m。验收的结果要填入验收单,对于孔内出现的异常现象(如偏离、堵孔、透孔、深度不足等),均要标注清楚。根据这些标准和实测结果要计算炮孔合格率(指合格炮孔占总炮孔的百分比)和成孔率(指实际钻凿炮孔数占设计炮孔总数的百分比),一般要求两者均应合格。

验收完毕后,要根据结果绘成实测图,填写表格,作为爆破设计、计算采出矿量和损失贫化等指标的依据和重要资料。

8.4.3.4 爆破方案选择

选择爆破方案要依据爆破基础资料,它包括采场设计图,地质说明书,采场实测图,炮孔验收实测图,邻近采场及需要进行特殊保护的巷道、设施等相对位置图,矿山现用爆破器材型号、规格、品种、性能等资料。

上述资料由采矿、地质和测量人员提供。爆破设计人员除认真熟识这些资料外,还需对现场进行调查研究,根据情况变化进行重新审核和修改。另外,爆破器材性能需进行实测试验。

爆破方案主要取决于采矿方法的采场结构、炮孔布置、采场位置及地质构造等。方案主要内容包括爆破规模、起爆方法(含网路)、爆破顺序和雷管段别的安排等。

(1)爆破规模。爆破规模与爆破范围是密切相关的。一次爆破范围是一个采场还是几个采场,或者是一个采场分几次爆破,这些都直接影响着爆破规模的大小。但这部分内容在采场单体设计时都已初步确定,爆破工作者的任务则是根据变化了的情况进行修改和作详细的施工设计。

爆破规模对于每个矿山都有满足产量的合适范围,一般情况下不会随便改变。只有在增加产量、地质构造变化或有控制地压需要时等,才扩大爆破规模或缩小爆破范围。在正常情况下,爆破范围一般以一个采场为一次爆破者较多。

(2)起爆方法。起爆方法的选择可根据本矿的条件及技术水平、工人的熟练程度具体确定。

在深孔爆破中,使用最广泛的是非电力起爆法(一般采用导爆管起爆与导爆索辅爆的复式起爆法)。20 世纪 80 年代初,冶金矿山均用电力起爆法。但导爆管非电起爆法的推广使用逐渐取代了电力起爆法,因为非电起爆系统克服了电力起爆法怕杂散电流、静电、感应电的致命缺点。这种导爆管与导爆索的复式起爆法,其起爆网路安全可靠、连接简便,但导爆索用量大,起爆前网路不能检测。

(3)起爆顺序和雷管段别的安排。为了改善爆破效果,必须合理地选取起爆顺序。

1)回采工艺的影响。为了简化回采工艺和解决矿岩稳固性较差和暴露面过大等问题,许多矿山将切割爆破(扩切割槽与漏斗)与崩矿爆破同时进行。对于水平分层回采而言,可由下而上地按扩漏、拉底、开掘切割槽(水平或垂直的)和回采矿房的先后顺序进行爆破;也有些矿山采用先崩矿后扩漏斗的爆破顺序,以保护底柱、提高扩漏质量、避免矿石涌出以及防止堵塞电耙道。

2)自由面条件的影响。由于爆破方向总是指向自由面,故自由面的位置和数目对起爆顺序有很大的影响。当采用垂直深孔崩矿、补偿空间为切割立槽或已爆碎的矿石时,起爆顺序应自切割立槽往后依次逐排爆破。当采用水平深孔崩矿补偿空间为水平拉底层时,起爆顺序应自下而上逐层爆破。

3)布孔形式的影响。水平、垂直或倾斜布置的深孔,应取单排或数排为同段雷管,逐段爆破。束状深孔或交叉布置的深孔,则宜采取同段雷管起爆。

为了减少爆破冲击波的破坏作用,应适当增加起爆雷管的段数,降低每段的装药量,并力求分段的装药量均匀。

雷管段别的安排是由起爆顺序来决定的,先爆的深孔安排低段雷管,后爆的深孔安排高段雷管。为了起爆顺序的准确可靠,在生产中不用一段管而从二段管开始,例如起爆顺序是 1、2、3,安排雷管的段别是 2 段、3 段、4 段等。为保证不因雷管质量而产生跳段,一般采用 1 段、3 段、5 段等形式。

(4)爆破网路的设计和计算。不论选用何种起爆法,其正确与否都对起爆的可靠性起决定性作用,必须进行精心设计和计算。值得一提的是,对于规模较大的爆破,一般要预先将网路在地面做模拟试验,符合设计要求后才能用。

(5)装药和材料消耗。深孔装药都属于柱状连续装药,装药系数一般为65% ~85%。扇形深孔为避免孔口部分装药过密,相邻深孔的装药长度应当不相等。通常根据深孔的位置不同,用不同的装药系数来控制。起爆药包的个数及位置,不同矿山不尽相同,有些矿山一个深孔中装两个起爆药包,一个置于孔底,一个置于靠近堵塞物处;而大多数矿山每个深孔只装一个起爆药包,置于孔底或者置于深孔装药的中部,并且再装一条导爆索。

装药可采用人工装药和机械装药两种方式。

1)人工装药。人工装药是用组合炮棍往深孔内装填药卷,装药结构属于柱状连续不耦合装药。扇形深孔的装药量取决于深孔密集系数、炮孔的位置和炮孔深度,然后根据每个深孔的装药系数计算出该孔装药长度,再根据药卷长度决定每个深孔的装药卷个数(取整数),知道每个药卷的重量就可计算出每个深孔内所装药卷的总重量,进而求出全排扇形深孔的装药量。人工装药比较困难,特别是上向垂直扇形深孔装药。

2)机械装药。在井下和露天的中深孔和深孔爆破中,装药量较大,人工装药效率较低,可采用机器装药。该方法操作人员少,效率高,装药密度大,可连续装药,可靠性好。这种方法主要用于地下的掘进和采矿的大规模爆破。

材料消耗包括总装药量、雷管数、导爆索或导线总米数,最后求出的单位材料消耗量应用表格统计并计算出来。

(6)深孔爆破的通风和安全工作。深孔爆破后产生的炮烟(有毒有害气体),相当一部分随空气冲击波的传播扩散到邻近各井巷和采场中,造成井下局部地段的空气污染而无法工作。故应从地表将大量的新鲜空气输送入爆区,把有毒有害的炮烟按一定的线路和方向排出地面,这就是井下深孔爆破的通风。一般通风时间需要连续几个作业班。通风后能否恢复作业,必须先由专业人员戴好防毒面具进行现场测定,空气中的有毒有害气体含量达到规定的标准后才能恢复工作。所需风量的计算等问题可参考《矿井通风与除尘》等教材。

由于一次爆炸的炸药量很大,地下深孔爆破会产生强烈的空气冲击波和地震波,空气冲击波和地震震动会引起地下坑道、线路、管道、支护和设备的破坏或损伤,甚至危及地面建筑物和构筑物。因此在深孔爆破设计时,必须估算其危害的范围。

深孔大爆破必须做好组织工作。在井下进行深孔大爆破时,由于时间要求短、工序多、任务重,每道工序的具体工作都要求严格、准确、可靠。但由于爆破工作面狭窄,同时从事作业的人员多,因此必须有严密的组织,使工作有条不紊地进行,在规定的时间内保质保量地完成。

8.4.4 球形药包爆破(VCR 采矿法)

(1)炮孔布置。在VCR法中,一般炮孔直径为165 mm,通常钻孔偏斜不超过1% ~2%;孔距为3m,排距为1.2m;每层爆高为3m,药包高度为0.6 ~1m;最后距上水平9m时,可将3层的药包同时爆破。VCR法的典型回采矿块见图8-33。

(2)装药起爆。爆破采用CLH型或HD型高能乳化炸药。CLH型乳化炸药具有高密度(1.35 ~1.55 g/cm^3)、高爆速(4500 ~5500m/s)、高体积威力(以2号岩石铵梯炸药为100时,其相对体积威力为150 ~200)。

装药程序如下:

1)清孔并用测量绳测量孔深;

2)用绳将孔塞放入孔内,按爆破设计的位置固定好;

3)孔塞上面堵塞一定高度的岩屑;

4)装入下半部炸药;

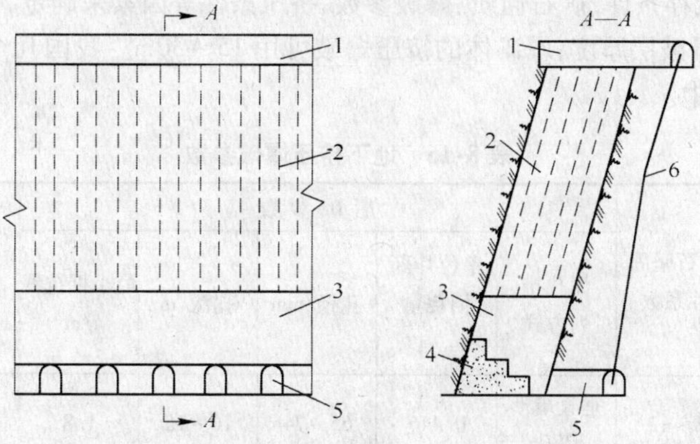

图 8-33 典型采矿示意图
1—凿岩巷道;2—大孔径深孔;3—拉底空间;4—充填台阶;
5—装矿巷道;6—运输巷道

5)装入起爆药包;

6)装入上半部炸药;

7)用砂或水袋堵塞至设计规定的位置;

8)连接起爆网路,通常采用电力起爆法、电力起爆和导爆索起爆法、导爆索和非电导爆管起爆法。

每个深孔只装一层药包进行爆破的,称为单层爆破。药包的最佳埋置深度因矿石性质和炸药特性的不同而异,各矿山应根据小型爆破漏斗试验的结果,按几何相似的原理进行立方根关系换算以求得最佳埋置深度,并在实践中不断调整以取得最好的爆破效果。一般来说,中硬矿石为1.8~2.5m,每次崩下矿石层的厚度为3m左右。同层药包可采用同时起爆,但为降低地震和空气冲击波的影响,可采用毫秒爆破,毫秒延期间隔时间为25~50ms,起爆顺序从深孔中部向边角方向进行。为了减少分层爆破次数,每孔一次可装2~3层,按一定顺序起爆,这称为多层爆破。无论单层或多层爆破,必须有足够的爆破补偿空间。

(3)VCR法爆破方法的优点。具体有以下三点:

1)工人不必进入敞开的回采空间,安全性好;

2)破碎块度比较均匀,所需炸药消耗量较少;

3)采准工作量小。

8.4.5 地下深孔挤压爆破

在中厚和厚矿体的崩矿中,常使用多排孔微差挤压爆破。此时除正确选用爆破参数和工艺外,还必须注意以下几点,以期得到良好的爆破效果。

(1)每次爆破的第一排孔的最小抵抗线要比正常排距大些,对于较坚固的矿石要增大20%左右,对于不坚固的矿石要增大40%左右,以避开前次爆破后裂的影响。由于第一排孔最小抵抗线增大,其所用装药量也要相应增大(25%~30%),可用增大孔径或孔数、提高装药密度或采用高威力炸药的方法来达到此目的。

(2)在一定范围内,增大一次爆破层厚度可改善爆破效果。但是爆破层太厚,随着爆破排数的增加,破碎的矿石块会越来越被挤实,最后起爆的几排炮孔完全没有补偿空间可供破碎膨胀,结果将使最后几排深孔受到破坏。矿石过度挤压,可能造成放矿困难,甚至放不出来。一次爆破层厚度可根据矿床赋存条件、矿石性质、爆破参数、挤压条件等因素来确定，一般中厚矿体的挤压爆破可用10～20m爆破层厚度，厚矿体的挤压爆破可用15～30m。我国几个矿山的地下挤压爆破参数列于表8-16中。

表8-16　地下挤压爆破参数

矿山名称	矿体厚度/m	矿石坚固性系数	崩矿参数					挤压条件	一次崩矿厚度/m
			深孔排列方式	单位炸药消耗量/$kg \cdot t^{-1}$	孔径/mm	孔深/m	最小抵抗线/m		
篦子沟矿	30～50	8～12	垂直扇形深孔	0.446	65～74	10～15	1.8	向相邻松散矿石挤压	15～18
易门铜矿狮子坑	20～30	4～6	垂直及水平扇形深孔		105～110	15		向相邻松散矿石挤压	20
								两侧有松散矿石，向两侧挤压	30
胡家峪矿	15	8～10	垂直扇形深孔	0.479	65～72	12～15	1.8	向相邻松散矿石挤压	6～13

（3）多排孔微差挤压爆破的炸药单位消耗量比普通的微差爆破高一些，一般为0.4～0.5kg/t。装药不可过量，否则将造成过度挤压。扇形炮孔的装药不可过长，否则不利于爆炸能的利用，故孔口装药端的相互间距不应小于最小抵抗线的0.8倍，而孔口不装药的长度应不小于最小抵抗线的1.2倍。

（4）多排孔微差挤压爆破排间间隔时间应比普通微差爆破长30%～60%，以便使前排孔爆破的岩石产生位移，形成良好的空隙槽，为后排创造补偿空间，发挥挤压作用。一般崩落矿石产生位移移动时间为15～20ms，挤压爆破的排间间隔时间必须大于此值。通常，对坚硬的脆性矿石可取短的微差间隔时间，对松软的塑性矿石则可取长些的间隔时间。

（5）爆破后松散矿石压实后，密度较高。为使下一次爆破得到足够的补偿空间和提高炸药爆炸的能量利用率，必须在下一次爆破前进行松动放矿，放矿量为前次崩落矿量的20%～30%。

（6）补偿系数。补偿空间的容积 V_B 与崩落矿石原体积 V 之比，称为补偿系数 K_B。

$$K_B = \frac{V_B}{V} \times 100\% \tag{8-15}$$

挤压爆破的补偿系数一般为10%～30%。

8.5　地下采矿凿岩爆破工作

8.5.1　凿岩工作

8.5.1.1　凿岩前注意事项

凿岩前必须做到：

（1）开动局扇通风，清洗掌头或采场作业面岩帮，保持工作面空气良好。

（2）工作面安设良好照明。

(3)工作以前必须做好安全确认,处理一切不安全因素,达到无隐患后再作业。检查有无炮烟和浮石,做好通风,撬好顶帮浮石,防止炮烟中毒和浮石落下伤人。保证作业环境安全稳固。对现场作业环境的各种电器设施要首先进行安全确认,防止漏电伤人。

(4)在有立柱的采场作业时,要检查工作面的立柱、棚子、梯子和作业平台是否牢固,如有问题应先处理好。

(5)检查工作面有无盲炮残药,发现有盲炮残药时必须及时进行处理。处理方法有:1)用水冲洗;2)装起爆药包点火起爆;3)距盲炮孔 0.3m 以上打平行孔起爆,严禁打盲炮孔、残药炮孔或掏出、拉出起爆药包。

(6)检查好凿岩机具、风绳、水绳等是否完好。

8.5.1.2 凿岩过程中注意事项

在凿岩过程中必须做到:

(1)经常注意工作面的变化情况,发现问题及时处理;遇有冒水或异常现象,立即退出现场并发出警戒信号。

(2)坚持湿式凿岩,严禁干式凿岩。不是风水联动的凿岩机,开机时应严格执行先给水后给风,停机时先停风后停水。

(3)为确保凿岩机良好运转,开机时要遵守“三把风”的操作程序,风门开启由小到大渐次进行,严禁一次开启到最大风门,以免凿岩机遭到损坏。

(4)凿岩时应做到“三勤”,即耳勤听、眼勤看、手勤动。随时注意检查凿岩机运转、钻具和工作面情况,若发现异常应及时处理后再作业。要防止顶帮掉浮石、钎杆折断、风水绳脱机等伤人事故的发生。

(5)发生卡钎或凿岩机处于超负荷运转时,应立即通过减少气腿子推力和减小风量来处理,严禁用手扳、铁锤类工具猛敲钎杆。

(6)凿岩时操作工人应站在凿岩机侧面,不准全身压在或两腿跨驾在气腿子上面。在倾角大于45°以上的采场作业时,操作工不准站在凿岩机的正面;打下向孔时,不准全身压在凿岩机上,防止断钎伤人。正在运转的凿岩机下面,禁止来往过人、站人和做其他工作。

(7)打上向炮孔退钎子时,要降低凿岩机运转速度,慢慢拔出钎子。如发现钎子将要脱离开凿岩机时,要立即手扶钎子以防其自然滑落伤人。

(8)严禁在同一工作面采用边凿岩、边装药的混合作业法。

(9)上风水绳前要用风水吹一下再上,必须上牢,防止松扣伤人。

(10)开机前先开水后开风,停机时先闭风后闭水,开机时机器前面禁止站人,禁止打干孔和打残孔。

(11)浅孔凿岩时应慢开孔,先开半风,然后慢慢增大,不得突然全开以防断杆伤人。打水平孔时,两脚前后叉开,集中精力,随时注意观察机器和顶帮岩石的变化。天井打孔前,应检查工作台板是否牢固,如不符合安全要求时,应停机处理安全后再作业。

8.5.1.3 中深孔凿岩注意事项

中深孔凿岩必须做到:

(1)检查机器、架件、导轨等的螺丝是否坚固可靠。

(2)凿岩时,禁止用手握丝杆等旋转部位、冲击部位及夹钎器。

(3)接杆、卸杆时,要注意把身体躲开落钎方向的位置,防止钎杆落下伤人等。

(4)进入作业现场,首先详细检查照明、通风是否良好,帮顶是否有浮石,各类支护、安全防护设施是否齐全完好,处理好不良隐患,确认安全后方可作业。

(5)开机前检查设备顶柱是否牢靠,各风水管连接是否处于良好状态,各部件等是否牢固可靠,确认无误时方可开机工作。

(6)开门时距机器2m内严禁站人,先小风开进,机器上方必须设有坚固完好的防护板,并保证先开水后开风,严禁干式开门。

(7)安装、拆卸钻杆时,一定两人操作,互相配合。上下杆时,必须使用专用工具卡钳子,不得用其他任何非标准工具代替。上卸杆时,对准位置后必须停止一切操作,待上卸杆人员将卡钳子卡住、通知操作人员并退后2m时,操作人员方可开风转动卸杆。

(8)钻杆扭断处理时,作业人员必须避开孔下部,不得拆除防护板,并做好防护措施,严防杆坠落伤人。

(9)开关风水时严禁面对风水头,注油紧固螺丝及处理,清扫机器时一定关闭风源。

(10)作业完毕一定要用小风流将冲击器马达中的杂物吹出,关好风水,清扫污物,回收用过的磨具,有安全防护设施的一定要挂好、安牢,不得留下任何隐患。

(11)操作台必须处在安全、朝上风头方向的位置,操作台距钻机不少于2m,开门时操作人员不得正视钻头。

(12)钻机周围不许有杂物影响操作,各种物品的摆放必须标准规范。

(13)台架在安装时一定要多人配合,垫板坚实,地面、顶板平整无浮石,立柱摆直一定要紧牢,大臂螺丝一定要紧固牢靠。

(14)钻孔完成后拆卸钻机时,一定要先拆风管,然后按先小后大的方法,最后放倒支柱。

(15)钻机挪运安装之前,将作业现场及所行走的通道清理平整并符合安全要求,挪运安装必须多人合作,抬放时口令一致。

(16)捆绑设备的绳索一定要结实可靠,抬运用的木杠一定要坚固抗压,并绑牢、捆好。

8.5.1.4 使用凿岩台车注意事项

使用凿岩台车时必须做到:

(1)操作凿岩台车人员必须经过培训合格后,方可操作。

(2)操作前,必须处理好浮石,检查台车上电气、机械、油泵等是否完整、好使。

(3)凿岩前,必须将台车固定牢固,防止移动伤人。

(4)检查好各输油管、风绳、水绳等及其连接处是否跑、冒、滴、漏,如有问题必须处理后开车。

(5)凿岩前,应先空运转,检查油压表、风压表及按钮是否灵活好使。

(6)凿岩台车必须配有足够的低压照明。

(7)大臂升降和左右移动必须缓慢,在其下面和侧旁不准站人。

(8)打孔时要固定好开孔器。

(9)在作业过程中需要检查电气、机械、风动等部件时,必须停电、停风。

(10)凿岩结束后,收拾好工具,切断电源,把台车送到安全地点。

(11)台车在行走时,要注意巷道两帮,要缓慢行驶,以防触碰设备、人员等。

(12)禁止打残孔和带盲炮作业。

(13)禁止在换向器的齿轮尚未停止转动时强行挂挡。

(14)禁止非工作人员到台车周围活动和触摸操纵台车。

8.5.1.5 其他注意事项

凿岩工作还需注意以下几点：

(1)采用新型凿岩机作业时，要遵守新的凿岩机操作规程。

(2)在高空或有坠落危险的地方作业时，必须系好安全带。

(3)打完孔后，应用吹风管吹干净每个炮孔，吹孔时要背过面部，防止水砂伤人。

(4)完成凿岩任务时，卸下水绳，开风吹净凿岩机内残水，以防机件生锈，然后卸下风绳。

(5)清理好所有的凿岩机具，搬到指定的安全地点，风水绳要各自盘把好，严禁凿岩机、风水绳与供风(水)管线连接在一起。

8.5.2 爆破工作

8.5.2.1 爆破工作一般规定

爆破工作应注意以下几点：

(1)爆破工必须经过专门培训、考试，取得爆破证者方准从事爆破作业。背运爆破材料时，禁止炸药、雷管混合装、背、运。

(2)凿岩工作尚未结束、机具和无关人员尚未撤出危险地点、未放好爆破警戒前，禁止进行爆破作业。

(3)有冒顶危险或危及设备、无有效防护措施时，禁止进行爆破作业。

(4)需要支护时未支护或工作面支护损坏、通道不安全或阻塞时，禁止进行爆破作业。

(5)爆破材料不准乱放。爆破作业结束后必须将剩余的爆破材料交回炸药库，并做好交接班工作。

(6)一个工作面禁止使用不同燃速的导火线，响炮时应数清响炮数。从最后一炮算起至少经15min(经过通风吹散炮烟后)，才准爆破人员进入爆破作业地点，严禁看回头炮。

(7)导爆管起爆时，连线起爆应由一人进行。

(8)爆破作业应有可靠照明。

(9)打大块时先检查有无残药，打大锤时应注意周围人身的安全和自身安全。

(10)危险地点作业时，必须采用临时支护或其他安全措施后再作业；特别危险地点作业时，必须经有关人员检查，采取有效安全措施后方可作业。

(11)采场放炮必须事先通知相邻采场、工作面作业人员，并加强警戒。

(12)爆破作业必须两人以上，禁止单人作业。

(13)矿山要统一放炮时间。

(14)二次爆破处理悬顶时，严禁进入悬拱和立槽下进行处理。

8.5.2.2 爆破材料的领退

领退爆破材料时应注意：

(1)应根据当班的爆破作业量填写好爆破材料领料单，领取当班的爆破材料。

(2)当班剩余的爆破材料应当班退回库房，严禁自选销毁或私人保管。

(3)领退爆破材料的数量必须当面点清，若有遗失或被窃，应立即追查和报告给有关领导。

8.5.2.3 爆破材料的运输

运输爆破材料时应注意：

(1)领取爆破材料后,必须直接送到工作面或专有的临时保管库房(必须有锁),严禁他人代运、代管,不得在人群聚集的地方停留。炸药和雷管必须分别放在各自专用的袋内。

(2)对于一人一次搬运爆破材料的数量,同时搬运炸药和起爆材料不得超过30kg;背运原包装炸药不得超过一箱;挑运原包装炸药不得超过两箱。

(3)爆破材料必须用专车运送,严禁炸药、雷管同车运送。除爆破人员外,其他人员不准同车乘坐。

(4)汽车运输不得超过中速行驶,寒冬地区冬季运输时必须采取防滑措施;遇有雷雨停车时,车辆应停在距建筑物不小于200m的空旷地方。

(5)竖井、斜井运送爆破材料时,爆破工必须遵守下列规定:

1)事先通知卷扬司机和信号工;

2)在上下班人员集中的时间内,禁止搬运爆破材料;

3)运送爆破材料时,除爆破材料外,严禁搭载其他物品;

4)严禁爆破材料在井口或井底车场停放。

(6)用电机车运送爆破材料时,必须遵守下列规定:

1)列车前后应设有"危险"标志;

2)电机车运行速度不超过2m/s;

3)如雷管、炸药和导爆索用同一列车运送时,其各车厢之间应用空车隔开;

4)驾线电机车运送时,装有爆破材料的车厢与机车之间必须用空车隔开。运送电雷管时,必须采取可靠的绝缘措施。

8.5.2.4 爆破准备及信号规定

(1)在爆破作业前,应对爆破区进行安全检查,有下列情况之一者,禁止爆破作业:

1)有冒顶、塌帮危险。

2)通道不安全或通道阻塞2/3或无人行梯子,有可能造成爆破工不能安全撤退。

3)爆破矿岩危及到设备、管线、电缆线、支护、建筑物、设施等的安全,而无有效防护措施。

4)爆破地点光线不足或无照明。

5)危险边界或通路上未设岗哨和标志或人员未撤出。

6)两次爆破互有影响时,只准一方爆破。贯通爆破时,两工作面距离达15m时,不得同时爆破;达7m时,必须停止一方作业,爆破时,双方均应警戒。

7)爆破点距离炸药库存50m以内时。

(2)加工起爆药包应遵守下列规定:

1)起爆药包的加工只准在爆破现场的安全地方进行,每次加工量不超过该次爆破需要量。雷管插入药包前,必须用铜、铝或木制的锥子在药卷端中心扎孔。

2)加工起爆药包地点附近,严禁吸烟、烧火,严禁用电或火烤雷管。

(3)设立警戒和信号应遵守下列规定:

井下爆破时,应在危险区的通路上设立警戒红旗,区域为直线巷道50m、转弯巷道30m。严禁以人代替警戒红旗。全部炮响后,必须经15min后方能撤除警戒;若响炮数与点火数不符,必须经20min后方能撤除警戒。严禁挂永久红旗。

8.5.2.5 装药与点火爆破

装药与点火爆破的注意事项及操作规程如下:

(1)装药前应对炮孔进行清理和检查。

(2)装起爆药包和硝化甘油炸药时,禁止抛掷或冲击。

(3)药壶扩底爆破的重新装药时间,硝铵炸药至少经过15min,硝化甘油炸药至少经过30min。

(4)深孔装药炮孔出现堵塞时,在未装入雷管、黑梯药柱等敏感爆炸材料前,可用铜或非金属长杆处理。

(5)使用导爆管起爆时,其网路中不得有死结,炮孔内的导爆管不得有接头。禁止将导爆管对折180°,禁止损坏管壁、使异物入管、将导爆管拉细等影响导爆管爆轰波传播的操作。

(6)用雷管起爆导管时,导爆管应均匀敷设在雷管周围。

(7)装药时,禁止烟火、明火照明;从装电雷管起爆体开始后,只准用绝缘电筒或蓄电池灯照明。

(8)禁止单人装药放炮(补炮、糊大块除外),爆破工点完炮后必须开动局扇或打开风门(喷雾器)。

(9)装药时不许强冲击,禁止用铁器装药,要用木棍装。

(10)严禁无爆破权的人进行装药爆破工作。

(11)电气爆破送电未爆进行检查时,必须先将开关拉下,锁好开关箱,线路短路15min后方可进入现场检查处理。

(12)炸卡漏斗大块矿石时,禁止人员钻入漏斗内装药爆破。

(13)炮孔堵塞处理工作必须遵守下列规定:

1)装药后必须保证堵塞质量;

2)堵塞时,要防止起爆药包引出的导线、导火线、导爆索被破坏;

3)深孔堵塞不准在起爆药包后直接填入木楔。

(14)明火起爆时应遵守下列规定:

1)必须采用一次点火,成组点火时,一人不超过五组;

2)二次爆破单个点火时,必须先点燃信号管或计时导火线,其长度不超过该次点燃最短导火线的1/3,但最长不超过0.8m;

3)导火线的长度必须保证人员撤到安全地点,但最短不小于1m;

4)竖井、斜井和吊罐天井工作面爆破时,禁止采用明火爆破;

5)点燃导火线前,切头长度不小于5cm,一根导火线只准切一次,禁止边装边点或边切边点;

6)从第一个炮响算起,井下15min内不得进入工作面,烟未排出时禁止进入。

(15)电力起爆必须符合下列规定:

1)只准用绝缘良好的专用导线作爆破主线、区域线或支线。露天爆破时,主线允许用架设在瓷瓶上的裸线,爆破线路不准同铁轨、铁管、钢丝绳和非爆破线路直接接触。禁止利用水、大地或其他导体作电力爆破网路中的导线。

2)装药前要检查爆破线路、插销和开关是否处于良好状态,一个地点只准设一个开关和插座。主线段应设两道带箱的中间开关,箱要上锁,钥匙由连线人携带。脚线、支线、区域线和主线在未连接前,均需处于短路状态。只准从爆破地点向电源方向联结网路。

3)有雷雨时,禁止用电力起爆;突然遇雷时,应立即将支线短路,人员迅速撤离危险区。

(16)导爆索起爆时应遵守下列规定:

1)导爆索只准用快刀切割;

2)支线应顺主线传爆方向连接,搭接长度不小于15cm,支线与主线传爆方向的夹角不大于

90°;

3)起爆导爆索时,雷管的集中穴应朝向导爆索传爆方向;

4)与散装铵油炸药接触的导爆索必须采取防渗油措施;

5)导爆索与导爆管同时使用时不应用导爆索起爆导爆管,因为导爆索爆速大于导爆管,易引起导爆索爆炸时击坏导爆管。

8.5.2.6　盲炮处理

处理盲炮时应注意:

(1)发现盲炮必须及时处理,否则应在其附近设明标志,并采取相应的安全措施。

(2)处理盲炮时,在危险区域内禁止做其他工作。处理盲炮后要检查清除残余的爆破材料,并确认安全后方准作业。

(3)电爆破有盲炮时,需立即拆除电源,其线路必须及时短路。

(4)炮孔内的盲炮,可采用再装起爆药包或打平行孔装药(距盲炮孔不小于0.3m)爆破处理,禁止掏出或拉出起爆药包。

(5)对于硐室盲炮,可清除小井、平硐内填塞物后,取出炸药和起爆体。

(6)内外部爆破网路破坏造成的盲炮,其最小抵抗线变化不大,可重新连线起爆。

8.5.2.7　高硫、高温矿爆破

高硫、高温矿爆破时应注意:

(1)高硫矿爆破时,炮孔内粉尘要吹净,禁止将硝铵类炸药的药粉与硫化矿直接接触,并禁止用高硫矿粉作填塞物。严防装药时碰坏药包。

(2)高温矿爆破时,若孔底温度超过50℃,必须采取防止自爆的措施。

复习思考题

8-1　平巷掘进爆破中的炮孔按其位置和作用的不同分为哪几种,其作用各是什么(画图表示说明)?

8-2　掏槽孔主要有哪几类,其主要特点各是什么?

8-3　分别采用桶形、楔形、螺旋形掏槽方式绘出工作面各类炮孔的主视图和侧视图。

8-4　地下采场深孔爆破中,深孔的布置方式有哪几种,其各自的含义及优缺点是什么?

8-5　何为VCR法,其应用步骤是什么?

8-6　地下采场浅孔爆破与井巷掘进爆破的异同点是什么?

9 其他矿山爆破技术

爆破技术是矿山开采、土建施工、城市建设、水电建设、道路修筑主要的破碎岩石手段，由于某些矿山的特殊性，对爆破具有特殊的要求。以下介绍煤矿、含硫矿山、石材矿山在爆破方面的特殊性。

9.1 煤矿爆破

在有瓦斯和煤尘矿井的爆破中，不论是爆破器材或爆破方法都具有其特殊性，不同于一般的爆破作业。

人们常说的瓦斯主要是指沼气（主要成分是 CH_2）。当采矿工作面向前推进时，就会从新的自由面和煤堆里不断放出瓦斯，当空气中瓦斯的含量达到 4% ~ 15% 时就形成了爆炸性的混合物，这种混合物遇到温度为 65℃ 的热源，经 10s 的感应即可爆炸。

煤尘是指 0.75 ~ 1mm 的煤粉，当煤尘在空气中达到一定数量时，遇到火源也可能发生爆炸。

无论是瓦斯爆炸还是煤尘爆炸，都是一场灾难，因为这不仅有很大的破坏作用，同时产生有毒气体、高温和爆炸火焰，造成人员伤亡、设备或建设物损坏，使生产中断。若两者同时爆炸时，则其危害更大。

9.1.1 防止瓦斯与空气混合物被引燃的方法

为了提高在有爆炸危险气体的地下巷道中进行爆破作业的安全程度，制定和采用了各种不同的预先净化气体的方法，包括在炮孔爆炸瞬间在工作面形成高惰性的安全介质区。

为了防止瓦斯与空气混合物或粉尘与空气混合物被引燃，可采用喷雾、高频空气机械泡沫、长期作用的喷水帷幕和泡沫或气体状消焰剂等使工作面空间惰性化。

喷雾方法是在巷道工作面附近的空间建立一个区域，这个区域内充满着细粒分散的水雾，水雾可阻止爆炸气体混合物引燃反应的发展。为建立喷雾水帷，可采用装有水的、体积为 20 ~ 25L 的容器挂在巷道内，或者采用装有水且体积为 40 ~ 45L 的容器放在底板上。喷雾药包与工作面全部炮孔相连接并同时起爆，通常超前 15 ~ 30ms。一个容器的水帷有效作用半径为 2.5 ~ 3m，作用时间为 0.5 ~ 0.6s，水量消耗为 $1m^2$ 巷道不少于 5L。

高频机械空气泡沫与喷雾相比，其主要优点是作用时间长。它不仅可防止由于爆炸过程中的爆轰而引燃有爆炸危险的数量级混合物，而且也可以防止燃烧的药包引燃有爆炸危险的混合物。机械空气泡沫充满巷道，可使巷道中的粉尘降低 1/2 ~ 7/8，空气中有毒气体降低 1/3 ~ 1/2。

长期作用的喷水帷幕是利用细粒分散水雾的消焰作用。它借助于专门的喷水装置给予它的压力，通过多孔分配管喷水。为了可靠地防止瓦斯与空气混合物被药包引燃，水帷中水的含量为每立方米不小于 0.1kg，颗粒分散度小于 100μm。

此外，还可以用专门的炮孔药包喷射消焰剂，药包埋设在孔底。主要的消焰剂有碘化钾和碘化钠、溴化钠、氯化钠、氯化钾、碳酸氢钠、氯化铵和磷酸铵。

9.1.2 煤矿爆破对炸药的要求

煤矿爆破对炸药的要求有：

(1)为了使炸药爆炸后不会引起矿井局部高温,要求煤矿用炸药的爆热、爆温和爆压都要相对低一些;

(2)要求有较好的起爆感度和传爆能力,保证稳定爆轰;

(3)要求排放的有毒气体符合国家标准,炸药配比应接近零氧平衡;

(4)要求炸药成分中不含金属粉末。

在煤矿许用炸药中要加入一定的消焰剂,其作用是:

(1)吸收一定的爆热,从而避免在矿井大气中造成局部高温;

(2)对沼气和空气混合物的氧化反应起抑制作用,能破坏沼气燃烧时连锁反应的活化中心,从而阻止了沼气-空气混合物的爆炸。

消焰剂是煤矿许用炸药必不可少的组分,常用的消焰剂是食盐,一般占炸药成分的10% ~ 20%。

煤矿许用炸药的种类很多,有粉状硝铵类炸药、硝化甘油类炸药、含水炸药(乳化炸药、水胶炸药)、离子交换炸药、当量炸药和被筒炸药等,可以按照各种场合的不同要求选择使用。表9-1所示是常用的煤矿许用粉状硝铵类炸药的参数计算值。

表9-1　煤矿许用粉状硝铵类炸药的组成、性能与爆炸参数计算值

炸药品种		1号煤矿硝铵炸药	2号煤矿硝铵炸药	1号抗水煤矿硝铵炸药	2号抗水煤矿硝铵炸药	2号煤矿铵油炸药	1号抗水煤矿铵沥蜡炸药
组成/%	硝酸铵	68 ±1.5	71 ±1.5	68.6 ±1.5	72 ±1.5	78.2 ±1.5	81.0 ±1.5
	梯恩梯	15 ±0.5	10 ±0.5	15 ±0.5	10 ±0.5		
	木粉	2 ±0.5	4 ±0.5	1.0 ±0.5	2.2 ±0.5	3.4 ±0.5	7.2 ±0.5
	食盐	15 ±1.0	15 ±1.0	15 ±1.0	15 ±1.0	15 ±1.0	10 ±0.5
	沥青			0.2 ±0.05	0.4 ±0.1		0.9 ±0.1
	石蜡			0.2 ±0.05	0.4 ±0.1		0.9 ±0.1
	轻柴油					3.4 ±0.5	
性能	水分(不大于)/%	0.3	0.3	0.3	0.3	0.3	0.3
	密度/$g \cdot cm^{-3}$	0.95 ~1.10	0.95 ~1.10	0.95 ~1.10	0.95 ~1.10	0.85 ~0.95	0.85 ~0.95
	猛度(不小于)/mm	12	10	12	10	8	8
	爆力(不小于)/mL	290	250	290	250	230	240
	殉爆Ⅰ/cm	6	5	6	4	3	3
	殉爆Ⅱ/cm			4	3	2	2
	爆速/$m \cdot s^{-1}$	3509	3600	3675	3600	3269	2800
爆炸参数值	氧平衡/%	-0.26	1.28	-0.004	1.48	-0.68	0.67
	质量体积/$L \cdot kg^{-1}$	767	782	767	783	812	854
	爆热/$kJ \cdot kg^{-1}$	3584	3324	3605	3320	3178	3350
	爆温/℃	2376	2230	2385	2244	2092	2222
	爆压/Pa	3078298	3239978	3376394	3239978	2671578	1997338

注:殉爆Ⅰ是浸水前的参数;殉爆Ⅱ是浸水后的参数。

9.1.3　煤矿爆破的安全技术要求

在有瓦斯和煤尘的矿井爆破时,必须注意以下几点:

(1)在装药起爆前,爆破人员必须检查距爆破地点20m以内风流中的沼气,沼气浓度应小于1%;如果发现沼气浓度超过1%时,禁止装药爆破。

(2)稀释采掘工作面前后20m内空气中的瓦斯和煤尘浓度,或使其惰性化。

(3)在有瓦斯或煤尘爆炸危险的煤层中爆破时,禁止使用明火起爆和裸露爆破法,因为裸露爆破炸药是在岩块的表面爆炸的,爆炸火焰直接暴露在矿井空气中,最容易引起瓦斯和煤尘爆炸。采用电雷管起爆时,必须使用瞬发电雷管,若使用毫秒延期电雷管时,最后一段的延期时间不得超过130ms,其目的是为了防止先起爆的药包引起瓦斯或煤尘爆炸。

(4)应根据瓦斯矿井的等级选择相应等级的煤矿安全炸药。矿井瓦斯的等级,按照平均日产1t煤漏出的瓦斯量和瓦斯涌出形式,划分为:低瓦斯矿井,$10m^3$ 及以下;高瓦斯矿井,$10m^3$ 及以上;煤尘与瓦斯突出矿井。

根据近年来的瓦斯或煤尘爆炸事故分析,发现有的高瓦斯矿井煤层采掘工作面采用一级煤矿许用炸药,由于炸药安全等级低、安全性差,曾引起过多起瓦斯或煤尘爆炸事故。因此,国际《爆破安全规程》规定:无沼气岩巷掘进工作面可以使用非煤矿许用炸药,对于低瓦斯矿井,有瓦斯或煤尘爆炸危险的采掘工作面必须使用一级或一级以上的煤矿许用炸药;对于高瓦斯矿井,有瓦斯或煤尘爆炸危险的采掘工作面必须使用二级或二级以上的煤矿许用炸药;有煤尘与瓦斯突出危险的采掘工作面,必须使用三级或三级以上的煤矿许用炸药,严禁使用黑火药。

(5)炮孔深度不得小于0.65m。在煤层内的爆破,填塞长度至少应为炮孔深度的1/2;使用截煤机掏槽时,填塞长度不得小于0.5m。在岩层内爆破,炮孔深度在0.9m以下时,装药长度不得超过炮孔深度的1/2;炮孔深度在0.9m以上时,装药长度不得超过炮孔深度的2/3,炮孔剩余部分都应用填塞材料填满,可用水炮泥或不燃性、可塑性的松散材料(如黏土和沙子的混合物等)填塞炮孔。水炮泥在爆破过程中,有明显的降尘、消焰、降低有害气体浓度的作用,在煤矿井下爆破应积极推广水炮泥。由于无填塞或填塞长度不足的炮孔爆破曾发生过多起瓦斯或煤尘爆炸事故,因此在使用水炮泥时,其后部必须用不小于0.15m的炮泥将炮孔填满堵严。无填塞或填塞长度不足的炮孔严禁爆破。工作面上所有的废炮孔在爆破前应用不燃性材料充满填实。

(6)在瓦斯危害严重的矿井里,应安设瓦斯自动检测报警断电装置,防止爆破施工作业过程中瓦斯浓度超限而引起瓦斯爆炸事故。

(7)井下有关安全人员应随时携带瓦斯检定器进行检查,以便判定瓦斯浓度。在有瓦斯的矿井中要建立专门的管理制度,如加强通风、禁止明火、安设管道进行瓦斯抽排等。

9.2 硫化矿山爆破

在硫化矿中进行爆破作业时,除了遵循一般爆炸作业规定以外,还需要预先考虑三个特殊的安全问题:

(1)硫化矿物及其氧化物与硝铵炸药之间发生反应,会形成炸药自爆;

(2)硫化矿物暴露于空气中氧化发热,在一定条件下聚积以致燃烧,并由此带来高温爆破安全问题;

(3)爆破时产生的高温会引起悬浮在空气中的硫化矿尘爆炸。

9.2.1 硫化矿中的药包自爆条件

硫化矿药包自爆的条件是:

(1)矿石氧化过程中产生的硫酸铁和硫酸亚铁离子量之和($Fe^{2+}+Fe^{3+}$)在0.1%以上。若没有这种物质,在30~70℃的温度下,炸药与硫化矿接触就不会加速温升,因而就没有发生自爆的可能。

(2)黄铁矿(FeS_2)的含量在30%以上。

(3)矿石中含水量为3%～14%。水分太少,前述化学反应不易形成;水分太多,会使炸药潮解而失去反应能力。

(4)矿石温度在30℃以上。化学放热反应的快慢与温度成正比,没有氧化的井下硫化矿石温度一般在24℃以下,不至于引起药包自爆。

(5)使用粉状硝铵类炸药,如使用铵梯炸药、铵油炸药、铵松(沥)蜡炸药等以硝酸铵为主的混合炸药时,与具有一定浓度(3N以上)的硫酸作用,能促使硝酸铵分解产生二氧化氮与大量生成热。一般来说,硫化矿中所具有的硫酸浓度不超过1～2N,硫化矿与硝酸铵是一种吸湿性很强的盐,它吸收矿石中硫酸的水分,起到浓缩硫酸的作用。

(6)炸药与硫化矿直接接触。一个矿井中的硫化矿石能否使硝铵类炸药发生自爆,这是随时都应注意观察和检测并作出判断的。无论是在矿床开拓时或平时的生产爆破之前,都应采取矿样进行分析,主要应取氧化后带灰黑色的粉矿。如果是深孔或浅孔爆破,应设法将孔底的矿样(粉矿)取出分析,最好在对炮孔进行测温以后选择温度较高的炮孔取样,进行分析试验。总之,所取样品要具有代表性,不能各点平均处理。为了防止水分蒸发,样品应用密闭容器封装。

9.2.2　防止硫化矿自爆的方法

将所取的样品,进行黄铁矿、$Fe^{2+}+Fe^{3+}$和水分含量分析,并与上述条件相对比,然后采取防自爆措施。

防止硫化矿床中药包自爆的措施有:

(1)首先检测矿石成分是否具备炸药自爆的条件,主要是检测前述炸药自爆条件中的前四项,其中三个需要化验分析,比较繁琐。为了简便,可以先测量矿石温度(不能用矿石的表面温度代替),若温度比一般矿井温度高或有怀疑时,再进一步进行其他条件的分析。

(2)不采用硝铵类粉状炸药而采用抗水炸药,如胶质炸药、乳化炸药、水胶炸药等,这些炸药与硫化矿接触时不容易发生化学反应。

(3)不使炸药与硫化矿直接接触。硫化矿与粉状硝铵炸药(或铵油炸药)接触越好,达到自爆所需的时间越短。隔离的办法是加强和改善炸药包装,保证炸药不与矿石接触或炮孔灌浆降温。

(4)快速装药,缩短装药时间,把有自爆危险的炮孔留在最后装药,并采用孔口起爆,把起爆时间赶在加速反应之前,减少自爆危险。

(5)研究使用硫化矿用安全炸药。这种炸药一是在硝酸基炸药中加入具有物理性覆盖隔离作用的添加剂,使炸药组分不能直接与硫化矿及其他活性物质接触,从而不会相互作用产生化学反应;二是在硝酸基炸药中加入对分解和自然反应具有化学抑制、中和或减慢作用的添加剂(采用溶渗、固态混合或化学吸附结合等方式),从而保证炸药即使与活性物质接触或掺混也不起化学反应,这种炸药的热安定性温度一般高于硫化矿中高温炮孔温度。

9.2.3　硫化矿爆破高温预防

硫化矿中除药包自爆外,还有高温爆破的危险。黄铁矿和磁黄铁矿强氧化放出的热量使爆破区的矿石和空气温度一般在32～37℃之间,最高达60℃;炮孔温度一般为60～120℃,孔底最高温度高达200℃,爆炸材料在炮孔内受高温的影响,结构性能将发生变化、感度提高,在温度超过爆炸材料的临界温度时会发生爆炸事故或者因性能变化使拒爆率提高,给爆破安全工作带来严重威胁。因此,根据不同的炮孔温度采用不同的爆破器材和不同的措施是很重要的。

温度对爆破器材有很大影响。将100发雷管在一定温度下连续受热48h,把其中某一发发生爆炸的最低温度作为雷管的自爆临界温度。经大量试验，普通工业雷管的自爆临界温度一般在100~110℃之间。

温度超过100℃时，普通雷管会发生爆炸；温度低于100℃时，普通工业雷管的冲击摩擦感度、发火电流和电桥完好率也会发生变化。当温度为30℃时，冲击试验的爆炸率为20%；温度为80℃时，爆炸率提高到90%；温度低于70℃时，保持恒温17h以内，电桥完好率为100%；温度为80~90℃时，保持恒温24h后，电桥完好率只有43.5%。温度增高，最小发火电流下降，对杂电、静电的敏感度也将提高。

温度对延期雷管也有很大影响。用导火索作延期件的秒延期雷管，当温度为50℃时，保持恒温30h后发火率为31.2%；100℃时，保持恒温30h后发火率仅为6%。

导爆管在50~100℃时变软，强度降低，而且容易穿孔，会影响秒量精度，出现串段现象。

硝铵类粉状炸药易溶于水，其溶解度随温度升高而提高，在高温炮孔中，炸药不但容易吸收矿石和空气中的水分，而且也容易加速分解造成燃烧事故。

预防硫化矿高温引起的早爆措施有：

(1)装药前三天准确测量炮孔底(或药室)的温度，并进行登记。

(2)杂散电流超过10mA时，应采取防杂散电流措施或采用非电起爆。

(3)孔底温度低于80℃时，可用各种炸药爆破；孔底温度高于80℃时，不应使用硝铵炸药、铵油炸药、铵松蜡和铵沥蜡炸药，应使用抗水硝铵炸药等防水炸药；孔底温度高于140℃时，只能使用耐温炸药。

(4)孔底温度为60~80℃时，只准使用沥青牛皮纸包装炸药；孔底温度为80~140℃时，必须用石棉织物或其他耐高温的包装材料包装炸药，炸药不得与孔壁接触；温度低于60℃时，可用普通牛皮纸包装。

(5)孔底温度低于80℃时，可用铜、铁、铝雷管起爆；温度为60~80℃时，自向孔内装药至爆破时间不得超过1h；温度为80~140℃时，只能采用防热处理的黑索金导爆索起爆，自装药至起爆的时间应经模拟试验确定。

9.2.4 硫化矿尘爆炸预防

很多物质的粉尘以悬浮状态分散在空气中，而且有一定的浓度时，在一定热能作用下会发生燃烧或爆炸。不同的物质具有不同的爆炸范围。表9-2所示是一些物质的粉尘同空气混合时的爆炸浓度下限。粉尘爆炸除了与浓度有关外，还与空气中的氧含量、粉尘的含水量、粉尘的粒度和引爆能量的大小有关。表9-3所示是某些粉尘爆炸时的有关爆炸参数。

表9-2 同空气混合的粉尘爆炸浓度下限

粉 体	爆炸下限/$g \cdot m^{-3}$	粉 体	爆炸下限/$g \cdot m^{-3}$
Zr	40	Zn	500
Mg	26	天然树脂	15
Al	35	丙烯醛乙醇	35
Ti	45	苯 粉	35
Si	160	聚乙烯	25
Fe	120	醋酸纤维	25
Mn	216	木 素	40

续表 9-2

粉 体	爆炸下限/g·m^{-3}	粉 体	爆炸下限/g·m^{-3}
尿 素	70	淀 粉	45
乙烯树脂	40	大 豆	40
合成橡胶	30	小 麦	60
环六亚甲基四胺	15	砂 糖	19
无氮酞酸	15	硬质橡胶	25
醋 肮	45	肥 皂	45
木 粉	40	硫 黄	35
纸 浆	60	煤	35

表 9-3 几种粉尘爆炸时的有关爆炸参数

粉尘种类	最低点火温度/℃	最小点火能量/mL	最大爆炸压力 /×9.807×10^{4}Pa
铝 粉	610	10	8.89
铁粉(氢还原的)	320	80	4.47
镁	560	46	8.12
锰	460	305	8.71
锆	20	15	4.13
醋酸纤维素	420	15	5.95
尼 龙	500	20	5.88
聚碳酸酯	710	25	6.72
聚氨基甲酸酯泡沫	550	15	6.72
聚乙烯	450	10	5.60
聚丙烯	420	30	5.32
虫 胶	400	110	5.11
玉米粉	400	40	7.42
软 木	460	35	6.72
麦乳精	400	35	6.65
面 粉	440	60	6.79
锯末(松木)	470	40	7.91
阿司匹林	660	35	6.16
维生素 B	360	60	7.07
硫 黄	190	15	5.46
煤 粉	550		5.46

硫化矿中含有可燃性硫,当矿尘中含硫量达到一定数值时就具有爆炸性。矿尘的产生主要是打孔、放矿和放炮。当采用火雷管爆破或分段起爆时,先起爆的炸药爆炸提供热源,便有可能引起矿尘爆炸。

9.2.4.1 硫化矿尘爆炸的条件

硫化矿尘爆炸需要具备的条件是：

(1)矿尘含量高于40%；

(2)矿尘含水量低于5%；

(3)对于矿尘浓度，黄铁矿大于0.39g/L，磁黄铁矿大于0.425g/L，黄铜矿大于0.505g/L，硫大于35g/L；

(4)有足够的引爆能量。

9.2.4.2 硫化矿尘爆炸的判别方法

爆破时将摄影胶卷做成旗状，固定在离工作面一定距离(5~20m)的巷道壁上，一旦矿尘爆炸，胶卷将被灼烧，以此来判断何处曾发生硫化矿尘爆炸；或者借助于高温热敏电阻，测定距工作面7~10m以内的空气温度，若温度为100~700℃时，即可判定曾发生矿尘爆炸。

9.2.4.3 预防硫化矿尘爆炸的措施

预防硫化矿尘爆炸的措施有：

(1)不用火雷管爆破，采用电雷管爆破，并且尽量采用低段毫秒雷管。

(2)在药包上涂一层热容量(比热容)较大的惰性物质(如硅胶)，或者用水或惰性物质作充填物，这样爆破时能吸收大量的热，避免爆破后温度急剧升高。

(3)采用极限温度很低的炸药，如煤矿安全炸药。

(4)加强通风和喷雾洒水，使矿尘稀释和增湿，减少爆炸危险性。

(5)不采用反向起爆。反向起爆容易造成爆炸压力波及火焰集中现象，并经炮孔口喷出而引爆硫化矿尘。一些试验表明，在装药量较少时采用反向起爆就会引起瓦斯爆炸。但是，在相同条件下采用正向起爆，即使装药量大得多(多几倍)，也不会引起瓦斯爆炸。有的国家煤矿安全规程明确规定，有瓦斯、煤尘爆炸危险的工作面不准采用反向起爆。我国煤炭部也有过类似规定。

(6)加强炮孔堵塞工作。试验资料表明，堵炮泥引爆矿尘的装药量远比不堵炮泥引爆矿尘的装药量多得多。不堵、少堵或用炸药包装纸充当炮泥堵塞炮孔，是十分危险的。在有硫化矿尘爆炸危险的地方应禁止采用不充填爆破。

(7)尽量采用深孔爆破，不用浅孔和覆土爆破。

9.3 石材矿山爆破

9.3.1 石材矿山爆破对炸药的要求

在石材开采技术中，一般常用“芬兰采石法”。在开采建材的矿山一般使用K型炸药。该炸药的猛度和爆力介于黑火药和猛炸药之间，周围有空气缓冲层，使炸药不直接接触孔壁，爆破效果很好。石材矿山对炸药有下列要求：

(1)理想的炸药爆速。在冲击载荷作用之下，岩石的抗压强度要提高到原来静态状态抗压强度的若干倍，新型石材专用炸药，其爆速应当在1000m/s以下，才能适合于不同条件的石材开采。由爆轰理论可知，炸药爆速为1000m/s时，其引爆较为困难，难以实现稳定完整的爆轰，可以通过改进现有矿用炸药的规格和包装形式，形成新型的石材爆破炸药。

(2)装药直径。不耦合装药起爆,爆生气体膨胀作用在孔壁上。根据爆轰基本理论的计算,对于2号岩石炸药其不耦合系数为:大理岩不小于3.1,花岗岩不小于2.8,辉绿岩不小于2。

在我国,矿山使用的钻头直径一般为36~42mm,由此计算结果可计算出药卷直径为:大理岩11~13mm,花岗岩13~15mm,辉绿岩18~21mm。

(3)炸药密度。大量实验证明,单质炸药的爆轰速度随着装药密度的增加而提高,且在一定范围内这种关系呈线性关系。对于正氧平衡和负氧平衡的混合炸药,情况比较复杂一些,开始是爆速随密度的增大而增大,随着密度继续增大,爆速开始下降,爆轰性能变坏。

对应于爆速最高的密度点,称为最佳密度。对于常规的硝铵炸药卷,最佳密度一般为$1g/cm^3$,即当炸药的密度低于$1g/cm^3$时,随着密度的降低其爆速也降低。因此,在石材开采时,应尽量降低炸药的装药密度,使其爆炸作用转化为准静态作用,以减少爆炸作用对石材形成的损伤。在保证爆裂管装药充实的前提下,稳定爆轰的装药密度为$0.8g/cm^3$,此时的爆速为1900m/s,猛度为7mm左右。

(4)炸药的组分及氧平衡。为了降低炸药的猛度及爆速,我们向炸药中掺入了钝感剂,以减轻炸药对岩体的损伤。由于2号岩石炸药呈细粉状、流散性差,在小装药直径的情况下,装药较为困难,无法实现炸药的机械化装药。为此,经多次实验之后我们发现,炸药呈粒状时,不仅可以不影响其爆轰性能,还可以实现机械化装药,故爆裂管炸药的组分为:2号岩石炸药94%,钝感剂4%,赋形剂2%。

(5)炸药稳定爆轰的实现。在装药直径、装药密度等参数给出之后,炸药在炮孔中的稳定爆轰是最关键的问题,限制炸药在炮孔中的稳定爆轰主要有两个方面,即炸药的临界直径和炸药在炮孔中的管道效应。

在一定范围内,炸药爆速随装药直径的增加而增加,当直径小于某一数值时,爆轰便不能维持而自行熄灭,这个使爆轰得以传播下去的最小直径,称为该炸药的临界直径。研究结果表明,密度为$0.7g/cm^3$左右的纯硝酸铵的临界直径为100mm,炸药感度越高,其临界直径越小。实验表明,上述成分炸药的临界直径大于25mm,即我们设计的这一型号炸药达不到该种炸药的临界直径,为了模拟在炮孔中的情况,我们设计了ϕ14mm的药卷,放入ϕ40mm的钢管中进行模拟实验,结果炸药不完全爆轰,仅与雷管相接的一部分能爆轰,其余部分被炸成蛇状。

在不耦合装药时,装药起爆后产生的爆轰波向前方运动,它就像活塞推动前方空隙里的空气,从而形成一个高压、高速、超前运动的空气冲击波,使前方还未反应的炸药提前受到高温、高压的作用;而向侧向运动的波阵因遇到高密度和高强度的孔壁之后,则变为反射波和折射波,使后方正在反应的炸药层受到振动和搅和,这样,炸药的爆速逐渐降低以致熄爆,从而表现出明显的管道效应。实验表明,石材开采专用炸药的管道效应是十分明显的。

为了炸药的稳定爆轰,我们采用导爆索作为引爆源,其上下贯穿了炮孔,其引爆性能十分可靠,完全能够满足自上而下的传爆。

为了炸药卷在炮孔中传爆时不出现管道效应,我们每隔250mm设置一个套环,将管状空隙隔断为每段长250mm,即可消除管道效应。

9.3.2　利用黑火药爆破石材实例

我国现使用的石材开采方法有:手工劈裂法、爆破法、锯石机开采法。传统的手工劈裂法劳动强度大、生产效率低、荒料块度小,很难形成一定的生产能力。常规爆破法对矿体和成品荒料都造成严重破坏,成材率低。而锯石机开采由于受经济技术条件及设备供应等因素的限制,在许多石材矿山,特别是中小型矿山仍不能使用。

(1)爆破条件。根据矿体赋存特征和矿岩物理力学性能,制定了黑火药控制爆破开采花岗岩矿的实施方案,对开采要素和爆破参数等进行了多次试验,并在试验中不断加以修正。试验参数和爆破效果列于表9-4。

表9-4 部分试验的凿岩爆破参数

爆破次数	开采要素(长×宽×高)/m×m×m	切割面积/m^2	炮孔直径/mm	炮孔间距/cm	装药孔数	装药系数/$g\cdot m^{-2}$	装药量/kg		爆裂缝宽/cm	爆破效果
							单孔	合计		
1	10×1.5×2.0	垂直20	35	垂直50	垂直8	垂直250	0.63	5.00	垂直8	药量偏大
		水平15	35	水平40	水平23	水平400	0.27	6.00	水平4	有明显裂纹
2	10×1.4×2.0	垂直20	35	垂直40	垂直11	垂直200	0.36	4.00	垂直5	可见明显裂纹
		水平14	35	水平30	水平31	水平380	0.17	5.32	水平3~4	有裂纹
3	10×1.3×2.0	垂直20	22	垂直30	垂直16	垂直170	0.21	3.40	垂直3	切面整齐
		水平13	22	水平25	水平38	水平350	0.12	4.55	水平2~3	切面整齐
4	8×1.5×2.2	垂直17.6	22	30	16	160	0.17	2.82	2~3	切面整齐
5	8×1.4×2.3	垂直18.4	22	30	16	150	0.17	2.76	2~3	切面整齐
6	8×1.3×2.4	垂直19.2	22	30	16	165	0.20	3.17	2~3	切面整齐

(2)施工过程。首先清理工作面,根据矿体及其裂隙产状选择垂直和水平排孔的布孔方向,然后用手持式风动凿岩机钻垂直炮孔和水平炮孔(水平面尽量利用层理面),再进行装药和用发爆器同步起爆,把爆破切割下来的长条大块按荒料规格手工楔裂成荒料毛坯并整形,即可得成品荒料。

(3)开采要素。确定开采要素前,应对拟开采矿段的节理裂隙走向、倾向、倾角、间距和性质等进行详细调查,为制定施工方案和细则提供依据。每次爆破后必须在现场对各要素做详细分析、鉴定,以便确定下一循环的施工细则。

1)分层高度(一次采厚)H。一般 $H=1.6\sim2.4$m。

2)采掘带宽(一次推进进尺)B。按荒料最大块度的某个面(高或宽)的尺寸确定,一般为 $B=1.0\sim1.6$m。

3)一次采切大块体长(即预裂线长)L。一般沿矿体走向布置,为荒料规格长或宽的整数倍,或为垂直工作面走向的节理裂隙间距。根据实践经验得知,当无节理裂隙时,L_{max} 以不超过20m为宜,超过此限度,开掘横向楔形切割槽(楔形槽口宽$b=1.2$m,楔长为采掘带B,楔高为层厚H),使大块体的端部与原岩体分离(见图9-1)。

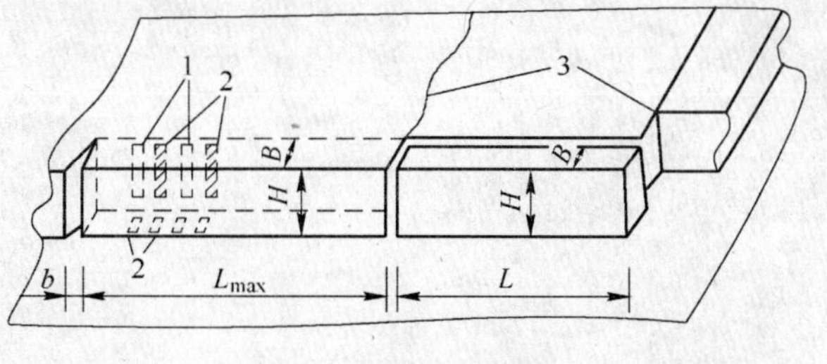

图9-1 开采要素图

1—导向孔;2—装药孔;3—天然裂隙

(4)爆破参数及爆破作业。

1)炮孔直径。为使孔中装药和爆轰压力尽可能布于全孔和切割面上,采用小直径炮孔(20～35mm)进行试验,结果表明,炮孔直径为20～22mm较好。

2)炮孔间距。根据花岗岩抗拉强度和爆压确定,垂直孔采用30～60cm间距进行试验;水平孔采用20～30cm进行试验。结果表明,本矿体条件以垂直孔30cm、水平孔25cm为宜。

3)炮孔深度。以不超爆为准,试验中垂直孔炮孔深度为1.5～2.2m,水平孔1～1.5m。

4)装药与填塞。垂直孔隔孔装药,水平孔每孔装药。

5)装药系数。垂直孔装药系数为150～170g/m^2,水平孔为330～350g/m^2。

为保证同步起爆,同批使用电雷管阻值误差应不超过0.2Ω。填塞用炮泥,填塞长一般为炮孔深度的1/3。

(5)连线与起爆。采用串联接线,垂直、水平同步起爆。

复习思考题

9-1　煤矿爆破起爆器材有什么特殊要求?

9-2　煤矿爆破对炸药有什么特殊要求?

9-3　高硫矿山爆破注意事项有哪些?

9-4　高硫矿山爆破对炸药有什么要求?

9-5　高硫矿山爆破常见危害有哪些?

9-6　高硫矿山爆破危害的预防有哪些措施?

9-7　说明石材矿山炸药的特点。

10　爆破危害与爆破事故

10.1　爆破危害

爆破危害主要是指爆破地震波、噪声、冲击波、飞石、有毒有害气体等。这些危害都随与爆源距离的增加而有规律地减弱，但由于各种危害所对应炸药爆炸能量所占的比例不同，能量的衰减规律也不相同，同时不同的危害对保护对象的破坏作用不同，所以在规定安全距离时，应根据各种危害分别核定最小安全距离，然后取它们的最大值作为爆破的警戒范围。

10.1.1　爆破地震波

当炸药包在岩石中爆炸时，邻近药包周围的岩石遭受到冲击波和爆炸生成高压气体的猛烈冲击，从而产生压碎圈和破坏圈的非弹性变化过程。当应力波通过破碎圈后，由于应力波的强度迅速衰减，它再也不能引起岩石破裂，而只能引起岩石质点产生扰动，这种扰动以地震波的形式往外传播，形成地动波。

爆破产生的震动作用有可能引起土岩和建（构）筑物的破坏。为了衡量爆破震动的强度，目前国内外用震速作为判别标准。被保护对象受到爆破震动作用而不产生任何破坏（抹灰、掉落、开裂等）的峰值震动速度，称为安全震动速度。

为减少爆破地震波对爆区周围建筑物的影响，可以采取下列措施：

(1)采用分段起爆，严格限制最大一段的装药量。总药量相同时，分段越多，则爆破震动强度越小。

(2)合理选取微差间隔时间和爆破参数，减少爆破夹制作用。

(3)选用低爆速的炸药和采用不耦合装药。

(4)采取预裂爆破技术，预裂缝有显著的降震作用。露天深孔爆破时，防止超深过大。

(5)在被保护对象与爆源之间开挖防震沟是有效的隔震措施。单排或多排的密集空孔，其降震率可达20% ~50%。

10.1.2　爆破冲击波

无约束的药包在无限的空气介质中爆炸时，在有限的空气中会迅速释放大量的能量，导致爆炸气体产物的压力和温度局部上升。高压气体在向四周迅速膨胀的同时，急剧压缩和冲击药包周围的空气，使被压缩的空气压力急增，形成以超声速传播的空气冲击波。装填在药室、深孔和浅孔中的药包爆炸产生的高压气体通过岩石裂缝或孔口泄漏到大气中，也会产生冲击波。空气冲击波具有比自由空气更高的压力（超压），会造成爆区附近建筑物、构筑物的破坏和人类器官的损伤或心理反应。

10.1.3　噪声

空气冲击波随着距离的增加，波强逐渐下降而变成噪声和亚声，噪声和亚声是空气冲击波的继续。超压低于7×10^3Pa时，为噪声和亚声。

爆破产生的噪声不同于一般噪声(连续噪声),它持续时间短,属于脉冲噪声。这种噪声对人体健康和建筑物都有影响,噪声达 120dB 时,人就感到痛苦;达 150dB 时,一些窗户破裂。

在井下爆破时,除了空气冲击波以外,在它后面的气流也会造成人员的损伤,如当超压为 $(0.03 \sim 0.04) \times 10^5$Pa 时,气流速度达到 60 ~ 80m/s,加重了对人体的损伤。

在露天的台阶爆破中,空气冲击波容易衰减,波强较弱,它对建筑物的破坏主要表现在门窗上,对人的影响表现在听觉上。

空气冲击波的危害范围受地形因素的影响,遇有不同地形条件可适当增减,如在狭谷地形进行爆破,沿沟的纵深或沟的出口方向,应增大 50% ~100%;在山坡一侧进行爆破对山后影响较小,在有利的地形条件下,可减少 30% ~70%。为了预防空气冲击波的破坏作用,可采取以下措施:

(1)保证合理的填塞长度、填塞质量和采取反向起爆。

(2)大力推广导爆管,用导爆管起爆来取代导爆索起爆。

(3)合理确定爆破参数,合理选择微差起爆方案和微差间隔时间,以消除冲天炮,减少大块率,进而减少因采用裸露药包破碎大块时产生的冲击波破坏作用。

(4)在井下进行大规模爆破时,为了削弱空气冲击波的强度,在它流经的巷道中应使用各种材料(如砂袋或充水等)堆砌成阻波墙或阻波堤。

10.1.4 爆破飞石

爆破飞石产生的原因是,炸药爆炸的能量一部分用于破碎介质(岩石等),多余的能量以气体膨胀的形式强烈喷入大气并推动前方的碎块岩石运动,从而产生飞石。在爆破中,飞石发生在抵抗线或填塞长度太小的地方。由于钻孔时定位不准确和钻杆倾角不当等,都会使实际爆破参数比计算参数或大或小,若抵抗线偏小,则会产生飞石。如果炮孔未按预定的顺序起爆或炮孔装药量过大,也会产生飞石。此外,地形、地质条件(山坡、节理、裂缝、软夹层、断层等)和气候条件等也与飞石的产生有关。

在矿山爆破中,可采取下列措施来控制个别飞石:

(1)设计药包位置时,必须避开软夹层、裂缝或混凝土接合面等,以免因这些方面冲出飞石。

(2)装药前必须认真校核各药包的最小抵抗线,严禁超装药量。

(3)确保炮孔的填塞质量,必要时采取覆盖措施。

(4)采取低爆速炸药、不耦合装药、挤压爆破和毫秒微差起爆等。

10.1.5 有毒有害气体

炮烟是指炸药爆炸后产生的有毒气体生成物。工业炸药爆炸后产生的毒气主要是一氧化碳和氧化氮,还有少量的硫化氢和一氧化硫。

一氧化碳(CO)是无色、无味、无臭的气体,比空气轻。它对人体内血色素的亲和力比对氧的亲和力大 250 ~300 倍,所以当吸入一氧化碳后,将使人体组织和细胞因严重缺氧而中毒直到窒息死亡。

氧化氮主要是指一氧化氮(NO)和二氧化氮(NO_2),它对人的眼、鼻、呼吸道和肺部都有强烈的刺激作用,其毒性比一氧化碳大得多,中毒严重者因肺水肿和神经麻木而死亡。

为了防止炮烟中毒,可采取下列措施:

(1)采用零氧平衡的炸药,使爆后不产生有毒气体;加强炸药的保管和检验工作,禁用过期变质的炸药。

(2)保证填塞质量和填塞长度,以免炸药发生不完全爆炸。

(3)爆破后必须加强通风,按规定,井下爆破需等15min以上,露天爆破需等5min以上,炮烟浓度符合安全要求时,才允许人员进入工作面。

(4)露天爆破的起爆站及观测站不许设在下风方向,在爆区附近有井巷、涵洞和采空区时,爆破后炮烟浓度有可能窜入其中、积聚不散,故未经检查不准入内。

(5)井下装药工作面附近不准使用电石灯、明火照明,井下炸药库内不准用电灯泡烤干炸药。

(6)要设有完备的急救措施,如井下设有反风装置等。

10.2 非正常起爆与预防

10.2.1 火雷管起爆的早爆、迟爆、拒爆及预防

10.2.1.1 火雷管起爆的早爆及预防

火雷管起爆的早爆主要是由导火索产生速燃和爆燃引起的。导火索的燃烧速度是100~125s/m,当导火索的燃烧速度超过或远远超过这个规定值时,就容易产生火雷管早爆事故。

(1)火雷管早爆的原因有:

1)导火索的芯线成分配比不当。例如,硝酸钾65%、硫黄15%、木炭25%的药芯就变成爆炸性的药芯,生产和应用时均会发生速燃和爆燃,从而发生早爆事故。

2)导火索药芯有杂质。含有碎石、沥青或其他硬物的导火索燃烧后,这些硬物或凝固的沥青将排气道堵塞,使导火索燃烧时的内压增加,导致速燃而发生早爆。

3)药芯的水分增加。导火索药芯的水分规定不大于1%,如水分增加太多时,导火索就不燃而瞎火;若水分大于1%但未达到瞎火的含水量时,药芯燃烧会产生大量蒸汽,使导火索内压增高而发生速燃或爆燃。

4)药芯密度不均匀。黑火药密度大于1.8g/cm^{3}时,有规则地按平行层燃烧;当密度小于1.65g/cm^{3}时,燃烧就不规则;如果密度再减小时,便会发生快速燃烧。

5)操作不慎。操作时不慎(如脚踩、过度弯曲或用大块压紧导火索等)可能使导火索药芯燃烧区压力增大而引起速燃和爆燃。导火索燃烧时生成的气体压力称为内压,外界环境的大气压称为外压。在一定内压的作用下,导火索燃烧时生成的气体由排气孔排出,燃烧速度稳定在100~125s/m之间。由于操作不慎等因素使内压、外压发生变化,就会影响导火索的燃烧速度,例如大气压在93.325kPa时,导火索燃速为114 s/m;大气压力在39.9966kPa时,燃速为125s/m。

如果在操作中发生排气孔阻塞现象,导火索的内压就会增高,当内压达到一定值时出现速燃或爆燃。

(2)火雷管早爆的预防措施有:

1)加强制造、储存、运输的管理工作,提高导火索质量,可以大大减少速燃或爆燃现象。

2)不要采用单个点火,必须采用一次点火法点火。

3)必须经批准才能使用单个点火,在进行点火时必须使用定时报警器及定时引线。

10.2.1.2 火雷管起爆的迟爆炸及预防

导火索从点火至爆炸的时间大于导火索长度与燃速的乘积,称为延迟爆炸,反之称为早爆。导火索延迟爆炸事故时有发生,危害很大。

(1)延迟爆炸的原因有：

1)导火索存在断、细药。导火索的均匀燃烧是在药芯密度、直径、水分和燃烧区压力一定的情况下进行的，如果药芯中断较长，导火索便不传火而产生拒爆；当药芯中断不太长时，粘有黑火药的3根芯线还能继续缓慢地阻燃；当燃到断药处又重新引燃药芯并以正常速度燃烧下去时，就有可能在人们回头检查或进行下道工序时突然爆炸，发生延迟爆炸事故。细药(指药芯过细)能使导火索的燃速减慢，药芯细到似断非断时，导火索的燃速减慢很多，这样也就发生爆炸时间大大延迟的情况。

2)先爆的爆破物损伤后爆的导火索，使之产生似断非断现象，构成了延迟爆炸的条件。

(2)导火索延迟爆炸的预防措施有：

1)加强导火索、火雷管的选购、管理和检验，建立健全入库和使用前的检验制度，不使用断药、细药的导火索。

2)操作中避免导火索过度弯曲或折断。

3)用数炮器数炮或由专人听炮响声进行数炮，发现或怀疑有瞎炮时，加倍延长进入炮区的时间。

10.2.1.3 火雷管起爆的拒爆及预防

(1)导火索火雷管拒爆的原因有：

1)导火索或雷管质量不好，如起爆药压死、加强帽小孔堵塞、导火索断药等。

2)导火索和火雷管在储存、运输、使用操作中受潮变质，雷管受潮变质，导火索便不能将它引爆。导火索受潮则药芯的水分增加，使导火索缓燃，如果药芯的水分超过6%就可能出现断火现象。

3)起爆管加工质量不好，如导火索与火雷管脱离或两者之间被其他杂物隔断。

4)装药、充填不慎，使导火索过度弯曲，或在有水工作面使用没有采取防水措施。

5)一次点火时漏点、单个点火时漏点或炮孔参数不合理而带炮等。

(2)预防导火索火雷管拒爆的方法有：

1)加强导火索、火雷管的选购和检验(进厂和使用前)，不合格的产品严禁发往发放站。

2)改善储存条件，防止导火索、火雷管受潮变质。过期的应加强检验，确认合格后方可使用。

3)提高爆破员的专业知识水平，改进操作技术，使导火索、火雷管与炸药接触良好，导火索不受损。

10.2.2 电力起爆的早爆、迟爆、拒爆及预防

10.2.2.1 电力起爆的早爆及预防

(1)高压电引起的早爆及预防。高压电在其输电线路、变压器和电器开关的附近，存在着一定强度的电磁场，如果在高压线路附近实施电爆，就可能在起爆网路中产生感应电流，当感应电流超过一定数值后，就可引起电雷管爆炸，造成早爆事故。

预防高压电感应早爆的方法有：

1)尽量采用非电起爆系统；

2)当电爆网路平行于输电线路时，两者的距离应尽可能加大；

3)两条母线、连接线等应尽量靠近，以减小线路圈定的面积；

4)人员撤离爆区前不要闭合网路及电雷管。

(2)静电引起的早爆及预防。炮孔中爆破线上、炸药上以及施工人员穿的化纤衣服上都能积累静电,特别是使用装药器装药时,静电可达20~30kV。静电的积累还受喷药速度、空气相对湿度、岩石导电性、装药器对地电阻、输药管材质等因素的影响。当静电积累到一定程度时就可能引爆电雷管,造成早爆事故。

减少静电产生的方法有:

1)用装药器装药时,在压气装药系统中要采用半导体输药管,并对装药工艺系统采用良好的接地装置;

2)易产生静电的机械、设备等应与大地相接通,以疏导静电;

3)在炮孔中采用导电套管或导线,通过孔壁将静电导入大地,然后再装入雷管;

4)采用抗静电雷管;

5)施工人员穿不产生静电的工作服。

(3)射频电引起的早爆及预防。由广播电台、电视台、中继台、无线电通讯台、转播台、雷达等发射的强大射频能,可在电爆网路中产生感应电流。当感应电流超过某一数值时,会引起早爆事故。在城市控制爆破中,采用电爆网路起爆时更应加以重视。《拆除爆破安全规程》对爆区距射频发射天线的最小安全距离做了具体规定。

为了防止由于射频电引起早爆,可采取以下方法:

1)要调查爆区附近有无广播、电视、微波中继站等电磁发射源,有无高压线路或射频电源。必要时在爆区用电引火头代替电雷管,做实爆网路模拟试验,检测射频电对电爆网路的影响。在危险范围内,应采用非电爆破。

2)爆破现场进行联络的无线电话机宜选用超高频的发射频率,因为频率越高,在爆破回路中的衰减也越大。应禁止流动射频源进入作业现场。已进入且不能撤离的射频源,装药开始前应暂停工作。

(4)杂散电流引起的早爆及预防。杂散电流是指由于泄漏或感应等原因流散在绝缘导体系统外的电流。杂散电流一般是由于输电线路、电器设备绝缘不好或接地不良而在大地及地面的一些管网中形成的。在杂散电流中,由直流电力车牵引网路引起的直流杂散电流较大,在机车起动瞬间可达数十安培,风水管与钢轨间的杂散电流也可达到几安培。因此在上述场合施工时,应对杂散电流进行检测。当杂散电流大于30mA时,应查明引起杂散电流的原因,采用相应的技术措施,否则不允许施爆。

对杂散电流的预防可采取以下方法:

1)减少杂散电流的来源,如对动力线加强绝缘以防止漏电,一切机电设备和金属管道应接地良好,采用绝缘道渣、焊接钢轨、疏干积水及增设回馈线等。

2)采用抗杂散电雷管,或采用非电起爆系统等。

3)采用防杂散电流的电爆网路。杂散电流引起早爆一般在接成网路后爆破线接触杂散电流源,在电雷管与爆破线连接的地方接入氖灯、电容、二极管、互感器、继电器、非线性电阻等隔离元件时发生。

4)撤出爆区的风、水管和铁轨等金属物体,采取局部停电的方法进行爆破。

(5)雷电引起的早爆及预防。由于雷电具有极高的能量,而且在闪电的一瞬间产生极强的电磁场,如果电爆网路遭到直接雷击或雷电高强磁场的强烈感应,就极有可能发生早爆事故。雷电引起的早爆事故有直接雷击、电磁场感应和静电感应三种形式。

预防雷电引起的早爆方法有:

1）及时收听天气预报，禁止在雷雨天进行电气爆破；

2）采用非电起爆；

3）采用电爆时，在爆区设置避雷系统或防雷消散塔；

4）装药、连线过程中遇有雷电来临征兆或预报时，应立即拆开电爆网路的主线与支线，裸露芯线用胶布捆扎并对地绝缘，爆区内一切人员迅速撤离危险区。

10.2.2.2 电力起爆的迟爆及预防

（1）电力起爆延迟爆炸的主要原因有：

1）雷管起爆力不够，不能激发炸药爆轰而只能引燃炸药。炸药燃烧后才把拒爆的雷管烧爆，结果烧爆的拒爆雷管又反过来引爆剩余的炸药，由于这个过程需要一定的时间，从而发生了延迟爆炸。

2）炸药钝感，雷管起爆以后没有引爆炸药，而只是引燃了炸药。当炸药烧到拒爆或助爆的雷管时，被烧爆的雷管又起爆了未燃炸药（这部分炸药不太钝感），结果发生了延迟爆炸事故。

（2）预防电力起爆延迟爆炸的方法有：

1）必须加强爆破器材的检验，不合格的器材不准用于爆破工程，特别是起爆药包和起爆雷管，应经过检验后方可使用；

2）在起爆雷管的近处增设助爆雷管对延迟爆炸有害无益，应禁止使用；

3）消除或减少拒爆，也是避免迟爆事故发生的重要措施。

10.2.2.3 电力起爆的拒爆及预防

（1）雷管制造引起的拒爆及预防。

1）雷管制造造成拒爆的主要原因有：

①桥丝焊接（压接）质量不好，个别雷管的桥丝与脚线连接不牢固，有“杂散”电阻（电阻不稳定）的雷管未被挑出，通电时使这个雷管或全部串接的雷管拒爆。

②雷管的正起爆药压药密度过大，出现“压死”现象；或由于受潮变质，引火头不能引爆而产生拒爆。

③毫秒（或半秒）延期药密度过大或受潮变质（特别是纸壳雷管）而引起拒爆。

④引火药质量不好或与桥丝脱接引起拒爆。

⑤用导火索作延期件的秒差雷管，因导火索的质量、连接、封口、排气孔等原因而引起拒爆。

2）预防因雷管制造造成拒爆的方法有：

①应该加强电雷管的检测验收，尽量把不合格的产品排除在使用之前；

②在网路设计中，应该采取准确、可靠起爆的网路形式。

（2）网路设计引起的拒爆及预防。

1）网路设计引起拒爆的原因有：

①计算错误或考虑不周致使起爆电源能量不足，有的未考虑电源内阻、供电线电阻，使较钝感的雷管拒爆。

②使用不同厂、不同批生产的雷管同时起爆，使雷管性能差异较大。在某种电流条件下，较敏感的雷管首先满足点燃条件而发火爆炸、切断电源，致使其余尚未点燃的雷管拒爆。

③网路设计不合理，各组电阻不匹配，使各支路电流差异很大，导致部分雷管拒爆。

2）预防因网路设计引起拒爆的方法有：

①加强基本知识的训练；

②网路设计时最好有电气方面的技术人员参加；

③加强设计的复核和审查，使在网路设计方面尽量不出差错。

（3）施工操作引起的拒爆及预防。

1）施工操作引起拒爆的原因有：

①导线接头的绝缘不好，使电流旁路而减少了通过雷管的电流，引起部分雷管拒爆。

②采用孔外微差时（包括微差起爆器起爆），由于间隔时间选择不合理，使先爆炮孔的地震波、冲击波、飞石把后爆炮孔的线路打断，从而使得不到电流的雷管发生拒爆。

③施工组织不严密、操作过程混乱，造成线路连接上的差错（如漏接、短接），又没有逐级进行导通检查就盲目合闸起爆，结果使部分药包拒爆。

④技术不熟练，操作中不谨慎，装填中把脚线弄断又没有及时检测，使这部分药包拒爆。

⑤在水下爆破时，药包和雷管的防潮措施不好而发生拒爆，特别是在深水中爆破时显得更为突出。

2）预防因施工操作引起拒爆的方法有：

①加强管理，加强教育，严格执行操作规程，操作人员一定要经过培训、考核后方可作业。

②一些技术性比较强的工序，应在技术人员指导下进行施工。

10.2.3 导爆管起爆系统的拒爆及预防

10.2.3.1 因产品质量造成的拒爆及预防

（1）因产品质量造成拒爆的原因有：

1）导爆管生产中，由于药中有杂质或下药机出问题未及时发现，使断药长度达 15cm 以上，这种导爆管使用时不能继续传爆而造成拒爆。

2）导爆管与传爆管或毫秒雷管连接处卡口不严，使异物（如水、泥沙、岩屑）进入导爆管。管壁破损、管径拉细，导爆管过分打结、对折也会产生拒爆。

3）采用雷管或导爆索起爆导爆管时捆扎不牢，四通连接件内有水，防护覆盖的网路被破坏，雷管聚能穴朝着导爆管的传爆方向以及导爆管横跨传爆管等。

4）延期起爆时，首段爆破产生的振动飞石使延期传爆的部分网路损坏。

（2）预防因产品质量造成拒爆的方法有：

1）加强管理和检验。购买导爆管时要严格挑选，导爆管和非电雷管购回后和使用前应该进行外观检查和性能检验，若发现有不封口和断药等，应严格进行传火和爆速试验。若在水中起爆（如露天水孔、海底爆破等），非电雷管应该在高压水中做浸水试验。若防水性能不好，只能用在无水的工作面或采取防水措施后（如加防水套、接口涂胶等）方可使用。若发现管壁破损、管径拉细的应剪去不用。

2）严格按操作要求作业，防止网路被损坏及确保传爆方向正确。

10.2.3.2 因起爆系统造成的拒爆

因起爆系统造成拒爆的原因有：

（1）用雷管或导爆索捆扎起爆时，对它的有效范围了解不够，一次起爆的根数过多造成拒爆。一个雷管虽然一次能起爆 100 根左右，但一般不宜超过 50 根，否则容易拒爆。

（2）当爆区范围较长时，始发段雷管选择不当会引起拒爆。导爆管的固有延时为 0.5 ~ 0.6m/s，而地震波的传播速度高达 5000m/s，这个速度比导爆管的阵面速度高 2 倍多，当爆区较长时，首段爆炸产生的地震波比导爆管的爆轰波传播快，超前到达未起爆的区域，由于地震波的拉伸和压缩作用，使未爆的网路拉断或拉脱而造成拒爆。

10.2.3.3　因起爆网路造成的拒爆及预防

(1)因起爆网路引起拒爆的主要原因有：

1)用雷管或导爆索起爆时，导爆管捆扎不牢、约束力不够，雷管或导爆索爆炸时把外层抛开而引起拒爆。

2)分支导爆管因弯曲等原因与连接块接触时，分支导爆管会被连接块中的传爆雷管或导爆索打断而造成相应的非电毫秒雷管拒爆。

3)导爆管与导爆索或雷管集中穴射流线的夹角偏小。因导爆索或雷管射流的速度比导爆管传爆速度快，如果角度偏小，导爆索会把与它接近的尚未传爆的导爆管炸断而造成拒爆。

4)导爆索双环结起爆时，双环结打得松和结扎错误都将引起拒爆。

5)导爆索斜绕木芯棒起爆时，导爆索与木芯棒轴线的斜交角小于45°或未拉紧而引起拒爆。

6)导爆管捆扎时过于偏离一边而引起拒爆。

(2)防止因起爆网路引起拒爆的方法有：

1)加强基本知识和基本功训练；

2)网路连好后要严格进行检查；

3)雷管起爆时，雷管集中穴要朝向导爆管传爆的相反方向；

4)导爆管与导爆索的夹角应大于25°；

5)把导爆管捆扎在雷管或导爆索上时，应绕3～5层的胶布，外层最好再绕一层细铁丝以增加反作用而防止拒爆。

10.3　盲炮的产生原因、预防及处理

盲炮又称瞎炮、哑炮，是指炮孔装炸药、起爆材料回填后进行起爆，部分或全部产生不爆现象。若雷管与部分炸药爆炸，但在孔底还残留未爆的药包，则称为残炮。

爆破中发生盲炮(残炮)不仅影响爆破效果，尤其在处理时危险性更大。如未能及时发现或处理不当，将会造成伤亡事故。因此，必须掌握发生盲炮的原因及规律，以便采取有效的防止措施和安全的处理方法。

10.3.1　盲炮的产生原因

造成盲炮的原因很多，可归纳为下列几种：

(1)由于炸药产生盲炮的原因有：

1)炸药存放时间过长，受潮变质。

2)回填时由于工作不慎，石粉或岩块落入孔中，将炸药与起爆药包或者炸药与炸药隔开，不能传爆。

3)在水中或水汽过浓的地方，防水层密闭不严或操作不慎擦伤防水层，使炸药吸水产生拒爆。

4)由于炸药钝感、起爆能力不足而拒爆。

(2)由于导火索产生盲炮的原因有：

1)导火索药芯过细或断药。

2)导火索在运输、储存或使用中受潮变质。

3)导火索与雷管连接不良,造成雷管瞎火。

4)回填时工作不慎,岩石砸断导火索。

5)导火索未被点燃,或质量不良而中途断燃。

(3)由于雷管产生盲炮的原因有:

1)雷管钝感、加强帽堵塞或失效。

2)火雷管受潮或有杂物落入管内,不能引爆。

3)电雷管的桥丝与脚线焊接不好,引火头与桥丝脱离,延期导火索未引燃起爆等。

4)电雷管不导电或电阻值大。

5)雷管受潮或同一网路中使用不同厂家、不同批号和不同结构性能的电雷管。由于雷管电阻差太大,致使电流不平衡,从而每个雷管获得的电能有较大的差别,获得足够起爆电能的雷管首先起爆而炸断电路,造成其他雷管不能起爆。

(4)由于电爆网路产生盲炮的原因有:

1)电爆网路中电雷管脚线、端线、区域线、主线连接不良或漏接,造成断路。

2)电爆网路与轨道或管道、电气设备等接触,造成短路。

3)导线型号不符合要求,造成网路电阻过大或者电压过低。

4)起爆方法错误,或起爆器、起爆电源、起爆能力不足,通过雷管的电流小于准爆电流。

5)在水孔中,特别是溶有铵梯类炸药的水中,线路接头绝缘不良而造成电流分流或短路。

(5)由于导爆索产生盲炮的原因有:

1)导爆索质量不符合标准或受潮变质,起爆能力不足。

2)导爆索连接时,搭接长度不够,传爆方向接反,连接或敷设中使导爆索受损;延期起爆时,先爆的药包炸断起爆网路,角度不符合技术要求,交叉用线。

3)接头与雷管或继爆管缠绕不坚固。

4)导爆索药芯渗入油类物质。

5)在水中起爆时,由于连接方式错误使导爆索弯曲部分渗水。

10.3.2 盲炮的预防

预防盲炮最根本的措施是,对爆破器材要妥善保管,在爆破设计、施工和操作中严格遵守有关规定,牢固树立安全第一的思想,严格按照下列几点进行操作:

(1)爆破器材要进行严格检验和使用前试验,禁止使用技术性能不符合要求的爆破器材。

(2)同一串联支路上使用的电雷管,其电阻差不应大于0.8Ω,重要工程不超过0.3Ω。

(3)不同燃速的导火索应分批使用。

(4)提高爆破设计质量。设计内容包括炮孔布置、起爆方式、延期时间、网路敷设、起爆电流、网路检测等。对于重要的爆破,必要时需进行网路模拟试验。

(5)制作火线雷管时,一定要使导火线接触雷管的加强帽,并用特制的钳子夹紧;制作起爆药包时,雷管要放在药卷的中心位置上,并用细绳扎紧以防松动脱落。

(6)在填装炸药和回填堵塞物时,要保护好导火线、导爆索、电雷管的脚线和端线,必要时加以保护。使用防水药包时,防潮处理要严密可靠,以确保准爆。

(7)有水的炮孔在装药前要将水吸干,清涂灰泥,如继续漏水应装填防水药包。

(8)采用电力起爆时,要防止起爆网路漏接、错接和折断脚线。网路上各条电线要绝缘可靠,导电性能良好,型号符合设计要求,网路接头处用电工胶布缠紧。爆破前还应对整个网路的导电性能及电阻进行测试,网路接地电阻不得小于$1 \times 10^5 \Omega$,确认符合要求后方能起爆。

(9)采用导爆索和继爆管进行引爆时,对所用器材要进行测试和检查,保证性能良好。连接的方式应按设计文件和爆破施工图进行。尤其是微差爆破,各段母线的位置和间隔时间等不能随意更改。

10.3.3　盲炮的处理

发现盲炮应及时处理,方法要确保安全,力求简单有效。因爆破方法的不同,处理盲炮的方法也有所区别。

(1)裸露爆破盲炮处理。处理裸露爆破的盲炮,允许用手小心地去掉部分封泥,在原有的起爆药包上重新安置新的起爆药包,加上封泥起爆。

(2)浅孔爆破盲炮处理。具体措施有:

1)重新连线起爆。经检查确认炮孔的起爆线路(导火索、导爆索及电雷管脚线)完好时,可重新连线起爆。这种方法只适用于因连线错误和外部起爆线破坏造成的盲炮。应该注意的是,当局部盲炮的炮孔已将盲炮孔壁抵抗线破坏时,若采用二次起爆应注意产生飞炮的危险。

2)另打平行孔装药起爆。当炮孔完全失去了二次起爆的可能性而雷管炸药幸免未失去效能时,可另打平行孔装药起爆。平行孔距盲炮孔口不得小于0.4m,对于浅孔药壶法,平行孔距盲炮药壶边缘不得小于0.5m。为确保平行炮孔的方向,允许从盲炮孔口起取出长度不超过20cm的填塞物。当采用另打平行孔方法处理局部盲炮时,应由测量人员将盲炮的孔位、炮孔方向标示出来,防止新凿炮孔与原来炮孔的位置重合或过近,以免触及药包造成重大事故。因另打平行孔的方法较为可靠和安全,故在实际中应用比较广泛。应注意的是,在另凿新孔时不允许电铲继续作业(即使是采装已爆炮孔处的石料也是不允许的),因为这时可能造成误爆。这种方法多用于深孔爆破。当采用浅孔爆破时,成片的盲炮也可以采用这种方法处理。

3)掏出堵塞物,另装起爆药包起爆。这种方法是用木、竹或其他不发生火星的材料制成的工具,轻轻将炮孔内大部分填塞物掏出,另装起爆药包起爆或者采用聚能穴药包诱爆,严禁掏出或拉出起爆药包。

4)采用风吹或水冲法处理盲炮。其方法是在安全距离外用远距离操纵的风、水喷管吹出盲炮填塞物及炸药,但必须采取措施回收雷管。

(3)深孔爆破盲炮处理。具体措施有:

1)重新连线起爆。爆破网路未受破坏且最小抵抗线无变化时,可重新连线起爆;最小抵抗线有变化时,应验算安全距离,并加大警戒范围后再连线起爆。

2)另打平行孔装药起爆。在距盲炮孔口不小于10倍炮孔直径处另打平行孔装药起爆,爆破参数由爆破工程技术人员或领导人确定。

3)往炮孔中灌水后使爆药失效。如果所用炸药为非抗水硝铵类炸药且孔壁完好,可取出部分填塞物,向孔内灌水使之失效,然后做进一步处理。这种方法多用于电雷管或导爆线确认已爆而孔内炸药未被引爆的盲炮处理。

4)用高压直流电再次强力起爆。对电雷管电阻不平衡造成的盲炮可采用这种处理方法;当炮孔中的连线损坏或电雷管桥丝已不导通时,也可考虑采用这种方法处理。

5)取出盲炮中的炸药。采用导爆索起爆硝铵类炸药时,允许用机械清理附近岩石,取出盲炮中的炸药。

(4)硐室爆破盲炮处理。具体措施有:

1)重新连线起爆。如能找出起爆网路的电线、导爆索或导爆管,经检查正常仍能起爆者,可重新测量最小抵抗线、重新划警戒范围,连线起爆。

2)取出炸药和起爆体。沿竖井或平硐清除堵塞物后,取出炸药和起爆药包。

无论是什么爆破方法出现的盲炮,凡能连线起爆者均应注意最小抵抗线的变化情况,如变化较大时,在加大警戒范围、不危及附近建筑物时,仍可连线起爆。

在通常情况下,盲炮应在当班处理。如果不能在当班处理或未处理完毕,应将盲炮数目、炮孔方向、装药数量、起爆药包位置、处理方法和处理意见在现场交代清楚,由下一班继续处理。

(5)盲炮处理程序如下:

1)发生盲炮,应首先保护好现场,盲炮附近设置明显标志并报告爆破指挥人员,无关人员不得进入爆破危险区。

2)电力起爆发生盲炮时,必须立即切断电源,及时将爆破网路短路。

3)组织有关人员进行现场检查,审查作业记录,进行全面分析,查明造成盲炮的原因,采取相应的技术措施进行处理。

4)难处理的盲炮,应立即请示爆破工作领导人,派有经验的爆破员处理。大爆破的盲炮处理方法和工作组织,应由单位总工程师或爆破负责人批准。

5)盲炮处理后应仔细检查爆堆,将残余的爆破器材收集起来。未判明爆堆有无残留的爆破器材前,应采取预防措施。

6)盲炮处理完毕后,应由处理者填写登记卡片。

表10-1列出了常见盲炮现象及其产生原因、处理方法、预防措施。

表10-1　常见盲炮现象及其产生原因、处理方法、预防措施

现　象	产生原因	处理方法	预防措施
孔底剩药	(1)炸药受潮变质,感度低; (2)有岩粉相隔,影响传爆; (3)管道效应影响,传爆中断或起爆药包被邻炮带走	(1)用水冲洗; (2)取出残药卷	(1)采取防水措施; (2)装药前吹净炮孔; (3)密实装药; (4)防止带炮,改进爆破参数
只爆雷管炸药未爆	(1)炸药受潮变质; (2)雷管起爆力不足或半爆; (3)雷管与药卷脱离	(1)掏出炮泥,重新装起爆药包起爆; (2)用水冲洗炸药	(1)严格检验炸药质量; (2)采取防水措施; (3)雷管与起爆药包应绑紧
雷管与炸药全部未爆	对火雷管起爆: (1)导火索与火雷管质量不合格; (2)导火索切口不齐或雷管与导火索脱离等; (3)装药时导火索受潮; (4)点火遗漏或爆序乱,打断导火索 对电雷管起爆: (1)电雷管质量不合格; (2)网路不符合准爆要求; (3)网路连接错误、接头接触不良等	(1)掏出炮泥,重新装起爆药包起爆; (2)装聚能药包进行殉爆起爆; (3)查出错连的炮孔,重新连线起爆; (4)距盲炮0.3m以外钻平行孔装药起爆; (5)水洗炮孔; (6)用风水吹管处理	(1)严格检验起爆器材,保证质量; (2)保证导火索与火雷管质量,装药时导火索靠向孔壁,禁止用炮棍猛烈冲击; (3)点火注意避免漏电; (4)电爆网路必须符合准爆条件,认真连接,并按规定进行检测; (5)点火及爆序不乱; (6)保护网路

复习思考题

10-1　说明盲炮、残炮的概念。

10-2　早爆是如何产生的,如何预防?

10-3　盲炮是如何产生的,如何预防,如何处理?

10-4　说明火雷管起爆常见故障及预防。

10-5　说明电雷管起爆常见故障及预防。

10-6　说明导爆索起爆常见故障及预防。

10-7　说明浅孔爆破盲炮的预防与处理。

10-8　说明深孔爆破盲炮的预防与处理。

11　爆破器材的安全管理

11.1　爆破器材的储存

11.1.1　一般规定

《爆破安全规程》对爆破器材储存的一般规定如下：

(1)爆破器材应储存在专用的爆破器材库里；特殊情况下，应经主管部门审核并报当地公安机关批准，才准在库外存放。

(2)爆破器材库的储存量，应遵守下列规定。

1)地面单一库房的最大允许存药量，不应超过表11-1所示的规定。

表11-1　地面单一库房的最大允许存药量

序号	爆破器材名称	单一库房最大允许存药量/t	序号	爆破器材名称	单一库房最大允许存药量/t
1	硝化甘油炸药	20	8	爆炸筒	15
2	黑索金	50	9	导爆索	30
3	太安	50	10	黑火药、无烟火药	10
4	梯恩梯	150	11	导火索、点火索、点火筒	40
5	黑梯药柱、起爆药柱	50	12	雷管、继爆管、高压油井雷管、导爆管起爆系统	10
6	硝铵类炸药	200			
7	射孔弹	3	13	硝酸铵、硝酸钠	500

注：雷管、导爆索、导火索、点火筒、继爆管及专用爆破器具按其装药量计算存药量。

2)地面总库的炸药总容量不应超过本单位半年生产用量，起爆器材总容量不应超过1年生产用量。地面分库的炸药总容量不应超过3个月生产用量，起爆器材总容量不应超过半年生产用量。

3)硐室式库的最大容量，不应超过100t；井下只准建分库，库炸药容量不应超过三昼夜的生产用量，起爆器材容量不应超过10昼夜的生产用量；乡、镇所属以及个体经营的矿场、采石场及岩土工程等使用单位，其集中管理的小型爆破器材库的最大储存量不应超过1个月的用量，并应不大于表11-2所示的规定。

表11-2　小型爆破器材库的最大储存量

爆破器材名称	最大储存量	爆破器材名称	最大储存量
硝铵类炸药	3000kg	导火索	30000m
硝化甘油炸药	500kg	导爆索	30000m
雷　管	20000发	塑料导爆管	60000m

(3)爆破器材库宜单一品种专库存放。若受条件限制,同库存放不同的爆破器材则应符合表11-3所示的规定。

表11-3　爆破器材同库存放的规定

爆破器材名称	雷管类	黑火药	导火索	硝铵类炸药	属 A_1 级单质炸药	属 A_2 级单质炸药	射孔弹类	导爆索类
雷管类	○	×	×	×	×	×	×	×
黑火药	×	○	×	×	×	×	×	×
导火索	×	×	○	○	○	○	○	○
硝铵类炸药	×	×	○	○	○	○	○	○
属 A_1 级单质炸药	×	×	○	○	○	○	○	○
属 A_2 级单质炸药	×	×	○	○	○	○	○	○
射孔弹类	×	×	○	○	○	○	○	○
导爆索类	×	×	○	○	○	○	○	○

注:1. ○表示可同库存放,×表示不应同库存放。
2. 雷管类包括火雷管、电雷管、导爆管雷管。
3. 属 A_1 级单质炸药为黑索金、泰安、奥克托金和以上述单质炸药为主要成分的混合炸药或炸药柱(块)。
4. 属 A_2 级单质炸药为梯恩梯和苦味酸及以梯恩梯为主要成分的混合炸药柱或炸药柱(块)。
5. 导爆索类包括各种导爆索和以导爆索为主要成分的产品,包括继爆管和爆裂管。
6. 硝铵类炸药包括以硝酸铵为主要成分的各种民用炸药。

(4)当不同品种的爆破器材同库存放时,单库允许的最大存药量仍应符合表11-1所示的规定;当危险级别相同的爆破器材同库存放时,同库存放的总药量不应超过其中一个品种的单库最大允许存药量;当危险级别不同的爆破器材同库存放时,同库存放的总药量不应超过危险级别最高的品种的单库最大允许存药量。

11.1.2　爆破器材的储存、收发与库房管理

爆破器材的储存、收发与库房管理应遵循以下四点:

(1)每间库房储存爆破器材的数量,不应超过库房设计的允许储存药量。

(2)爆破器材储存时,应码放整齐,不得倾斜,码放高度不宜超过1.6m;包装箱下应垫有大于0.1m的垫木,宜有宽于0.6m的安全通道。包装箱与墙距离宜大于0.4m;存放硝化甘油类炸药、各种雷管和继爆管的箱子应放置在木制货架上,货架高度不宜超过1.6m。

(3)对新购进的爆破器材,应逐个检查包装情况,并按规定做性能检测;应建立爆破器材收发账、领取和清退制度,定期核对账目,做到账物相符;变质的、过期的和性能不详的爆破器材,不应发放使用;爆破器材应按出厂时间和有效期的先后顺序发放使用;总库区内不准拆箱发放爆破器材,只准整箱发放;爆破器材的发放应在单独的发放间里进行。

(4)爆破器材库房的管理,应建立健全且严格的责任制、治安保卫制度、防火制度、保密制度等,宜分区、分库、分品种储存,分类管理。

库房的照明,应安装防爆电灯,宜自然采光或在库外安设探照灯进行投射采光。电源开关和保险器应设在库外面,并装在配电箱中。采用移动式照明时,应使用安全手电筒,不应使用电网供电的移动手提灯。应经常测定库房的温度和湿度,使库房内保持整洁、防潮和通风良好,杜绝鼠害。

除上述四点外,还应注意以下几点:

(1)库区应昼夜设警卫,加强巡逻,无关人员不得进入库区。进入库区不得带烟火及其他引火物;进入库区不得穿戴钉鞋和易产生静电的衣服;不得使用能产生火花的工具开启炸药雷管箱;库区不得存放与管理无关的工具和杂物。

(2)库区的消防设备、通讯设备、警报装置和防雷装置,应定期检查。从库区变电站到各库房的外部线路,应采用铠装电缆埋地敷设或挂设,外部电器线路不应通过危险库房的上空。

在通信方面,库区内不宜设置电话总机,只设与本单位保卫和消防部门的直拨电话,电话机应符合防爆要求;库区值班室与各岗楼之间,应有光、音响或电话联系。

在消防设施方面,应根据库容量,在库区修建高位消防水池,库容量小于100t者,储水池容量为$50m^3$;库容量为100~500t者,储水池容量为$100m^3$;库容量超过500t者,设消防水管。消防水池距库房不应大于100m,消防管路距库房不应大于50m。草原和森林地区的库区周围,应修筑防火沟渠,沟渠边缘距库区围墙不应小于10m,沟宽1~3m,深1m。

(3)库房应整洁、防潮和通风良好,杜绝鼠害。应经常测定库房的温度和湿度,发现硝化甘油类炸药渗油、冻结和硝铵类炸药吸潮结块,应及时处理。

11.1.3 临时性爆破器材库和临时性存放爆破器材

临时性爆破器材库和临时性存放爆破器材时,应遵循以下六点要求:

(1)临时性爆破器材库应设置在不受山洪、滑坡和危石等威胁的地方,允许利用结构坚固但不住人的各种房屋、土窑和车棚等作为临时性爆破器材库。

(2)临时性爆破器材库房宜为单层结构,库房地面应平整无缝;墙、地板、屋顶和门为木结构者,应涂防火漆;窗、门应为有一层外包铁皮的板窗、门;宜设简易围墙或铁刺网,其高度不小于2m。库内应有足够的消防器材;库内应设置独立的发放间,面积不小于$9m^2$;应设独立的雷管库房。临时性爆破器材库的最大储存量为:炸药10t,雷管20000发,导爆索10000m。

(3)不超过6个月的野外流动性爆破作业,用安装有特制车厢的汽车存放爆破器材时,爆破器材存放量不应超过车辆额定载重的2/3;在经过核准的专用车内同时装有炸药与雷管时,雷管不得超过2000发和相应的导火索与导爆索;不应将特制车厢做成挂车形式。

特制车厢应是外包铝板或铁皮的木车厢,车辆前壁和侧壁应开有0.3m×0.3m的铁栅通风孔,后部应开设有外包铝板或铁皮的木门,门应上锁,整个车厢外表应涂防火漆,并设有危险标志;宜在车厢内的右前角设置一个能固定的专门存放雷管的木箱,木箱里面应衬软垫,箱应上锁。

车辆停放位置,应确保爆破作业点、有人建筑物、重要构筑物和主要设备的安全;白天、夜晚均应有人警卫;加工起爆管和检测电雷管电阻,应在离危险车辆50m以外的地方进行。

(4)用船存放爆破器材时,船上严禁烟火,并应备有足够的消防器材。存放爆破器材的船只,应停泊在航线以外的安全地点,距码头、建筑物、其他船只和爆破作业地点不应小于250m;船靠岸时,岸上50m以内不准无关人员进入;海上不应使用非机动船存放爆破器材。

存放爆破器材的船舱,应用移动式蓄电池提灯或安全手电筒照明;爆破器材的存放量不应超过2t,存放爆破器材的框架应设凸缘,装爆破器材的箱(袋)应固定牢固。船上应设有单独的炸药舱和雷管舱,各舱应有单独的出入口并与机舱和热源隔离。

(5)作业地点只应存放当班或本次爆破工程作业所需的爆破器材,应有专人看管;拆除爆破、地震勘探及油气井爆破时,不应将爆破器材散堆在地,雷管应放在外包铁皮的木箱里,箱应加锁。

(6)经单位安全保卫部门和当地公安机关批准,爆破器材可临时露天存放,但应选择在安全地方，悬挂醒目标志，昼夜有人巡逻警卫；炸药与雷管其间距离不小于25m；爆破器材应堆放在木垫上，不应直接堆放在地；在爆破器材堆上，应覆盖帆布或搭简易帐篷；存放场周边50m范围内严禁烟火。

11.2　爆破器材的运输

11.2.1　一般规定

下面介绍爆破器材生产企业外部运输爆破器材的相关规定。

(1)爆破器材运输车(船)应符合国家有关运输安全的技术要求；结构可靠，机械电器性能良好；具有防盗、防火、防热、防雨、防潮和防静电等安全性能。

(2)装卸爆破器材时，应认真检查运输工具的完好状况，清除运输工具内的一切杂物；装卸爆破器材的地点，应远离人口稠密区，并设明显的标志，白天应悬挂红旗和警标，夜晚应有足够的照明并悬挂红灯；有专人在场监督，设置警卫，无关人员不允许在场。

爆破器材和其他货物不应混装，雷管等起爆器材不应与炸药同时同地进行装卸；装卸搬运应轻拿轻放，装好，码平，卡牢，捆紧，不得摩擦、撞击、抛掷、翻滚、侧置及倒置爆破器材。装卸爆破器材时应做到不超高、不超宽、不超载；用起重机装卸爆破器材时，一次起吊重量不应超过设备能力的50%；分层装载爆破器材时，不应站在下层箱(袋)上装载另一层，雷管或硝化甘油类炸药分层装载时不应超过2层。

遇暴风雨或雷雨时，应停止装卸。

(3)爆破器材从生产厂运出或从总库向分库运送时，包装箱(袋)及铅封应保持完整无损；同车(船)运输两种以上爆破器材时，应遵守安全规程的规定；在特殊情况下，经爆破工作领导人批准，起爆器材与炸药可以同车(船)装运，但数量不应超过：炸药1000kg，雷管1000发，导爆索2000m，导火索2000m。雷管应装在专用的保险箱里，箱子内壁应衬有软垫，箱子应紧固于运输工具的前部。炸药箱(袋)不应放在装雷管的保险箱上。

待运雷管箱未装满雷管时，其空隙部分应用不产生静电的柔软材料塞满。

装卸和运输爆破器材时，不应携带烟火和发火物品。

(4)车(船)运输爆破器材时，应用帆布覆盖，按指定路线行驶，并设明显的标志；押运人员应熟悉所运爆破器材性能，非押运人员不应乘坐。

在气温低于10℃条件下运输易冻的硝化甘油炸药和在气温低于 -15℃条件下运输难冻的硝化甘油炸药时，应采取防冻措施；运输硝化甘油类炸药或雷管等感度高的爆破器材时，车厢和船舱底部应铺软垫。

中途停留时，应有专人看管，不准吸烟、用火，开车(船)前应检查码放和捆绑有无异常；不准在人员聚集的地点、交叉路口、桥梁上(下)及火源附近停留。

车(船)完成运输后应打扫干净，清出的药粉、药渣应运至指定地点，定期进行销毁。

11.2.2　火车运输

使用火车运输爆破器材时，装有爆破器材的车厢不应溜放，应与其他线路隔开，专线停放，通往该线路的转辙器应锁住，车辆应楔牢，其前后50m处应设危险标志；装有爆破器材的车厢与机车之间、炸药车厢与起爆器材车厢之间应用1节以上未装有爆破器材的车厢隔开；机车体停放位置与最近的爆破器材库房的距离，不应小于50m。

车辆运行的速度，在矿区内不应超过30km/h，在厂区内不超过15km/h，在库区内不超过10km/h。

11.2.3 水路运输

采用水路运输爆破器材时，不应用筏类工具运输爆破器材；船上应有足够的消防器材；船头和船尾设危险标志，夜间及雾天设红色安全灯；遇浓雾及大风浪应停航，停泊地点距岸上建筑物不小于250m。

运输爆破器材的机动船，其装爆破器材的船舱不应有电源；底板和舱壁应无缝隙，舱口应关严；与机舱相邻的船舱隔墙，应采取隔热措施；对邻近的蒸汽管路应进行可靠的隔热。

11.2.4 汽车运输

用汽车运输爆破器材时，应由熟悉爆破器材性能、具有安全驾驶经验的司机驾驶；车厢的黑色金属部分应用木板或胶皮衬垫；能见度良好时，车速应符合所行驶道路规定的车速下限，天气不好时速度应酌减；在平坦道路上行驶时，前后两部汽车距离不应小于50m，上山或下山不小于300m。车上应配备灭火器材，并按规定配挂明显的危险标志；在高速公路上运输爆破器材，应按国家的有关规定执行。

公路运输爆破器材途中避免停留住宿，禁止在居民点、行人稠密的闹市区、名胜古迹、风景游览区、重要建筑设施等附近停留。确需停留住宿时，必须报告住宿地公安机关。

11.2.5 飞机运输

用飞机运输爆破器材时，应严格遵守国际民航组织理事会批准和发布的《航空运输危险品安全运输的技术指令》及国家有关航空运输危险品的规定。

11.2.6 爆破器材的装卸

装卸爆破器材的地点要有明显的危险标志（信号），白天悬挂红旗和警戒标志，夜晚有足够的照明并悬挂红灯。根据装卸时间的长短，爆破器材的种类、数量和装卸地点的情况，确定警戒的位置和专门警卫人员的数量。禁止无关人员进入装卸场地，禁止携带发火物品进入装卸场地，严禁烟火。

爆破器材装入运输工具之前，要认真检查运输工具的状况是否完好，确认拟用的工具是否适合运输爆破器材，清扫运输工具内的杂物，清洗运输工具内的酸、碱和油脂痕迹。

装卸爆破器材时，要有专人在场监督装卸人员按规定装卸，轻拿轻放，严禁摩擦、撞击、抛掷爆破器材。不准站在下一层箱（袋）子上去装上一层，不得与其他货物混装。运输工具的装载量、装载高度、起重机的一次吊运量都必须按有关规定进行。

装卸爆破器材应尽可能在白天进行，雷雨或暴风雨（雪）天气禁止装卸爆破器材。

11.2.7 爆破作业地点爆破器材的运输

在往爆破作业地点运输爆破器材时，运输人员应注意以下四点：

(1)在竖井、斜井运输爆破器材时，应事先通知卷扬司机和信号工；在上下班或人员集中的时间内，不应运输爆破器材；除爆破人员和信号工外，其他人员不应与爆破器材同罐乘坐。用罐笼运输硝铵类炸药时，装载高度不应超过车厢边缘；运输硝化甘油类炸药或雷管时，不应超过两层，层间应铺软垫，升降速度不应超过2m/s。用吊桶或斜坡卷扬运输爆破器材时，速度不应超过1m/s；运输电雷管时，应采用绝缘措施。爆破器材不应在井口房或井底车场停留。

(2)用矿用机车运输爆破器材时，列车前后设“危险”标志；采用封闭型的专用车厢，车内应铺软垫,运行速度不超过 2m/s;在装爆破器材的车厢与机车之间以及装炸药的车厢与装起爆器材的车厢之间,应用空车厢隔开;运输电雷管时,应采取可靠的绝缘措施;用架线式电力机车运输,在装卸爆破器材时,机车应断电。

(3)在斜坡道上用汽车运输爆破器材时,汽车行驶速度不超过 10km/h;不应在上下班或人员集中时运输;车头、车尾应分别安装特制的蓄电池红灯作为危险标志;应在道路中间行驶,会车、让车时应靠边停车。

(4)不应一人同时携带雷管和炸药;雷管和炸药应分别放在专用背包(木箱)内,不应放在衣袋内;领到爆破器材后,应直接送到爆破地点,不应乱丢乱放;不应提前班次领取爆破器材,不应携带爆破器材在人群聚集的地方停留;一人一次运送的爆破器材数量不超过:雷管 5000 发、拆箱(袋)搬运炸药 20kg、背运原包装炸药 1 箱(袋)、挑运原包装炸药 2 箱(袋)。

用手推车运输爆破器材时,载重量不应超过 300kg,运输过程中应采取防滑、防摩擦和防止产生火花等安全措施。

11.3 爆破器材的检验与销毁

11.3.1 爆破器材检验的主要内容与方法

按照《爆破安全规程》的规定,在实施爆破作业前,现场负责人员应对所使用的爆破器材进行外观检查,对电雷管进行电阻值测定,对使用的仪表、电线、电源进行必要的性能检测。对 A 级、B 级岩土爆破工程和 A 级拆除爆破工程中爆破器材检测的项目有:炸药的爆速、爆破漏斗试验和殉爆距离测定,延时电雷管的延时时间,导爆索的爆速和起爆能力,导爆管传爆速度,延时导爆管雷管的延时时间等。

各类爆破器材的检验项目,应参见产品的技术条件和性能标准,检验方法应严格按照相应的国家标准或部颁标准。

爆破器材爆炸性能的检测,应在安全的地方进行。

11.3.1.1 炸药的抽样检验

炸药爆炸性能的抽样检验主要包括:炸药的爆速、猛度、殉爆距离或爆轰感度及做功能力的检验(前已述之)。

炸药物理化学安定性的检验包括:

(1)不含水硝铵炸药的水含量测定。有两种方法:1)烘箱干燥法,这种方法适用于不含挥发性油类的硝铵炸药水含量的测定;2)水分测定器法,这种方法适用于含有挥发性油类的硝铵炸药的水分测定。

以上方法均做两次,取平均值,测定误差不得超过 0.01%。一般爆破作业中不含水硝铵炸药的最高允许含水率为:井下使用炸药 0.5%,露天使用炸药 1.5%。

(2)中包浸入试验。每班至少从包装箱中取出 5 个中包做浸入试验。室温下浸入水下 5cm,时间为 10min,取出后擦干外面水珠,打开中包检查,最里面的中包层应不漏水,要求合格率达 80% 以上。

(3)药卷外观检验。用规定的上、下限样圈检查 10 个药卷,直径的误差为 ±1mm。

(4)药卷密度测定。测出药卷的直径和长度(从药卷一端凹陷处到另一端凹陷处)及药卷药量,即可计算出药卷的装药密度。

(5)硝化甘油炸药的渗油检验。若炸药箱和药包内外都无液体油迹时,即认为无渗油现象。

若打开包装纸，在药包纸内部接触处的油线宽度大于6mm或在药包纸内外发现有液体油斑时，即证明有渗油现象。此时可用玻璃棒取一滴油珠放入有水试管中，若油珠下沉则说明渗油严重，该批炸药应按规程及时处理。

(6)硝化甘油炸药的化学安定性检验。硝化甘油热分解时，放出二氧化氮。用碘化钾试纸检验时，如果有二氧化氮析出，则碘化钾与二氧化氮反应而产生碘，在试纸上有染色反应。

11.3.1.2　起爆器材的抽样检验

(1)导火索的检验。

1)外观检查。导火索表面应均匀，断线不应超过两根；无折伤、变形、霉斑、油污，切断处无散头。

2)燃速和燃烧时间检验。具体方法是：在每盘导火索两端距索头5cm以外取1m长的导火索10根，分别点燃其一端，用秒表计时（准确到0.1s），并观察其燃烧情况。普通型每根燃烧时间为100～125s，缓燃型每根燃烧时间为180～215s。在燃烧过程中不得有断火、透火、外壳燃烧及爆声现象。

3)喷火强度检验。具体方法是：切取100mm长的导火索20段，内径为6.0～7.0mm、长150～200mm且内壁干净的玻璃管若干根，把两段导火索从玻璃管两头插入，间隔40mm，点燃其中1根，当它燃烧终了时能将另一根点燃合格为止，共试验10次。

4)耐水试验。具体方法是：将导火索试样两端用防潮剂浸封50mm，盘成小盘浸入1m深常温（(20±5)℃）静水中4h，然后取出擦干表面水分，剪去两头防潮部分，其余按规定长度做燃速试验，达到标准者为合格。

(2)导爆索的检验。

1)外观检查。外观应无严重折伤，外层线不得同时折断两根，断线长度不超过7m，无油渍、污垢，索头有防潮帽。

2)起爆性能试验。具体方法是：将200g梯恩梯压成100mm×50mm×25mm的药块，端面有小孔，将2m受试导爆索一头插入药块小孔内，再在药块上绕3圈，用线绳扎紧，使索与药面平贴，如图11-1所示。用雷管起爆导爆管另一端，整个药块全爆轰者为合格。

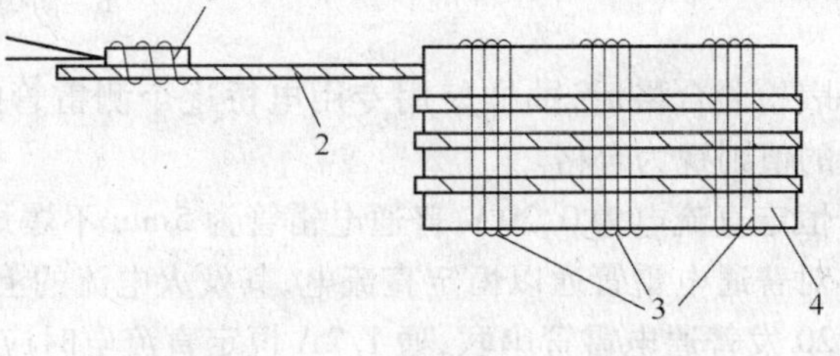

图11-1　导爆索起爆性能检验

1—雷管；2—导爆索；3—绑线；4—梯恩梯炸药(200g)

3)传爆性能的检验。具体方法是：取8m长的导爆索，切1m长5段、3m长1段，按图11-2所示的方法连接。用8号雷管起爆后，各段导爆索完全爆轰者为合格，平行做两次。导爆索爆速的测定方法可参照炸药爆速的测定方法。

4)耐水性检验。具体方法是：棉线导爆索取5.5m长，将索头密封，卷成小捆放入水深1m处，在10～25℃静水中浸泡4h，取出后擦去表面水迹并切去索头，然后切成1m长5段，按图11-3

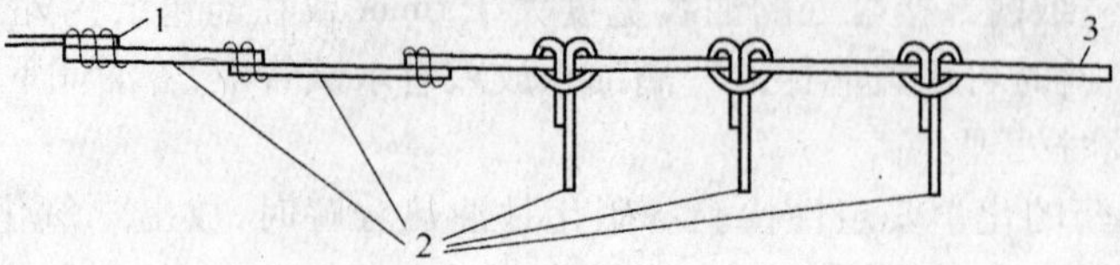

图 11-2　导爆索传爆性能检验

1—8 号雷管;2—1m 长导爆索;3—3m 长导爆索

所示方法连接,8 号雷管起爆,完全爆轰者为合格。塑料导爆索取 5.5m 长,将索头密封后放入 10~25℃静水中,加压至 50kPa,浸泡 5h,取出后擦去表面水迹并切去索头,然后切成 1m 长 5 段,按图 11-3 所示方法连接,8 号雷管起爆,完全爆轰者为合格。

(3)雷管的检验。

1)外观检验。应检验管壳是否有裂隙、变形、锈斑、污垢、浮药、砂眼,脚线是否折断等。

2)铅板穿孔试验。试验装置如图 11-4 所示,试验用铅板直径不小于 45mm(或正方形边长不小于 45mm),厚度为 5mm(对 8 号雷管)或 4mm(对 6 号雷管)。试验时将雷管垂直立在铅板中心,铅板放在直径不小于 40mm、高度不小于 50mm 的钢圈上并固定好,雷管起爆后,若铅板被炸穿的孔径大于雷管外径,则雷管的起爆能力判为合格。

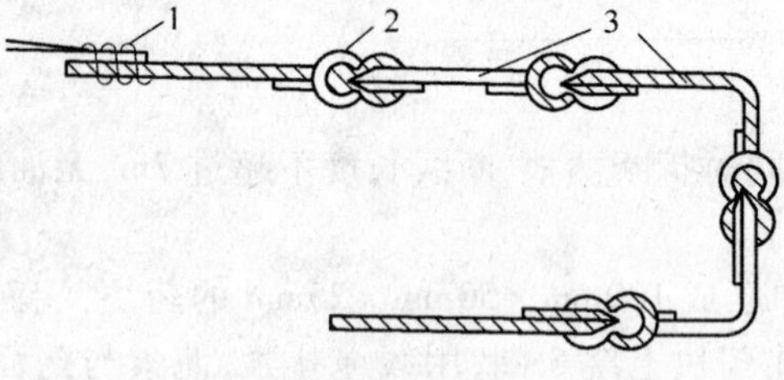

图 11-3　导爆索耐水性能检验的连接方法

1—8 号雷管;2—水手结;3—导爆索

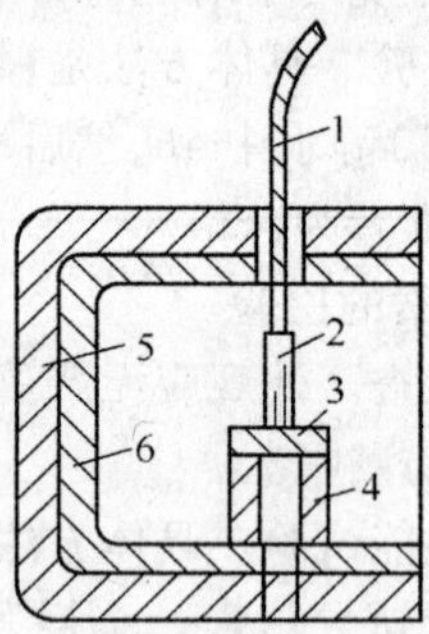

图 11-4　雷管铅板穿孔试验

1—导火索;2—雷管;3—铅板;4—钢圈;5—防爆箱;6—铅衬

3)电阻值检验。外表检验合格后,抽样使用专用电桥逐个测雷管的电阻值,若符合产品说明书规定的误差范围内的值则视为合格。

4)最大安全电流。恒定直流电为 0.20A,普通电雷管为 5min 不爆炸。

5)单发发火电流。对普通电雷管通以恒定直流电,其发火电流的上限不应大于 0.45A。

6)串联起爆电流。20 发普通电雷管串联,通 1.2A 恒定直流电时应全爆。

7)延期时间。用 DT-1 型时间间隔测量仪、DT-1 型电雷管特性测量仪、BQ-1 型综合参数测试仪、爆速仪、毫秒雷管计时仪等抽样检验延迟时间,若该值在说明书提供的误差范围内则视为合格。

11.3.2　爆破器材的销毁

爆破器材由于管理不当、储存条件不好或储存时间过长等原因而导致爆破器材性能经检验不合格或失效变质时(见表 11-4),必须及时予以销毁。在处理盲炮后,也应将残余的爆破器材收集起来,及时销毁。爆破器材的销毁工作是与生产和使用密切相关的一个重要环节。为使销毁工作安全顺利进行,必须妥善选择场地,选择正确的销毁方法,严格遵守爆破器材销毁的安全技术规程。

表 11-4 常用爆破器材常见变质失效现象及储存原因

名 称	变质失效现象	储存方面的原因
火雷管	出现穿孔小,半爆甚至拒爆,加强帽松动	严重受潮,管体膨胀
电雷管	出现穿孔小	严重受潮
	全电阻普遍增大,串联不串爆	桥丝和脚线锈蚀
	出现大量拒爆,雷管不导通	受潮,储存期过长,桥丝锈断
	封口塞脱落	管体受潮膨胀
	延期秒量普遍不准	雷管受潮,储存期过长
导火索	外观有严重折损、变形、发霉、油污,不易着火,燃速不准	保管不善,严重受潮或受潮后自行干燥
导爆索	外观有严重折损、变形、发霉、油污,爆轰中断,爆速降低	保管不善,严重受潮或曾经在高温下存放过
导爆管	管壁折损、破洞,爆速或起爆感度降低	保管不善,严重受潮或超过储存期
非含水硝铵炸药	严重硬化	吸潮、库房温度变化大
	药卷变软滴水	严重吸潮
硝化甘油炸药	渗油	储存温度高、时间长
	严重老化	储存时间长
水胶炸药	凝胶变成糊状或出水	保管不善或超过储存期
乳化炸药	有硬块或成分分离,破乳发生	通风不良、超过储存期等

11.3.2.1 一般规定

销毁爆破器材有以下五点规定:

(1)经过检验,确认失效及不符合技术条件要求或国家标准的爆破器材,都应销毁或再加工。

乡镇管辖的小型采矿场、采石场或小型爆破企业,对不合格的爆破器材不应自行销毁或自行加工利用,应退回原发放单位按相关规定进行销毁或再加工。

(2)不能继续使用的剩余包装材料(箱、袋、盒和纸张),经过仔细检查确认没有雷管和残药时,可用焚烧法销毁;包装过硝化甘油类炸药、有渗油痕迹的药箱(袋、盒),应予以销毁。

(3)销毁爆破器材时,必须登记造册并编写书面报告;报告中应说明被销毁的爆破器材的名称、数量、销毁原因、销毁方法、销毁时间和地点,报上级主管部门批准。爆破器材的销毁工作应根据单位总工程师或爆破工作领导人的书面批示进行。

(4)销毁爆破器材不应在夜间、雨天、雾天和3级风以上的天气里进行;销毁工作不应单人进行,操作人员应是专职人员并经过专门技术培训;不应在阳光下暴晒爆破器材。

(5)销毁爆破器材后应有两名以上销毁人员签名,并建立台账及档案;应对销毁现场进行仔细检查,如果发现有残存爆破器材,应收集起来并进行销毁。爆破器材的销毁场地应选在安全偏僻地带，距周围建筑物不应小于200m，距铁路、公路不应小于50m。

11.3.2.2　销毁方法

销毁爆破器材，可采用爆炸法、焚烧法、溶解法和化学分解法。不同销毁方法的适用范围如表11-5所示。

表11-5　爆破器材不同销毁方法的适用范围

销毁方法	适用范围	销毁方法	适用范围
爆炸法	能完全爆炸的爆破器材	溶解法	能溶解于水或其他溶剂而使其失去爆炸性能的爆破器材
焚烧法	没有爆炸性或已失去爆炸性、燃烧时不会爆轰的爆破器材	化学分解法	能被化学药品分解而失去爆炸性能的爆破器材

(1) 爆炸法。应注意以下几点：

1)用爆炸法或焚烧法销毁爆破器材，必须清除销毁场所周围半径50m范围内的易燃物、杂草和碎石；应有坚固的掩蔽体，掩蔽体至爆破器材销毁场所的距离由设计确定；在没有人工或自然掩蔽体的情况下，起爆前或点燃后，参加爆破器材销毁的人员应远离危险区，此距离由设计确定；如果把拟全部销毁的爆破器材一次运到销毁地点而又分批进行销毁，则应将待销毁的爆破器材放置在销毁场所上风向的掩蔽体后面；引爆或点火前应发出声响警告信号；在野外销毁时，还应在销毁场地四周安排警戒人员，控制所有可能进入的通道，不准非操作人员和车辆进入。

2)用爆炸法销毁爆破器材时应按销毁设计书进行，设计书由单位主要负责人批准并报当地公安机关备案；只有确认雷管、导爆索、继爆管、起爆药柱、射孔弹、爆破筒和炸药能完全爆炸时，才能允许用爆炸法进行销毁。用爆炸法销毁爆破器材应分段爆破，单响销毁量不得超过20kg，并应避免彼此间发生殉爆；应采用电雷管、导爆索或导爆管起爆，在特殊情况下可以用火雷管起爆。

3)导火索必须有足够的长度，以确保全部从事销毁工作的人员能撤到安全地点，并将其拉直，覆盖砂土，以避免卷曲。雷管和继爆管应包装好后埋入土中销毁；销毁爆破筒、射孔弹、起爆药柱和爆炸危险的废弹壳，只准在2m深以上的坑或废巷道内进行，并应在其上覆盖一层松土；销毁爆破器材的起爆药包应用合格的爆破器材制作；销毁传爆性能不好的炸药，可以用增加起爆能的方法起爆。

(2)焚烧法。应注意以下几点：

1)燃烧不会引起爆炸的爆破器材，可用焚烧法进行销毁。焚烧前，必须仔细检查，严防其中混有雷管和其他起爆材料。不同品种的爆破器材不应放在一起焚烧；应将待焚烧的爆破器材放在燃料堆上，每个燃料堆允许销毁的爆破器材不应超过10kg；药卷在燃料堆上应排列成行，互不接触。

2)不应使用焚烧法销毁雷管、继爆管、起爆药柱、射孔弹和爆破筒。待焚烧的有烟或无烟火药，不应成箱、成堆进行焚烧，应散放成长条状，其厚度不得小于10cm，条间距离不得小于5m，各条宽度不得大于30cm，同时点燃的条数不得多于3条。焚烧火药应严防静电、电击而引起火药燃烧。不应将爆破器材装在容器里燃烧。

3)点火前，应从下风向敷设点火索和引爆物，只有在一切准备工作做完和全体工作人员撤至安全区后才能点火。燃料堆应具有足够的燃料，在焚烧过程中不准添加燃料。

4)只有确认燃料堆已完全熄灭后才准走进焚烧场进行检查；发现未完全燃烧的爆破器材，

应从中取出,另行焚烧。焚烧场地完全冷却后,才准开始焚烧下一批爆破器材。焚烧场地可用水冷却或用土掩埋,在确认不能再燃烧时才允许撤离场地。

(3)溶解法。不抗水的硝铵类炸药和黑火药可用溶解法销毁。在容器中溶解销毁爆破器材时,应将不溶解的残渣收集在一起,再用焚烧法或爆炸法销毁。不应直接将爆破器材丢入河、塘、江、湖及下水道中溶解销毁,以防造成污染。

(4)化学分解法。化学分解法适于处理数量较少并能被化学药品所分解,而且能消除爆破器材(起爆药和炸药)的爆炸性能。该方法的特点是费时少,操作比较安全。

但应注意:必须根据所销毁炸药的性质选择适合的销毁液,如雷汞禁用硫酸,其与硫酸作用会发生爆炸;叠氮化铅禁用浓硝酸和浓硫酸处理。必须控制反应速度。销毁浓度越大,分解反应速度越快,放热效应则越大,就越容易转化为爆炸反应。必须少量地向销毁液中投入废药或含药废液,并且一面投入一面搅拌,以防反应过热。

复习思考题

11-1 起爆器材、炸药的库存、库区安全技术有哪些?

11-2 爆破器材的运输要求、注意事项是什么?

11-3 说明爆破器材铁路、公路运输安全事项。

11-4 说明爆破器材罐笼、巷道运输安全事项。

11-5 说明爆破雷管的检验项目与方法。

11-6 说明炸药的检验项目与方法。

11-7 说明炸药的销毁方法。

参考文献

[1] 张应立．工程爆破实用技术[M]．北京:冶金工业出版社,2005.
[2] 翁春林,叶加冕．工程爆破[M]．北京:冶金工业出版社,2008.
[3] 张敢生,戚文革．矿山爆破[M]．北京:冶金工业出版社,2009.
[4] 东兆星,邵鹏．工程爆破[M]．北京:冶金工业出版社,2008.
[5] 翁春林,叶加冕．爆破工程[M]．北京:中国建筑工业出版社,2005.
[6] 安全生产局．爆破工[M]．北京:气象出版社,2005.
[7] 王玉杰．爆破安全技术[M]．北京:冶金工业出版社,2005.
[8] 王树刚．矿山爆破安全便携手册[M]．北京:机械工业出版社,2006.
[9] 顾毅成．爆破安全技术知识问答[M]．北京:冶金工业出版社,2006.

冶金工业出版社部分图书推荐

书　名	作　者	定价(元)
现代金属矿床开采科学技术	古德生　等著	260.00
爆破手册	汪旭光　主编	180.00
采矿工程师手册(上、下册)	于润沧　主编	395.00
现代采矿手册(上、中、下册)	王运敏　主编	1000.00
我国金属矿山安全与环境科技发展前瞻研究	古德生　等著	45.00
深井开采岩爆灾害微震监测预警及控制技术	王春来　等著	29.00
露天矿山边坡和排土场灾害预警及控制技术	谢振华　著	38.00
地下金属矿山灾害防治技术	宋卫东　等著	75.00
采空区处理的理论与实践	李俊平　等著	29.00
中厚矿体卸压开采理论与实践	王文杰　著	36.00
采矿学(第2版)(国规教材)	王　青　主编	58.00
地质学(第4版)(国规教材)	徐九华　等编	40.00
工程爆破(第2版)(国规教材)	翁春林　等编	32.00
地下矿围岩压力分析与控制(本科教材)	杨宇江　主编	39.00
露天矿边坡稳定分析与控制(本科教材)	常来山　主编	30.00
高等硬岩采矿学(第2版)(本科教材)	杨　鹏　编著	32.00
矿山充填力学基础(第2版)(本科教材)	蔡嗣经　编著	30.00
固体物料分选学(第2版)(本科教材)	魏德洲　主编	59.00
金属矿床露天开采(本科教材)	陈晓青　主编	28.00
矿井通风与除尘(本科教材)	浑宝炬　等编	25.00
矿产资源综合利用(本科教材)	张　佶　主编	30.00
选矿厂设计(本科教材)	冯守本　主编	36.00
矿产资源开发利用与规划(本科教材)	邢立亭　等编	40.00
复合矿与二次资源综合利用(本科教材)	孟繁明　编	36.00
碎矿与磨矿(第3版)(本科教材)	段希祥　主编	35.00
现代充填理论与技术(本科教材)	蔡嗣经　等编	26.00
矿山岩石力学(本科教材)	李俊平　主编	49.00
金属矿床开采(高职高专教材)	刘念苏　主编	53.00
岩石力学(高职高专教材)	杨建中　等编	26.00
矿山地质(高职高专教材)	刘兴科　主编	39.00
金属矿山环境保护与安全(高职高专教材)	孙文武　主编	35.00
井巷设计与施工(第2版)(高职高专教材)	李长权　主编	35.00
矿山提升与运输(高职高专教材)	陈国山　主编	39.00
露天矿开采技术(高职高专教材)	夏建波　主编	32.00
矿山企业管理(第2版)(高职高专教材)	陈国山　主编	39.00
金属矿床地下开采(高职高专教材)	李建波　主编	42.00
矿山固定机械使用与维护(高职高专教材)	万佳萍　主编	39.00
选矿概论(高职高专教材)	于春梅　等编	20.00

冶金行业职业教育培训规划教材

矿山地质技术
矿山测量技术
■ 矿山爆破技术
地下采矿技术
露天采矿技术
井巷施工技术
矿山通风与环保
凿岩爆破技术

碎矿与磨矿技术
重力选矿技术
磁电选矿技术
浮游选矿技术

炼焦化学产品回收技术
炼焦设备检修与维护
干熄焦生产操作与设备维护
干熄焦技术问答
苯加氢操作技术

耐火材料成型技术
耐火材料基础知识

冶金化学分析
冶金仪器分析

高炉炼铁基础知识(第2版)
烧结生产技术
烧结生产节能减排
铁矿粉烧结生产
高炉喷煤技术(第2版)
高炉热风炉操作技术
高炉炉前操作技术

炼钢厂生产安全知识
冶金煤气安全实用知识

炼钢基础知识

转炉炼钢生产
转炉钢水的炉外精炼技术
现代电炉炼钢操作
电炉钢水的炉外精炼技术
连续铸钢生产
炼钢厂自动化仪表现场应用技术
连铸保护渣技术问答

氧化铝生产工艺
氧化铝生产设备
电解铝生产工艺与设备
氧化铝生产技术作业标准(共四册)

轧钢工理论培训教程
轧钢基础知识
冶金厂热处理技术
加热炉基础知识与操作
中型型钢生产
高速线材生产
中厚板生产
热连轧带钢生产
板带冷轧生产
冷轧薄钢板精整生产技术
钢管生产

机械基础知识
热工仪表及其维护(第2版)
电气设备故障检测与维护
冶金液压设备及其维护
烧结生产设备使用与维护
冶炼设备维护与检修
轧钢设备维护与检修

ISBN 978-7-5024-5248-3

9 787502 452483 >

定价38.00元

销售分类建议:爆破工程